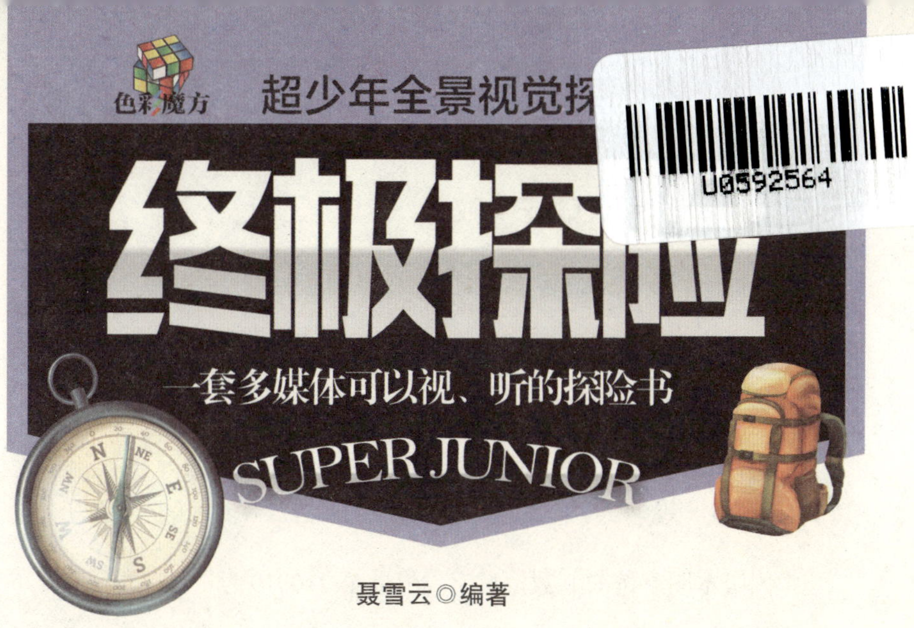

U0592564

聂雪云◎编著

團结出版社

图书在版编目（CIP）数据

终极探险 / 聂雪云编著 . -- 北京 : 团结出版社，2016.9

（超少年全景视觉探险书）

ISBN 978-7-5126-4447-2

Ⅰ . ①终… Ⅱ . ①聂… Ⅲ . ①探险－世界－青少年读物 Ⅳ . ① N81-49

中国版本图书馆 CIP 数据核字 (2016) 第 210019 号

终极探险

ZHONGJITANXIAN

出　版：团结出版社

（北京市东城区东皇城根南街 84 号　邮编：100006）

电　话：（010）65228880　65244790

网　址：http://www.tjpress.com

E-mail：65244790@163.com

经　销：全国新华书店

印　刷：北京朝阳新艺印刷有限公司

装　订：北京朝阳新艺印刷有限公司

开　本：710mm × 1000mm　1/16

印　张：48

字　数：680 千字

版　次：2016 年 9 月第 1 版

印　次：2016 年 9 月第 1 次印刷

书　号：ISBN 978-7-5126-4447-2

定　价：229.80 元（全八册）

（版权所属，盗版必究）

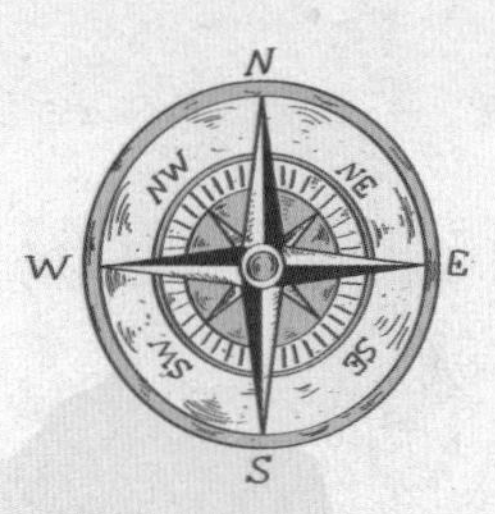

前言

Forward

阅读，可以让孩子领略和感受语言文字的独特美感和韵味，汲取古今中外人类文明的精华和丰美的部分，也可以开发和锻炼孩子的大脑思维，从各个方面激发孩子的大脑潜能，培养孩子的创造能力、观察能力、分析能力、逻辑思维能力、想象能力等，让孩子在轻松有趣的思维活动中锻炼大脑、启发智力，在不断思考的过程中丰富自己、获得快乐。

大自然像个学者，朴素和蔼而又渊博深沉。她外表美丽、平易、迷人，但却又深藏着博大精深的内涵。人类的发展史也是人类走进大自然探险的历史。没有探险，历史的车轮就不会滚滚向前。今天，世界上还有许多惊险的地方是探险家们向往的圣地，它们散发着神秘的气息，等待着人们前往一探。本书从古国探险、古墓探秘、沙海探险、奇山探险、海洋探险、宝藏探险、极地探险、古迹寻奇、发现异域等方面入手，以数百幅珍贵的图片相辅助，用通俗易懂而又准确优美的语言文字，将世界上的名胜古迹和湖光山色娓娓道来，能够让读者于不经意间体会足不出户而知天下的奇妙。书中所涉及的这些地方，是众多探险家、旅行者一生朝夕向往之处。本书将带您领略一次便捷、新奇和充满魅力的“环球”旅行。

Contents

目录>>

目 录 Contents

目 录 Contents

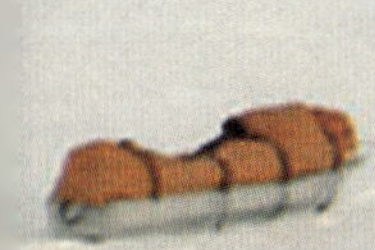

探秘世界小知识

TANMI SHIJIE XIAOZHISHI

秦始皇陵兵马俑位于陕西省西安市以东 35 公里的临潼区秦始皇陵兵马俑陪葬坑内，于公元前 246 年至公元前 208 年修建。现已发现和真人、真马大小相似的陶俑、陶马近 8000 件。有车兵、骑兵和步兵等不同的兵种，排列整齐有序。陶俑的形象各不相同，被誉为“世界第八大奇迹”、“二十世纪考古史上的伟大发现之一”。

万虎飞天

现在去太空探险，无论是乘坐宇宙飞船，还是乘航天飞机，都需要强大的火箭的推动力把这些航天器送上太空。

而世界上第一个试图用火箭上天，并且亲自做了实验的，却是我们中国人，他就是明代时期的万虎。

那是大约公元 1500 年，即与《西游记》一书出版的年代大致相近。万虎先是制作了两个大风筝，并排安放，又将一把椅子固定在风筝之间的构架上，在构架的后部捆绑了 47 支他能买到的最大的火箭。

当一切准备就绪后，万虎坐在椅子上，命人手持火把，按口令点燃了 47 支火箭，随即发出了巨大的轰鸣声，并喷出一股熊熊的火焰。结果，万虎并没能上天，而是

扫一扫 听故事
中大奖

在这阵火焰和烟雾中牺牲了。

万虎的实验虽然失败了，但却在人类走向太空的过程中迈出了坚实的一步。当代著名火箭学家对万虎飞天给予了很高的评价。美国火箭学家萧伯纳·基姆说：“我们将万虎评价为试图利用火箭作为交通工具的第一人。”

虽然万虎飞天的尝试没有成功，并且为此献出了生命，但我们可以说他找到了上天的天梯，只是这种天梯“不够强大”，不要说载人，就是天梯——火箭本身也不能进入太空。万虎的技术设想和构思具有划时代的意义。为此，美国科学家用万虎的名字命名了月球上的一座环形山。

知识小卡片

火箭是指一种自身既带有燃料，又带有助燃用的氧化剂，用火箭发动机作为动力的装置。现代火箭可用作快速远距离运送工具，如作为探空、空间站的运载工具，以及其他飞行器的助推器等。

张骞寻找西域

2000多年前的汉王朝，富庶强盛。刚继位的汉武帝就筹划对西部少数民族匈奴用兵，以平定边疆，并想与匈奴西边的月氏国（今阿富汗境内）联络，东西夹攻匈奴。

那时，汉王朝对西方一无所知，只笼统地把大体上现在新疆、中亚一带称为西域。汉武帝公开招募了百名勇士，由守信义、多勇略的张骞为使节，带队去西域月氏国。

公元前 138 年，张骞手持节杖（使节的标志），率领随从人员百余人，跨上战马，驱赶着运送行李、礼物的驼群，从京城长安（今西安）出发，开始了艰苦而伟大的西域之行。

在起初的 1000 多里行程中，张骞他们看到的是村舍相连，田亩相接；后来再往前行千余里，看到的是草原上一片片白云似的羊群。接着，进入祁连山，长城顺山脊伸向天际，长城以外就是匈奴人活动的地区了。

张骞等向西日夜兼程，想尽快穿过危险地带，但不幸还是被匈奴人抓住了。匈奴王把张骞及随员当奴仆，要他们去放羊，一晃就是十年！

在张骞被俘的第十一个年头，他趁看守松懈之机，和几个随员逃了出去，穿过塞北草原，进入西域的沙漠地带，来到了楼兰。

在楼兰，张骞等人受到了热情款待，随后他们继续西行。一路上，他们经过尉犁国、龟兹国、姑墨国、温宿国等，这些小国都在今天新疆一带。本来他们再往西走就能到达月氏国了，没想到却走错了路，

来到了大宛国（今为俄罗斯境内）。

大宛国听说张骞是汉朝使臣，热情地接待了张骞，还派向导为他们带路，张骞和随员终于来到了月氏国。

月氏国自从被匈奴打败后，便迁国至此。这里土地肥沃，生活安乐，月氏王早已不想报复匈奴了。

张骞等人在月氏国住了一年多，接触了各国商人，了解了不少情况，这才明白汉朝四周竟有这么多国家，世界似乎大得没有尽头！

从月氏国返回时，张骞又被匈奴抓到了。直到一年后，他才又逃了出来，于公元前 126 年回到汉朝。

此后，汉王朝又多次派出使臣前往西方。由于中国的丝绸在西方久负盛名，所以，古代中国与西方交往的商道也被称为“丝绸之路”。

知识小卡片

自从张骞通西域以后，中国和中亚及欧洲的商业往来迅速增加。通过“丝绸之路”这条贯穿亚欧的大道，中国的丝、绸、绫、缎、绢等丝制品，源源不断地运向中亚和欧洲，因此，希腊、罗马人称中国为“赛里斯国”，称中国人为“赛里斯人”。所谓“赛里斯”即“丝绸”之意。

郑和下西洋

明朝永乐年间，永乐皇帝朱棣为了宣扬大明朝的威德，加深明朝和南洋诸国、东非的联系，特命郑和出使西洋。

1405 年 6 月，郑和第一次下西洋，指挥 3 万人，208 艘船只。他们从太仓刘家港出发，经福建长乐，首站到达占城国首都，以后依次到达爪哇苏鲁马、苏门答腊南部旧港、马来半岛西岸的满剌加。而后继续西行，到达锡兰山，绕过印度半岛向北到达葛兰、柯枝，终点站是古里。

在这里，郑和将随行船队分成两队，一队继续向西北航行，到达伊朗，绕过阿拉伯半岛进入红海，终点是回教圣地麦加；另一队向西南航行，直达非洲东海岸。郑和船队与所到国建立了友好关系，并参与到当地的政治斗争和贸易体系之中。

1411 年，郑和第三次远航西洋诸国。此次航行非常顺利，恰逢东北季风时节，郑和的船队顺风而行，不久就到达了苏门答剌（今印尼苏门答腊岛）。在这里，郑和还帮苏门答剌平息了一场战乱。

1430 年 6 月，明代的第五位皇帝——明宣宗朱瞻基又一次派遣郑和、王景弘率领船队，访问了忽鲁谟斯等二十来个国家。因为这次访问的国家多，地域广，路程远，因而时间也很长，到 1433 年才

启程回国。不料船队返航至古里（今印度南部西海岸之科泽科德）时，63岁的郑和因积劳成疾，不幸辞世，埋葬在了这里。

※ 郑和宝船

在短暂的28年里，郑和所指挥的宝船船队进行了七次英雄式的远航，遍及了中国海与印度洋，从台湾到波斯湾，并远及中国人心目中的黄金国——非洲。郑和下西洋是中国人创造的海上奇迹，是世界航海史上最伟大的壮举，也因此而改变了世界的历史。

※ 郑和庞大的船队

扫一扫 听故事
中大奖

彭加木与罗布泊

我国西北的戈壁滩上有个罗布泊，是干旱地区著名的湖泊。近百年来，许多中外学者试图打通去往罗布泊的道路，进行科学考察，但均以失败告终。

※ 彭加木

1980 年，中国科学院新疆分院院长彭加木率领考察队踏上了通往罗布泊的道路。

在戈壁滩上行走，飞沙时常钻进人的嘴里，牙碜得难受，嗓子也干得冒火。戈壁滩上的水比金子还贵，考察队带的水装在汽油桶里，长时间受到日晒，已经变味了，但即便这样，水也要定量饮用。

彭加木患有癌症，但他能靠咀嚼草叶、草根解渴，靠食用野生动物的血肉充饥，用极顽强的韧性克服饥渴。考察队经过艰难跋涉，终于在 5 月底进入了罗布泊湖盆中心。

扫一扫 听故事
中大奖

考察队在湖盆中心考察了一个月。夜晚，大家露宿在沙包上；白天，顶着烈日工作。大家初步探明了这里的情况，也了解了动植物资源和气象变化……

当考察队来到一个名叫“沙井”的地方时，队里只剩下一桶水了，而且已经变质，随行的汽车因为缺油也无法前进。彭加木望着周围的茫茫黄沙，知道他们已经陷入了困境。

彭加木叫报务员向300公里外的部队求援，同时派人四处去找水。黄昏时，找水的队员陆续回来。彭加木看到他们一个个疲惫、失望的神情，便决定第二天自己亲自去找水。

1980年6月17日早晨，彭加木离开了帐篷，留下一张纸条：“我向东去找水井。彭。6月17日10点30分。”

等了几个小时后，彭加木也没有回来，队员们便向东去找，但彭加木的脚印在8公里外的沙漠中消失了。几天过去了，彭加木没有回来。

后来，一支部队进入罗布泊地区，寻找范围达4000平方公里，依然没有发现他的任何踪迹。沙漠无声地告诉人们：彭加木被流沙所湮没，他的英灵已经长眠在罗布泊。

知识小卡片

罗布泊是位于中国新疆一个已干涸的咸水湖。据1928年的测量，面积曾达到3100平方公里，曾经是中国第二大内陆湖，当时仅次于青海省的青海湖，而目前已经完全干涸，成为一戈壁盐壳，从卫星图片上看，像一个巨大的耳朵。

寻找楼兰古国

2000多年前，在罗布泊附近有个楼兰国，是丝绸之路的必经之地。据说，这个小国只存在了很短一段时间，就莫名其妙地从沙漠中消失了。千百年来，很多人都知道“楼兰”这个名字，却不清楚它究竟在哪里，是怎样消失的。

1900年，瑞典探险家斯文·赫定在中国维吾尔人艾尔迪克的向导下，骑着骆驼，风餐露宿，历尽艰辛，来到罗布泊，寻找楼兰遗址。

※　斯文·赫定

他首先在罗布泊西北面挖掘了一段时间，没有任何发现。接着，他又转向西南面继续挖掘，依然没有收获。但斯文·赫定没有放弃，而是继续转到东北面。在东北面，他起初发现了一些瓦片、木头。坚持挖了一段时间后，斯文·赫定终于在罗布泊东北方100公里处找到了楼兰古国的遗址。

※ “楼兰姑娘”复原图

斯文·赫定对挖掘出来的文物进行了深入研究，终于找到了楼兰古国突然消失的原因。

原来，楼兰国建于公元前130年左右，到公元前80年左右，楼兰国便经常遭到游牧民族匈奴的侵扰。当时，中国正处于汉朝兴盛时期，汉昭帝便派人去劝楼兰国南迁，由汉朝来保护它。于是，楼兰人就把带不走的东西都留在原处，然后迅速南迁了。这就是楼兰失踪的原因。

斯文·赫定还想探究楼兰古国的其他秘密，后来又两次来到罗布泊，但都半途而废了。1934年4月，他第四次来到罗布泊。这次，他在罗布泊东北面挖掘出一具已变成木乃伊的楼兰女尸。据分析，这可能是位公主或王后。

斯文·赫定又仔细勘测了罗布泊的地理位置，解开了楼兰方位之谜：罗布泊位置的迁移，使原先在它西北面的楼兰转而变成在它的东北方了。

发现好望角

※ 迪亚士画像

500多年前，一个葡萄牙小学生迪亚士看到书上说，人不可能超越非洲，非洲南面是大地的边缘，是个巨大的无底洞。迪亚士热爱探险，决心长大了一定要去看看。

1486年，已经具有多年航海经历的迪亚士率三艘舰船，扬帆起航，要绕道非洲去东方，实现少年时期的梦想。

船队沿着欧洲西海岸往南、再往南，越往前航行气温越高。船队就这样冒着高温，艰难地往南行进着。迪亚士一定要弄个明白，非洲的南边究竟是什么？

天空是灰暗的，大海是铁青的，巨浪像无数恶魔，扑向迪亚士的船队。船漏水了，为避免沉没，迪亚士下令扔掉船上许多东西，

扫一扫 听故事 中大奖

堵住漏洞。船员们无不胆战心惊，迪亚士也不安地望着大海祈祷。

船队冒着被巨浪吞没的危险，渐渐接近了非洲的最南端，再往前走就几乎没有陆地了，因而，海水构成了一个连续不断的水带环绕地球。这儿没有陆地阻挡，常年刮着大风，海上掀着巨浪。迪亚士的三艘帆船在十几米高的浪头前真是太渺小了，稍有不慎就会人船俱毁。

迪亚士指挥着船队小心翼翼地向前航行着，他仔细观察着前方，无底洞真的存在吗？

在风浪中，迪亚士忽然看到一个黑乎乎的角样的东西，挡住了左侧的海域。是什么？难道这就是地的边缘？难道是大海里的怪物？大家瞠目结舌，害怕极了，船也停下了。

但迪亚士很快又大声下令："前进！靠近那个角——"他想，也许绕过它就可以绕过非洲，到达东方了！于是，在狂风巨浪中，船队再一次向前冲去，但却始终没能靠近这个"风暴角"。失望的迪亚士只好率队返航。

后来，葡萄牙国王听了迪亚士的汇报，提笔将海图上的"风暴角"改为"好望角"。

十年后，另一位葡萄牙探险家以迪亚士同样的勇气，终于穿过了好望角，到达了东方。

洪堡的美洲探险

※　德国地学家洪堡

1799年6月5日，德国地学家洪堡和法国植物学家邦普朗率“毕扎罗”号巡洋舰从西班牙出发，驶进了浩瀚无边的大西洋，开始了长达5年之久的科学探险旅行。

1800年，洪堡和邦普朗一同坐着小船沿委内瑞拉最大的河流奥里诺科河划行了2760千米，对大部分无人居住的森林区进行了测量制图，并证实了该河通过一条支流与南美第一大河亚马逊河相通，这是科学史上的又一可喜成绩。

1801年，洪堡和邦普朗准备好一切仪器和日用品，开始了对哥伦比亚、厄瓜多尔和秘鲁的安第斯山脉的探险。这一次，洪堡攀登和考察了厄瓜多尔境内的火山，为收集从地球内部释放出来的气体，他一再走下活火山口中的深处。在仔细观察了安第斯山的岩石后，他断言花岗岩、片麻岩和其他结晶岩都是火成岩。

洪堡和邦普朗还攀登了钦博拉索山（当时人们认为它是世界最高峰），爬到海拔5878米处，这是当时人类所到过的最高点，这一记录一直维持了29年之久。

在高山峻岭之中，洪堡用空盒气压表测定高度，用温度表测定气温，用磁力仪测定地球磁场，观察热带山区的气温、气压、植物和农业随高度不同而明显变化的有趣现象，还记载了因缺氧导致的高山疾病的征象。

当他们到达秘鲁首都利马时，已是1803年的春天，这是他们到美洲来的第五个年头了。这时，洪堡已采集了大量的标本，他们觉得该是回去整理、分析这些宝贵资料的时候了。于是，两人于1804年6月30日返回欧洲。

1829年，60岁的洪堡又接受俄国沙皇的邀请，乘车去西伯利亚探查矿源。这是他最后一次远征。他倾注全部精力撰写了《宇宙》这部驰名全球的自然地理学巨著。在完成这部书两天后，他轻松地离开了人世。德国摄政王下令为洪堡举行国葬，柏林全体市民都为这位献身科学的传奇式人物服丧。

达尔文的航海考察

英国著名的博物学家达尔文，以创立19世纪自然科学三大发现之一的进化论而著称于世。

达尔文很小的时候就喜欢收集各种动植物标本，少年时期，他曾读了一本名叫《世界的奇异》的书，对书中提出的一些疑难问题产生了浓厚兴趣。他十分希望将来能够到那些人迹罕至的地区进行旅行考察，以解决书中的科学难题。

1831年，达尔文听说英国政府要派“贝格尔”号军舰进行环球航行，舰长需要一位自然科学家随舰同行。于是，达尔文急不可待地来到普列茅斯港，要求参加“贝格尔”号航海。

经过一番周折，后来终于如愿以偿，这时达尔文只有22岁。1831年12月27日，“贝格尔”号开始向南美洲进发，从此达尔文开始了长达3年半之久的对南美洲东西海岸及岛屿、陆地的测量考察。

在这次航海中，达尔文直接接触了自然科学的各个学科，使他受到了真正的锻炼，增长了知识和

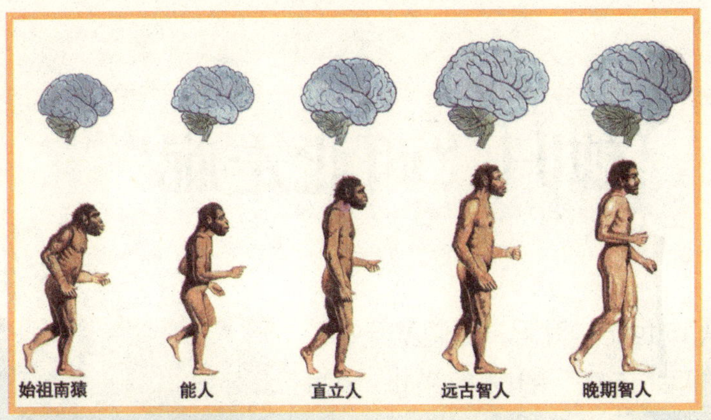

※ “进化论”学说

才干，掌握了大量的第一手科学资料，为他以后提出“进化论”学说奠定了坚实的基础。正是通过这次航海考察，达尔文得出了“世界上无论海洋各处、高层天空还是积雪地面，到处都有有机生命在生活”，“新物种不是上帝创造的，旧物种也不是不可改变的，物种完全可能由于环境不同而发生变化”等科学结论。

后来，达尔文根据这次航行的资料，整理出版了《旅行日记》，与欧文合著了《在贝格尔舰航行中的动物学》，与赖尔合著了《在贝格尔舰航行中的地质学》，并写出了划时代的杰作《物种起源》。

此次“贝格尔”号航海对达尔文一生的伟大科学发现起到了重要作用，正像他在给菲茨·罗伊船长的信中说的那样：“这天（指 1831 年 12 月 27 日“贝格尔”号起航之日）是非常光荣的一天，是我第二个人生开始的一天。”

※ “贝格尔”号

魂归“西北走廊”

※ 约翰·富兰克林

从16世纪中叶起，人们就开始了寻找“西北走廊”的探险活动。因为人们很早就认为在加拿大和阿拉斯加大陆以北，存在着这样一条可以连接太平洋和大西洋的水道。英国皇家海军上校约翰·富兰克林爵士和他指挥的“黄泉”号和“恐怖”号船，就是在1845年开始的一次“西北走廊”探险中遇难的。此后，旷日持久的救险搜寻工作，使富兰克林的名字为更多的人所知。

在1818～1827年间，富兰克林曾三次参加过对北冰洋的探险活动，并有所收获，富兰克林还被誉为北冰洋探险中的有经验的权威。

但高寒、冰冻、风暴和饥饿，也使这三次探险都未最终完成发现水上通道的任务。

1845 年 5 月，“黄泉”号和“恐怖”号两艘船起航，再度进行探险。然而直到 1847 年，仍没有传来他们的任何消息，英国海军便开始了海上陆上的救险工作。在其后的 10 年中，英、美海军和一些探险家进行了 30 多次搜寻，但只找回了一些属于富兰克林船队的物品。

1857 年，皇家海军又派出了最优秀的年轻探险队员麦克林托克。麦克林托克在艰难的搜寻中发现了船队遗留的一些物品，并发现了几具尸体。

在所发现的两个记事本上记载说，“黄泉”号和“恐怖”号在威康王岛附近被冰雪封锁。富兰克林死于 1847 年 6 月 11 日（死因不明，尸体一直未找到）。其余的 100 多名水手，也于不久后死亡。对所发现尸骨的检验结果表明，这些人是严重铅中毒的牺牲者。据推断，铅毒来自探险者所携带的大量食用罐头。

这次悲壮的探险造成了 129 人全部丧生，这在北美洲探险史上是一次最大的悲剧，也成为后人继续探索的一个原因。60 年后，罗尔德 · 阿蒙森终于发现了沟通太平洋和大西洋的“西北走廊”。

赫胥黎的考察

※ 赫胥黎

1846 年，当赫胥黎还是一位年轻的英国海军军医时，他接到了一封参加巡洋舰“响尾蛇”号到新几内亚海岸去探险的邀请信。为了进一步发现和认识海洋生物，他欣然接受了这一“邀请”。

赫胥黎在出发前，拜访了英国著名海洋生物学家福布斯教授，向他学习了采样调查的方法。

“响尾蛇”号于 1846 年 12 月从普利茅斯起航，绕过南非的好望角到达澳大利亚的悉尼。在 1848 ～ 1849 年两年中，“响尾蛇”号对托雷斯海峡和新几内亚海岸进行了调查。1850 年，考察船横跨太平洋，经合恩角、福克兰岛、亚速尔群岛，顺利返回普利茅斯港。

赫胥黎在这几年的探险航海中，主要对海产动物的形态和生理

※ 普利茅斯港

进行了采样和研究。他还在沿途与当地人频繁接触，在人类学和民族学方面进行了调查研究。通过航海考察，他撰写了一些对海洋生物研究的论文。为此，英国皇家学会授予他“福布斯奖章”。

※ 赫胥黎

在此后对生物、动物和植物的研究中，赫胥黎始终遵守自然法则。当达尔文的《物种起源》一书在 1859 年出版时，赫胥黎第一个站出来表示赞同其观点，并与持不同观点的学派展开了辩争。后来，“进化论”赢得了世界公认，赫胥黎也因此在世界赢得了声誉。

赫胥黎作为著名的博物学家，也是较早被介绍到中国来的西方近代科学代表人物之一。他的《进化论与伦理学》中的部分章节，曾由我国近代启蒙思想家严复译成中文，名为《天演论》。

※ 严复和他的译作《天演论》

马可·波罗的东方之旅

马可·波罗是13世纪意大利著名旅行家。他出生于威尼斯的一个商人家庭。1271年，在他17岁时，便跟随父亲、叔父，经“两河流域”（即美索不达米亚）、伊朗高原越过帕米尔来到东方。他们曾先后三次穿越亚洲地区，两次是由西向东漫游，另一次是在第一次旅行中返回欧洲时途经亚洲。他们的旅行经历了海洋、高原、沙漠，旅程遥远，旅途十分艰难。

※ 马可·波罗

马可·波罗于1275年到达中国后，得到了元世祖忽必烈的信任，让他得以在朝廷里任职，且待遇优厚。马可·波罗和他的父亲、叔父在中国居留达17年之久。他还曾几次游历中国各地，到过今新疆、甘肃、内蒙古、山西、陕西、四川、云南、山东、江苏、浙江、福建、北京等地，对当时中国的地理、政治、经济和民俗民情有了较多较深的了解。

后来，伊儿汗

国汗向元室求婚，马可·波罗奉命护送公主出嫁，于1292年离开中国，经海路到达波斯。1295年，马可·波罗返回他的祖国。

※ 忽必烈

1297年，马可·波罗不幸被投入热那亚监狱。在狱中，他口述了他的旅行见闻，狱中难友鲁思梯谦将这些内容笔录成书，这就是著名的《马可·波罗游记》。这本书因内容生动和地理资料丰富，很快引起了人们的极大兴趣。

据说，在14～15世纪里，马可·波罗的书成了当时人们绘制亚洲地理图的指导性文献之一。不仅15～16世纪葡萄牙和西班牙首次探险活动的领导者和组织者使用了在其影响下绘制的地图，而且他的书还成了许多著名天文学家和航海家身边的必读之物。后来，这本书被译成多种文字，在世界许多国家出版发行。

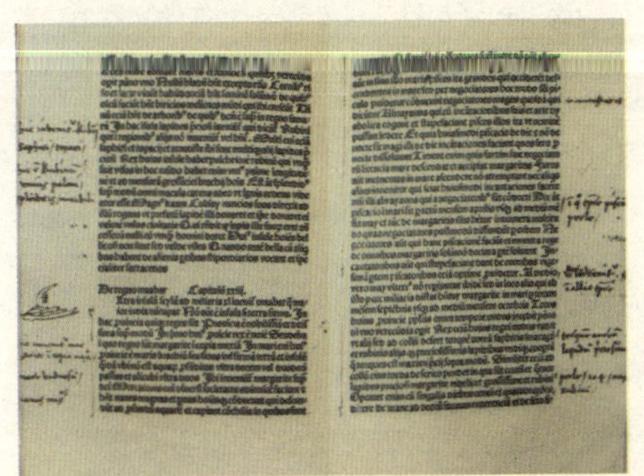

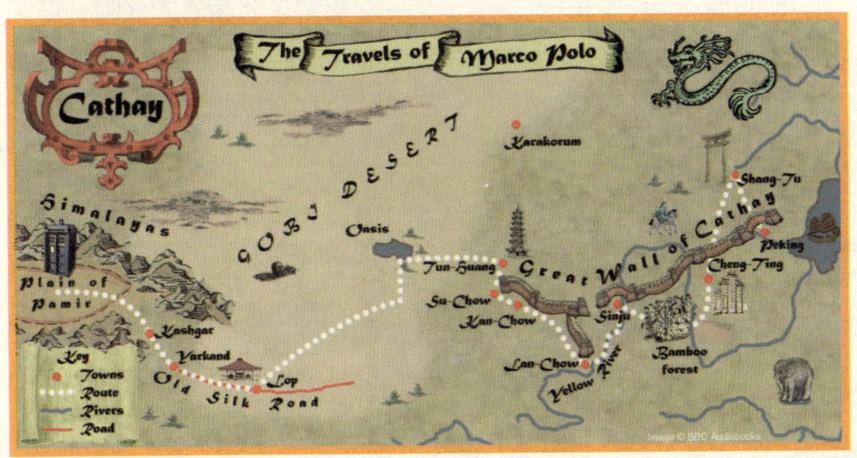

探寻东北通道

16 世纪末，荷兰多次派出探险船，试图探寻一条沿着东北航向绕过欧亚北部到达中国的海上通道。

1584 年，荷兰派出一艘船向东北航行，但未驶进喀拉海就返回了，并在返回途中遇难。

1594 年 6 月，荷兰又派出了一支由四艘船组成的探险队。第一艘船由巴伦支指挥。船起航不久，探险队便兵分两路，巴伦支带领两艘船向东北航行，绕过了新地岛北岛上最西边的一个海角北行，发现了阿德米拉尔捷伊斯特沃岛，又穿过了一条把这个岛与新地岛分开的海峡，来到北纬 77° 15′ 的地方。

在当时，还没有一个西欧的航海家曾向北航行到这么远的海区。在北纬 77° 附近，巴伦支还发现了新地岛最北部的一个海角及其附近的奥兰斯基群岛。9 月，这支探险队的船只会合后，返回荷兰。

1595 年 8 月，巴伦支参加了又一次探寻东北通道的探险，但因探险队没有采纳巴伦支继续行进的建议而过早返航，从而没有获得任何发现和成果。

1596 年，巴伦支在一支新组建的探险队中担任领航员，率领船只从新地岛向喀拉海航进，发现了斯匹次卑尔根群岛，巴伦支探险队在该岛越冬。

艰苦的环境，使几乎所有的队员都患上了坏血症。1597 年 5 月，巴伦支不幸病故，17 名队员也只有 12 人返回了荷兰。

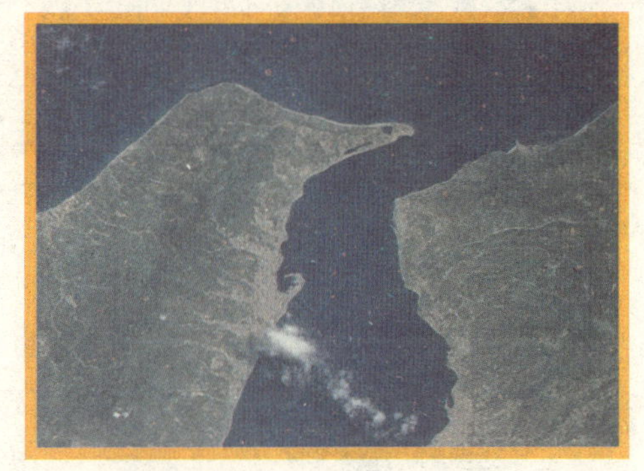

※　巴伦支海峡

到 1871 年，一艘挪威的海豹捕获船发现了巴伦支当时越冬时用船只改造而成的小屋，屋内的工具、书籍等陈设依旧。1876 年，一位英国人从已经倒塌的那所小屋的废墟里找到了巴伦支写下的十分完整的探险报告，这也成为记录巴伦支这次探险发现的十分珍贵的历史文献。

穿越非洲

100多年前，非洲在世界上还是个神秘的地方。有个年轻的英国人大卫·利文斯通在取得医学硕士学位后，开始了对非洲的横贯探险。

在炎热的非洲，长途跋涉是非常艰苦的。在沙漠地带，风像刚从炼铁炉里冲出来的热浪，吹得人口干舌燥；在热带森林，犹如闷在蒸笼里，看不到太阳却浑身大汗，还要不停地用砍刀开路。

在非洲的探险路上，人迹稀少，由于白人曾将黑人大批运到美洲当奴隶，因此遭到黑人的仇视。利文斯通及其同伴几次遇到土著部落的袭击，黑人手持利器，要杀死这些“白猪”，他们一次次地死里逃生。

后来，利文斯通沿途为生病的黑人看病、治疗，渐渐取得了当地人的信任和帮助。

从青年到老年，利文斯通都在从事非洲探险。他东到印度洋西岸，西到大西

※ 大卫·利文斯通

扫一扫 听故事
中大奖

洋岸边，对沿途的地理、动物、植物、气候，还有大自然的奇特现象等，都进行了详尽的记录。

举世闻名的莫西奥图尼亚大瀑布，是非洲的骄傲。而利文斯通是第一个把它介绍给世界的探险家。他远离妻子和孩子，过着十分艰苦的生活。

1873 年，60 岁的利文斯通病倒在探险途中，不久便在一个极偏僻的小村庄中去世了。

无数黑人痛哭流涕，按照自己的习俗将他的心脏埋在当地，然后把他的遗体涂上香油，裹上白布，抬着他走了 1500 英里，护送到印度洋海岸某城市的英国领事馆，由那里将利文斯通送回了英国——他的故乡。

莫西奥图尼亚瀑布又称维多利亚瀑布，位于非洲赞比西河中游，赞比亚与津巴布韦接壤处，宽 1700 多米，最高处达 108 米，是世界著名瀑布奇观之一。1855 年，英国探险家大卫 · 利文斯通在探险途中发现了它，并以英国女王的名字为其命名。

寻找新大陆

15世纪的时候，欧洲大部分航海家都认为，只有沿着非洲西海岸不断向南航行，才有可能找到前往东方的航线。但是，意大利航海家和探险家哥伦布却不这么认为，他相信地球是圆的，所以向西航行也一样可以到达中国和印度。

后来，哥伦布得到了西班牙国王的资助，终于有机会实现心中的理想——去大西洋上开辟一条到达东方的航线。由他负责指挥的三艘航船，于1492年8月3日从西班牙的巴罗斯港出发了。

船队向西航行，一直驶到海图标记的范围之外。航行了很多天后，也没有看到陆地的影子。在一望无际的大海上，许多水手都动摇了，担心自己会葬身大海，不能活着回到家乡。为了让大家不那么恐惧，哥伦布想了一个办法：他在自己

※　哥伦布画像

※ 哥伦布纪念碑

的航海日志上记下每天航行的真实距离，但对大家却只公布一个缩短了的距离。

哥伦布的坚持和努力终于有了回报。10 月 22 日凌晨，陆地终于出现在前方。这个好消息让船上的人都非常兴奋，他们一起来到甲板上眺望，亲眼看着陆地一点点接近，直到靠岸。哥伦布把这块陆地命名为“圣萨尔瓦多”，意为“救世主”。他带着船上的人在这里考察了一段时间，让一部分水手留在岛上，自己则带着其余人返回了西班牙。

当哥伦布胜利地率领船队返回西班牙后，这个消息立刻传遍全国，甚至轰动了整个欧洲。

知识小卡片

圣萨尔瓦多岛也叫华特林岛，位于巴哈马群岛东部，长 21 公里，宽 8 公里，面积约 155 平方公里。巴拿马群岛是西印度群岛的三个群岛之一。

第一次环球航行

※　麦哲伦

麦哲伦是葡萄牙著名的航海家和探险家，1480 年出生于波尔图的一个小贵族家庭。年轻时，他就十分向往航海，并在 29 岁时成为一艘船的船长。后来，他来到西班牙，见到了国王查理五世，并请求出海远航。查理五世同意了他的请求，支持他组建船队。

1519 年 9 月 20 日，39 岁的麦哲伦率领 200 多名水手和 5 艘战舰，从西班牙的圣罗卡港向茫茫大海出发了。船航行得很慢，直到 11 月底才到达南美洲的东部海角。后来，有一艘船触礁沉没，一艘逃走，远航队只

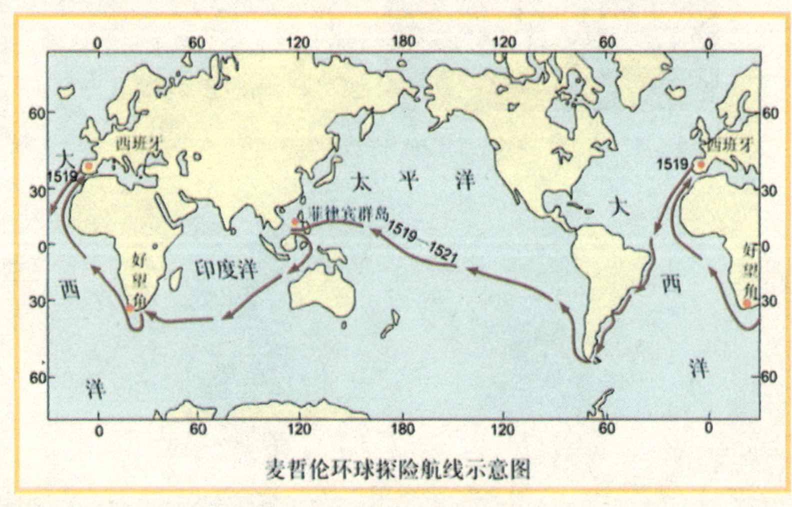

麦哲伦环球探险航线示意图

剩下了 3 艘船。

第二年 10 月 21 日，船队转而向西，发现有一座岛屿在海岸的对面。船队用了 28 天从海岸与岛屿之间的海峡穿过后，眼前出现了一片平静的大洋。麦哲伦的心情好到了极点，挥笔在羊皮纸的航海图上写下了“太平洋”。而他们刚刚穿过的海峡，被后人称为“麦哲伦海峡”。

太平洋似乎没有边际，船上的食物和水渐渐用光了，船员们不得不忍饥挨饿，有些甚至生病死去。就在他们几乎绝望时，前方出现了一片群岛。他们来到岛上，这里的土著人很友好，送给他们很多粮食和水果。

1521 年 3 月 28 日，麦哲伦的船队来到菲律宾的棉兰老岛。12 年前，麦哲伦曾从西向东航行经过这里，这次从东向西又来到这儿，他兴奋地喊道：“我是第一个完成环球航行的人啦！”

当麦哲伦正为自己的成绩而高兴时，船队忽然遭到当地土著部落的攻击，麦哲伦不幸被对方的标枪击中，落入海中，不幸去世。船队在麦哲伦死后继续航行，终于在 1522 年 9 月 6 日回到西班牙，完成了人类历史上第一次环球航行。

麦哲伦的环球航行，证明了世界各地不是相互隔离的，而是连接在一起的。

知识小卡片

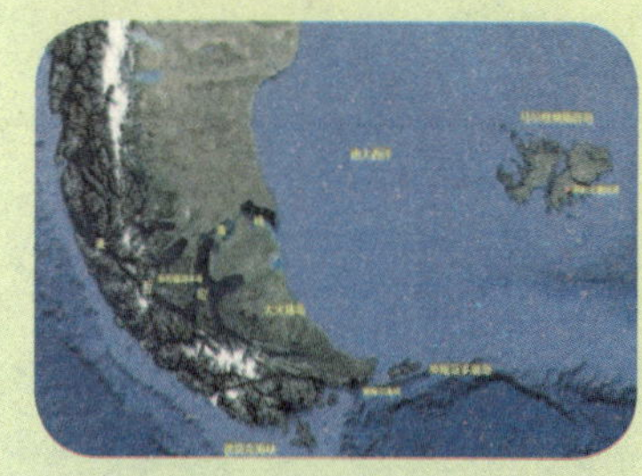

麦哲伦海峡是南美洲大陆南端同火地岛等岛屿之间的海峡（西经 71° 0'，南纬 54° 0'）。因航海家麦哲伦于 1520 年首先由此通过进入太平洋，故而得名。

寻找澳大利亚

1629年的一个夜里，在今天澳大利亚的球珀斯附近的海面上，狂风大作，巨浪翻滚，一艘名为“巴达维号”的荷兰航船正在风浪中艰难航行着。这艘船的船长是兰索尼·贝尔沙特，他这次航行的目的是要寻找到澳大利亚。

“巴达维亚号”的处境很危险，海上不断掀起巨浪，人已经完全控制不了船只了，只能躲在船舱中。有着几十年探险经验的贝尔沙特也从没经历过这么大的风暴。他独自一人坐在角落里，安静地想着应对危险的办法。

就在这时，忽然传来“轰”的一声巨响，大家都被惊呆了。贝尔沙特急忙跑到底舱，发现船身被撞出了一个大洞，海水正从洞口向船内涌。

贝尔沙特很着急，他脱下身上的衣服用来堵洞，但根

本没用，水还是不停地涌进来。为了不让船沉没，贝尔沙特只好把船员召集起来，让大家把船上的大炮扔到海里。这样一来，船的重量减轻了，船暂时安全了。

天快亮时，一个船员忽然发现远处有一座岛。贝尔沙特立即决定，让大家将船上的小艇放下来，坐着小艇向岛的方向驶去。他们还没行驶多远，就见“巴达维号”被一个巨浪打翻，沉入海里。

到了岛上后，贝尔沙特发现这个岛太大了，他走了很远也找不到岛的边际。原来，这不是一座岛，而正是他们要寻找的大陆——澳大利亚。

知识小卡片

现在的澳大利亚领土面积为 761.793 万平方公里，是南半球经济最发达的国家，全球第 12 大经济体，也是多种矿产出口量全球第一的国家，被称为“坐在矿车上的国家”。澳大利亚也是世界上放养绵羊数量和出口羊毛最多的国家，被称为“骑在羊背的国家”。

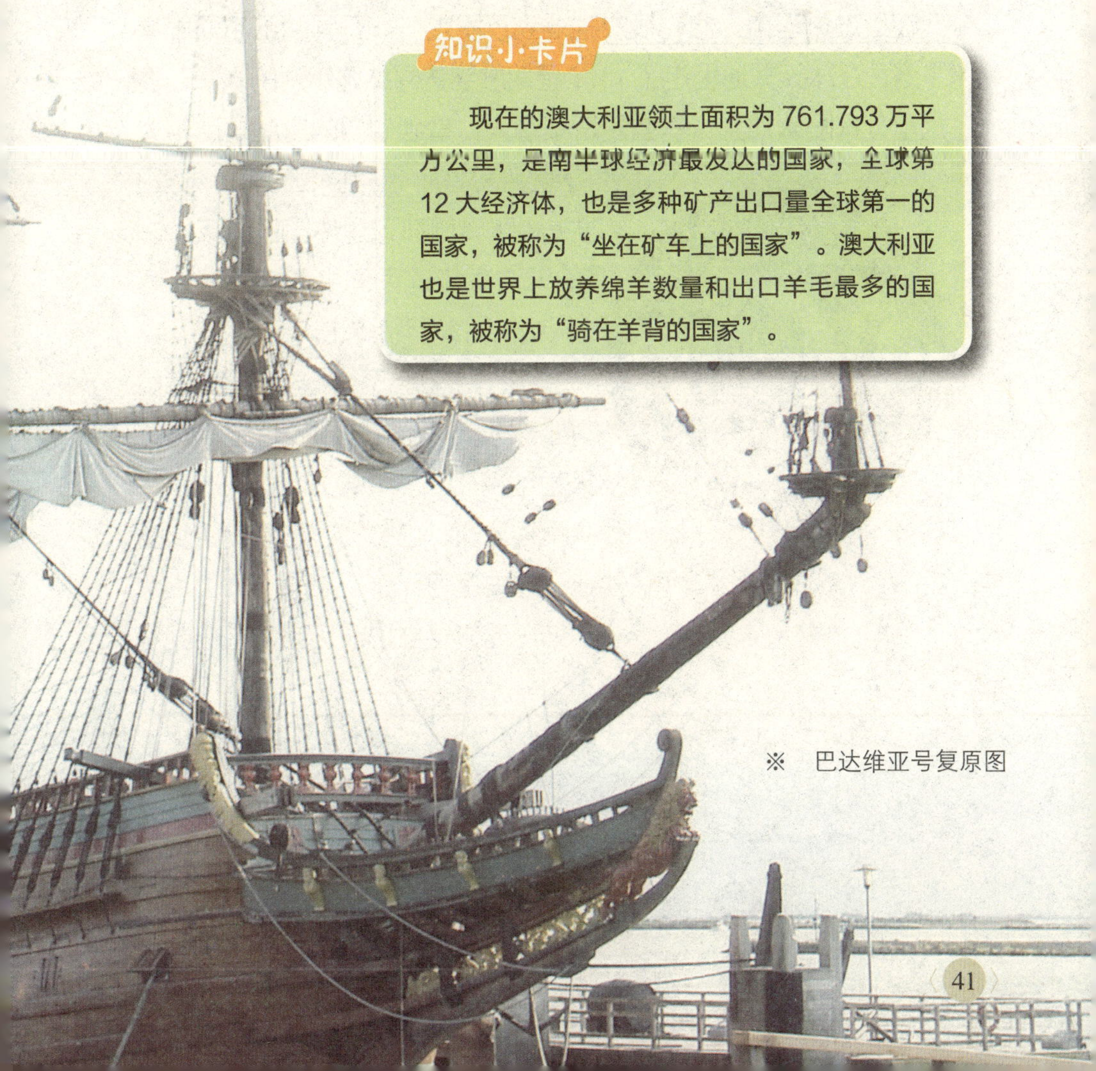

※ 巴达维亚号复原图

探险西伯利亚

西伯利亚位于亚洲的北部，因为气候寒冷，一度很少有人去过那里。俄国有个名叫迭日涅夫的哥萨克人，在 1644 年组织了一支 25 人的探险队，从鄂霍次克海出发，去探寻神秘的西伯利亚。

在行进过程中，他们很快就遇到了困难——在阿纳德尔河南岸迷了路，在冰天雪地里走了 10 个星期才到达阿纳德尔河的入海口。在这里，探险队遇到了一些爱斯基摩人，看到他们的房屋是用粗大的鲸鱼骨架搭建的，感到十分好奇。迭日涅夫和队员们在这里休整了几天，由于无法适应这里的生活，只好沿阿德纳尔河朝上游走去。

※ 迭日涅夫纪念金币

他们又走了 20 天，还没有找到食物，大家都感到很绝望，有一天甚至饿死了一个队员。这件事让其他队员很悲伤，也感到很恐惧，他们都劝迭日涅夫返回。

迭日涅夫虽然也很伤心，但却没有

知识小卡片

爱斯基摩人生活在北极地区，靠狩猎为生，主要猎取海豹、鱼和驯鹿等。他们以猎物的肉作为食物，用动物的毛皮做衣服，用油脂照明。这里的男人负责打猎和建造房屋，女人则负责制皮和缝纫。

动摇，他认为当时已无路可退，只有继续前进，才可能找到土著居民，补充给养，于是带领大家继续前进。

又过了几天，他们还没找到有人烟的地方。就在迭日涅夫也感到恐惧时，有一天，河面上忽然出现了一座岛屿。这座岛上住着许多土著人，他们看到一群探险者来到这里，感到很惊讶。迭日涅夫和他的队员终于获救了，他们受到土著人的热情款待，也亲眼见到了西伯利亚东北部的真实情况。这座岛屿今天被称为“堪察加半岛”。

后来，人们就用“迭日涅夫”的名字命名亚洲海岸最东面的海角，以纪念他的功绩。

扫一扫 听故事
中大奖

发现南极大陆

19世纪，美国的康涅狄格州有个名叫纳撒尼尔·帕尔默的人，喜欢捕猎海豹。有一次，他听说南极圈附近的海里有很多海豹和鲸鱼，还有数不清的黄金，于是不顾别人的嘲笑，买了一艘船，带着几个船员就向南极出发了。

这艘被帕尔默命名为“英雄”号的帆船，好不容易才驶入南极附近的海上，可这里与帕尔默想象得并不一样。这里不但没有黄金，连海豹也少得可怜，船员们都感到很失望。

一天晚上，帕尔默突然从船舱中跑出来，大叫着让船员向南方加速行驶，说自己刚刚梦到上帝，上帝告诉他，南方的海上有很多海豹。他的话让船员们觉得很可笑，但大家还是按他的话驾船向南驶去了。

南极大陆是指南极洲除周围岛屿以外的陆地，是世界上发现最晚的大陆，它孤独地位于地球的最南端。南极大陆95% 以上的面积为厚度惊人的冰雪所覆盖，素有“白色大陆”之称。

天快亮的时候，前方出现了一片黑影，帕尔默以为那里是大群的海豹，兴奋地指着前方大叫。可当船驶到黑影附近时，才发现那根本不是海豹，而是一片陆地，上面非常荒凉。船员们都要求回家，帕尔默没办法，只好同意，但他要求在返航前到岛上最高的地方看一看。他们来到小岛的山上眺望，望远镜中出现一片陆地——那里就是南极半岛。帕尔默又高兴起来，说，如果我们宣布那里是美国的国土，就能得到政府的黄金。

于是，帕尔默和船员又向那片陆地驶去。不久，海上就起了大雾，他们辨不清方向了。一天，帕尔默无聊时拉响了汽笛，忽然听到了回音，这让他很奇怪。大雾散去后，他看到不远处居然有两艘大帆船。在他挂出美国国旗时，那两艘船很快也挂起了俄国国旗。双方都觉得，在这个极少有人来的地方相遇真是意外，便在一起举行了宴会。不过，双方都看到了南极大陆，但都没告诉对方。

直到今天，是美国人还是俄国人先发现了南极大陆，仍是一个谜。

勇闯北极点

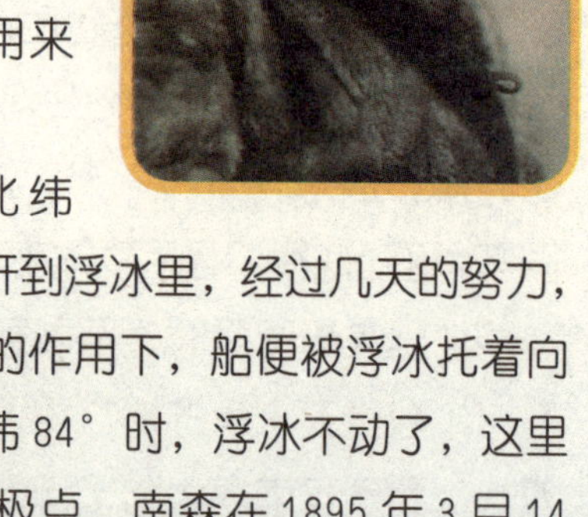

弗里多约夫·南森是一位挪威探险家。1893 年时，他产生了一个想法：北极的洋面存在一股自西向东的海流，如果可以借助海流的力量，就能比较容易地漂流到北极点。

下定决心后，南森便开始准备这次探险。6 月 24 日，他带着助手和 35 条用来拉雪橇的狗出发了。

在西伯利亚群岛附近，大约北纬 77° 44′ 的地方，南森和助手们将船开到浮冰里，经过几天的努力，他们的船和浮冰冻在了一起。在海流的作用下，船便被浮冰托着向北极点方向漂去。但在漂流到大约北纬 84° 时，浮冰不动了，这里距北极点还有 600 公里。为了到达北极点，南森在 1895 年 3 月 14 日决定：乘坐狗拉的雪橇走完后面的路程。

南森和一位助手一起乘坐雪橇继续前行，其他人留在船上。前

※ 弗里多约夫·南森和他的队友们

方的路很难走，有时会遇到冰丘和冰山，有时冰面上还有裂缝。当南森和助手走到北纬 86° 13′ 后，就再也无法前进了。这时，他们已成为 19 世纪最靠近北极点的人。

南森决定转回去往南走，路上他们的粮食吃光了，只好杀死拉雪橇的狗充饥。两人走到一座孤岛上后，便在这里造了一座石屋，用打猎的方式维持生存到 8 月。一天，他们居然听见一声狗叫，连忙出来四处寻找，发现远处居然有一个人影，就激动地挥动着帽子喊起来。

原来，这个人是一位英国探险家，他因船触礁而来到岛上。1896 年 8 月 3 日，一艘船来接这位探险家，南森和助手才一起回到了欧洲。

冰海探险

※ 沙克尔顿

1914年10月，英国探险家沙克尔顿率领27名科学家乘“持久”号考察船来到南极的威尔海。

南极的天气说变就变，就在“持久”号将要靠岸时，气温骤降，海中冰块将船团团围住，使“持久”号寸步难行。

探险队员们在船上被困了11个月，直到南极短暂的夏季来临，冰面融化，“持久”号才得以起航。

不料，船刚开不久，一块锋利的融冰将船底舱撞坏了，海水如猛兽般涌了进来。大家只好慌忙弃船，登上附近的冰块，眼睁睁看着“持久”号被涌动的海水吞没。

※ 被困在冰块中的“持久”号考察船

探险队员没办法，只好在浮冰上搭起帐篷，用3只小船捕捉海豹和企鹅作为食物。虽然它们远远望见了南极大陆，却无法到达那里。就这样，浮冰载着探险队员随海流向北漂浮了5个月，来到象岛附近。

大家正感到庆幸，忽然一声巨响，脚下的浮冰开裂了！队员们只好把小船扔进海里，跳了进去，朝象岛划去。

谁知又一个危险降临了：一群虎鲸张着大嘴围住了小船，又扑又吼，搅得水花乱溅。队员们一边躲避浮冰，一边用标枪、船桨驱赶虎鲸。这样艰难的航程持续了 5 天，探险队员们终于登上了象岛。

※ 被困在冰块中的“持久”号考察船

但象岛只是个光秃秃的孤岛，他们登陆的地方距救援队还相隔上千里路呢！在这种情况下，沙克尔顿带领 5 名队员及食品，乘小船向距象岛 1400 公里的南乔治亚岛驶去，准备向那里的捕鲸站求援。

经过漫长、危险的航行，在他们望见南乔治亚岛时，在飓风中的小船却根本靠不了岸。几个人拼命划船，足足用了 9 个小时，小船才勉强靠岸。

不过，喜悦很快就被沮丧代替了——捕鲸站在岛的另一端，必须横贯全岛才能到达那里。

由于极度疲乏，6 名队员中有三人病倒了。为尽早找到救兵，沙克尔顿让生病的船员留下，自己则带着另外两名船员开始横穿全岛。

在刺骨的寒风中，为争取时间，三人经常手拉着手，从雪坡上往下滑行。经过 3 天的艰难跋涉，当沙克尔顿和同伴衣衫褴褛、疲惫不堪地出现在捕鲸站时，把那里的人都吓了一跳。

12 小时后，救援船救回了那 3 名生病的队员。100 天后，救援船经过与风浪、浮冰的搏斗，终于接回了象岛几乎绝望的队员们。

第一个到达南极极点的人

※ 阿蒙森

世界上第一个到达南极极点的人，是挪威的探险家阿德·阿蒙森。

阿蒙森从小就喜欢大海，羡慕那些驾船去北极海洋捕鱼、狩猎的水手。成年后，他自己买了船，花了3年的时间，第一个穿过北冰洋，从大西洋到了太平洋。

不过，阿蒙森很快就把目光转向陌生了的南极。1911年10月，阿蒙森等五人乘坐由42条爱斯基摩犬拉的4架雪橇，正式向南极极顶进发了。

越往南走，路越艰险，冰缝越来越多，稍不注意，就可能丧命。阿蒙森等登上了南极高原，山脉连绵不断。为了便于攀爬陡峭、光滑的冰山，减少粮食消耗，他们不得不开枪打死了24条爱斯基摩犬。看着它们倒在血泊中，阿蒙森和队友都流下了伤心的泪水。

在行进途中，探险队遇上了暴风雪。为了不被大风刮跑，他们五人用绳子拴在腰间，连成一串，每走一步都要万分小心地察看脚下的地形，因为到处都是冰缝和可怕的深渊。

探险队到达极点的前夜，大家都激动得一夜没睡。第二天天刚亮，

※ 阿蒙森到达南极点

大家便将挪威国旗系在滑雪棍上，向南极极点冲刺了。

12 月 16 日，阿蒙森探险队到达了南纬 90°，即地球最南点。极顶平坦得像一张桌面，他们在这里堆起一座圆锥形石堆作为标记，竖起挪威国旗和刻有五人姓名的木板。探险队在这里逗留了 36 个小时，他们以每人一块煎海豹肉来庆祝，完全忘记了自己身上的冻伤。

阿蒙森的南极探险，在人类对自然的征服史上写下了光辉的一页。可惜的是，在 56 岁那年，他为了营救在北极区遇险的朋友，葬身在了北冰洋的冰窟中。

扫一扫 听故事
中大奖

首赴北极的中国人

第一个走进北极圈的中国人，是一个名叫高时浏的教授。

1950年至1952年，年轻的高时浏在加拿大政府机构任工程师。在这期间，他和几名加拿大科学工作者两次进入北极圈，从事勘测工作。

北极圈又被人们称为“森林线”，圈内不长树木，只有青苔。勘测队所到之处，都是渺无人烟的雪原和冻土地带，那里冬季终日是黑夜，夏季则终日为白昼。

在北极观测，常常一两个月见不到一个人，但有一天，在这荒无人烟的地方，高时浏忽然听到有人在朝自己喊叫。他猛然一看，原来是个爱斯基摩人。那个爱斯基摩人将高时浏当成了自己的同胞。

随后，高时浏访问了爱斯基摩人的村落。他们住冰屋、吃海兽，诚挚好客。在冰雪上有丰富生活经验的爱斯基摩人给了高时浏的勘测队很大帮助：教他们在雪原上根据雪浪波纹的方向辨识南方、北方；教他们如何睡在冰雪上，听远方的冰层是否在融化分裂……

知识小卡片

北极熊是世界上最大的陆地食肉动物，又名白熊，外观通常为白色，也有黄色等颜色，体型巨大，凶猛。它们的视力和听力与人类相当，但嗅觉极为灵敏，奔跑的速度也非常快，是世界百米冠军的 1.5 倍。

在雪原上，雪深没膝，人行走起来特别吃力，消耗特别大。勘测队携带了大量物资：仪器、马达、蓄电池、帐篷、食品等，足有 1 吨重！

他们的交通工具是能在冰上滑动的木车，这种木车是用滑雪板代替车轮，拖动木车的是拖拉机。

在雪原上勘测，无论穿多厚的衣服，寒气还是会不断地往身体里灌，如刀刮针刺一般。队员们个个下身都穿着开裆羊毛裤，大小便必须以最快的速度解决，否则后果不堪设想。

勘测队在北极圈完成任务后，平安回到渥太华。茫茫的北极土地上，第一次留下了中国人坚实的足迹。

※ 爱斯基摩人和他们居住的雪屋

仿古木船远航探险

爱尔兰航海家蒂姆 · 赛弗林从《天方夜谭》一书中，读到辛伯达七次乘帆船到中国的故事，不禁心驰神往，决心造一艘阿拉伯式古帆船，沿辛伯达的航线去中国。

可是，阿拉伯式古帆船什么样呢？谁也描绘不出来。赛弗林查阅了大量资料，又专程到阿拉伯最著名的造船国家阿曼考察。

在阿曼，赛弗林获得了国王的支持，国王还出钱资助他建造船只、招募船员。这让赛弗林倍受鼓舞，他遍访了阿曼的海湾和港口，搜集到许多传统阿拉伯船和造船技术实例，最后选择在阿曼一个小镇苏尔作为造船基地，并请来工匠，买来优质木材，开始造船。

经过工匠们一段时间的努力，仿古木船终于造好了。1980 年 11 月 23 日，苏尔镇的海边聚集了许多人。他们载歌载舞，欢送这艘由

阿曼国王命名的“苏哈尔”号仿古木船扬帆起航。赛弗林率领船员们开始了仿古万里行。

在海风的推动下，“苏哈尔”号以每小时4海里的速度平稳前进。船员们用古老的阿拉伯航海仪器导航，用一种打结绳索穿起来的长方形木片观测北斗星的位置和计算船位，所有的现代仪器在这里是绝对看不到的。

1981年5月，“苏哈尔”号到达了中国珠江口，到达了中国！仿古木船远航成功了！

如今，“苏哈尔”号就陈放在阿曼首都的展览馆里，吸引着众多游客前来参观。

探秘魔鬼谷

在我国昆仑山上，有个神秘的山谷，当地人称它为“魔鬼谷”。进入这个山谷的人，十有八九会莫名其妙地失踪，有的人死时衣服破碎、脸上烧焦；有的人凄厉地叫一声，便消失得无影无踪……

魔鬼谷真的有魔鬼吗？

20 世纪 80 年代，新疆几位科学工作者组成了考察队，开始进入魔鬼谷进行考察，准备揭开魔鬼谷的秘密。

队员们进入魔鬼谷后不久，就看到了路上的惨景：草丛中，人的尸骨，遗弃的猎枪、皮靴，腐烂的熊、狼等……真是令人毛骨悚然。

走了半个小时后，队员们发现脚下的草地非常松软，于是便蹲下来挖土取样。才挖了几镐，绿草底下便露出了水和冰块。

原来这一带是厚达几百米的冻土层。夏天，接近地表的冰层融化，形成许多地下深潭和暗河，由于有薄薄的草丛覆盖，人不容易察觉。一旦草丛地面塌陷，人畜掉进去便会消失得无影无踪，连尸骨都找不到。

考察队进入魔鬼谷已经是第三天了。谷中每天都有一两场雷暴，雷暴过后，成批的飞禽走兽被击毙在山坡上。

这天中午，队员们正在休息，突然天空电闪雷鸣，一声霹雳，帐篷被击穿了。正在帐篷里炒菜的炊事员被掀出老远，当场昏了过去。从这以后，考察队便在驻地安装了避雷装置，这才保证了人员安全。

考察队对魔鬼谷的地质情况进行了调查，发现地下有丰富的磁铁矿，形成了地磁异常带，使山谷中的积雨云受感应而产生大量电荷，从而使魔鬼谷成为雷暴高发地带。看来，许多人畜死亡事件都是雷暴造成的。

就这样，考察队冒着生命危险，终于揭开了魔鬼谷的秘密。

昆仑山区有 100 多种高等植物，但一般都是低矮的灌木类。野生动物都是高原特有的如藏羚羊、野牦牛、野驴等。新疆和田的昆仑山麓出产最高质量的美玉，从古代起就是中原地区玉石的主要来源。

千里沙漠大探险

非洲的撒哈拉沙漠，是个千里无人烟、万里无水源的恐怖地带，但也是很多探险者向往的地方。英国人特德·爱德华兹就是这些勇敢的探险者之一。

1983年2月1日，爱德华兹牵着两头骆驼，从马里的阿拉万出发，开始向撒哈拉沙漠深入。

一天，突如其来的暴风使两头骆驼吓得狂奔乱跑，很快就不见了踪影。爱德华兹的食物、水全都在骆驼身上，骆驼跑了，这怎么得了？他仔细察看周围地面，终于发现了几个依稀可辨的骆驼脚印，顺着脚印追了3公里，才在一个小山谷中找到它们。奇妙的是，它们居然一点也没偏离方向！

在大漠里，爱德华兹用摄影机拍下了沙漠狐、大乌鸦、绿色的蜥蜴、巨大的蜘蛛、满天的苍蝇……还用录音机记录了自己对沙漠的描述和感受。到了第十天，爱德华兹完成了撒哈拉沙漠探险的一半路程。

※ 撒哈拉沙漠岩画

※ 2010 年 2 月，在位于撒哈拉沙漠发现了一个巨大陨石坑。陨石坑的最宽处达 45 米，最深处距离地面 16 米。陨石坑还保留着原始的面貌，撞击的痕迹仍清晰可见。研究人员估计，这个陨石坑形成于数千年前，可能是迄今保存最完好的陨石坑之一。

进入沙漠的第十五天，爱德华兹的饮水用光了。在沙漠中，断水也就意味着死亡，他打开录音机，准备留下遗言。

但不甘心就此完结的爱德华兹很快又坚定起来："不行，我不能死，我要征服撒哈拉！"于是，他关掉录音机，振作精神，继续向前走去。

直到第十七天，爱德华兹终于遇到了几个游牧人，补充了饮水。

第十九天早晨，爱德华兹在大峡谷中迷了路，最后饮水也用完了，两匹骆驼也衰竭到了极点，不时发出哀鸣。爱德华兹实在支撑不住了，便趴在一匹骆驼身上，由它们驮着他自由行走……

第二十天，骆驼居然走出了峡谷，走到了远征的终点瓦拉塔。人们救下了濒于死亡的爱德华兹。

知识小卡片

"撒哈拉"是阿拉伯语的音译，源自当地游牧民族图阿雷格人的语言，原意即为"大荒漠"。

※ 撒哈拉狐獴

中国首次漂流长江

1986年6月18日，中国洛阳漂流探险队首次漂流长江。

由于长江上游滩多水急，当探险队漂到著名的虎跳峡之前，就已有两名队员被恶浪吞没，到达虎跳峡时已是9月10日。虎跳峡有“魔鬼大峡”之称，是世界上谷最深、滩最险、流最急的峡谷。在它的上、中、下三个虎跳谷中，密布着明滩、暗礁、跌坎，落差达210米。

上午11时半，载有两名队员的密封艇“洛阳”号首漂上虎跳。小艇半途被卷入漩涡，团团打滚，直翻跟头。这样漂了一个半小时后，舱门被急流撕破，江水涌入小艇，幸好小艇很快被冲到岸边，上虎

扫一扫 听故事
中大奖

知识小卡片

虎跳峡是世界上著名的大峡谷，以奇险雄壮著称于世。其中，上虎跳距虎跳峡镇 9 公里，是整个峡谷中最窄的一段。

跳漂流成功。

当天下午，副队长郎保洛和队员孙志岭乘“洛阳”号继续下漂。两人虽然拼死闯过了中虎跳，但孙志岭还是不幸落水身亡，郎保洛也被恶浪抛到岸边绝壁下，困了五天四夜才获救。

又一次付出惨痛代价的洛阳探险队，化悲痛为力量，于 21 日一鼓作气闯过下虎跳，不久抵达攀枝花市，继续向下游漂。

最后，洛阳漂流探险队幸存的 10 名勇士分乘 4 只橡皮筏，于 11 月 12 日抵达了长江的尽头——上海吴淞口，首次完成了人类历史上全程漂流长江的壮举。年轻的探险者们向全世界展现了中国人的勇敢和智慧。

神秘的尼日尔河

在撒哈拉沙漠中，有一条尼日尔河。在19世纪初，欧洲的探险家中很少有人去过那里，他们觉得这条河非常神秘，英国有位名叫克拉伯东的探险家，与两个朋友决定一起去寻找这条河的方位。

但是，探险界都认为尼日尔河先流入乍得湖，然后从湖的另一方流出来，再流入尼罗河。克拉伯东和他的朋友也相信这种说法，因此他们决定先找到乍得湖，再在附近寻找尼日尔河。

三个人出发后，一路还算顺利。一天正走着，忽然一个同伴兴奋地叫起来，克拉伯东急忙向前眺望，只见远处有一片湖泊，正在阳光下闪闪发亮。他激动地大喊起来："啊，我们找到乍得湖啦！"

到了湖边，三人紧紧拥抱在一起。这时离他们出发已经11个月了，他们终于看到了找到尼日尔河的希望。

在克拉伯东的建议下，三人绕着乍得湖寻找河流，但没有一条是尼日尔河。更令人伤心的是，克拉伯东的两个朋友先后在途中生病死去，这让他非常悲痛。

克拉伯东决定自己坚持寻找下去。这一次，他更加小心和努力。在走过几百公里后，他终于见到了苦苦寻找的尼日尔河。望着无边的沙漠和茫茫的河水，他想起了两位死去的朋友，心中充满了感慨。

如果朋友们能与克拉伯东一起找到尼日尔河，他们该多么高兴呀！

知识小卡片

尼日尔河是非洲西部的一条主要河流，全长约 4800 公里，在非洲的河流中，是长度仅次于尼罗河和刚果河的第三长河。

独自一人登珠峰

1980年，意大利探险家莱因霍尔德·梅斯纳完成了一次了不起的探险。他在不靠氧气和无线电设备的情况下，独自一人登上了世界最高峰——珠穆朗玛峰。

※ 霍尔德·梅斯纳

8月18日早晨，梅斯纳带上登山物品，从海拔6500米的大本营出发。在通过冰隙上的一座雪桥时，雪桥坍塌，他和碎冰块一起落入冰谷中，费了好大劲才爬上来。他继续攀登，来到珠峰北坳的山顶，这里的高度在7300米左右。

扫一扫 听故事
中大奖

由于海拔不断增高，风越来越大，通往峰顶的路也越来越难走。梅斯纳的身上还背着登山物品，刚出发时，他没感觉重，但现在他感觉这些东西压得他快喘不过气了。他走一会儿歇一会儿，终于爬到了海拔约 7800 米的地方。这时天已经黑了，他找到一块大岩石，在旁边支起帐篷，吃了点肉干，喝了几口用雪烧的水，就休息了。

第二天早晨，梅斯纳又开始了他的行程。他发现一片积雪区，地面比较坚硬，可以像在陆地上一样行走，这样速度就加快了。然而，在爬到 8200 米左右的高度时，一场浓雾使他不得不停止了前进。

这天晚上，梅斯纳一直很担心，万一第二天浓雾还不散去，他就要作出选择：是冒险前进，还是放弃。还好，第二天早晨，浓雾散去了，梅斯纳向顶峰发起了最后冲刺。他手脚并用，艰难地爬到顶峰下面时，抬头看到了上面的一个铝制觇标，这是中国登山队于 1975 年放在那里的。他一鼓作气冲向那个觇标，将这座世界最高峰踩在脚下。

梅斯纳没有借助他人的帮助，也没有用氧气瓶，完全凭借自己的勇气和能力，创造了独自一人登上珠峰的新纪录。

珠穆朗玛峰位于中国和尼泊尔交界的喜马拉雅山上，目前高度是 8844.43 米，是世界上最高的山峰。在藏语中，“珠穆朗玛”是“大地之母”的意思。

六勇士闯南极

1989年7月28日，由来自美国、中国、苏联、法国、英国、日本等六个国家的六位科学家组成的南极探险队，分别乘坐用41条狗拉的雪橇，从海豹冰原岛出发，开始了横穿南极大陆的征程。

进入南极圈后，大家看到的完全是一个白色的世界。路上布满了冰融洞，洞上盖着浮冰新雪，下面则是近百米深的空洞。

有一次，几条拉雪橇的狗掉进了洞里，他们只得冒死下到37米深的洞底，拴上套绳，把狗拖到地面。狂风有时把狗吹得埋进雪里，有时刮离了地面，这些狗尽管腿都冻伤了，但仍然尽职尽责。

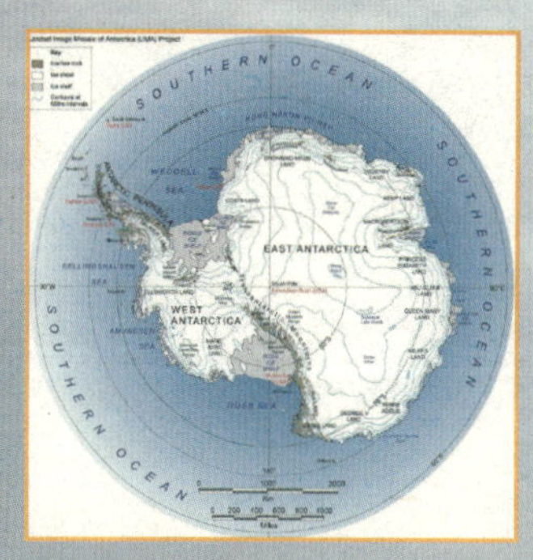

※ 南极大陆

通过冰融区后，探险队登上了海拔 5000 米的冰川。这里狂风卷起积雪，铺天盖地。尽管如此，队员们一路上还是采集了许多宝贵的样品。

队员们继续在风雪中行进着，但危险始终未离开身边：有一次，突如其来的雪崩，将二十几层楼高的冰块砸在他们面前，六人险些送命！还有一次，要不是悬崖勒狗，雪橇差点冲下冰川谷底！

1989 年 12 月 12 日凌晨 3 时，这六位冻得红鼻子红脸的探险家到达了南极点！他们并肩站在极点上，共同发出了“保护南极、拯救人类”的宣言。

1990 年 3 月 3 日，六位探险家历时 7 个月，行程 6115 公里，胜利地到达和平站，成功地结束了当时世界上时间最长、行程最长的探险活动。

创造南极游泳纪录

※　王刚义

2001年2月8日凌晨北京时间4点40分，即南极长城站当地时间16时40分左右，大连人王刚义在南极长城湾下水，并在游抵企鹅岛后成功返回，游程约1500米，用时51分42秒17，创造了人类在南极游泳的新纪录。

王刚义于2月8日凌晨北京时间1点时，从智利乘坐大力神飞机抵达智利驻南极考察站，然后乘小型吉普车行驶4公里，抵达中国的南极长城考察站。在休息两小时后，王刚义和长城站的工作人员商定，马上下水。当时长城站附近气温是1℃，水温1.4℃，风力

扫一扫 听故事
中大奖

6 米／秒。但由于海上大量冰川的存在，海水比同温下淡水更加寒冷。

当地下午 4 点 40 分，王刚义在没有采取任何防寒措施的情况下直接下水。为保障王刚义的安全，长城站的 22 名工作人员乘坐两条橡皮艇前往护航。

知识小卡片

企鹅岛是离南极洲不远的马尔维纳斯群岛，由于英阿之争而闻名环宇。许多人也许不知道，这个岛还是企鹅的天堂，最多时曾聚居过上千万只企鹅。世界上 18 个不同品种的企鹅，在该岛栖息的就有 5 种。

虽然长城湾的水温在 0℃以上，可王刚义感觉比大连 3℃的水还冷，其渗透性和对身体的刺激都要大得多。他用 20 分钟时间就游到了企鹅岛，但往回游时就慢多了。不仅因为风浪比较大，而且他的体能也有些困难，加上胳膊冻麻了，速度比游来时慢了些。不过他的腿还很有力，这样便顺利地游了回来，还自己走上了岸。

王刚义上岸后，身体状况良好。对于王刚义创造的南极游泳记录，海军医学研究所航天医学研究室丁江舟主任感慨地说：“真是不可思议。这主要是长期锻炼的结果，因为人的皮下脂肪每增加 1 毫米，就相当于水温上升 1.5℃。再加上王刚义所作的大量适应性锻炼，他才能创造这一记录。”

被诅咒的探险者

在埃及金字塔幽深的墓道里，刻着一句庄重的咒语：“谁打扰了法老的安宁，死亡就会降临到他的头上。”

※ 图坦卡蒙的黄金面具

这些近似神话般的咒语无非是想告诫那些企图窥视墓穴中无价藏宝的后人，以防盗墓。然而奇怪的是，几个世纪以来，凡是敢进入法老墓穴的，无论是盗墓贼、冒险家，还是科学考察人员，最终都一一应了咒语，不是当场毙命，就是不久后染上奇怪的病症而痛苦地死去。

1915 年，探险家卡纳冯爵士和英籍埃及人、考古学家卡特组成了一支考察队，为寻找埃及第十八王朝法老图坦卡蒙法老的陵墓，在埃及帝王谷的深山中整整奔波了 7 年。

直到 1922 年 11 月，他们才终于找到图坦卡蒙陵墓的封印。等他们凿开墓室时，已是次年 2 月 18 日了。卡特在墓门上开了个洞，举着蜡烛率先进入，卡纳冯紧随其后。他们被眼前的景象惊呆了：烛光映出镶满珠宝的黄金御座、精美的法老棺椁和数不清的装满珍

※ 考古学家查看图坦卡蒙木乃伊石棺

宝的匣子……

大家找到了图坦卡蒙法老的木乃伊，躺在棺内的图坦卡蒙法老戴着一副很大的金面具，这副面具与他本人的相貌几乎完全一样。他的胸前陈放着由念珠和花形雕刻串成的领饰，矢车菊、百合、荷花等色彩虽已剥落，但仍依稀可见。法老的木乃伊由薄薄的布裹缠着，浑身布满了项圈、护身符、戒指、金银首饰及各种宝石。

就在探险获得了一些成就后，不幸发生了：探险结束回来后不久，卡纳冯爵士、考古队中的考古学家莫瑟、协助卡特编制墓中文物目录的理查德·贝特尔等人，都相继莫名其妙地死去了。到 1930 年底，参与挖掘图坦卡蒙陵墓的人员中，已有 12 人不明原因地死去。至于死亡原因，至今也没完全弄明白。

探秘世界小知识

TANMI SHIJIE XIAOZHISHI

特奥蒂瓦坎，古代墨西哥印第安人的古城遗址，位于墨西哥城东北 40 千米处波波卡特佩尔火山和依斯塔西瓦特尔火山山坡谷底间，面积达 20 平方千米。它曾是古代特奥蒂瓦坎人的都城，距今已有 2000 多年历史。这座城市创造的文明，不仅支配着当时的整个王国，还影响了邻近的玛雅人的发展。居于城市中央的黄泉大道闻名遐迩，太阳金字塔和月亮金字塔更是举世闻名。

※ 月亮金字塔

※　太阳金字塔

※　黄泉大道

深海探秘

闻名世界的百慕大三角区，关于它的传说一直都是骇人听闻的。据说一些船经常在那里失踪，连呼救都来不及。百慕大海下到底有什么？

美国探险家威廉·毕比被神秘的百慕大海下深深吸引，他渴望到深海中去一探究竟，了解那里的生物状况。于是，毕比积极地研制潜水器。

※ 威廉·毕比

那时还没有潜水艇，潜水的关键就是潜水器，因为仅海水本身的重量，就能使潜水人在 200 英尺的深海里失去知觉。如果潜得更深，他就会被海水压成肉饼！

毕比在好友美国总统罗斯福和工程师巴顿的帮助下，花了几年的时间，终于研制出空心钢球似的、适用于深海的潜水器。毕比的深海探险即将开始了。

1930 年 6 月，百慕大群岛海域来了一艘驳船，船上的人格外紧张、兴奋。大家都目不转睛地注视着吊车将装着毕比的潜水器放入海中。

潜水器缓慢下降。500 英尺深了，毕比透过圆窗看到了人类从没见过的神秘海域，那景色简直令人眼花缭乱。

800 英尺深了，四周是暗蓝的，远处是漆黑的，只有在光柱的照射下才能看到海水中各种游动的鱼类。

※ 威廉·毕比和他的深潜器

毕比完全忘记了危险，其实，只要潜水器的玻璃窗或任何一个地方有一丝破裂，后果就不堪设想。他在海下呆了整整一小时，忠实地记下了自身的感受，记下了所看到的海底生物，成功地进行了人类第一次深海探险。

知识小卡片

百慕大三角位于北大西洋的马尾藻海，是由英属百慕大群岛、美属波多黎各及美国佛罗里达州南端所形成的三角区海域，面积约 116 万平方公里。传闻，由于百慕大三角的环境极度反常，许多经过的船只、飞机及人员会“神秘失踪”。

65 天的海难试验

法国青年阿兰·邦巴尔医生所在的医院离海岸很近，他目睹了一些海上遇难人的惨状。

为了帮乘船遇难的人活下去，邦巴尔来到海洋研究所从事海难研究。他对实验室的研究成果不满足，一心想亲自到海洋中进行试验。于是，1952 年 10 月 19 日，邦巴尔从西班牙出发，开始了一次轻舟横渡大西洋的海难探险试验。

※　阿兰·邦巴尔

他没有带食物和水，驾着橡皮艇向南美大陆漂去。那么，他吃什么喝什么呢？原来，邦巴尔每天喝半磅海水，不足部分就从鱼身上挤汁补充。为预防坏血病，他在艇后拖一张用细密的布制成的小网来捞取浮游生物。每天咽下一两茶匙这种有机体，味道虽然不好，但仍要坚持咽下去。

时间一天天过去，邦巴尔的指甲开始脱落，身上出现斑疹，双脚浮肿，有时只能跪着驾船。他写日记鼓励自己，同时，他还自制

鱼叉捕鱼生吃，早晚坚持做一刻钟体操，防止肌肉萎缩。

※ 阿兰·邦巴尔拒决救援

50多天后，邦巴尔开始腹泻，一天多达20几次，可这时连陆地的影子也看不见。为防止意外，他写下了遗嘱，表明自己为科学探索死而无憾，希望后人将他的日记编成书，增加人类的航海经验……然后，他把遗嘱装进瓶子，抛入大海。

12月10日，绝望中的邦巴尔突然发现远处来了一艘轮船。船员们也发现了这个衣衫褴褛、满面胡须、骄傲地挥舞着法国国旗的青年。

当轮船靠近邦巴尔后，船长请他上船，但邦巴尔却说："不，谢谢。我是志愿探险的。"船长和水手们都被感动了。他们拉响汽笛，并三次升旗，向这位勇敢的探险者致敬。

经过65天的航行，1952年12月23日，邦巴尔终于到达了南美洲的巴巴多斯群岛。他用与死亡作斗争的亲身经历，获得了第一手宝贵的海难资料。

知识小卡片

巴巴多斯岛是一个小巧玲珑的岛屿，面程有430平方公里，人口25万。这里灿烂的阳光、湛蓝的海水、洁白的沙滩、油绿的树木、绚丽的鲜花、安静的旅店小楼，组成了一幅迷人的风情画卷。

从海底驶过北极点

随着科学技术的不断进步，人类的探险活动也取得了越来越多的成就。到 20 世纪中叶，曾经难以到达的南北极已被人类从陆地和空中征服。这时，美国海军产生了一个新想法：用潜艇从海底航行到北极。

1958 年，“鹦鹉螺”号核潜艇带着这个任务秘密出发了，对探险一直怀有深厚兴趣的安德森中校担任这次行动的指挥官。

扫一扫 听故事
中大奖

※ “鹦鹉螺”号核潜艇

在航行 11 天后，“鹦鹉螺”号到达了北冰洋的边缘。安德森下令，潜艇下降到水下 100 米的深处，开始向北极点进发。

在进入楚科奇海后，潜艇的速度由原来的每小时 34 公里下降到每小时 27 公里。一天晚上，安德森透过观察窗，看到了浮冰的底部，只见那里凹凸不平，看起来很可怕，与露在海面上的样子完全不同。

又走了几天，安德森发现海床越来越浅，找不到通向北极的海底峡谷。经过判断，他改变了原计划，不从西边走，而是绕到东边，终于在巴罗海下找到一个海底隘口，于是毫不犹豫地开了进去。

这里的海水深不见底，当他们航行到北纬 84° 时，已离北极点很近了，罗盘指引的方向已不准确，他们便使用新研制的回放罗盘。

当距离北极点只有 0.8 公里时，安德森用激动的声音，通过播音器向船员们宣布了这个消息。15 分钟后，美国海军“鹦鹉螺”号核潜艇成功地在海底驶过了北极点。这样，人类便完成了从空中、陆地和海底对北极点的全方位征服。

知识小卡片

楚科奇海是北冰洋的一个边缘海，位于楚科奇半岛和阿拉斯加之间。其西面是弗兰格尔岛，东面是波弗特海，南面的白令海峡连接白令海。楚科奇海的面积约 59.5 万平方公里，56% 面积的水深浅于 50 米，一年中只有 4 个月可以航行。

第一次太空旅行

苏联宇航员尤里·加加林是第一个进入太空的人，他在1961年4月12日乘宇宙飞船成功绕地球飞行一圈，完成了人类航空史上的第一个伟大壮举。

※ 尤里·加加林

12日早上，加加林开始为进入太空做准备。吃过早餐，由医生检查完身体后，他在工作人员帮助下穿上天蓝色工作服，又在外面套上一件宇航服，头上先戴一个有耳机的飞行帽，再戴上密封头盔。随后，他进入了宇宙飞船的座舱。

9点07分，“东方”号宇宙飞船被巨大的火箭推上天空，加加林体会到了超重的感觉。一段时间内，飞船进入正常轨道，加加林向窗外望去，看到了下面的地球，他兴奋地向地面报告：“我看到了，我看到了，大地、森林、河流，还

扫一扫 听故事 中大奖

※ 在空际空间站上远看俄罗斯“和平”号空间站

有白云……”

“东方”号宇宙飞船很快进入了预定轨道飞行，加加林又处在一种失重状态。他慢慢地飘起来，舱内所有没有被固定的东西也一起飘了起来。作为第一个体会失重状态的人，加加林表现得很轻松，从容地适应着，并在记录本上写着航行记录，还把飞船的情况报告给地面。

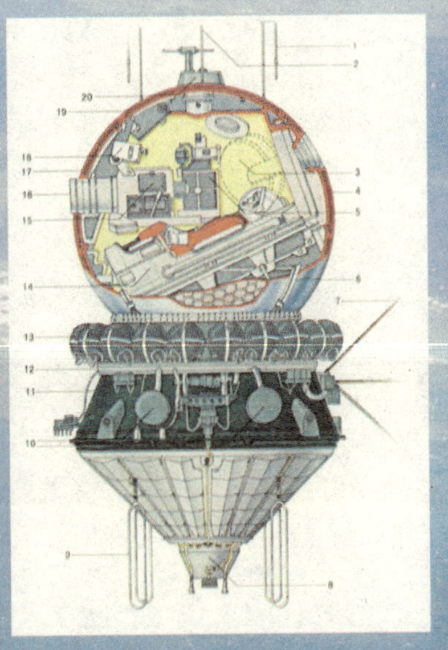

※ “东方”1号宇宙飞船视意图

莫斯科时间10点15分，“东方”号宇宙飞船已绕地球飞行一周了，加加林开始认真地为返回地面准备着，因为返回的过程比在轨道上飞行更重要。

10分钟后，飞船的速度逐渐减慢，从飞行轨道上脱离。进入稠密的大气层后，飞船外壳的温度迅速升高。很快，失重的感觉消失了，伏尔加河已出现在下方。在距地面7000米时，加加林采取了跳伞着陆法，他按下按钮，一下子从飞船中弹出来，然后同座椅分离，背后的降落伞顺利地打开了。

10点55分，加加林成功降落在预定区域，人类第一次太空旅行就这样圆满结束了。

探索月球“风暴洋”

1969年11月14日，美国“阿波罗12号”飞船开始了人类第二次登月行动。第一次登月是在同年的7月16日开始的，由阿姆斯特朗等三人执行，也才过去4个月而已。这次探月的指令长是康拉德，他与两名同伴早早就到飞船中做准备了。

11点20分，“阿波罗12号”飞船在小雨中成功发射。然而，就在火箭冲过云层时，地面人员看到一道蓝色的电光划过天空，所有人都被吓呆了。

火箭被雷击后，燃烧电瓶和平稳台都出现了故障，康拉德将这

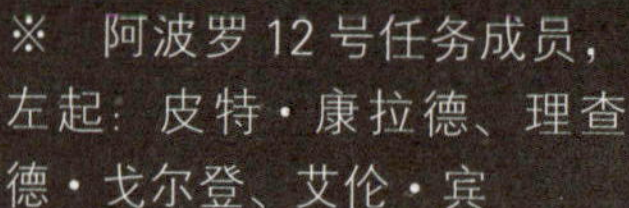
※ 阿波罗12号任务成员，左起：皮特·康拉德、理查德·戈尔登、艾伦·宾

知识小卡片

风暴洋是月球最大的月海，南北径约 2500 公里，面积约 400 万平方公里。风暴洋位于月球西半球，面向地球一面的西侧，是一片广阔的灰色平原，四周有小型的月海，如南面的云海、北侧的雨海等。

一情况报告给指挥中心。指挥中心指令他们启动备用电源，三人按照指令进行紧急处理，很快排除了故障。4 天后，飞船进入环绕月球飞行的轨道，康拉德和同伴也为着陆做好了准备。

他们钻进“勇猛”号登月舱，然后操纵登月舱脱离指令舱向月球落下。20 分钟后，“勇猛”号稳稳地在“风暴洋”着陆了，康拉德激动不已，马上抓起对讲机，向地球方面报告：“这里是‘风暴洋’，‘勇猛’号已经顺利着陆。”然后，康拉德和同伴休息了几个小时，先后两次踏上月球表面，在“风暴洋”共考察了 30 多个小时。他们拍了许多照片，采集的标本有几十千克重。

结束考察后，康拉德和同伴顺利地返回了地球。

征服马里亚纳海沟

在日本岛和美国关岛之间，有一条马里亚纳海沟，深达 11000 米。美国海军曾向这里投下炸弹，海底的爆炸声波 14 秒后才被接收到。这个地球上最深的海沟，也成为探险家们神往的地方。

1960 年初，美国一艘科学考察船从关岛出发，准备向马里亚纳海沟挑战。年轻的美国深潜专家皮卡尔成为探秘海沟的第一人。

1 月 23 日早 8 点 23 分，皮卡尔和海军中尉沃尔走下科学考察船，进入“的里雅斯特”号深潜器，向海底潜去。

3 小时后，深潜器到达 7900 米的深海。皮卡尔打开照明灯，可

※ “的里雅斯特”号深潜器

观察窗外什么都没有，他们好像处于虚无飘渺的太空之中。

潜到 10000 米深时，一些又像水母又像海蜇的东西出现了。皮卡尔惊喜地向地面报告：“我们发现了生命……”可快要接近海底时，无线电话突然中断了，皮卡尔变得紧张起来。

12 时零 6 分，“的里雅斯特”号轻轻触到了海底，皮卡尔大喊道：“我们成功了！”一条长 30 厘米、宽 15 厘米的扁身躯的鱼游到观察窗前，拍打着有机玻璃，好像在向他们问好。

皮卡尔迅速按动了照相机快门，他要用事实来解答海洋生物学家们长期以来关于万米深海有无生命的争论。

考察中，电话突然接通了。原来刚才是一群密集的浮游生物阻碍了声波，导致电话中断，闹出一场虚惊。皮卡尔立即将到达马里亚纳海沟沟底的喜讯报告给美国海军部和白宫，从水面上传来了热烈的祝贺。

在这里，深潜器承受着 15 万吨的压力，金属壳体直径被压缩了 1.5 毫米，观察窗出现了细微的裂纹。为防止意外，他们只在沟底停留了 20 分钟，便返回了海面。

孤身探险北极

日本探险家植村出生于1941年。由于自幼体弱，经常受同伴欺负，但他却有个争强好胜的性格。他当过旷工，经受过艰苦生活的磨练。

※ 植村直己

1965年后，植村开始了一些探险活动。喜马拉雅山上留下了他的足迹；亚马逊河上，他孤舟漂流了几千公里……

1978年3月5日，植村从加拿大最北端的哥伦比亚海角出发，开始了孤身赴北极的探险活动。

当时，气温达到零下51℃，离北极的极点直线距离虽然只有60多公里，但路途极其艰难。放眼望去，一片白茫茫，看不清道路，稍不留神就会葬身深渊。

启程第二天，植村花了整整一天时间寻找道路。他凿冰开道，一天只前进了2000多米。时隔一夜，早晨起来一看，冰山移动了，四周面目全非。

不只行路艰难，野兽的侵袭也十分可怕。一天夜里，植村正在睡觉，一只白熊闯进了他的帐篷。情急之下，植村只好装死，因为白熊不吃死物。白熊撕碎了帐篷，又把小火炉从架子上掀翻了，火炉砸在植村的腿上，疼得他直咧嘴，可又不敢出声。好不容易白熊走了，植村才长长地吁了一口气，真是死里逃生啊！

十几天过去了，植村的脸颊、鼻子、下颚全冻伤了。一天晚上，植村在休息时，忽然冰层裂开了一条大缝，帐篷、雪橇立刻掉入海水里，他也半身浸进冰冷的水中。他刚爬起来，脚下的冰层也裂开了，原来这里正处于崩裂的中心。

植村在随身带的一条北极狗的帮助下，好容易才爬上一块大浮冰，并用微型发报机发出求救信号。

10 分钟后，一架水上飞机把他接到安全地带。植村整理好行装后，又出发了。

在最后冲刺阶段，植村踏着随时可能开裂的薄冰，终于于 4 月 29 日下午 1 点半到达了北极极点，凿破冰山，竖起了国旗。

扫一扫 听故事
中大奖

乘坐气球过海洋

100多年来，许多人都梦想能乘气球漂洋过海，但都失败了，还有一些人为此而丧生。

1978年8月11日，三个美国人坐进了一个大气球下的吊篮，要实现这个梦想。这个气球有11层楼房那么高，直径20米，用58块浸过人造橡胶的尼龙布制成，里面充满氦气。三个探险者还带了许多沙包、铅块作压舱物。

气球从美国东海岸出发，随风向东飘向大西洋上空。气球上没有发动机，要想气球上升，他们就要抛掉一些压舱物；要让气球下降，就用绳索拉开气球顶部的“天窗”，放掉一部分气体。

在空中，三个人紧张地观察着周围的天空，不时用无线电通信设备通过人造卫星同美国一个空间飞行中心保持着联络。

气球在 4000 米高空飞行，吊舱里的温度降到了零下 17℃，幸好他们带了取暖炉，才没被冻僵。有时，大风会把气球吹上 6000 米高空，人顿时呼吸困难，非要戴上氧气面罩不可。

由于高空温度太低，一夜过去，气球表面结了一层冰，压得气球直往下跌。三人赶紧把沙袋、铅块往下扔，幸好太阳出来了，晒化了积冰，他们才松了口气。

气球向东缓缓飘行，飘到英吉利海峡上空。突然风停了，气球随时会掉入海里。他们扔光了压舱物，连通讯设备也扔进了大海。

经过 5 天 17 小时的飞行，气球于 8 月 17 日 18 点降落在巴黎郊外的麦田里。三人迫不及待地打开一瓶香槟，干杯庆祝。

知识小卡片

气球升空运用的是浮力原理。这个原理是公元前 3 世纪，希腊杰出的科学家阿基米德首先发现的。按照这个原理，我们只要能做出一个自重比同体积空气轻的物体，这种物体就会离开地面而升上高空。

人与豹的搏杀

这一天，动物学家爱克兰在探险途中，遭到一头饥饿的豹子的袭击。

金钱豹发出一阵低沉的怒吼，咬住爱克兰的右手腕，锐利的爪子抓到了他的胸膛。这时，爱克兰急中生智，勇敢地用左手紧紧卡住金钱豹的喉咙，豹和人犹如两名摔跤运动员，一起在地面上翻滚扭打。爱克兰虽然身负重伤，但在这生死关头，他忍受着肉体的剧烈疼痛，仍拼命卡住豹的喉咙，毫不放松。

金钱豹在这顽强的抵抗下，也感到精疲力竭，只好张开嘴巴。爱克兰的右手腕虽然松脱，但并不抽出来，反而将鲜血淋淋的右手深深插入豹喉之中，与左手配合，将豹的喉咙卡住。与此同时，爱克兰猛地从地上翻起，用膝盖竭力抵住豹的腹部。由于爱克

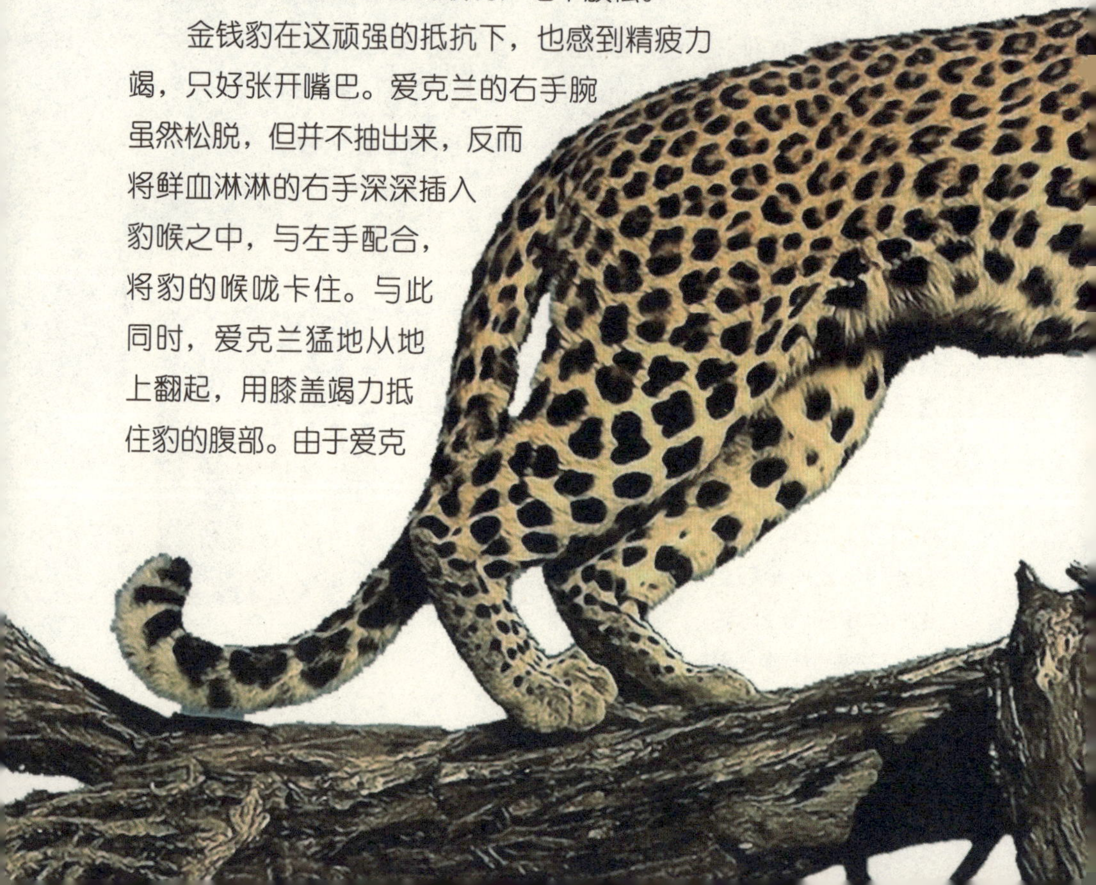

兰用力很猛，金钱豹的肋骨被压断好几根，鲜血从口中不断流出来，不久便死去了。

从力气上来说，人远远不如一些猛兽，但人类具有一种异常重要的能力——精神力量。这种力量在极其危险的情况下，有时会创造出惊人的奇迹。爱克兰正是如此，他身负重伤，却能忍受剧痛，顽强地与金钱豹拼死搏斗，这完全是精神力量的作用。

豹子是猫科豹属的一种动物，在四种大型猫科动物中体积最小。豹的颜色鲜艳，有许多斑点和金黄色的毛皮，故又名金钱豹或花豹。豹可以说是敏捷的猎手，身材矫健，动作灵活，奔跑速度快。

追踪活恐龙

1980年5月的一天，在非洲刚果的泰莱湖和扎伊尔大沼泽地区，一位名叫埃古尼的村民遇到一只怪物。这头黑色的怪兽当时正在湖沼中猛烈翻动，周身还闪现出一道淡色的光环，犹如彩虹一般。

后来，当地人根据他的描述，称这种神秘的怪物为“莫凯朗邦贝”。这是土语，含义就是“虹”。

1983年的一个夜晚，渔民西斯卡尔在那一带捕鱼时，也看到一只庞大的怪兽正在对岸湖边吞食植物。西斯卡尔一慌，脚下发出了点儿响声，惊动了怪兽。怪兽立刻向湖心逃去。

湖中怪兽的消息越传越远，引起了世界知名科学家和探险家的兴趣。他们根据描述大胆推测，认为这种怪兽不是别的，正是神秘消失于7000万年前的恐龙。

美国学者雷吉斯姆特兹为此组成了一支精干的探险队，还配备

了 20 世纪 80 年代最先进的装备，随后开始了他们的考察之旅。

从最近的居民部落越过沼泽地到达泰莱湖至少要 5 天，在这 5 天的行程中，探险队忍受了令人难以想象的艰苦。他们背着沉重的行李在泥沼中前行，不仅无法休息，还得忍受蚊虫的叮咬。当美丽的泰莱湖终于出现在探险队员眼前时，他们欢呼起来。

但这只是此次追踪的开始。考察队搭起帐篷，安置好各种观察仪器，足足等了 6 个星期，才得以看到这头怪兽的“尊容”。

这一露面，队员们便亲眼目睹了怪物，还听到了它的叫声，给怪物拍了照，录了音，还在这期间找到了一些较完整的恐龙骨骼。但这次探险因雷吉斯姆特兹体力不支而宣告结束。

两年后，刚果也组织了一支国家探险队，沿着雷吉斯姆特兹的路线进发，又来到泰莱湖畔。这一次，人们才清楚地看到了怪兽的样子。隔着 3000 米的湖水，一个奇异的长颈怪物半浮在水面上，背部相当宽而头很小。

后来，科学家们根据探险的所有记录分析，这种怪物很可能是恐龙中的一种——“雷龙”，但结果还有待进一步证实。

知识小卡片

雷龙是目前为止发现的最大的恐龙之一，体重多达 30 吨。据阿根廷新发现的恐龙大腿骨推测，其身高为 20 米到 30 米，身长为 35 米左右。不过雷龙是较温和的食草动物，可能生活在平原与森林中，并可能成群结队而行。

独闯沙漠的女子

荷兰有一位名叫亚历山大·蒂娜的女子，是所有沙漠探险者中很特别的一个，因为她是第一个在沙漠探险活动中留下名字的女性。1869 年初，蒂娜决定到撒哈拉沙漠探险。在做好准备后，她便向沙漠进军了。

刚进入沙漠时，蒂娜感到很不适应，过了几天才渐渐习惯。一天下午，蒂娜在沙漠中遭遇了风暴，她只好找到一块凹地，让骆驼趴在那里，自己躲在骆驼身后。这场风暴一直刮到天黑，蒂娜终于战胜了进入沙漠后的第一次重大考验。虽然她内心有点害怕，但却并没有因此而动摇。很快，她就到达了摩尔苏奎，成为第一个到达这里的女探险家。

休息几天后，蒂娜再次出发了，这次她要到通布图和卡西纳去。她想找一支商队，这样可以避免迷路。然而，只因为她是女性，商队都不同意带她。蒂娜只好找到当地的土著，请求酋长派几个人给

贝都因人是以氏族部落为基本单位在沙漠旷野过游牧生活的阿拉伯人，骆驼对贝都因人至为重要，故贝度因人又喜欢自称驼民。坚忍不拔、吃苦耐劳、热情好客、自由自在、无拘无束，是贝都因人的个性特征。

扫一扫 听故事中大奖

她当向导。酋长很想从她身上得到一些钱财，但当时蒂娜所带的钱已不多了，就许诺加倍给他。酋长派了三个亚雷古人和她一起进入了沙漠。

走了几天后，那三个人在一天清早将蒂娜捆了起来，向她勒索钱财。但蒂娜已经没有钱了，她向三个人苦苦哀求和解释，但没有用。三个人没要到钱，最后气急败坏地割断了蒂娜手腕上的血管。蒂娜的鲜血染红了身旁的黄沙，她只有 30 岁的年轻生命也永远地留在了撒哈拉沙漠中。

在条件不够成熟的情况下去冒险做一件事，虽然表现出了一定的勇气，但代价也会很沉重。

101 天孤身划行

1984 年 6 月 10 日清晨，南大西洋上出现了一只单人划艇。艇上，巴西经济学家阿米尔 · 克林克划着桨，从非洲纳米比亚南端出发，划向巴西的萨尔瓦多港。

阿米尔每天要划 8 至 10 个小时。在浪涛中，除了划桨，他还收听广播、看书、拍照、写航海日记，竭力排解孤独。

在大海上，孤独并不是最可怕的，几次惊骇都是来自鱼。由于阿米尔出发时忘了带塑料垃圾袋，因此丢下的残食常常引来鲸和鱼群。鲨鱼似乎也不想让他寂寞，时而成群地绕着小艇兜圈子、撞艇体，阿米尔只好躲进密闭的艇舱里。

更奇特的是，有天夜里，小艇居然被一头巨鲸平托起来，完全脱离了海水。那头鲸把小艇驮着游了半小时之久！阿米尔生平第一次被惊吓得浑身颤抖起来。幸而这条小艇制作特别，舱门与艇体密封得特别好，才使阿米尔没有成为鱼类的食物。

1984 年 9 月 17 日，阿米尔划着小艇，战胜了孤独和惊涛骇浪，终于胜利到达了巴西萨尔瓦多港附近的希望海滩。

此时，海滩上百余名划艇手都在列队欢迎他。阿米尔激动地跳下小艇，快步走向人群，张开双臂和人们拥抱。

“今天是我一生中最美好的日子。”这是阿米尔经过 101 天孤身划行，从非洲越过 7000 公里大西洋返回巴西后的第一句话。

超少年全景视觉探险书

解秘地球

一套多媒体可以视、听的探险书

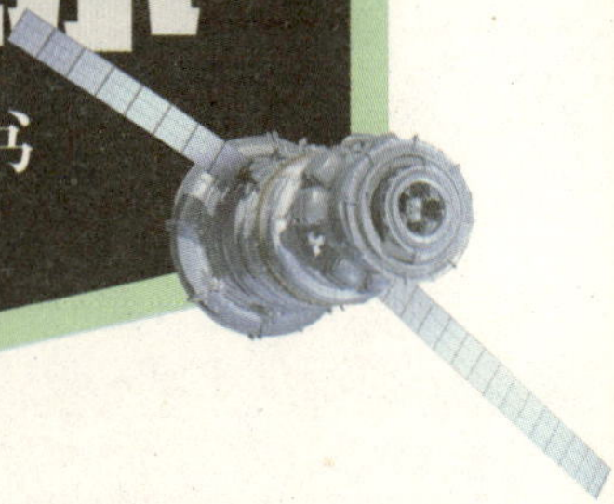

SUPER JUNIOR

聂雪云◎编著

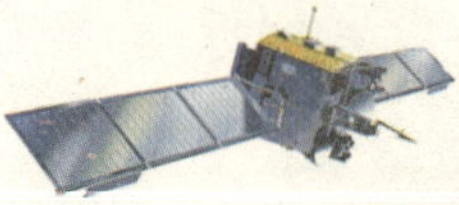

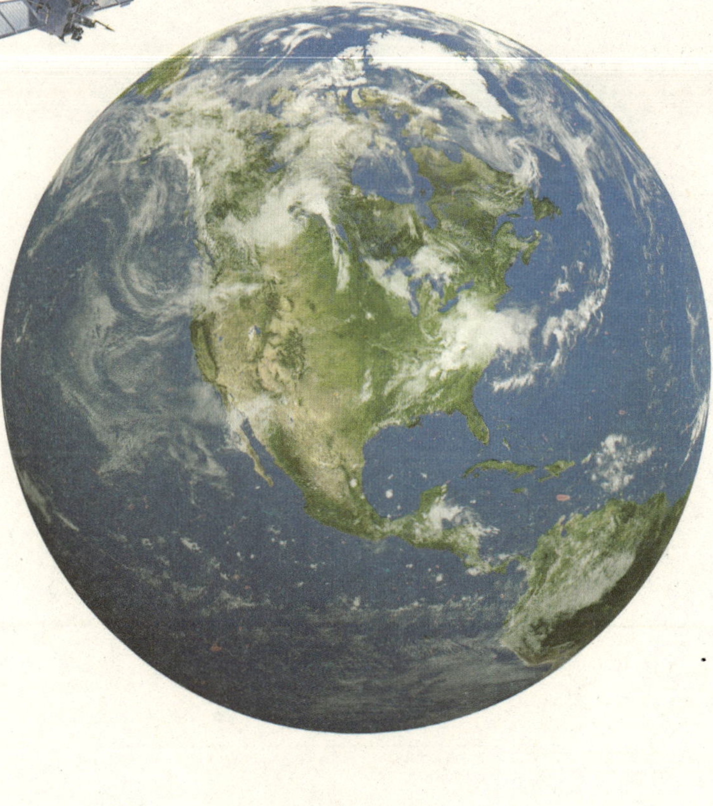

UNITY PRESS 团结出版社

图书在版编目（CIP）数据

解秘地球 / 聂雪云编著 . -- 北京 : 团结出版社 , 2016.9

（超少年全景视觉探险书）

ISBN 978-7-5126-4447-2

Ⅰ . ①解… Ⅱ . ①聂… Ⅲ . ①地球–青少年读物 Ⅳ . ① P183-49

中国版本图书馆 CIP 数据核字 (2016) 第 210011 号

解秘地球

JIEMIDIQIU

出　版：团结出版社

（北京市东城区东皇城根南街 84 号　邮编：100006）

电　话：（010）65228880　65244790

网　址：http://www.tjpress.com

E-mail：65244790@163.com

经　销：全国新华书店

印　刷：北京朝阳新艺印刷有限公司

装　订：北京朝阳新艺印刷有限公司

开　本：710mm × 1000mm　1/16

印　张：48

字　数：680 千字

版　次：2016 年 9 月第 1 版

印　次：2016 年 9 月第 1 次印刷

书　号：ISBN 978-7-5126-4447-2

定　价：229.80 元（全八册）

（版权所属，盗版必究）

解 秘 地 球

前言

FOREWORD

21世纪是一个知识大爆炸的时代，各种知识在日新月异不断地更新。为了更好地满足新世纪少年儿童的阅读需要，让孩子们获取最新的知识、帮孩子们学会求知、培养孩子们良好的阅读习惯、增强孩子的知识积累，我们编辑了这套最新版的《超少年全景视觉探险书》。

本书的内容包罗万象、融合古今，涵盖了动物、植物、昆虫、微生物、科技、航空航天、军事、历史和地理等方面的知识。都是孩子们最感兴趣、最想知道的科普知识，通过简洁明了的文字和丰富多彩的图画，把这些科学知识描绘得通俗易懂、充满乐趣。让孩子们一方面从通俗的文字中了解真相，同时又能在形象的插图中学到知识，启发孩子们积极思考、大胆想象，充分发挥自己的智慧和创造力，让他们在求知路上快乐前行！

目录 CONTENTS

超少年密码

解秘地球

地理知识

地理奇观

地理知识
DILIZHISHI

了解我们的地球

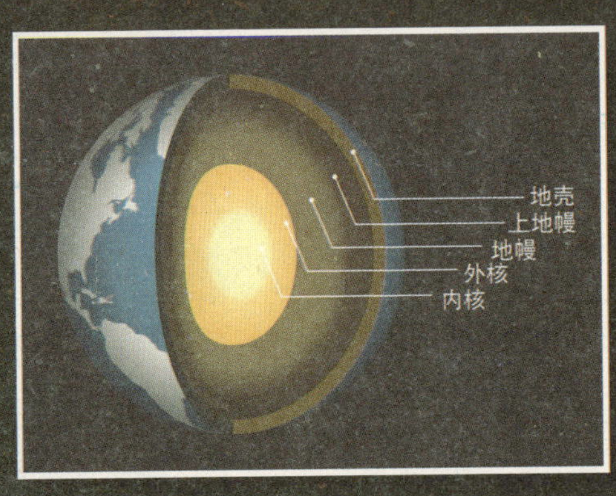

地球属于银河系中的太阳系，处在金星与火星之间，是太阳系中距离太阳第三近的行星。地球是上百万种生物的家园，包括人类。地球是目前宇宙中已知存在生命的唯一天体。地球赤道半径 6378.137 千米，极半径 6356.752 千米，平均半径约 6371 千米，赤道周长大约为 40076 千米。地球上 71% 为海洋，29% 为陆地，在太空上看地球呈蓝色。所以人们往往把地球叫作“蓝色的星球”，也叫“水球”。

地球分为地球外圈和地球内圈两大部分。地球外圈可进一步划分为四个基本圈层，即大气圈、水圈、生物圈和岩石圈；地球内圈可进一步划分为三个基本圈层，即地幔圈、外核液体圈和固体内核圈。此外在地球外圈和地球内圈之间还存在一个软流圈，它是地球外圈与地

球内圈之间的一个过渡圈层，位于地面以下平均深度约150千米处。这样，整个地球总共包括八个圈层，其中岩石圈、软流圈和地球内圈一起构成了所谓的固体地球。

人们使用同位素年龄鉴定法来测定地壳的年龄。用这种方法测出的最古老岩石为40亿年。所以估计地球的年龄约为45～46亿年。如果从地球开始聚集蕴育算起，一般估计为60亿年。

地球的运动分为两种：一种是自身绕轴旋转，叫自转，让地球有了白天和黑夜；一种是沿着椭圆形轨道绕太阳运转，叫公转，让地球有了春夏秋冬四季。

地球只有一颗卫星，那就是月球。月球直径约3476千米，是地球的1/4。体积只有地球的1/49，质量约7350亿亿吨，相当于地球质量的1/81，月球表面的重力差不多是地球重力的1/6。

你要知道的地理学名词

一、经线

通过地轴的平面与地面相交而成的大圆，称“经圈”。所有的经圈都相交于南、北两极并被两极平分为两个半圆，称“经线”或“子午线”。经线指示南北方向，同所有纬线垂直相交。地球上每条经线长度大致相等。

二、经度

我们把通过英国格林威治天文台原址的那条经线定为0°经线。把某经线所在的平面与0°经线平面间的夹角称为经线的经度，从0°经线向东为东经度，向西为西经度，各有180°。东经180°和西经180°经线重合。

三、本初子午线

地球上这条零度经线（本初子午线）是人为假定的，它不像纬度，有自然起讫点（赤道和两极）。这样就使零度经线的选择，曾陷入过各自为政的状态。

我国的北京、洛阳，法国的科沙裴多、巴黎，英国的伦敦，俄罗斯的圣彼得堡，希腊的雅典，丹麦的哥本哈根，西班牙的马德里，挪威的奥斯陆，土尔其的伊斯坦布尔，芬兰的赫尔辛基等，都曾一度作为各国自己规定的本初子午线所在地。

1884 年在华盛顿召开的国际经度学术会议上，正式确定以通过英国伦敦格林尼治天文台的经线作为全球的零度经线，公认为世界计算经度的起点线。

1953 年，虽然格林尼治天文台由于二战被炸，迁往位于东经 0° 20′ 25″ 的赫斯特蒙苏，但全球经度仍然以原址为零点来计算，其原址后来已成为英国航海部和全国海洋博物馆天文站。

四、纬线

一切垂直于地轴的平面与地球表面相交而成的正圆称为“纬线”。所有的纬线都相互平行，并与经线垂直，纬线指示东西方向。纬线

扫一扫 听故事
中大奖

圈的大小不等，赤道为最大的纬线圈，从赤道向两极纬线圈逐渐缩小，到南、北两极缩小为点。

五、纬度

纬度通常指地理纬度。某地点的地面法线与赤道平面的夹角，称为该地点的纬度。纬度自赤道量起，至南、北两极各为 90° 。赤道以北为北纬度；赤道以南为南纬度，而赤道为 0° 纬度。

六、东半球

地球表面以西经 20° 和东经 160° 所组成的经线圈为界，把地球平分为东、西两个半球，从西经 20° 向东至东经 160° 的半个球称为东半球。在东半球上分布着欧、亚、非三大洲和澳大利亚。

七、西半球

从西经 20° 向西至东经 160° 的半个球叫西半球。在西半球上分布着南、北美洲。东西半球之所以如此划分，是为了使分界线基本上从大洋上通过，避免欧洲、非洲某些国家被分割在东、西两个半球上。

八、地轴

通过地心连接南北两极的假想轴线，称为地轴。地球围绕地轴旋转。地轴与赤道平面垂直，与地球公转轨道平面相交成66° 34′的夹角。

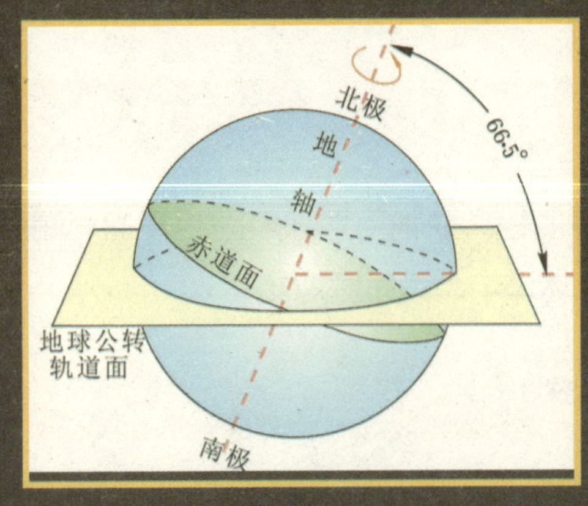

九、地心

地心是地球的球心。若把地球看作质量均匀的正球体，则地心就是地轴的中点并位于地球赤道平面的中心。

十、南极

一般指地球南极。地轴与地球表面相交的南端点，即地面上的最南点，位于南极洲上，其纬度为南纬 90°。

十一、北极

一般指地球北极。地轴与地球表面相交的北端点，即地面上的最北点，位于北冰洋中，其纬度为北纬 90°。

十二、南半球

地球赤道把地球分为两个半球，赤道以南的称为南半球。在南半球中，海洋面积占 80.9%，陆地面积占 19.1%。全部位于南半球

的是南极洲。亚洲、非洲、大洋洲、南美洲都是跨越南、北两半球的大洲。

十三、北半球

赤道以北的半球称为北半球。在北半球中，海洋面积占60.7%，陆地占39.3%。

全部位于北半球的有北美和欧洲。

十四、回归线

南纬23° 26′与北纬23° 26′是地球上太阳能够垂直照射的最南和最北界线，太阳直射点总是在这两条线之间来回移动，似乎太阳直射点一遇到这两条线立即回归，故名。回归线也是热带与温带的界线。

十五、北极星

北极星是天北极附近的一颗明亮恒星。北极星因年代不同而常

有改变。现在的北极星是小熊座斗柄的第一颗星，在北半球北极星约略指示北方，其高度为观测地点的纬度。

十六、180° 经线

国际上将以经度 180° 子午线为基础，绕过岛屿和海峡的一条折线，定为“国际日期变更线”，简称“日界线”。为了不使一个国家出现两个日期，这条线在穿过俄罗斯和美国阿拉斯加之间地区以及穿过太平洋上一些岛屿时，有些曲折。当国际日期变更线上到达零点时，地球上新的一天就宣告开始了。

十七、时区

全世界共划分出 24 个时区，每个时区跨经度 15°，相邻时区的时间相差 1 小时。以 0° 经线为中央经线的时区为零时区或中时区，零时区的范围是从西经 7.5° 至东经 7.5°。

位于零时区内的地方，都统一使用 0° 经线的地方时。从零时区向东叫“东时区”，依次划分为东一区至东十二区；向西叫“西时区”，依次划分为西一区至西十二区。东西十二区合并为一个时区，以东西经 180° 为中央经线。

有了标准时区以后，只要我们知道两个地方区在哪个时区内，就能很快说出这两个地方的时间差来。比如，北京在东八区内，巴黎在零时区内，北京和巴黎的时差是 8 小时。当北京是早上 8 点的时候，巴黎应该是夜里 0 点。

有的国家虽然地跨几个时区，但却用统一的时间。像我们中国，为了计时方便，全国都使用东八区的标准时间，也就是用东经 120° 的地方时作为统一时间，叫做“北京时间”。

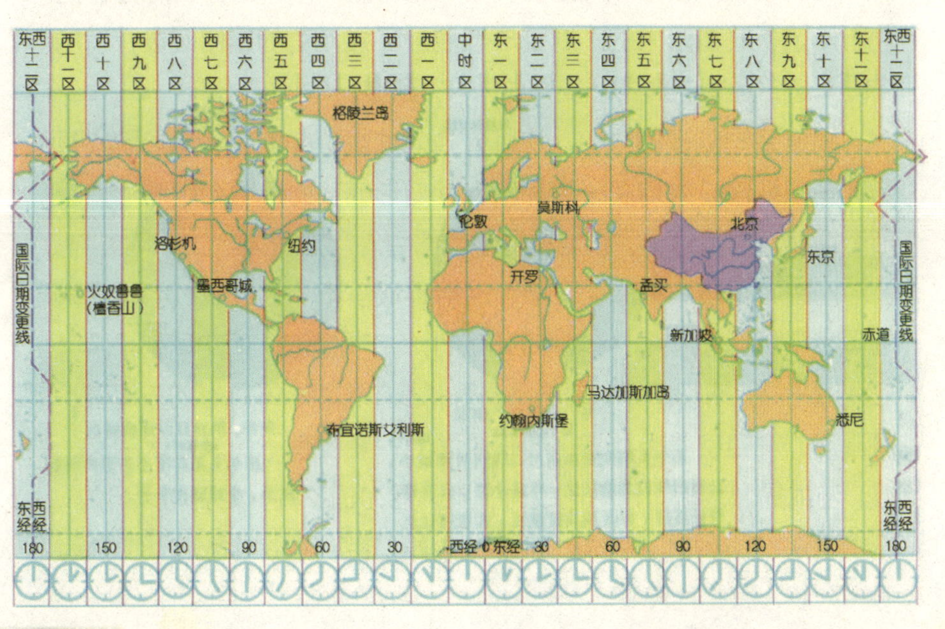

地球的地貌

地貌就是地球表面崎岖不平的外貌，也称为“地形”。

地貌是在来自地球内部的内力和来自地球之外的外力相互作用之下形成、发育起来的。地貌形态复杂多样，有的雄伟挺拔，有的广阔无边，还有的婀娜多姿，成为景观胜地。

根据空间规模的大小，地貌分为大地貌、中地貌、小地貌，甚至还有微地貌。大地貌一般都由内营力形成，而外营力则塑造地貌形态细节，大部分中、小地貌的形成都与外营力有关。

山地、丘陵、高原、平原、盆地是最基本的大地貌。中国广大的华北平原是大地貌；华北地区平原上的不同部位，如冲积扇平原、三角洲平原、海积平原、湖积平原等就是中地貌；平原上的古河道、河漫滩、决口扇是小地貌；而平原面上一些仅有一两米起伏的岗、坡、洼就是微地貌。根据形成时主要外营力的不同，地貌可以分为：流水地貌、喀斯特地貌、黄土地貌、丹霞地貌、冰川地貌、风沙地貌、海岸地貌、火山地貌等。

冰山的形成

其实，冰山并不是真正的山，而是漂浮在海洋中的巨大冰块。在两极地区，海洋中的波浪或潮汐猛烈地冲击着海洋附近的大陆冰，天长日久，大陆冰的前缘便慢慢地断裂下来，滑到海洋中，漂浮在水面上，形成了所谓的冰山。

冰山体积的90%都沉浸在水底下，我们在海面上所看到的仅仅是它的头顶部分。它在水底部分的吃水深度一般都超过200米，深的可达500米之多。这一座座巨大的冰山，随着海流的方向能漂流到很远很远的地方。在正常情况下，它们每天大约能漂流6 000米。许多大冰山在海上可以漂流十几天，最后由于风吹日晒、海浪冲击，渐渐消失在温暖海域的海水中。

岛屿的形成

四面环水的小块陆地称为“岛屿”。其中面积较大的称为“岛”，如我国的“台湾岛”；面积特别小的称为“屿”，如厦门对岸的鼓浪屿；聚集在一起的岛屿称为“群岛”，如我国的舟山群岛。

而按弧线排列的群岛又称为“岛弧”，如日本群岛。三面临水，一面和陆地相连的称“半岛”，世界上最大的半岛是阿拉伯半岛。全世界的海岛有20多万个，海岛总面积达996.35万平方千米，占地球陆地总面积的6.6%。全世界有42个国家的领土全部由岛屿组成。

岛按成因可分成大陆岛、火山岛、珊瑚岛和冲积岛四大类。大陆岛是一种由大陆向海洋延伸，露出水面的岛屿。世界上较大的岛基本上都是大陆岛。它们是因地壳上升、陆地下沉或海面上升、海水侵入，部分陆地与大陆分离而形成的。

火山岛是因海底火山持久喷发，岩浆逐渐堆积，最后露出水面而形成的。

珊瑚岛是由热带、亚热带海洋中的珊瑚虫残骸及其他壳体动物残骸堆积而成的，主要集中于南太平洋和印度洋中。珊瑚礁有三种类型：岸礁、堡礁和环礁。

冲积岛一般都位于大河的出口处或平原海岸的外侧，是河流泥沙或海流作用堆积而成的新陆地。世界最大的冲积岛是位于亚马逊河河口的马拉若岛。

盆地的形成

盆地四周高、中间低，整个地形像一个大盆。盆地的四周一般有高原或山地围绕，中部是平原或丘陵。盆地主要有两种类型：一种是地壳构造运动形成的盆地，称为构造盆地，如我国新疆的吐鲁番盆地、江汉平原盆地；另一种是冰川、流水、风和岩溶侵蚀形成的盆地，称为侵蚀盆地，如我国云南西双版纳的景洪盆地，主要由澜沧江及其支流侵蚀扩展而成。

盆地面积大小不一，大的如中国的四川、塔里木、准噶尔、柴达木等盆地，面积都在10万平方千米以上，小的盆地只有方圆几千米。这些盆地内的自然条件优越，资源丰富，被人们称为“聚宝盆”。

沼泽的形成

沼泽大多分布在地表低洼的地区。这种地区，地势低平，积水较多，气温较低，蒸发量很小。

形成沼泽的原因有两种。一种是在江河湖海的边缘或浅水部分，由于泥沙大量堆积，水草丛生，再加上微生物对水草残体的分解，逐渐演变成沼泽。另一种是在森林地带、草垫区、洼地和永久冻土带，这里地势低平，坡度平缓，排水不畅，地面过于潮湿，繁殖着大量的喜湿性植物，这些植物霉烂形成黑色泥炭层，逐渐形成沼泽。

沼泽地区的植被都是喜湿性草本科植物，主要是莎草、苔草和泥炭藓。沼泽地不能长庄稼。有些沼泽看上去好像毛茸茸的绿色地毯，但下面却是无底的泥潭，人一踏上就会陷进去，人们称它为“绿色陷阱”。

美丽的极光

极光是一种大气光学现象。当太阳黑子、耀斑活动剧烈时，太阳发出大量强烈的带电粒子流，沿着地磁场的磁力线向南北两极移动。粒子流以极快的速度进入地球大气的上层，其能量相当于几万或几十万颗氢弹爆炸的威力。带电粒子由于速度很快，与空气中的原子碰撞时，原子外层的电子便获得能量。当这些电子获得的能量释放出来，便会辐射出一种可见的光束，这种带迷人色彩的光束就是极光。

地球的两极有两个大磁场，带电粒子流受地球磁场的影响，飞行路线就要向两极偏转，因而两极地区形成的粒子流较中纬度地区更多，在高纬度地区人们能观察到极光的机会便多些。出现在北极的叫“北极光”，出现在南极的叫“南极光”。

极光通常有带状、弧状、幕状或放射状等多种形状。由于空气中含有氢、氧、氮、氦、氖、氩等气体，在带电粒子流的作用下，各种不同气体便发出不同的光。比如氖气发出红光，氩气发出蓝光……因此极光的颜色也是丰富多彩、变幻无穷的。极光往往突然出现，持续一段时间以后又突然消失。

在瑞典、挪威、俄罗斯和加拿大北部，一年可以看到 100 次左右的极光，出现的时间大多在春季和秋季。在加拿大北部的赫德森湾地区，每年见到的极光多达 240 次。在我国最北部的黑龙江省漠河地区，人们常常可以看到五彩斑斓的北极光。

瀑布的形成

瀑布形成的原因很多，主要有以下几种：

由于地壳运动，造成了很陡的岩壁，河流经过这里，自然就飞泻而下；

火山顶端留下的火山积水成湖，湖水溢出；

火山喷出的岩浆或是由地震引起的山崩堵塞了河道，形成了天然的堤坝，提高了水位，水流溢出；

河流的河床中，硬性岩石不易被冲蚀，软性的岩石容易被冲蚀，产生了河底地形的高低差别，在古代冰川“U”型谷，后来被河流占据，水流在深浅差异很大的谷地交接流过；

在河流注入海洋处的海岸边，如果海岸被破坏的速度很快的话，原来高出海面的河底就会“悬置”在海岸上；

在石灰岩地区暗河流过的地方，地势高低陡然变化，或者暗河从陡峻的山崖涌出。

可怕的火山喷发

火山喷发是一种奇特的地质现象，是地壳运动的一种表现形式，也是地球内部热能在地表的一种最强烈的显示，是岩浆等喷出物在短时间内从火山口向地表的释放。由于岩浆中含大量挥发成分（指岩浆中所含的水、二氧化碳、氟、氯、硼、硫等易于挥发的组分），加之上覆岩层的围压，这些挥发成分溶解在岩浆中无法溢出，当岩浆上升靠近地表时，压力减小，挥发成分急剧被释放出来，于是形成火山喷发。

因岩浆性质和地下岩浆库内的压力、火山通道的形状、火山喷发环境（陆上或水下）等诸多因素的影响，火山喷发场景及喷发的形式有很大差别，一般分裂隙式喷发和中心式喷发。

裂隙式喷发是岩浆沿着地壳上的巨大裂缝溢出地表。这类喷发没有强烈的爆炸现象，喷出物多为基性熔浆，冷凝后往往形成覆盖面积广的熔岩台地。现代裂隙式喷发主要分布于大洋底的洋中脊处，是海底扩张的原因之一。

中心式喷发是地下岩浆通过管状火山通道喷出地表，称为中心式喷发。这是现代火山活动的主要形式。

奇幻的海市蜃楼

在平静无风的海面航行或在海边 望，往往会看到空中映现出远方船舶、岛屿或城廓楼台的影像；在沙漠旅行的人有时也会突然发现，在遥远的沙漠里有一片湖水，湖畔树影摇曳，令人向往。可是当大风一起，这些景象突然消逝了。原来这是一种幻景，通称“海市蜃楼”，或简称“蜃景”。

为什么会产生这种现象呢？

这是因为在炎热的夏季或沙漠地区，当近地面的空气受到太阳的猛烈照射时，温度升得很高，空气密度变小了，而上层的空气仍然比较冷，空气密度增大，这样由远方物体各点所投射的光线在穿过不同密度的空气层时，就要向远离法线的方向折射。当光线快射到地球表面时，就会发生全反射，于是远处物体上下各点所投射的光线就沿下凹的路径到达观察者眼中，出现“海市蜃楼”。

而在地面逆温较强的地区，尤其是在冷海面或极地冰雪覆盖的地区，由于底层空气密度很大，而上层空气密度很小，这种上疏下密的空气就能使物体投射的光线经过它产生折射和全反射现象，也会出现“海市蜃楼”的景象。

危害巨大的山洪灾害

山洪灾害是指由山洪暴发而给人类社会系统所带来的危害，包括溪河洪水泛滥、泥石流、山体滑坡等造成的人员伤亡、财产损失、基础设施损坏以及环境资源破坏等。

山洪灾害的种类主要有溪河洪水、滑坡和泥石流。导致山洪灾害发生的主要因素有三个：地质地貌因素、人类活动因素和气象水文因素。

据统计，发生山洪灾害主要是由于受灾地区前期降雨持续偏多，使土壤水分饱和，地表松动，遇短时强降雨后，降雨迅速汇聚成地表径流而引发溪沟水位暴涨、泥石流、崩塌、山体滑坡。从整体发生、发展的物理过程可知，山洪灾害主要还是持续的降雨或短时强降雨引发的。

迷人的四季

地球上秋来夏往，冬去春回，年复一年，四季永远这样循环着。这种四季冷暖的周而复始是怎样形成的呢？

我们都有烤火取暖的体验。当我们正对着炉火时，感觉特别烤人；斜对着时，就不那么热了。此外，注意观察的同学，会发现这样一个现象：朝南的房间，冬天充满阳光，而夏天阳光却射不到室内。这说明太阳的高度在变化：冬天低，阳光斜射；夏天高，阳光直射。想想形成这些现象的原理，与天气冷暖变化联系起来，四季变化形成的原因就不难理解了。

太阳高度周期性的变化，造成周期性的直射和斜射。太阳高度

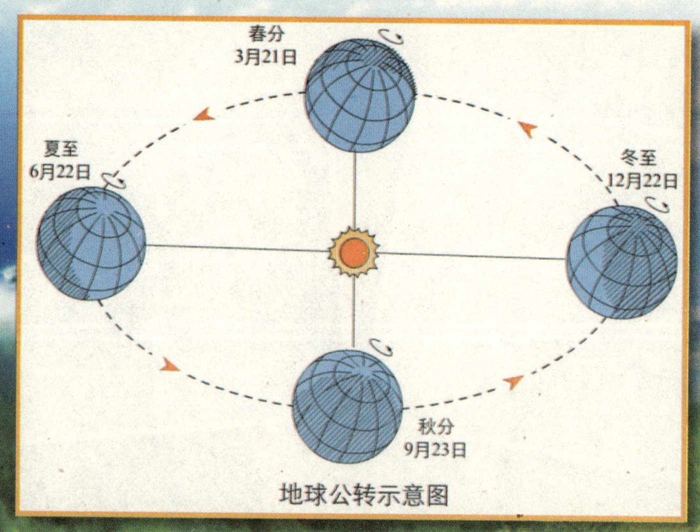

地球公转示意图

为什么会有周期性的变化呢？

地球在绕太阳公转的过程中，地轴始终与轨道面倾斜成66° 33′的夹角。由于地轴的倾斜，当地球处在轨道上的不同位置时，地球表面不同地点的太阳高度是不同的。太阳高度大的时候，阳光直射，热量集中，就好像正对着火炉一样；而且太阳在空中经过的路径长，日照时间长，昼长夜短，必然气温高，这就是夏季。

反之，太阳高度小时，阳光斜射地面，热量分散，相当于斜对着火炉；而且太阳在空中所经路径短，日照时间短，昼短夜长，气温则低。由冬季到夏季，太阳高度由低变高。同样的道理，太阳高度的变化影响着昼夜的长短和温度的高低，分别形成了秋季和春季。

由于地球永不停歇地侧着身子，围绕太阳这个大火炉运转，这种冷暖便不停地交替着，从而形成了寒来暑往的四季。

有趣的泥火山

众所周知，火山一般都是由火山口喷出地下岩浆，不管中国还是外国都是如此。但此处，我们介绍的不是普通火山，而是泥火山。泥火山和熔岩火山有哪些不同呢？

泥火山又称“假火山”，是夹带着水、泥、砂和岩屑的地下天然气体，在压力作用下不断地喷出地表所堆成的泥丘，可以认为是火山活动尾声，也可以认为是天然气苗喷出的产物。

泥火山形成有两个关键因素：较快的沉积速率和活动大陆边缘的横向挤压。早在19世纪中期人们就认识到泥火山与构造活动有关：它们多发生在大断层的交汇处。因此可以通过钻探观察它与地震的关系，并依据其发育情况判断其走向。一般泥火山的喷发频率与地震有着一定的内在联系：地震过后不久，往往会发生泥火山喷发。

绚烂的彩虹

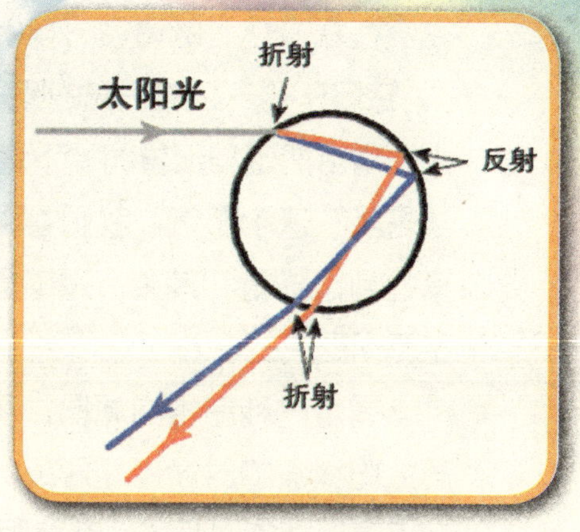

彩虹是一种自然现象，是由于阳光射到空气的水滴里，发生光的反射和折射造成的。当阳光照射到半空中的雨点，光线被折射及反射，就会在天空中形成拱形的七彩光谱。彩虹有七彩颜色，从外至内分别为：红、橙、黄、绿、蓝、青、紫。

彩虹最常在下午，雨后刚转天晴时出现。这时空气内尘埃少而充满小水滴，天空的一边因为仍有雨云而较暗，而观察者头上或背后已没有云的遮挡而可见阳光，这样彩虹便会较容易被看到。另一个经常可见到彩虹的地方是瀑布附近。在晴朗的天气下背对阳光在空中洒水或喷洒水雾，亦可以人工制造彩虹。

冬天不大会出现虹，是因为天气较冷，空气干燥，下雨机会少，阵雨就更少，多数是降雪，而降雪是不会形成虹的。但在极少的情况下，天空中具有形成虹的恰当条件时，也有可能出现虹。

霜的形成

在寒冷季节的清晨，草叶上、土块上常常会覆盖着一层霜的结晶。它们在初升起的阳光的照耀下闪闪发光，待太阳升高后就融化了。人们常常把这种现象叫“下霜”。翻翻日历，每年10月下旬，总有“霜降”这个节气。我们看到过降雪，也看到过降雨，可是谁也没有看到过降霜。其实，霜不是从天空降下来的，而是在近地面层的空气里形成的。

霜是一种白色的冰晶，多形成于夜间。少数情况下，在日落以前太阳斜照的时候也能形成。通常，日出后不久霜就融化了。但是在天气严寒的时候或者在背阴的地方，霜也能终日不消。

霜的形成不仅和当时的天气条件有关，而且与所附着的物体的属性有关。当物体表面的温度很低，而物体表面附近的空气温度却比较高时，会在空气和物体表面之间有一个温度差。物体表面与空气之间的温度差主要是由物体表面的辐射冷却造成的，在较暖的空气和较冷的物体表面相接触时空气就会冷却，达到水汽过饱和的时

候，多余的水汽就会析出。如果温度在0℃以下，则多余的水汽就在物体表面凝结为冰晶，这就是霜。因此霜总是在有利于物体表面辐射冷却的天气条件下形成。

另外，云对地面物体夜间的辐射冷却是有影响的，天空有云不利于霜的形成，因此霜大都出现在晴朗的夜晚，也就是地面辐射冷却强烈的时候。

此外，风对于霜的形成也有影响。有微风的时候，空气缓慢地流过冷物体表面，不断地供应着水汽，有利于霜的形成。但是，风大的时候，由于空气流动得很快，接触冷物体表面的时间太短，同时风大的时候，上下层的空气容易互相混合，不利于温度降低，从而也会妨碍霜的形成。大致说来，当风速达到3级或3级以上时，霜就不容易形成了。

因此，霜一般形成在寒冷季节里晴朗、微风或无风的夜晚。

扫一扫 听故事
中大奖

晶莹剔透的雪花

在天空中运动的水汽怎样才能形成降雪呢？是不是温度低于零度就可以了？不是的，水汽想要结晶，必须具备两个条件：

一个条件是水汽饱和。空气在某一个温度下所能包含的最大水汽量，叫做“饱和水汽量”。空气达到饱和时的温度，叫做“露点”。饱和的空气冷却到露点以下的温度时，空气里就有多余的水汽变成水滴或冰晶。

因为冰面饱和水汽含量比水面要低，所以冰晶增长所要求的水汽饱和程度比水滴要低。也就是说，水滴必须在相对湿度（相对湿度是指空气中的实际水汽压与同温度下空气的饱和水汽压的比值）不小于100%时才能增长；而冰晶呢，往往在相对湿度不足100%时也能增长。例如，空气温度为-20℃时，相对湿度只有80%，冰

晶就能增长了。气温越低，冰晶增长所需要的湿度越小。因此，在高空低温环境里，冰晶比水滴更容易产生。

另一个条件是空气里必须有凝结核。有人做过试验，如果没有凝结核，空气里的水汽，过饱和到相对湿度 500% 以上的程度，才有可能凝聚成水滴。但这样大的过饱和现象在自然大气里是不会存在的。所以没有凝结核的话，我们地球上就很难能见到雨雪。

凝结核是一些悬浮在空中的很微小的固体微粒。最理想的凝结核是那些吸收水分很强的物质微粒，比如说海盐、硫酸、氮和其他一些化学物质的微粒。所以我们有时才会见到天空中有云，却不见降雪。在这种情况下人们往往会采用人工降雪。

石头为什么会开花

在泰山脚下有一个石文化陈列馆，馆内陈列着一块自然奇石，这块石头竟能开出花来。

这块石头高 30 到 40 厘米，形状好像昂着头的海豹，石头表面有鼓出的密密麻麻的白色“花蕾”，这些“花蕾”过不了几天便依次开出一朵朵褐红色的小花，花朵直径 0.5 到 2 厘米不等。花开败后，花花相连，便形成一层新的石头。

据泰山管委会的负责人介绍，这块奇石是山东省新泰市宫里镇王周祥老人从村南山坡上捡回的自然青石，后随手放在家内墙边。不久，王周祥发现，这块石头不仅会开花而且在长高。消息传来，周围许多农民都到王家争看这一奇观。为保护这块自然奇石不遭破坏，王周祥老人专程把它送到泰山石文化陈列馆陈列。

据悉，这块石头 3 年长了近 6 厘米，地质部门的有关人士初步鉴定后认为，青石开花可能是石灰岩骤遇空气水分发生分解而产生的。

暴雨是怎么形成的

暴雨是降水强度很大的雨。其雨势倾盆，一般指每小时降雨量在 16 毫米以上，或连续 12 小时降雨量在 30 毫米以上，或连续 24 小时降雨量在 50 毫米以上的降水。

我国气象上规定，24 小时降水量为 50 毫米及以上的雨称为“暴雨”。暴雨按其降水强度的大小又分为三个等级，即 24 小时降水量为 50 ～ 99.9 毫米称“暴雨”；100 ～ 200 毫米以下称“大暴雨”；200 毫米以上称“特大暴雨”。

暴雨是怎样形成的呢？形成暴雨首先要有充沛的水汽，大气中水汽含量越丰富，产生暴雨的机会就愈大。形成暴雨还必须有强烈的持续上升运动，这样才能使大气中的水汽持续不断地发生凝结并形成雨滴下落。

来自热带洋面的西南或偏南气流是水汽的输送带，高压西北侧的西南气流一般都携带有充足的水汽。当低空的西南气流达到一定强度（风速超过 12 米／秒）时称做“低空急流”，在其他条件有利时，低空急流一般都能形成暴雨。

当然，单有水汽条件还不够，还必须有造成持续强烈上升运动的冷空气条件，这一般要由高空槽来完成。高空槽后的西北气流携带的是干冷空气，当干冷空气与暖湿西南气流相遇，在低层就会产生辐合上升运动，水汽上升降温凝结成雨滴。当大气的高层有利于辐散维持时，上升运动就会持续，于是暴雨就形成了。

飓风是怎么形成的

飓风又称“台风”“龙卷风”，是形成于赤道海洋附近的热带气旋。飓风常常行进数千千米，横扫多个国家，造成巨大损失。

台风的成因，至今仍无法十分确定，但已知它是由热带大气内的扰动发展而来的。在热带海洋上，海水因受太阳直射而温度升高，容易蒸发成水汽散布在空中，故热带海洋上的空气温度高、湿度大。这种空气因温度高而膨胀，致使密度减小，质量减轻，而赤道附近风力微弱，所以很容易上升，发生对流作用，同时周围的较冷空气流入补充，然后再上升，如此循环不已，终使整个气柱皆为温度较高、重量较轻、密度较小的空气，这就形成了所谓的“热带低压”。然而空气之流动是自高气压流向低气压，就好像是水从高处流向低处一样，四周气压较高处的空气必向气压较低处流动，而形成“风”。在夏季，因为太阳直射区域由赤道向北移，致使南半球之东南信风越过赤道转向成西南季风侵入北半球，和原来北半球的东北信风相遇，更迫挤此空气上升，增加对流作用，再因西南季风和东北信风方向不同，相遇时常造成波动和旋涡。这种西南季风和东北信风相遇所造成的辐合作用，和原来的对流作用持续不断，使已形成为低气压的旋涡持续加深，也就是使四周空气加快向旋涡中心流，流入愈快时，其风速就愈大。当近地面最大风速到达或超过每秒 17.2 米时，我们就称它为“台风”。

海水为什么是咸的

海水中的盐究竟是从哪里来的？这个问题和海水的起源问题一样，始终是人们未解的难题。直到今天，人们对这一问题的探讨也没有停止过。

绝大多数的科学家认为，海水中的盐主要有两个来源：一种观点认为盐是海洋中的原生物。在地球刚形成时，由于大量的降雨和火山爆发，火山喷发出来的大量水蒸气和岩浆里的盐分随着流水汇集成最初的海洋，海水就咸了。不过，那时的海水并没有现在这样咸。后来，随着海底岩石可溶性盐类不断溶解，加上海底不断有火山喷发出盐分，海水逐渐变咸。

另一种观点认为陆地上的河流在流向大海的途中，不断冲刷泥土和岩石，把溶解的盐分带到了大海之中。据估计，全世界每年从河流带入海洋的盐分，至少有 30 亿吨。

可是，这两种解释都有不完善的地方，特别是海盐主要来自陆地河流的输入的理论。因为人们对海洋物质组成、化学性质和江河输入的计算结果表明，两者之间的数值相差非常之大。科学家们为了说明这些差异，曾提出过种种理论加以解释，但都不能令人信服。到了 20 世纪 70 年代之后，人们从新发现的海底大断裂带上的热液反应中，似乎找到了此解释的新证据。

科学家对海底热液矿化学反应过程研究后发现，通过海底断裂系的水体流动速率虽然只相当于河川径流的千分之五，但是，断裂聚热所产生的化学变化却比经河川携带溶解盐所引起的变化大数百倍。海底热液反应是海盐来源的重要补充的说法，已经为许多海洋科学家所接受。但是，这种解释并没有最终解开海水中盐的来源之谜。它只是提供海水中的盐的一个途径，但绝不是唯一的。

恐怖的沙尘暴

“沙尘暴”是“沙暴”与“尘暴”的总称，是一种多发生在干旱和半干旱地区的天气现象，由强风刮起干燥地表上的松软沙土和尘埃而形成，其导致空气混浊，能见度变低。其中“沙暴”系指大风把大量沙粒吹入近地层所形成的挟沙风暴；“尘暴”则是大风把大量尘埃及其他细粒物质卷入高空所形成的风暴。

那么沙尘暴是如何形成的呢？

沙尘暴的形成需要三个条件。一是地面上的沙尘物质，它是形成沙尘暴的物质基础。二是大风，这是沙尘暴形成的动力基础，也是沙尘暴能够长距离输送的动力保证。三是不稳定的空气状态，这是重要的局地热力条件。沙尘暴多发生于午后傍晚说明了局地热力条件的重要性。

此外，沙尘暴不仅是特定自然环境条件下的产物，而且与人类活动有对应关系。人为过度放牧、滥伐森林植被，工矿交通建设，尤其是人为过度垦荒破坏地面植被，扰动地面结构，形成大面积沙漠化土地，直接加速了沙尘暴的形成和发育。

研究表明，植物措施是防治沙尘暴的有效方法之一。专家认为植物通常以 3 种形式来影响风蚀：分散地面上一定的风动量；减少气流与沙尘之间的传递；阻止土壤、沙尘等的运动。

总之，人们一定要认识到，所生活的环境一旦被破坏，就很难恢复，不仅加剧沙尘暴等自然灾害，还会形成恶性循环，所以人们要自觉地保护自己的生存环境。

水为什么往低处流

水和其他的液体一样，有一定的体积，但是却没有一定的形状，所以它具有流动性。

水的流动主要和地球引力有关，在地球引力的作用下，水就会从比较高的地方流向比较低的地方。

人类掌握了水的这个特点，就可以用它来为人类造福。

例如很多地方拦河筑坝，蓄水成人工湖。这湖就是水的仓库，水多时，可以蓄留在水库中，农田需要时可以灌溉，有条件还能够用水发电，不会让水白白地流掉。在水多的地方，要是地势低洼，一遇暴雨，容易造成水灾。人们利用水向低处流的特性，开河凿渠，排泄洪水，以确保农作物的丰收。

你知道"火焰山"在哪儿吗

《西游记》中有一段很精彩的故事：孙悟空三借芭蕉扇，唐僧师徒智闯火焰山。这火焰山并非杜撰，而是确有此山。它就是位于新疆吐鲁番地区的火烧山。

火烧山最早记载于奇书《山海经》中，被称为"炎火之山"。古代人不解"山何以会燃"而编出了一个个奇妙的神话。现代人揭开了火烧山之谜：火烧山地表下有一厚达 39 米的易烧层。由于吐鲁番地区干旱少雨，炎热似火，难以形成土壤覆盖煤层，又由于天山的上升运动而高出潜水位，暴露在空气中的煤层便自行着火燃烧，燃烧时形成的裂隙成了通风"烟囱"，促进了煤层的不断燃烧。燃烧过的岩石变成了红黄色的火烧岩，质地坚硬，不易剥蚀，便成了一座座火烧山，断断续续矗立在地面上。夏日炎炎，骄阳似火，红色岩石在烟气作用下火光闪闪，俨然一座骇人止步的"火焰山"。科学家在高出地表百米的火烧山上，还发现了被冰川搬运到 6 千米之外天山脚下的烧结岩。这说明，煤层燃烧必是发生在冰川之前，距今已有几十万年了，即自第四纪以来煤层的燃烧就未停止过。

什么是泥石流

泥石流经常发生在峡谷地区和地震火山多发区，在暴雨期具有群发性。它是一股泥石洪流，瞬间爆发，是山区最严重的自然灾害。

泥石流是暴雨、洪水将含有沙石且松软的土质山体饱和稀释后形成的洪流，它的面积、体积和流量都较大。典型的泥石流由悬浮着粗大固体碎屑物并富含粉砂及黏土的黏稠泥浆组成。在适当的地形条件下，大量的水体浸透山坡或沟床中的固体堆积物质，使其稳定性降低，饱含水分的固体堆积物质在自身重力作用下发生运动，就形成了泥石流。泥石流是一种灾害性的地质现象。通常泥石流爆发突然、来势凶猛，可携带巨大的石块。因其高速前进，具有强大的能量，因而破坏性极大。

总结上面我们可以知道泥石流的形成需要三个基本条件：有陡峭便于集水集物的适当地形；上游堆积有丰富的松散固体物质；短期内有突然性的大量流水来源。

秋天为什么“秋高气爽”

当秋天来临的时候，暖湿空气往往已经从大陆转移到太平洋上，北方的干冷空气开始南下。这种干冷的空气本身十分干燥，所以很难凝结成云。同时，干冷的空气比较重，会下沉，沉到地面时又变热，而天空原有的云也通常会因变热蒸发而减少。结果，这些由冷空气控制的地区，天气总是晴朗的。

秋天，白天地面吸收太阳的热，夜间天空没有云遮蔽，热量可以自由地散发。秋分之后，夜长日短，白天吸收的热量就会比夜间散发的热量少，地面温度就逐渐降低了。而且，秋天空气中水分减少，干冷空气充满在人们的周围，人们皮肤上分泌出来的水分，就非常容易蒸发。由于这些原因，人就感觉凉爽了。

扫一扫 听故事 中大奖

什么是旱灾

旱灾指因气候严酷或不正常的干旱而形成的气象灾害。旱灾导致土壤水分不足，农作物水分平衡遭到破坏而减产或歉收，从而带来粮食问题，有时甚至引发饥荒。同时，旱灾亦可令人类及动物因缺乏足够的饮用水而死。

此外，旱灾后容易发生蝗灾，进而引发更严重的饥荒，导致社会动荡。

旱灾的形成主要取决于气候。通常年降水量少于 250 毫米的地区被称为“干旱地区”，年降水量为 250 ～ 500 毫米的地区被称为“半干旱地区”。世界上干旱地区约占全球陆地面积的 25%，大部分集中在非洲撒哈拉沙漠边缘、中东和西亚、北美西部、澳洲的大部和中国的西北部。这些地区常年降雨量稀少而且蒸发量大，农业

主要依靠山区融雪或者上游地区的水，如果融雪量或来水量减少，就会造成干旱。世界上的半干旱地区约占全球陆地面积的30%，包括非洲北部一些地区、欧洲南部、西南亚、北美中部以及中国北方等。这些地区降雨较少，而且分布不均，因而极易发生季节性干旱，或者常年干旱甚至连续干旱。

旱灾是普遍性的自然灾害，不仅使农业受灾，严重时还会影响到工业生产、城市供水和生态环境。中国通常将农作物生长期内因缺水而影响正常生长的状态称为“受旱”，受旱减产三成以上的称为“旱灾”，经常发生旱灾的地区称为“易旱地区”。

扫一扫 听故事
中大奖

什么是大气的温室效应

温室效应是指透射阳光的密闭空间由于与外界缺乏热交换而形成的保温效应，就是太阳短波辐射可以透过大气射入地面，而地面增暖后放出的长波辐射却被大气中的二氧化碳等物质所吸收，从而产生大气变暖的效应。

自工业革命以来，随着人口的急剧增加和工业的迅速发展，排入大气中的二氧化碳相应增多；再加上森林被大量砍伐，大气中应被森林吸收的二氧化碳没有被吸收，大气的温室效应也随之增强。此外，人类活动和大自然还会排放其他温室气体——氯氟烃、甲烷、低空臭氧和氮氧化物气体——来加剧这一状况的发展。

科学家预测，今后大气中二氧化碳每增加 1 倍，全球平均气温将上升 1.5～4.5℃，而两极地区的气温升幅要比平均值高 3 倍左右。因此，气温升高不可避免地使极地冰层部分融解，引起海平面上升。

海平面上升对人类社会的影响是十分严重的。如果海平面升高1米，直接受影响的土地约5×106平方千米，人口约10亿。如果考虑到特大风暴潮和盐水侵入，沿海海拔5米以下地区都将受到影响，这些地区的人口和粮食产量约占世界的1/2。一部分沿海城市可能要迁入内地，大部分沿海平原将发生盐渍化或沼泽化，不适于粮食生产。同时，对江河中下游地带也将造成灾害。海水入侵，会造成江水水位抬高，泥沙淤积加速，洪水威胁加剧，使江河下游的环境急剧恶化。温室效应和全球气候变暖已经引起了世界各国的普遍关注。目前，推进制订国际气候变化公约，减少二氧化碳的排放已成为大势所趋。

动物的“独立王国”

世界上不少人迹罕至的海岛，因其独特的地理、生态环境，成为某些动物的“独立王国”。

一、猴岛

猴岛位于我国海南岛陵水县南部的南湾半岛，1965 年起这里设立了南湾猕猴自然保护区，原来只有 60 多只猕猴，到目前已繁殖到 2 500 多只了，其名称由此而来。在加勒比海的托里科海岸附近，有一个卡圣约提阿高岛。1938 年英国人卡盘特从亚洲南部买来几只恒河猴放养在这个岛上。40 多年来，这里已繁殖了大量恒河猴，也成了世界著名的猴岛。

二、鸟岛

在西印度洋的塞舌尔群岛中，有一个面积为 40 公顷的小岛，那里居民很少，却是海燕栖息的场所，最多时大约有 175 万对。雌海燕下蛋后，岛上满地都是海燕蛋，当地居民俯首可拾。蛋商将收购的海燕蛋加工后运销国外，其一年可生产海燕蛋 420 万～500 万只。

因此这里便成了海燕的王国，蛋的天下。

在我国青海省的青海湖中，有一个面积为 400 多亩的海西皮小岛，岛上也有成千上万只各种各样的鸟，多得几乎是铺天盖地，竟使人无插足之地。因为这里有丰富的鱼虾和水草，又无猛兽骚扰、侵袭，生活非常宁静，因此成为鸟类“丰衣足食”的安乐王国。

三、蛇岛

在我国辽东半岛的大连港附近，有个无人居住的荒岛，这是个长 1000 多米、宽 700 多米的岛上，大约有 5 万～ 6 万条蝮蛇在这里生息繁衍。

四、企鹅岛

离南极洲不远的马尔维纳斯群岛，是企鹅的天堂，曾聚居过 1 000 万只企鹅。在世界上 17 个不同品种的企鹅中，在该岛栖息的就有 5 种。

五、龟岛

南美洲西部大洋上的加拉帕戈斯岛，过去，岛上几乎到处都是海龟和陆龟，大的重 400 ～ 500 斤，可以驮两个人行走。后来海龟遭到人们的大肆捕杀，目前已所剩无几了。

六、猫岛

在印度洋的弗列加特岛上，栖息着 5 万多只猫。每年有不少名贵的观赏猫从“猫岛”出口到法国和美国，据说每只售价可达近千美元。

七、蛛蛛岛

南太平洋所罗门群岛中有一个小岛，岛上满地都是大蜘蛛，大约有 1000 万只。这种大蜘蛛结的网可以当渔网用，用其来捕捉鱼既轻巧又结实耐用。

八、蝴蝶岛

我国台湾省素有“蝴蝶王国”之称，全岛有 400 多种蝴蝶，其中木生蝶、皇蛾、阴阳蝶等均是世上罕见的蝶种。目前台湾出口的蝴蝶每年达 4 000 万只左右，居世界首位。

九、蟹岛

巴西沿海有座美丽的岛屿，其“居民”主要是螃蟹。人们发现，该岛的螃蟹有选择良辰吉日“结婚”的习俗，每逢月圆之夜，螃蟹双双“起舞”，交尾后便入洞幽居。这里螃蟹虽多，但因为遍地稀泥，人们极少来此“打扰”。

地理奇观
DILI QIGUAN

“人间仙境”——九寨沟

九寨沟，位于四川省阿坝州九寨沟县漳扎镇，因曾经仅有九个藏族村寨坐落在此而得名。沟内遍布原始森林，分布着无数的河湖，飞动与静谧结合，变幻无穷，美丽到极致。1978 年，九寨沟被划为国家级自然保护区。

九寨沟国家级自然保护区地势南高北低，山谷深切，高差悬殊。保护区北边九寨沟口海拔仅 2 000 米，中部峰岭均在 4000 米以上；南边达 4 500 米以上，主沟长 30 多千米。峰顶和两侧山峰基本终年积雪。九寨沟地处青藏高原向四川盆地过渡地带，地质背景复杂，碳酸盐分布广泛，褶皱断裂发育，新构造运动强烈，地壳抬升幅度大。

多种营力交错复合，造就了多种多样的地貌，发育了大规模喀斯特作用的钙华沉积，以植物喀斯特钙华沉积为主导，形成九寨沟艳丽典雅的群湖，奔泻湍急的溪流，飞珠溅玉的瀑群，古穆幽深的林莽，连绵起伏的雪峰。

九寨沟国家自然保护区是岷山山系大熊猫 A 种群的核心地和走廊带，具有典型的自然生态系统，为全国生物多样性保护的核心之一。本区动植物资源丰富，物种珍稀性突出，具有极高的生态保护、科学研究和美学旅游价值。九寨沟以“九寨沟六绝”——翠海、叠瀑、彩林、雪峰、蓝冰和藏情，被世人誉为“童话世界”，号称“水景之王”。九寨沟还是以地质遗迹钙化湖泊、滩流、瀑布景观、岩溶水系统和森林生态系统为主要保护对象的国家地质公园，具有极高的科研价值。

观鸟天堂——纳库鲁湖

纳库鲁湖位于肯尼亚首都内罗毕西北 150 千米处，占地 200 平方千米，是地处大裂谷的东非湖泊系统中的几个盐湖之一。据统计，这里一共栖息着 400 多种鸟类，各种各样，千姿百态，所以纳库鲁湖也被誉为“观鸟天堂”。其中最著名的就是火烈鸟，约有 200 多万只，占世界火烈鸟总数的三分之一，它也是纳库鲁湖国家公园的象征。

纳库鲁湖及其附近的几个小湖，地处东非大裂谷谷底，是地壳剧烈变动形成的。它的周围有大量流水注入，但却没有一个出水口。长年累月，水流带来大量熔岩土，造成湖水中盐碱质沉积。这种盐碱质和赤道线上的强烈阳光，为藻类孳生提供了良好的条件。几个湖的浅水区生长的一种暗绿色水藻是火烈鸟赖以为生的主要食物。水藻含有大量蛋白质，一只火烈鸟每天约吸食水藻 250 克。水藻还含有一种叶红素，火烈鸟周身粉红，据说就是这种色素作用的结果。

纳库鲁不光是鸟类的天堂，整个园子里还栖息着斑马、瞪羚、野牛、狒狒、水羚、河马、鸵鸟、黑脸猴、白头鹰、黑斑羚、长颈鹿以及黑犀牛和罕见的白犀牛。

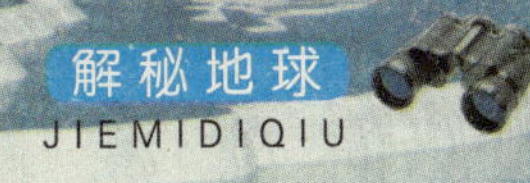

土耳其的棉花堡

棉花堡位于土耳其西南部，是远近闻名的温泉度假胜地。玉一样的半圆形白色天然阶梯层层叠叠，犹如雪砌的梯田，远看像大朵大朵的棉花矗立在山丘上。无数涓涓细流从丘岩间的缝隙潺潺流下，泉水积在台阶之间，形成一汪汪波澜不兴的水池。

棉花堡如此可爱的名字，源自其像铺满棉花的城堡一样的外形。所谓“棉花”，就是泉水从平原之上 200 米高的岩石中流出，所到之处历经千百年钙化沉淀，形成的层层叠叠的半圆形白色阶梯像大朵大朵棉花矗立在山丘上，土耳其人称它为“棉花宫殿”，也就是棉花堡。

因棉花堡如此奇特，每年慕名而来的游客络绎不绝。然而超红的人气却给棉花堡带来了灾难，川流不息的游客与山下大量兴建的温泉旅馆，使得泉水量锐减。枯竭的水源使原本棉白色的地表转黑。土耳其当局意识到事态严重，宣布暂时关闭棉花堡的观光，让此地得以休养生息。重新开放之后，除了限制游客在棉花堡的游览范围与活动（需赤脚、不准游泳），也约束温泉旅馆的开发。

“非洲屋脊”——乞力马扎罗山

乞力马扎罗山位于坦桑尼亚东北部及东非大裂谷以南约 160 千米，是非洲最高的山脉，也是一个火山丘。该山的主体沿东西向延伸将近 80 千米，主要由基博、马温西和希拉三个死火山构成面积 756 平方千米，其中基博峰海拔 5 895 米，是非洲最高峰。所以，乞力马扎罗山有“非洲屋脊”之称，而许多地理学家称它为“非洲之王”。该山四周都是山林，生活着众多的哺乳动物，其中一些是濒危的物种。

乞力马扎罗山基博峰顶有一个直径2 400米、深200米的火山口，口内四壁冰雪覆盖，犹如巨大的玉盆。

乞力马扎罗山的形成与大裂谷带活动有关。距今1 000多万年前，这里的地壳发生断裂，沿断裂线有强烈的火山活动，乞力马扎罗山便是由大量熔岩堆覆而成。它约5 000米以上的山峰覆盖着永久冰川，最厚达80米，远在200千米以外就可以看到它高悬于蓝色天幕上的雪冠，在赤道的骄阳下闪闪发光，故有“赤道雪峰”之称。受全球气候变化和火山活动增强等因素影响，乞力马扎罗高山冰川正在不断退缩。近年来，乞力马扎罗山山顶积雪融化、冰川消失现象非常严重，在过去的80年内冰川已经萎缩了80%以上。有环境专家指出，乞力马扎罗雪顶可能将在10年内彻底融化消失，届时乞力马扎罗山独有的“赤道雪峰”奇观将与人类告别。

“地球第三极”——珠穆朗玛峰

珠穆朗玛峰位于中国与尼泊尔两国边界上。它的北坡在我国青藏高原境内，南坡在尼泊尔境内。珠穆朗玛峰海拔 8 844.43 米，是喜马拉雅山脉的主峰，也是世界上最高的山峰。藏语中“珠穆”是女神的意思，“朗玛”是第三的意思。因为在珠穆朗玛峰的附近还有四座山峰，珠峰位居第三，所以称为珠穆朗玛峰。

珠穆朗玛峰山体呈巨型金字塔状，东南山脊和西山山脊中间夹着三大陡壁——北壁、东壁和西南壁。在这些山脊和峭壁之间又分布着 548 条大陆型冰川，总面积达 1 457 平方千米，平均厚度达 7 260 米。所以珠峰也有“世界第三极”之称。

珠穆朗玛峰不仅巍峨宏大，而且气势磅礴。在它周围 20 千米的

范围内，仅海拔 7 000 米以上的高峰就有 40 多座，在这些巨峰的外围，还有一些世界一流的高峰遥遥相望，形成了群峰来朝，峰头汹涌的壮阔场面。

有趣的是，珠穆朗玛峰虽然现在是世界第一高峰，但很早以前这里原是一片海洋。在漫长的地质年代，从陆地上冲刷来大量的碎石和泥沙，堆积在喜马拉雅山地区，形成了厚达 3 万米以上的海相沉积岩层。之后，由于强烈的造山运动，喜马拉雅山地区受挤压而猛烈抬升。据测算，其平均每一万年大约升高 20～30 米。直至如今，喜马拉雅山区仍处在不断上升之中，每 100 年上升 7 厘米。

每年，这座世界第一高峰以它傲人的雄姿吸引了来自各方的登山爱好者。世界八大高峰中，虽然其他几座高峰的攀登难度甚至更胜一筹，但是珠穆朗玛峰依然以它独有的危险系数挑战着众多跃跃欲试的登山者。

扫一扫 听故事
中大奖

壮丽的雅鲁藏布大峡谷

中国西藏雅鲁藏布江下游的雅鲁藏布大峡谷北起米林县的大渡卡村（海拔 2 880 米），南到墨脱县巴昔卡村（海拔 115 米），长 504.9 千米，平均深度 2 800 米，最深处达 6 009 米，是世界第一大峡谷。整个峡谷地区中冰川、绝壁、陡坡、泥石流和巨浪滔天的大河交错在一起，环境十分恶劣。许多地区至今仍无人涉足，堪称“地球上最后的秘境”，是地质工作少有的空白区之一。

年轻的青藏高原何以形成如此奇丽、壮观的大峡谷？

雅鲁藏布大峡谷的形成与该地区地壳 3 百万年来的快速抬升及深部地质作用有关。15 万年以来，大峡谷地区的抬升速度达到 30 毫米 / 年，是世界抬升最快的地区之一。最新地质考察获得的证据表明，大峡谷形成的根本原因是该地区存在着软流圈地幔上涌体。雅鲁藏布大峡谷形成的地质特征和美国科罗拉多大峡谷基本相似。

雅鲁藏布大峡谷地区的地幔上涌体可能是大峡谷水汽通道形成的一个重要因素，也可能是以该地区为中心的藏东南成为所谓“气候启动区”的原因，还可能是该地区生物纬度向北移 3° ～ 5° 的重要原因。以地幔上涌体为特征的岩石圈物质和其结构调整对地球外圈层长度的制约作用在大峡谷地区有十分明显的表现，因此这里是地球系统中进行层圈耦合作用研究的最理想的野外实验室。

“活的地质史教科书”——科罗拉多大峡谷

科罗拉多大峡谷位于美国亚利桑那州西北部，科罗拉多高原西南部。大峡谷全长 446 千米，平均宽度 16 千米，最深处 1 829 米，平均深度超过 1 500 米，总面积 2 724 平方千米。

在亿万年前，这里曾是一片汪洋大海，造山运动使它崛起。由于石质松软，经过数百万年湍急的科罗拉多河的冲刷，形成了今天世界著名的大峡谷。

大峡谷山石多为红色，从谷底到顶部分布着从寒武纪到新生代各个时期的岩层，层次清晰，色调各异，并且含有各个地质年代的代表性生物化石，被称为“活的地质史教科书”。岩性、颜色不同的岩石层，被外力作用雕琢成千姿百态的奇峰异石和峭壁石柱。伴随着天气变化，水光山色变幻多端，天然奇景蔚为壮观。

张家界的“南天一柱”山

张家界国家森林公园位于湖南省西北部张家界市境内，是中国第一个国家森林公园。其自然风光以峰称奇、以谷显幽、以林见秀。其间有奇峰3 000多座，如人如兽、如器如物，形象逼真，气势壮观。峰间峡谷，溪流潺潺，浓荫蔽日，有“三千奇峰，八百秀水”之美称。

“南天一柱”为张家界“三千奇峰”中的一座，海拔高度1 074米，垂直高度约150米，顶部植被郁郁葱葱，峰体造型奇特，仿若刀劈斧削般巍巍屹立于张家界，有顶天立地之势，故又名“乾坤柱”。

2008年12月份，好莱坞摄影师汉森在张家界进行了为期四天的外景拍摄，大量风景图片后来成为美国科幻大片《阿凡达》中“潘多拉星球”各种元素的原型，其中“南天一柱”就成为“哈利路亚山”即悬浮山的原型。《阿凡达》在全球热播后，海内外亿万观众更是对“哈利路亚山”原型地张家界心向神往。

“沉默的魔鬼”——维苏威火山

维苏威火山是欧洲唯一的一座位于大陆上的活火山，坐落于意大利南部那不勒斯湾东岸，距那不勒斯市东南约 11 千米，海拔 1 277 米。世界上最大的火山观测所就设于此处。

维苏威火山地处欧亚板块、印度洋板块和非洲板块的边缘，在各板块的漂移和相互撞击挤压下，在 2.5 万年前爆发形成。其最早形成于地质史上的更新世晚期，可称为比较年轻的火山，多少世纪来一直处在休眠中，曾一度沉寂为休眠火山。

自罗马时代以来，维苏威火山已经爆发过五十多次。公元 79 年 8 月的一天中午，维苏威火山突然爆发，火山灰、碎石和泥浆淹没了整个庞贝，这座古罗马帝国最为繁华的城市在维苏威火山爆发后的 18 个小时内彻底消失。比庞贝城更接近的赫库兰尼姆城，也在同一时间被维苏威火山埋没。直到 18 世纪中叶，考古学家才将庞贝古城从数米厚的火山灰中发掘出来，古老建筑和姿态各异的尸体都保存完好。这一史实由此为世人熟知，庞贝古城也成为意大利著名旅游圣地。

"冰川皇冠的明珠"——西藏绒布冰川

中国大陆性冰川的活动中心在珠峰地区，面积在 10 平方千米以上的山岳冰川就有 15 条，其中最大、最为著名的就是复式山谷冰川——绒布冰川。

绒布冰川长 26 千米，平均厚度达 120 米，最厚的地方超过 300 米，仅冰舌的宽度就达到 14 千米，面积达到 86.89 平方千米。绒布冰川地处珠穆朗玛峰脚下海拔 5 300 米到 6 300 米的广阔地带，由西绒布冰川和中绒布冰川这两大冰川共同组成。

绒布冰川上有瑰丽罕见的冰塔林、冰茸、冰桥、冰塔等，也有高达数十米的冰陡崖和步步陷阱的明暗冰裂隙，还有险象环生的冰崩、雪崩区，它被评为中国最美六大冰川之首，是冰川皇冠上的明珠。

“魔鬼之喉”——伊瓜苏瀑布

伊瓜苏大瀑布是世界上最宽的瀑布，位于阿根廷与巴西边界上伊瓜苏河与巴拉那河合流点上游23千米处，为马蹄形瀑布，高82米，宽4 000米，平均流量1 751立方米/秒，是北美洲尼加拉瀑布宽度的4倍，比非洲的维多利亚瀑布大一些。伊瓜苏瀑布巨流倾泻，气势磅礴，轰轰瀑声25千米外都可以听见。

“伊瓜苏”在南美洲土著居民瓜拉尼人的语言中，是“伟大的水”的意思。传说，曾有位神仙打算迎娶一个美丽的当地女孩，但女孩却和她的梦中情人乘独木舟私奔。一怒之下，神仙将河流截断，

让这对恋人好梦难圆。

其实伊瓜苏瀑布成因是因为走向巴拉那河的河谷是由南至北走，而伊瓜苏河的河床岩层却正好与巴拉那河垂直。因此，巴拉那河承受的河水冲刷远较伊瓜苏河高。在经过长年累月的侵蚀下，巴拉那河渐渐变得越来越低，从而造成宽达4 000米伊瓜苏瀑布群的形成。

伊瓜苏瀑布与众不同之处在于观赏点多。从不同地点、不同方向、不同高度，看到的景象不同。峡谷顶部是瀑布的中心，水流最大、最猛，人称“魔鬼之喉”。瀑布分布于峡谷两边，阿根廷与巴西就以此峡谷为界，在阿根廷和巴西观赏到的瀑布景色也截然不同。

色彩变幻的“神石”——艾尔斯岩石

澳大利亚艾尔斯岩石，又名乌鲁鲁巨石。艾尔斯岩高 348 米，长 3000 米，基围周长约 9.4 千米，东高宽而西低狭，是世界最大的整体岩石。地面上能够看到的艾尔斯岩石还只是冰山一角，它更大的一部分隐藏在地表之下，大概有 6 千米那么深，而仅仅是露在地面的部分就已经堪称世界上最大的单体岩石。最重要的是，这块红色巨石已经在红土中心的沙漠地带屹立了上亿年，历经了上亿年的风风雨雨。

在不同的季节与不同的气候条件下，乌鲁鲁会呈现出不同的色彩，甚至在一天中的不同时间里，乌鲁鲁也随时跟着光线而变化。清晨，阳光刚刚射到地平线以上，乌鲁鲁就立刻穿上浅红色的靓丽外衣，风姿绰约地展现在众人面前。这个时候很轻易就能拍到明信片一般的精彩照片。日落是乌鲁鲁最美的时刻。晚霞笼罩在岩体和周围的红土地上，乌鲁鲁从赭红到橙红，热烈得仿佛在天边燃烧，之后变成暗红，渐渐变暗，最后消失在夜幕里。肉眼看到的颜色变幻大概有三到四种，不过如果将整个过程拍摄下来，会发现乌鲁鲁的色彩变幻比肉眼看到的更加丰富，几乎每时每刻都在发生。

“非洲的彩虹”——维多利亚瀑布

维多利亚瀑布又称“莫西奥图尼亚瀑布”，位于非洲赞比西河中游，赞比亚与津巴布韦接壤处。宽1 700多米，最高处108米，为世界著名瀑布奇观之一。欧洲探险家，戴维·利文斯敦1855年在旅途中发现它，并以英国女王的名字为其命名。

维多利亚瀑布的宽度和高度比尼亚加拉瀑布大一倍。平均流量约935立方米/秒。广阔的赞比西河在流抵瀑布之前，舒缓地流动在宽浅的玄武岩河床上，然后突然从约50米的陡崖跌入深邃的峡谷。主瀑布被河间岩岛分割成数股，浪花溅起达300米，彩虹经常在飞溅的水花中闪烁，远自65千米之外便可见到，景色十分迷人。瀑布声如雷鸣，当地卡洛洛－洛齐族居民称之为“莫西奥图尼亚”，可译为“轰轰作响的烟雾”。

关于大瀑布，有一个动人的传说：据说在瀑布的深潭下面，每天都有一群如花般美丽的姑娘，日夜不停地敲着非洲的金鼓。金鼓发出的咚咚声，变成了瀑布震天的轰鸣；姑娘们身上穿的五彩衣裳的光芒被瀑布反射到了天上，被太阳变成了美丽的七色彩虹；姑娘们舞蹈溅起的千姿百态的水花变成了漫天的云雾。这是多么美妙、令人神往的景色呀！

大自然的杰作——十二使徒岩

十二使徒岩位于澳大利亚维多利亚州的大洋路边上，坎贝尔港国家公园之中，屹立在海岸旁已有两千万年历史了。因为它们的数量及形态恰巧酷似耶稣的十二使徒，人们就以圣经故事里的十二使徒为之命名。

其实这些石头形成于海浪的侵蚀作用。在过去的 1000 到 2000 万年中，来自太平洋的风暴和大风不断地腐蚀相对松软的石灰岩悬崖，并在其上形成了许多洞穴。这些洞穴不断变大，以致发展成拱门，并最终倒塌。结果就是我们今天看到的这些形状各异的，最高达到 45 米的岩石从海岸分离了出去。由于波浪缓慢地侵蚀着它们的根基，其中的一些石头倒塌了。2005 年 7 月 3 日一块石头碎裂，2009 年 9 月 25 日又再有一块倒塌，因此现在仅剩 7 块石头。海浪对这些石灰石的侵蚀速度大约是每年 2 厘米。随着侵蚀作用的进行，旧的“使徒”不断倒下，而新的“使徒”不断形成。

“巨大的浮筏”——罗斯冰架

罗斯冰架是英国船长詹姆斯·克拉克·罗斯爵士于1840年在一次定位南磁极的考察活动中发现的，位于南极洲的爱德华七世半岛和罗斯岛之间，是世界上最大的冰架。

罗斯冰架几乎塞满了南极洲海岸的一个海湾。它东西长约800千米，南北最宽约为970千米，冰架靠海边缘高60米，接近陆地的边缘，最厚有750米。冰架面积约52万平方千米，差不多等于一个法国那么大，一部分海岸线是一条连续不断的悬崖线，在其他地方则是有海湾和岬角。冰的厚度在185~760米间变化。罗斯冰架像一艘锚泊很松的筏子，正以每天1.5~3米左右的速度被推到海里，部分原因是由于冰川从陆地流出。大块的冰从冰架脱离，形成冰山后浮去。

“地球的疤痕”——东非大裂谷

当乘飞机越过浩翰的印度洋，进入东非大陆的赤道上空时，从机窗向下俯视，地面上一条硕大无比的“刀痕”呈现在眼前，顿时让人产生一种惊异而神奇的感觉，这就是著名的“东非大裂谷”，或称“东非大峡谷”。这条长度相当于地球周长 1/6 的大裂谷，气势宏伟，景色壮观，是世界上最大的裂谷带，有人形象地将其称为“地球表皮上的一条大伤疤”，古往今来不知迷住了多少人。

东非大裂谷的整个形状可画成不规则三角形，最深达 2000 米，宽 30 ～ 100 千米，全长 6000 千米，是世界最长的不连续谷，中间有相当多的湖泊和火山群，有平原也有高山，各类奇观尽呈谷底，更是蝙蝠、猴子、狮子、狒狒、疣猪、火烈鸟的天堂。还有极度濒危的物种：埃狼、非洲野驴、黑犀牛……

大约 3000 万年以前，非洲板块和印度洋板块张裂拉伸，使得同

扫一扫 听故事
中大奖

阿拉伯古陆块相分离的大陆漂移运动而形成这个裂谷。那时候，这一地区的地壳处在大运动时期，整个区域出现抬升现象，地壳下面的地幔物质上升分流，产生巨大的张力。正是在这种张力的作用之下，地壳发生大断裂，从而形成裂谷。由于抬升运动不断地进行，地壳的断裂不断产生，地下熔岩不断地涌出，渐渐形成了高大的熔岩高原。高原上的火山则变成大裂谷众多的山峰，而断裂的下陷地带则成为大裂谷的谷底。

瑰丽的丹霞地貌

丹霞地貌是指由产状水平或平缓的层状铁钙质混合不均匀胶结而成的红色碎屑岩（主要是砾岩和砂岩），受垂直或高角度解理切割，并在差异风化、重力崩塌、流水溶蚀、风力侵蚀等综合作用下形成的有陡崖的城堡状、宝塔状、针状、柱状、棒状、方山状或峰林状的地形。

丹霞地貌主要分布在中国西北部、西南部，美国西部，中欧和澳大利亚等地，以中国分布最广。

1928 年，矿床学家冯景兰等在我国广东省韶关市仁化县发现丹霞地貌，并把形成丹霞地貌的红色砂砾岩层命名为“丹霞层”，该

扫一扫 听故事
中大奖

县丹霞地貌也被划为广东丹霞山世界地质公园。

广东丹霞山世界地质公园总面积 292 平方千米。园内山丘由红色砂砾岩构成，以赤壁丹崖为特色，看去似赤城层层，云霞片片，古人取“色如渥丹，灿若明霞”之意，称之为“丹霞山”。

构成丹霞地貌的物质基础形成于距今约 7 千万至 9 千万年前的晚白垩世的红色河湖相砂砾岩。在距今约 6500 万年前，地质公园所在地区受地球构造运动的影响，产生许多断层和节理，同时也使整个丹霞盆地变为剥蚀地区。距今约 2300 万年开始的喜马拉雅运动使得本区迅速抬升。在漫长的岁月中，间歇性的抬升作用使得本区的地貌发生了翻天覆地的变化。地球内、外力共同作用，将丹霞山区塑造得秀丽多姿，680 座山石错落有致，形象万千，宛如一方红宝石雕塑园。

金沙江大拐弯

金沙江大拐湾也叫作“月亮湾”，位于云南德钦县奔子栏镇和四川得荣县子庚乡交界处，有“万里长江第一弯”之称。千百年来，万里长江第一弯让人们迷惑不解，谁也弄不清它到底是怎样形成的。

科学工作者通过对长江的河流形态进行深入研究，提出了下面一些推断。一种比较流行的看法是，从前金沙江并没有今天的大拐弯，而是和怒江、澜沧江等一起并肩南流。就在金沙江与它的伙伴们一起南流的时候，在它东边不远的地方，还有一条河流由西向东不停地流淌着，我们不妨叫它“古长江”。急湍的古长江水不断地侵蚀

扫一扫 听故事
中大奖

着脚下的岩石，也不断地向西伸展着。终于有一天，古长江与古金沙江相遇了。古长江地势比起古金沙江要低得多，滔滔的金沙江水受到古长江谷地的吸引，自然掉头向东。于是，金沙江就成了长江的一部分。这种现象，在地貌学上有一个名词，叫“河流袭夺”。

也有人不同意这种看法。他们认为，这里根本就没有发生过古长江与古金沙江相互连通的河流袭夺事件。今天的金沙江之所以会发生这样奇怪的拐弯，只不过与当地地壳断裂有关。可是，金沙江的大拐弯是发生在几十万年以前甚至更早的地质现象，谁也没有亲眼看见过长江是怎样把金沙江袭夺而去的。另外，在距离我们那么遥远的年代，不管袭夺也好，还是沿着一条断裂带流淌也好，当时留下来的遗迹，已经被无情的风雨侵蚀得面目全非了。所以，这两种意见争论了许多年，直到今天仍然没有取得一致的看法。

“巨人之路”

在北爱尔兰贝尔法斯特西北约80千米处的大西洋海岸，大约3.7万多根六边形或五边形、四边形的石柱组成了一条绵延数千米的堤道，从峭壁伸至海面，数千年如一日的屹立在大海之滨，被称为“巨人之路”，又被称为“巨人堤”或“巨人岬”。

这条通向大海的巨大的阶梯真是巨人走的路吗?

现代地质学家们通过研究其构造，揭开了“巨人之路”之谜。原来它是由火山熔岩的多次溢出结晶而成，独特的玄武岩石柱之间有极细小的裂缝，地质学家称之为“节理”。熔岩爆裂时所产生的节理一般具有垂直延伸的特点，在沿节理流动的水流的作用下，久而久之就形成这种聚集在一起的多边形石柱群，加上海浪冲蚀，将之在不同高度处截断，便呈现出高低参差的石柱林地貌。巨人之路就是柱状玄武岩石这一地貌的完美的表现。巨人之路和巨人之路海岸，不仅是峻峭的自然景观，也为地球科学的研究提供了宝贵的资料。

“玫瑰湖”——雷特巴湖

雷特巴湖位于塞内加尔首都达喀尔市区东北 35 多千米处，面积 3 平方千米。当地人把它叫作“粉红湖”，又叫“玫瑰湖”。

玫瑰湖美丽的色彩是那些嗜盐微生物（当中以杜氏盐藻为主）的杰作。随着季节变化，湖水的含盐度会发生改变，它的颜色也会呈现出从淡绿到深红的变化。每年 12 月到次年 1 月，是玫瑰湖最美的时候，由于阳光和水中的微生物以及丰富的矿物质发生了化学反应，它们呈现出如同绸缎一般的粉色，玫瑰湖的名称也由此而来。

“天空之镜”——乌尤尼盐沼

乌尤尼盐沼在玻利维亚波托西省西部高原内，海拔 3656 米，长 150 千米，宽 130 千米，面积 9065 平方千米，为世界最大的盐层覆盖的荒原。

大约 4 万年前，这里原本是一个巨大湖泊，湖泊干涸后，就形成了一块月牙形状的盐沼地，也就是如今的乌尤尼盐沼。每年冬季，它被雨水注满，形成一个浅湖；而每年夏季，湖水则干涸，留下一层以盐为主的矿物质硬壳，中部达 6 米厚。人们可以驾车驶过湖面。尤其是在雨后，湖面像镜子一样，反射着美丽的令人窒息的天空景色，这也就是其被称为“天空之镜”的原因。

埃及的母亲河——尼罗河

世界第一长河——尼罗河——被誉为“非洲主河流之父”，它位于非洲东北部，是一条国际性的河流。尼罗河发源于赤道南部东非高原上的布隆迪高地，干流流经布隆迪、卢旺达、坦桑尼亚、乌干达、苏丹和埃及等国，最后注入地中海，全长6 853千米，是世界流程最长的河流。

尼罗河由卡盖拉河、白尼罗河、青尼罗河3条河流汇流而成。几千年来，尼罗河于每年6~10月定期泛滥，在其河谷平原上沉积下肥沃的淤泥。在这些肥沃的淤泥上，人们栽培棉花、小麦、水稻、椰枣等农作物，在干旱的沙漠地区上形成了一个“绿色三角州”。尼罗河下游的谷地及三角洲是人类文明的最早发源地之一，是古埃及文化的摇篮，也是现代埃及政治、经济、文化的中心。至今，埃及仍有96%的人口和绝大部分工农业生产集中在这里。因此，尼罗河被视为埃及的生命线。在埃及流传着“埃及就是尼罗河，尼罗河就是埃及的母亲”等谚语。

6800多千米的尼罗河创造了金字塔，创造了古埃及，创造了人类的奇迹。

“沙漠之王”——撒哈拉沙漠

撒哈拉沙漠是世界上最大的沙漠，它西起大西洋海岸，东至红海之滨，横贯整个非洲大陆北部，面积约 960 万平方千米，约占非洲总面积的 32%。“撒哈拉”是阿拉伯语的音译，源自当地游牧民族图阿雷格人的语言，原意即为“大荒漠”。

撒哈拉沙漠气候条件极其恶劣，是地球上最不适合生物生长的地方之一。沙漠内年降水量大都低于 50 毫米，有的地方更是常年无雨，而每年的蒸发量却在 2 000 毫米以上。沙漠中一天的气温变化也非常剧烈，气温日最低和日最高之差一般可达 30℃～40℃。在这种自然条件下，地表的岩石受到强烈的风化剥蚀，形成了大片的流沙和戈壁滩。

在约500万年前，这里已成为气候性沙漠。目前撒哈拉沙漠主要分两个气候区。北部为干燥的亚热带气候，其季节性气候变化和每日的温差很大。降水主要集中在冬季，但在某些干燥地区，夏季常见突发洪水。春天时常有来自南方的热风，并夹有沙土。南部为干燥的热带气候，冬季常有来自东北的风沙。撒哈拉沙漠广阔的地区内没有人烟，只有绿洲地区才有人定居。此处植物主要为各种草本植物，如椰枣、柽柳属植物和刺槐树等，动物有野兔、豪猪、变色龙、眼镜蛇等。这里有丰富的金属矿、石油、地下水，但因交通不便而开发困难。

近20年撒哈拉沙漠中已开垦出40万公顷良田，建成11个沙漠改良区。各改良区中阡陌纵横，绿树成荫，同附近的沙漠形成鲜明的对照。这表明即使像撒哈拉这样自然环境极为恶劣的地区也是可以为人类改造和利用的。

“河流之父”——密西西比河

一泻千里、奔腾不息的密西西比河是美国第一大河。它同南美洲的亚马逊河、非洲的尼罗河和亚洲的长江统称为“世界四大长河”。美丽富饶的密西西比河发源于美国西部偏北的落基山北段的群山峻岭之中，逶迤千里，曲折蜿蜒，由北向南纵贯美国大平原，注入墨西哥湾，全长 3 950 千米。

密西西比河有两个旁支——东面的俄亥俄河和西面的密苏里河。但是，它比最大的支流密苏里河还短 418 千米。根据河源唯远的原则，把密苏里河的长度，加上从密苏里河汇入密西西比河河口以下的长度，则得到密西西比河长 6 262 千米的结果。其是北美大陆上流程最远、流域面积最广、水量最大的水系。

密西西比河滋润着美国大陆 41% 的土地，水量也比任何其他的

美国河流都要多。它同样也是千万美国人饮用水的来源，其流域包括美国 31 个州和加拿大两个省的全部或一部分。密西西比河从开始垦殖的时候起，就是南北航运的大动脉。作为高度工业化国家的中央河流大动脉，其已成为世界上最繁忙的商业水道之一。

20 世纪初期，密西西比河中下游地段河水不断泛滥，经过美国人民的开发建设，这条难以驾驭的河流发生了深刻变化，洪水已被控制，水源也得到充分利用。

美国人民长期以来称源远流长的密西西比河为“老人河”。它的名称起源于居住在美国北部威斯康星州的阿尔公金人（印第安人的一支），他们把这条河流的上部叫作“密西西比”。“密西”意为“大”，“西比”意为“河”，“密西西比”即“大河”或“河流之父”的意思。

你知道大蓝洞吗

洪都拉斯蓝洞，又叫“伯利兹大蓝洞”，直径为400米，洞深145米。由于洞很深，因此呈现出深蓝色的景象，这一结构在世界上被称为“蓝洞”。

经过科学家们无数次实地勘察及分析，它的成因如今已大白于天下。巴哈马群岛属石灰质平台，成形于一亿三千万年前。在二百万年前的冰河时代，寒冷的气候将水冻结在地球的冰冠和冰川中，导致海平面大幅下降。因为淡水和海水的交相侵蚀，这一片石灰质地带形成了许多岩溶孔洞。蓝洞所在位置也曾是一个巨大岩洞，多孔疏松的石灰质穹顶因重力及地震等原因而很巧合地坍塌出一个近乎完美的圆形开口，成为敞开的竖井。当冰雪消融、海平面升高后，海水便倒灌入竖井，形成海中嵌湖的奇特蓝洞现象。

如今，蓝洞因海绵、梭鱼、珊瑚、天使鱼，以及一群常在洞边巡逻的鲨鱼而闻名于世，是全球最负盛名的潜水圣地之一。

什么是“撒哈拉之眼”

撒哈拉之眼又被称为“理查特结构”，是位于非洲撒哈拉沙漠西南部毛里塔尼亚境内的巨大同心圆地貌，它的直径达到48千米，海拔高度约400米，整体相当平坦，从太空上清晰可见。

最初撒哈拉之眼被认为是个陨石坑，但构造的中心地势平坦，没有发现曾有高温与撞击的地质证据；没有发现火山岩堆积的圆顶，也排除了火山的可能。如今普遍认为，撒哈拉之眼是地形抬升与侵蚀作用同时进行的结果。结构的同心圆状痕迹则是硬度较高、不易受侵蚀的古生代石英岩。至于撒哈拉之眼为什么会这么大、这么圆，尚未得到公认的解释。

恐怖的“地狱之门”

地狱之门位于土库曼斯坦的卡拉库姆大沙漠中部，是个直径约70米的大坑，坑内燃烧的大火40多年从未熄灭。因为它很像传说中地狱入口，人们就称它为“地狱之门”。

地狱之门是人为原因而形成的。1974年苏联地质学家钻探天然气时，意外发现一个巨大的地下洞穴，他们使用了所有能用的探测设备，发现其深度无法测量。因为那里的洞穴中都充满了可燃气体，没有人敢下去，他们只好把它点燃，待其燃烧完后进行探测。研究人员放火之后，熊熊大火到现在已经燃烧了40多年仍未熄灭。这些年不知已经有多少吨优质天然气被烧掉，也没有人知道这里蕴藏着多少吨天然气，究竟要燃烧多少年才能结束。

“美妙的艺术宫殿”——羚羊峡谷

羚羊峡谷位于美国亚利桑纳州北方，是世界上著名的狭缝型峡谷之一，它美丽、幽深、距离不长，沿着山势深切地下，宽的地方不过 3~5 米，窄的地方只能容下一个人穿行。这里的地质构造是著名的红砂岩，谷内岩石如梦幻世界。那么羚羊峡谷是如何形成的呢？

羚羊峡谷和其他狭缝型峡谷一样，是柔软的砂岩经过百万年的各种侵蚀力所形成。主要是暴洪的侵蚀，其次则是风蚀。该地在季风季节里常出现暴洪流入峡谷中，由于突然暴增的雨量，造成暴洪的流速相当快，加上狭窄通道将河道缩小，因此垂直侵蚀力也相对变大，形成了羚羊峡谷底部的走廊，以及谷壁上坚硬光滑、如同流水般的边缘。

“天雕玉柱”——魔鬼塔

在美国怀俄明州东北角的克鲁克县，一片几乎平坦的土地上，不寻常地矗立着一块巨石，傲视着周围的大地。它是大地的王者，印地安人的圣地，美国第一个国家纪念地——魔鬼塔。

魔鬼塔是个庞然大物，耸立在美国怀俄明州的平原上。塔基周围林木葱郁，它是方圆数十里范围内的最高点，在晴朗的天气里，人们能从 160 千米以外看到它。魔鬼塔高出贝尔富会河 369 米，从基座算起，塔高为 264 米，塔基直径 305 米，自下而上逐渐收缩，顶端直径 84 米。

科学家及地质学家对魔鬼塔的形成，存在着相当多的争论，比较一致的看法是魔鬼塔的形成，历经 2 亿年以上的时间。它是玄武岩结构的火山颈地形，早期是一座火山，后来周围的山壁被侵蚀掉了，只留下坚硬的玄武岩火山颈，就成了今天的火浆岩柱。

超少年全景视觉探险书

恐龙帝国

一套多媒体可以视、听的探险书

SUPER JUNIOR

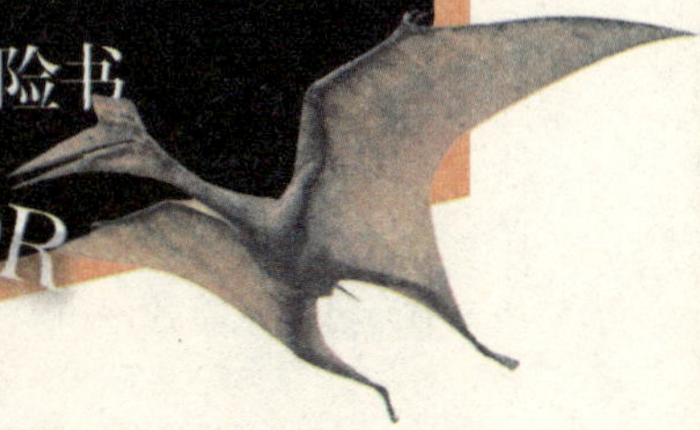

聂雪云◎编著

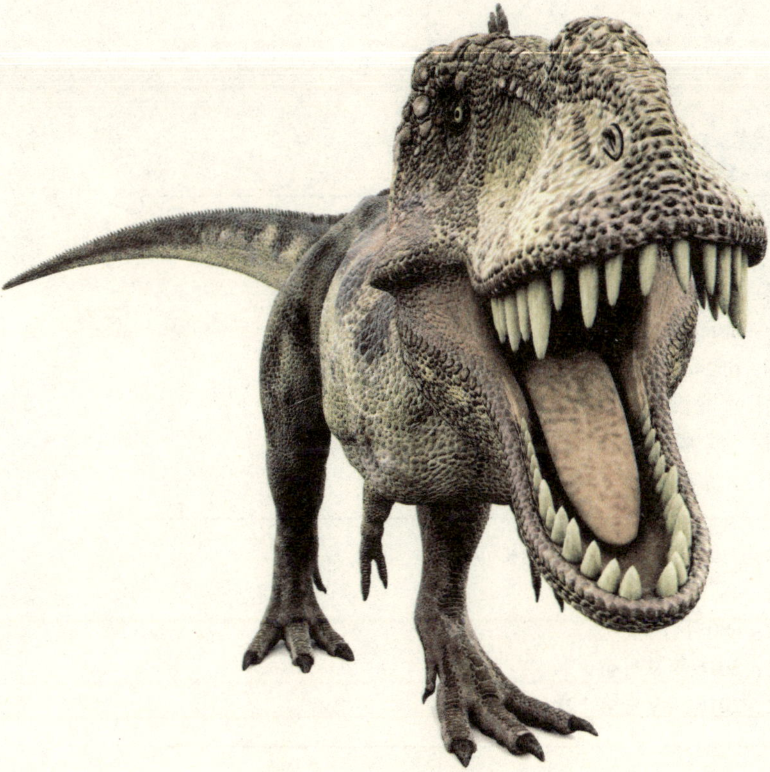

团结出版社

图书在版编目（CIP）数据

恐龙帝国 / 聂雪云编著 . -- 北京 : 团结出版社 , 2016.9

（超少年全景视觉探险书）

ISBN 978-7-5126-4447-2

Ⅰ . ①恐… Ⅱ . ①聂… Ⅲ . ①恐龙－青少年读物 Ⅳ . ① Q915.864-49

中国版本图书馆 CIP 数据核字 (2016) 第 210014 号

恐龙帝国

KONGLONGDIGUO

出　版：团结出版社

（北京市东城区东皇城根南街 84 号　邮编：100006）

电　话：（010）65228880　65244790

网　址：http://www.tjpress.com

E-mail：65244790@163.com

经　销：全国新华书店

印　刷：北京朝阳新艺印刷有限公司

装　订：北京朝阳新艺印刷有限公司

开　本：710mm × 1000mm　1/16

印　张：48

字　数：680 千字

版　次：2016 年 9 月第 1 版

印　次：2016 年 9 月第 1 次印刷

书　号：ISBN 978-7-5126-4447-2

定　价：229.80 元（全八册）

（版权所属，盗版必究）

前言

Forward

阅读，可以让孩子领略和感受语言文字的独特美感和韵味，汲取古今中外人类文明的精华和丰美的部分，也可以开发和锻炼孩子的大脑思维，从各个方面激发孩子的大脑潜能，培养孩子的创造能力、观察能力、分析能力、逻辑思维能力、想象能力等，让孩子在轻松有趣的思维活动中锻炼大脑、启发智力，在不断思考的过程中丰富自己、获得快乐。

根据现有的考古发现，科学家和艺术家联手合作，重建史前动物的外观，我们详细完整为你呈现 5 亿年间各种生命的演化过程，200 多幅栩栩如生的图片准确还原史前恢弘场景，独家准确细腻的复原图为每一种恐龙制作“写真”，科学严谨、妙趣横生的解说词带你亲身徜徉远古世界。恐龙的特征、恐龙的探索发现、各种恐龙的身世之谜……有关于恐龙的一切，你都可以在这本书中找到答案。

本书把史前物种的“明星”档案一一呈现，为你完全揭秘各种史前动物的所有奥秘，将一幅幅史前时代的画卷展现在你的面前。带你去探索曾漫步于陆地上、畅游于深海里、翱翔于天空中的最大、最可怕、最奇形怪状的动物。

翻开《恐龙帝国》这本书，我们将带你踏入时光隧道，回到无比神秘的史前时代，开始一段让你了解古生物与恐龙的惊叹之旅……

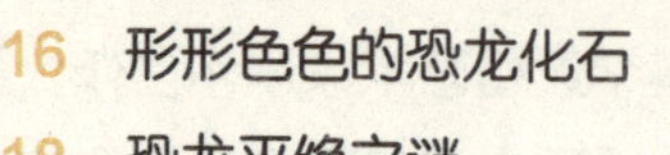

揭秘恐龙世界

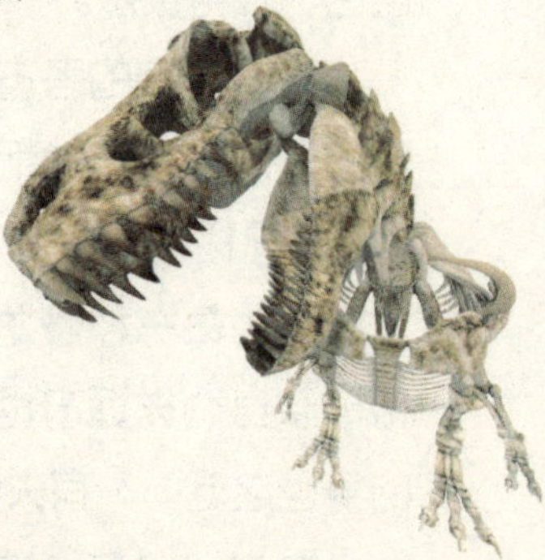

第2章

恐龙家族

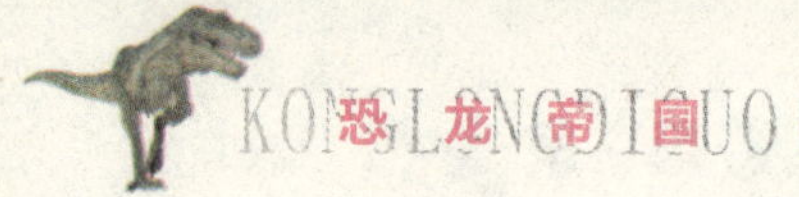

目 录 Contents

第1章 揭秘恐龙世界

JIEMI KONGLONG SHIJIE

恐龙是曾经生活在地球上的一种动物，我们在画册和电影中都看到过它那有些恐怖的样子。那么，恐龙生活在什么年代呢？到底长什么样呢？没有人亲眼目睹过真正的恐龙，所以我们不能确定这种动物的皮肤颜色、身体构造、食物来源、生存环境以及生活方式。然而，大量与恐龙有关的出土物，使恐龙的形象渐渐清晰、丰满，让人类对这种史前的巨兽充满了无限的幻想。

巴克兰德：第一篇有关恐龙报告的作者

William Buckland

中文名称	威廉·巴克兰德
英文名称	William Buckland
生卒年月	1784 ～ 1856 年
职业简介	牛津大学的地理教授，英国地质学家、古生物学家，同时也是牛津大学基督教堂学院的院长。

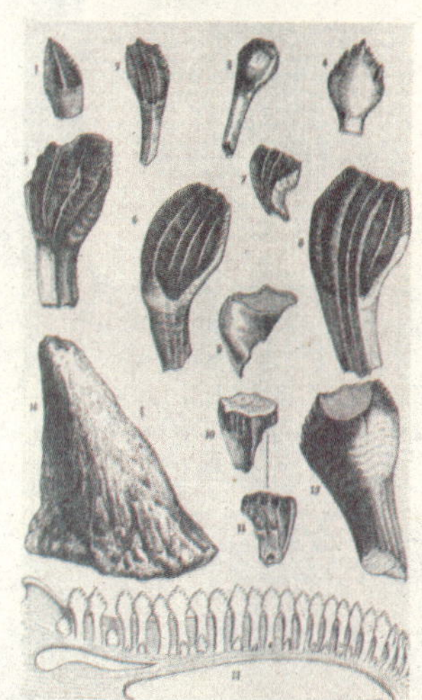

威廉·巴克兰德（William Buckland），（1784 ～ 1856 年），牛津大学的地理教授，英国地质学家、古生物学家，同时也是牛津大学基督教堂学院的院长。他是一个孜孜不倦的学者，一个敏锐的观察者，一个鼓舞人心的传播者，一个具有创新头脑和应用新思路的科学家，他在几代地球科学学者中的影响力不容小觑。

古代中国人虽然早在晋朝就发现了恐龙的骨头，但却以为它们是传说中的龙的骨头；普洛特先生虽然早在 1677 年就发现并描述了巨齿龙，但却误认为它们是巨人的遗骸；曼特尔夫妇虽然在 1822 年就发现了禽龙化石，可却一直到 1825 年才把它发表出来。

在禽龙被鉴定的期间，英国地质学家巴

克兰德却在 1824 年率先发表了世界上第一篇有关恐龙的科学报告，报道了一块在采石场采集到的恐龙下颌骨化石——斑龙。巴克兰德认为这是一种新型的爬行动物，而“斑龙”之名的拉丁文原意就是“采石场的大蜥蜴”。

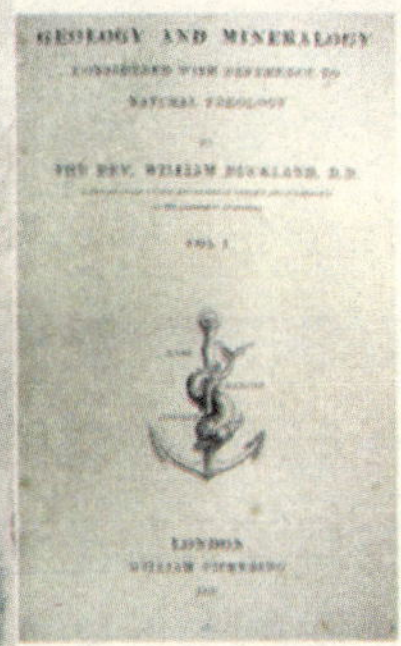
GEOLOGY AND MINERALOGY

LONDON

理查德·欧文：第一个给恐龙定名的人

Richard Owen

中文名称	理查德·欧文
英文名称	Richard Owen
生卒年月	1804 ～ 1892 年
职业简介	英国动物学家、古生物学家、地质学家。

理查德·欧文（Richard Owen），（1804～1892年），英国动物学家、古生物学家、地质学家。1804年生于英国兰开郡兰开斯特，1820年从外科医生学徒，1824年赴爱丁堡学医，1825年转至伦敦圣巴塞洛缪医院，被接纳为英格兰皇家外科医生学会的一员，并被任命为皇家外科医学院博物馆长的助手，负责管理著名解剖学家J·亨特收藏的标本，并开始行医。1831年去巴黎拜访G·居维叶，并研究法国自然博物馆的标本。1834年当选为皇家学会会员。1836年任皇家外科医生学会的亨特讲座教授，1837年又任该

会的解剖学和生理学教授以及皇家协会富勒讲座的比较解剖学及生理学教授。1856 年任大英博物学部主任，专心从事研究，并一直致力于发展伦敦南肯辛顿的大英博物馆（博物学部分）。1884 年退休时被晋封为巴斯勋位爵士。1892 年 12 月 18 日在伦敦逝世。

欧文在古生物学研究方面有着巨大的成就。他是最早采集和研究恐龙的主要学者之一，“恐龙”（Dinosaur，意为“可怕的蜥蜴”）一词就是他在 1842 年创造的。1846 年，他发表了《英国化石哺乳动物和鸟类的历史》。1849—1854 年他又发表了《英国化石爬行动物的历史》。1854 年，他在伦敦的水晶宫里复制出供展出的第一批恐龙模型，向广大群众普及古生物知识，引起人们强烈的兴趣。他还研究了澳大利亚和新西兰的古生物，第一个描绘了巨大的、已于新近灭绝的新西兰恐鸟。1866—1868 年，他出版了经典巨著《论脊椎动物解剖学》。

玛丽·安宁：发现鱼龙的小女孩

Mary Anning

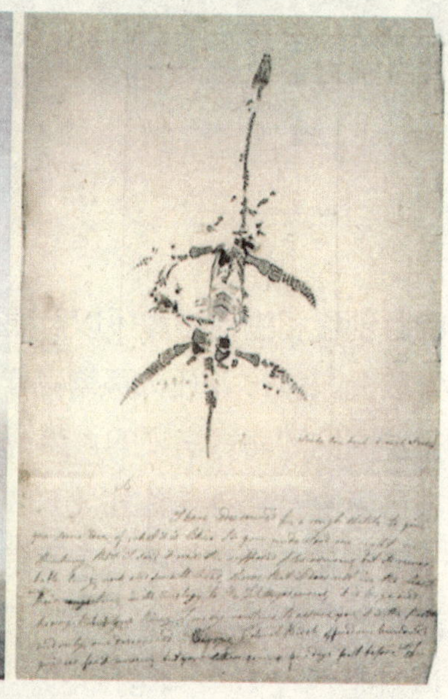

中文名称	玛丽·安宁
英文名称	Mary Anning
生卒年月	1799 ~ 1847 年
职业简介	英国早期的化石收集者与古生物学家。

玛丽·安宁（Mary Anning，（1799 ~ 1847 年），英国早期的化石收集者与古生物学家。

玛丽·安宁出生在多塞特海边的一个小镇，她研究海岸线上的化石并发现了第一个完整的鱼龙目化石。

那是 1811 年的一天，玛丽在岩石中发现了一个奇怪动物的骨骼，它像是一只曾生活在海洋中的一种古代爬行动物的化石。经过科学家的研究，证实这件化石确实是一种海生爬行动物的遗骸。当时科学家们都用拉丁文或希腊文给动植物起名字，因此，这个化石也不例外，科学家们给它起了个“Ichth ~ Ysaurus”的名字，早期的古生物学家把它翻译成“鱼蜥”，后来改译为鱼龙。

在 1821 年，玛丽又发现了历史上第一个蛇颈龙亚目的化石。这具化石后来由科尼比尔命名为蛇颈龙，并且被当成模式标本，而蛇颈龙也被当成模式种。她后来在 1828 年还发现了一具重要的翼龙化石，后来被命名为双型齿翼龙，是第一次在德国以外的地方发现的，也被认为是第一个完整的翼龙化石。

大体来说，玛丽 · 安宁的发现是生物会灭绝的关键证据。在她的时代，人们广泛地认为生物是不会灭绝的。任何古怪的发现都被认为是地球上尚未被人类发现的生物所造成的。玛丽 · 安宁发现的奇异化石对于这种论调是个沉重的打击，也让人类真正理解了地质时代早期的真实情况。

形形色色的恐龙化石

Dinosaur fossil

亿万年前，地球上形形色色的恐龙是当时的霸主，它们统治地球的时间长达1.6亿年之久！然而，令人莫名其妙的是，不同种类的恐龙竟然在同一时间段里全都灭绝了，只留下一具具惊世骇俗的骨骼化石。

恐龙化石，是在恐龙死后，身体中的软组织因腐烂而消失，骨骼（包括牙齿）等硬体组织沉积在泥沙中，处于隔绝氧气的环境下，经过几千万年甚至上亿年的沉积作用，骨骼完全矿物化而得以保存下来。此外，恐龙生活时的遗迹，如脚印等，有时间也可以石化成化石保存下来，它们也可以叫做恐龙化石。

恐龙残体如牙齿和骨骼化石等是最

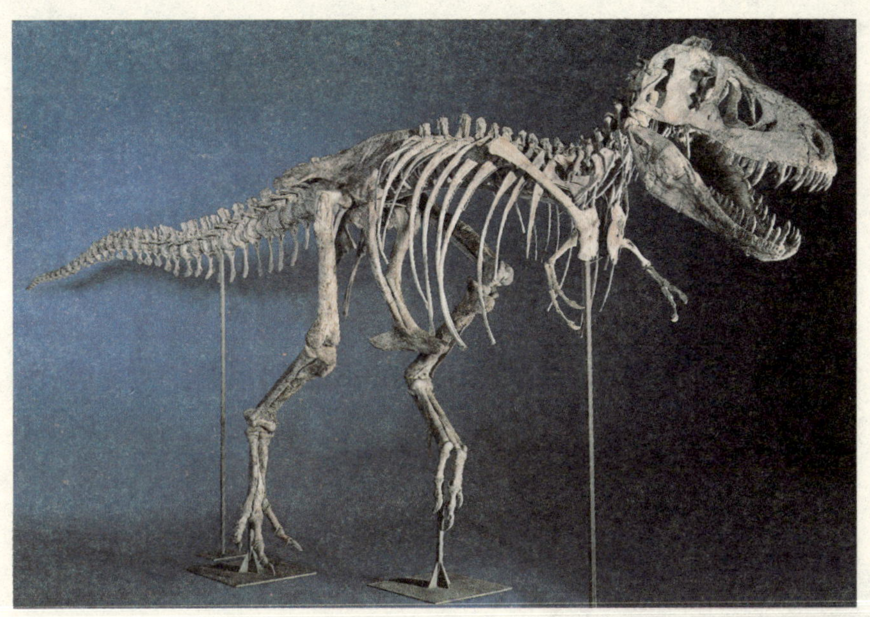

熟悉的化石，这些都被称为体躯化石；至于恐龙的遗迹（包括足迹、巢穴、粪便或觅食痕迹）也有可能形成化石保存下来，这些则被称为生痕化石。这些化石是研究恐龙的主要依据，据此可以推断出恐龙的类型、数量、大小等情况。

1947 年 7 月 13 日，美国发现一批恐龙化石。

1977 年 7 月 23 日，我国首次在四川永川县发现一具比较完整的恐龙化石。

1986 年 10 月 7 日，美国发现最古老的恐龙化石。

2014 年 5 月，世界最大恐龙的纪录又被刷新了，阿根廷出土了迄今为止最大的恐龙骨骼化石。该国考古学家鉴定，化石属于草食性雷龙的一个新品种，按大腿骨长度估算，其头部到尾端长达 40 米，站立高度达 20 米，是历来发现的最大型的陆地动物。

恐龙灭绝之谜

Extinction of dinosaurs

恐龙在地球上统治了几千万年的时间，但不知什么原因，它们在 6500 万年前很短的一段时间内突然灭绝了，今天人们看到的只是那时留下的大批恐龙化石。

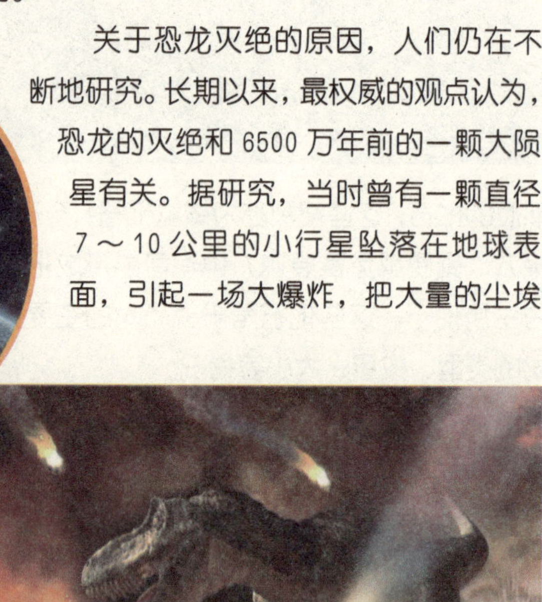

关于恐龙灭绝的原因，人们仍在不断地研究。长期以来，最权威的观点认为，恐龙的灭绝和 6500 万年前的一颗大陨星有关。据研究，当时曾有一颗直径 7～10 公里的小行星坠落在地球表面，引起一场大爆炸，把大量的尘埃

抛入大气层，形成遮天蔽日的尘雾，导致植物的光合作用暂时停止，恐龙因此而灭绝了。

小行星撞击理论很快获得了许多科学家的支持。1991 年，在墨西哥的尤卡坦半岛发现了一个发生在久远年代的陨星撞击坑，这个事实进一步证实了这种观点。今天，这种观点似乎已成定论。

但也有许多人对这种小行星撞击论持怀疑态度，因为事实是：蛙类、鳄鱼以及其他许多对气温很敏感的动物都顶住了白垩纪而生存下来，那么这种理论无法解释为什么只有恐龙死光了。迄今为止，科学家们提出的对于恐龙灭绝原因的假想已不下十几种，比较富于刺激性和戏剧性的“陨星碰撞说”不过是其中之一而已。

除了“陨星碰撞说”以外，关于恐龙灭绝的主要观点还有以下几种：

一、气候变迁说。6500 万年前，地球气候陡然变化，气温大幅下降，造成大气含氧量下降，令恐龙无法生存。也有人认为，恐龙是冷血动物，身上没有毛或保暖器官，无法适应地球气温的下降，都被冻死了。

二、物种斗争说。恐龙年代末期，最初的小型哺乳类动物出现了，这些动物属啮齿类食肉动物，可能以恐龙蛋为食。由于这种小型动物缺乏天敌，越来越多，最终吃光了恐龙蛋。

三、大陆漂移说。地质学研究证明，在恐龙生存的年代，地球的大陆只有唯一一块，即“泛古陆”。由于地壳变化，这块大陆在侏罗纪发生了较大的分裂和漂移现象，最终导致环境和气候的变化，恐龙因此而灭绝。

四、地磁变化说。现代生物学证明，某些生物的死亡与磁场有关。对磁场比较敏感的生物，在地球磁场发生变化的时候，都可能导致灭绝。

五、被子植物中毒说。恐龙年代末期，地球上的裸子植物逐渐

消亡，取而代之的是大量的被子植物，这些植物中含有裸子植物中所没有的毒素。形体巨大的恐龙食量奇大，大量摄入被子植物后，导致体内毒素积累过多，终于被毒死了。

六、酸雨说。白垩纪末期可能下过强烈的酸雨，使土壤中包括锶在内的微量元素被溶解，恐龙通过饮水和食物直接或间接地摄入锶，出现急性或慢性中毒，最后一批批死掉了。

关于恐龙灭绝原因的假说，还远不止上述这几种。但是上述这几种假说，在科学界都有较多的支持者。当然，上面的每一种说法都存在不完善的地方。例如，“气候变迁说”并未阐明气候变化的原因。经考察，恐龙中某些小型的虚骨龙，足以同早期的小型哺乳动物相抗衡，因此“物种斗争说”也存在漏洞。而在现代地质学中，“大陆漂移学说”本身仍然是一个假说。“被子植物中毒说”和“酸雨说”同样缺乏足够的证据。因此，恐龙灭绝的真正原因，还有待于人们的进一步探究。

扫一扫 听故事
中大奖

第2章

恐龙家族

KONGLONG JIAZU

恐龙生活在大约距离今天有2亿到7000万年的时候，是一个庞大的家族。生活于地球上的恐龙很可能在1000种以上，它们统治着海洋、陆地和天空，其他一切动物都无法和它们对抗，它们是名副其实的霸主。本章将带着小朋友进入时光隧道，回到那神秘的恐龙世界，认识了解恐龙，一起去探索解开心中的疑团吧。

霸王龙——最有名的肉食性恐龙

Tyrannosaurus

中文名称	霸王龙
拉丁文学名	Tyrannosaurs
时　　代	白垩纪末期
食　　性	肉食性
典型体长	约 12.2 ~ 13.7 米
分布区域	北美洲的美国与加拿大西部

霸王龙又名暴龙，意为残暴的蜥蜴王，是世界上最著名的肉食性恐龙之一。它的身长约 13 米，肩高约 5 米，平均体重约 9 吨，生存于白垩纪末期的马斯垂克阶最后 300 万年，距今约 6850 万年到 6550 万年，是白垩纪至第三纪灭绝事件前最后的恐龙种群之一。它的化石分布于北美洲的美国与加拿大西部，分布范围较其他暴龙科更广。

1902 年，美国一位恐龙化石采集家巴纳姆·布朗在美国蒙大拿州的黑尔溪发现了第一具霸王龙的骨骸。

霸王龙身体壮硕，拥有大型头颅骨，可达 1.5 米，且头骨沉重，高而侧扁。霸王龙的双眼向前，具有立体视觉，视觉非常好。霸王龙的牙齿极为发达，每颗锋利的牙齿约有 30 厘米长，露出部最长为 15 厘米，牙齿边缘呈锯齿状，稍有些弯曲；下颌强壮有力，关节面靠后，这样颌骨与牙齿的构造，无疑是长期以其他动物为食、撕扯和咀嚼大块肉的结果。霸王龙的后肢结实粗壮，脚掌长着三个脚趾头，指端有尖锐的爪，爪和牙齿都是霸王龙有力的搏击武器。但是霸王龙的前爪短小，无法有力地对其他恐龙造成伤害。长而重的尾巴是用来保持平衡的。霸王龙是最大型的暴龙科动物，也是最著名的陆地掠食者之一。

霸王龙可以分为两种形态：粗壮型和纤细型，区别体现在一些四肢骨骼同长度下，粗壮型比纤细型粗壮很多，胸腔也宽得多。研究发现，较为粗壮的个体是雌性，反之纤细的个体是雄性，由此看来雌性霸王龙要比雄性霸王龙更加粗大、强壮。

棘背龙——最大的食肉恐龙

Spinosaurus

中文名称	棘背龙
拉丁文学名	Spinosaurus
时　代	白垩世晚期
食　性	肉食性
典型体长	约 12 ～ 19.5 米
分布区域	非洲

棘背龙是最大的食肉恐龙和兽脚亚目恐龙，意为“有棘的蜥蜴”。生存在约 1.44 亿年前到 6500 万年前，白垩世晚期的非洲，分布区域包括摩洛哥、阿尔及利亚、利比亚、埃及、突尼斯，可能还有西

撒哈拉、尼日尔和肯尼亚。第一个棘背龙化石是在 1912 年由德国古生物学家恩斯特·斯特莫在埃及西部的拜哈里耶绿洲发现并命名的。

棘背龙的头颅骨长，约为 1.75 米，并且较低矮，外形类似上龙类，被认为是已知的最大的半水生动物和兽脚亚目恐龙。棘背龙的口鼻部狭窄，前端略为膨大，眼睛前方有一个小型突起物。口中布满笔直的圆椎状牙齿，牙齿长度最长可达 12.5 厘米，一般牙齿长度在 5 ～ 8 厘米之间，牙齿缺乏锯齿边缘，类似其他的棘龙科恐龙。棘背龙的背部有明显的长棘，是由非常高大的神经棘所构成。这些神经棘从背部脊椎骨延伸出来，长度约是脊椎骨的 7 ～ 11 倍长，高度可达 1.69 米。长棘之间推断生前有皮肤连结，形成一个巨大的帆状物，其功能很可能是用来调节体温、储存脂肪能量、散发热量、吸引异性、威胁对手和吸引猎物等。

狭翼龙——快速敏捷的游泳能手

Stenopterygius

中文名称	狭翼龙
拉丁文学名	Stenopterygius
时　　代	侏罗纪中到晚期
食　　性	肉食性
典型体长	约 4 米
分布区域	英格兰、法国、德国、卢森堡

狭翼龙是双孔亚纲鱼龙目狭翼鱼龙科中的一个属，生活在英格兰、法国、德国、卢森堡，年代为侏罗纪中到晚期托阿尔阶到阿连阶。

狭翼龙并不是翼龙，而是鱼龙中的一种，身长约 2 ~ 4 米。狭翼龙非常适合海洋生活，它的外形很像鱼，身体光滑，四肢呈鳍状，

已经不适合在陆地生活。狭翼鱼龙还具有三角形背鳍，以及大型、半流线型、垂直面的尾鳍，像鱼的尾巴一样，因此它是快速敏捷的游泳能手。

狭翼龙的生活习性类似今日的海豚，大部分时间处在开放性海洋中，它们有许多大型牙齿，以鱼类、头足类和其他动物为主要食物，平时靠它的大眼睛和灵活的耳朵帮忙捕食这些动物。像其它鱼龙一样，狭翼龙在水中繁殖后代，科学家在狭翼龙的化石中发现幼龙，这表明此类动物可能是胎生而不是卵生的，这个极其珍贵的化石现保存于德国的博物馆中。

真双齿翼龙——最大的有尾翼龙

Eudimorphodon

中文名称	真双齿翼龙
拉丁文学名	Eudimorphodon
时　　代	三叠纪晚期
食　　性	肉食性
典型体长	翼展 0.75 ~ 1.5 米
分布区域	意大利

扫一扫 听故事
中大奖

真双齿翼龙是翼龙类演化过程中的一个旁支，曲颌形翼龙科，是最古老的翼龙。

真双齿翼龙生存于中三叠纪的意大利。它们的翼展约 100 厘米，而且长尾巴的末端可能有个钻石形标状物，这个标状物可能在飞行时充当舵使用。它的牙齿为明显的异型齿，这也是它们的名称由来。

真双齿翼龙的颌部长 6 厘米，却具有 110 颗牙齿。颌部前段的

牙齿为长牙齿，上颌两侧各有 4 颗长牙，下颌两侧各有 2 颗长牙；后段的牙齿为小型、多齿尖（通常是三四颗，可多达五个）的牙齿，上颌每边各有 25 颗，下颌每边各有 26 颗。

真双齿翼龙生活在海岸边，以捕食鱼类和昆虫为生的。

像所有会飞的爬行动物一样，真双齿翼龙有着皮膜形成的翅膀，它的翅膀从前后肢之间伸展出来，并且顺着前肢长长的爪子长出。拍动这双翅膀，真双齿翼龙能在海面上低飞。它的大眼睛非常敏锐，能准确判断出水中的鱼和空中飞行的昆虫的位置。它的长尾巴在飞行时很可能伸直着，以保持身体平衡。

喙嘴龙——早期的翼龙

Rhamphorhynchus

中文名称	喙嘴龙
拉丁文学名	Rhamphorhynchus
时　　代	侏罗纪中期至晚期
食　　性	恐龙的尸体、鱼类、昆虫
典型体长	翼展约 60 厘米
分布区域	德国

喙嘴龙生活在1.3亿年前，是一种能飞行的恐龙。体长约60厘米，上下颌上有尖齿，喜食鱼类。翼骨间有翼膜，像鸟类的翅膀。尾巴很长，末端有一个舵状的皮膜，所以又叫它“舵尾喙嘴龙”。它是翼龙家族里的一个分支，全身披有细小的皮毛，翼展 1 米，以各种鱼和昆虫为食，是早期的翼龙，到后来突然消失，被无齿的翼手龙所取代。

扫一扫 听故事 中大奖

其实喙嘴龙只是一个总称，代表种类有无尾颚翼龙、舟颚翼龙、双形齿翼龙等。

喙嘴龙又称喙嘴翼龙，意思是“喙状的口鼻部”，是种生存于侏罗纪中晚期的长尾翼龙类。喙嘴翼龙与翼手龙属生存于相同时代。它的长尾巴上有韧带，使尾巴僵硬，尾端呈钻石形状。喙嘴翼龙的颌部布满向前倾的尖细牙齿，上颌有 20 颗牙齿，下颌有 14 颗牙齿。当喙嘴翼龙的嘴部闭合时，上下的牙齿互相交错，内耳结构有助于平衡，可使头部可以保持在水平状态。

羽蛇神翼龙——最大的飞翔爬行动物

Quetzalcoatlus

中文名称	羽蛇神翼龙
拉丁文学名	Quetzalcoatlus
时　　代	白垩纪中期至晚期
食　　性	食鱼类
典型体长	翼展约 11 ~ 15 米
分布区域	西部内陆通道附近，北美

羽蛇神翼龙又名披羽蛇神翼，也叫风神翼龙，是种翼手龙类，生存于白垩纪晚期的坎潘阶到马斯特里赫特阶，约 8400 万年前到 6500 万年前，是目前已知最大的飞行动物之一。它属于神龙翼龙科，该科是先进而缺乏牙齿的翼龙类。其名称来源于阿兹提克文明里的

披羽蛇神冠沙寇克塔斯，意为长着羽毛的蛇神，于是将其命名为风神翼龙，中文有时也译为披羽蛇翼龙。它的化石是在格兰德河的“大拐弯”处被发现的，人们又把它叫做“德克萨斯翼龙”是真正的飞行怪兽。

羽蛇神翼龙未成年的个体头骨长 1 米，翼展达 5.5 米；成年个体的头骨未曾发现，根据翅骨碎片来看，翼展至少有 11 ～ 15 米，这可是地球生命史上最大型的飞翔爬行动物。它的头骨巨大，嘴巴又长又细，且口中没有牙齿；喙前端不是尖锐的，而是钝的。它的眶前孔（位于眼眶前方的）巨大，差不多占了头骨全长的二分之一，这无疑为其巨大的脑袋减轻了相当多的重量。羽蛇神翼龙头上有脊冠，位于眼眶前上方。羽蛇神翼龙的脖子非常长，达 2 米多，由肩与头之间长型的肌腱和肌肉支撑。它的脊可能在飞行中帮助保持稳定。它的腿很长，有平衡大头的作用。远观之，羽蛇神翼龙呈现出类似鹤或鹳的外表，像鹈鹕一样潜入水中用嘴抓鱼。

根据翼龙的标准，这些动物都应该算是超大型动物。而对于鸟类和蝙蝠等其他飞行动物来说，它们巨大的体形已算是恐怖级别了，应该称得上是地球历史上单次飞行距离最长的飞行动物。

无齿翼龙——没有牙的翼龙

Pteranodon

中文名称	无齿翼龙
拉丁文学名	Pteranodon
时　　代	白垩纪晚期
食　　性	肉食性
典型体长	体长约 1.8 米，翼展约 8.2 米
分布区域	北美洲

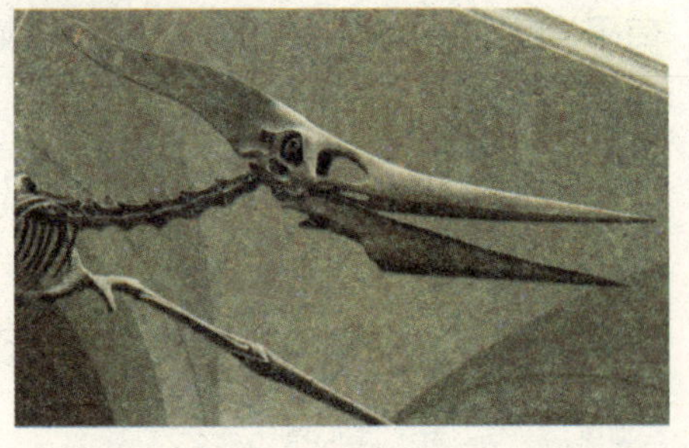

无齿翼龙，在希腊文中意为“没有牙的翅膀”，生存于白垩纪晚期的康尼亚克阶到坎潘阶，约 8930 万年前到 7060 万年前的北美洲（堪萨斯州、阿拉巴马州、内布拉斯加州、怀俄明州与南达科他州），是最大的翼龙类之一，翼展长达 9 米。其化石首次发现于 1870 年，是在堪萨斯州的烟山河白垩地层。

无齿翼龙生活在北冰洋一直延伸到墨西哥湾，它们常年聚集在海边繁衍生息，因为头上的冠饰而著名。冠饰可能用于求偶时的炫耀，或作为方向舵使用，或者两者都有。头冠可以在飞行时保持身体的稳定，一般雄性的冠饰较大。无齿翼龙已知以鱼类为食，科学家曾在一个无齿翼龙化石的胃部位置发现鱼骨头化石，而在另一个无齿翼龙化石的嘴部发现了已石化的鱼类食糜。无齿翼龙以翼龙类独有

的翅骨，可以拍打它们大而轻的翼，采用动力滑翔式或是利用上升气流来拍打翅膀进行长距离飞行。近年来，人们在当年的海洋附近发现过 1000 多具无齿翼龙化石。

无齿翼龙是爬行动物，但不是恐龙。根据定义，恐龙是拥有直立步态的双弓动物，包括蜥臀目与鸟臀目。先进的翼手龙类（例如无齿翼龙）拥有半直立的步态，它们的步态是独立于恐龙的直立步态，而翼龙类缺乏恐龙臀部明显的适应特征。然而，翼龙类与恐龙关系非常密切。无齿翼龙与较早的翼龙类不同，例如：无齿翼龙拥有缺乏牙齿的喙状嘴，类似现代鸟类，因此大多数古生物学家将他们列入鸟颈类主龙。

扫一扫 听故事
中大奖

始祖鸟——鸟类的祖先

Archaeopteryx

中文名称	始祖鸟
拉丁文学名	Archaeopteryx
时　　代	侏罗纪晚期
食　　性	肉食性
典型体长	约 120 厘米
分布区域	欧洲德国巴伐利亚州

始祖鸟是最早及最原始的鸟类，名字是古希腊文的“古代羽毛”或“古代翅膀”的意思，故又名古翼鸟。

始祖鸟是古脊椎动物，生活于恐龙时代，化石分布在德国南部。其大小及形状与喜鹊相似，有着阔及圆的翅膀及长的尾巴，有爪和

牙齿。除身上有鸟类的羽毛外，在它的颚骨上还有锋利的牙齿，脚上三趾都有弯爪，跟爬行动物相似。由于它同时拥有鸟类及兽脚亚目的特征，因此与恐龙有所区别，但仍属于恐龙。它们生活于约 1.55 亿年到 1.5 亿年的侏罗纪晚期。

现今已有 11 个化石被分类为始祖鸟，是侏罗纪时期唯一的羽毛证据，曾经被认为是鸟类的祖先。由于始祖鸟有着鸟类及恐龙的特征，因此一般认为始祖鸟是它们之间的连结，它可能是第一种由陆地生物转变成鸟类的生物。

始祖鸟的首个遗骸是在达尔文发表《物种起源》之后两年的 1862 年发现的。始祖鸟的发现似乎也确认了达尔文的理论，并从此成为恐龙与鸟类之间的关系、过渡性化石及演化的重要证据。

始祖鸟较接近现今鸟类的祖先，因它有着很多鸟类的特征，但它与当时鸟类的分歧程度仍有疑义于最新的系统发育学分析，始祖鸟应属于早期恐爪龙类，而不属于鸟类。

腱龙——庞大而笨重的恐龙

Tenontosaurus

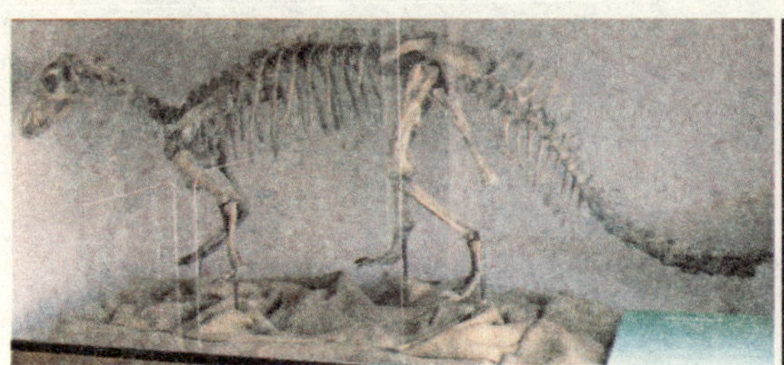

中文名称	腱龙
拉丁文学名	Tenontosaurus
时　代	白垩纪早期
食　性	草食性
典型体长	约 7 ～ 10 米
分布区域	北美洲

腱龙是种体型中到大型的鸟脚下目恐龙，被认为是种非常原始的禽龙类。腱龙身长 6.5 ～ 8 米，身高 2.2 米，重达 1 ～ 2 吨。活跃于白垩纪早期的北美洲，属鸟臀目。发现于北美洲西部的白垩纪早期到中期（阿普第阶到阿尔比阶）沉积物中，距今约为 1.25 亿年到 1.5 亿年前。

腱龙是一种身体庞大而笨重的恐龙，长着一条长长的特别粗的尾巴，大部分时间以四足行走，它是温顺的食草动物。尽管它能用具爪的脚踢打对方或把尾巴当作鞭子去打敌人，但是它还是无法和像恐爪龙这样凶猛而动作迅速的食肉恐龙相比。腱龙生活在白垩纪早期的北美洲，缺乏自卫能力，常常会遭到比它小得多的恐爪龙的攻击。在带氏腱龙的标本上曾发现恐爪龙的牙齿，附近也曾发现许多恐爪龙的骨骸，显示腱龙曾被恐爪龙所猎食。

胄甲龙——完全包裹着装甲的恐龙

Panoplosaurus

中文名称	胄甲龙
拉丁文学名	Panoplosaurus
时　　代	白垩纪晚期
食　　性	植食性
典型体长	约 7 米
分布区域	美国蒙大拿、加拿大

胄甲龙是一种草食性恐龙，它经常用很窄的嘴在地面上觅食，是已知结节龙科中最晚出现的。最早的结节龙科恐龙出现于 1.85 亿年前的中侏罗纪。胄甲龙出现於 1 亿年后的晚白垩纪，并存活到白垩纪末。

胄甲龙生存在北美洲，目前已在蒙大拿州、亚伯达省发现化石。它们身长 5.5 ～ 7 米，而尾巴长达 2 米，重量约 3.5 吨，以低层植物为食。胄甲龙的尾巴没有骨槌，但头部覆盖着头盔状的骨板。从

背部到尾巴也都覆盖着骨板，上有多排针状物。肩膀往前延伸出多个尖刺。不像其他结节龙科恐龙，胄甲龙全身都包裹在沉重的骨甲中，看上去和大象一样重。它的颈部和背部覆盖着平整的甲片和脊突，身体两侧有尖刺护身，头部甚至也有骨甲保护着。遇到放人时，它可以用肩膀上的尖刺抵抗、冲击攻击者，而非趴在地上以身体装甲防御。

厚甲龙——拥有巨大骨质尾锤的恐龙

Struthiosaurus

中文名称	厚甲龙
拉丁文学名	Struthiosaurus
时　　代	白垩纪晚期
食　　性	植物的嫩叶和根茎
典型体长	约 2 ~ 2.5 米
分布区域	欧洲的奥地利、法国、匈牙利

厚甲龙是结节龙科中最小、最原始的物种之一，生存于晚白垩纪坎潘阶到马斯特里赫特阶的奥地利、罗马尼亚。厚甲龙的身长约为 2 ~ 2.5 米。厚甲龙的属名在拉丁语中意为“鸵鸟”，而在希腊文中意为“蜥蜴”。

厚甲龙意为鸵鸟般的蜥蜴，比大部分具重甲的恐龙小，但身上有几种不同的护甲。在劲部四周有坚硬的甲片，小骨质脊突覆盖着背部和尾部，身体两侧有尖刺保护着。它生活在白垩纪晚期的欧洲，

在那里发现了它的头骨化石碎片、颅骨以及甲片。

厚甲龙与 2005 年命名的匈牙利龙，是目前欧洲仅有的两个甲龙下目有效属。

厚甲龙的三个有效种中，奥地利厚甲龙体型小于特兰西瓦尼亚厚甲龙，拥有较短的颈椎。特兰西瓦尼亚厚甲龙的方骨—副枕突愈合固定，但奥地利厚甲龙的方骨—副枕突并未愈合固定。目前仍不清楚朗格多克厚甲龙的头颅骨，但它们的背椎形状与特兰西瓦尼亚厚甲龙不一样，坐骨形状则与奥地利厚甲龙不一样。

包头龙——武装到眼皮的甲龙

Euoplocephalus

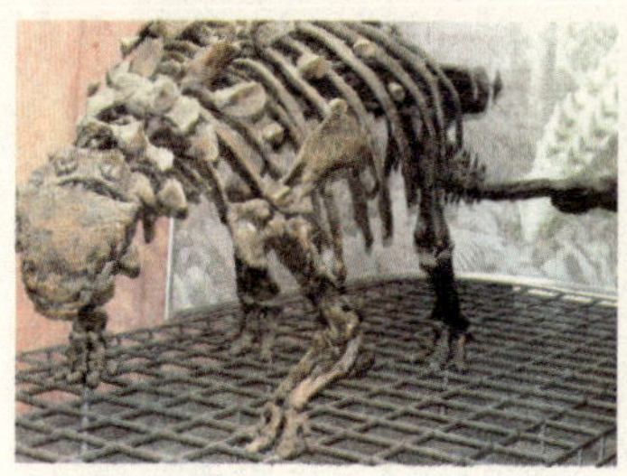

中文名称	包头龙
拉丁文学名	Euoplocephalus
时　　代	上白垩纪
食　　性	草食性
典型体长	约 6 米
分布区域	美国蒙大拿州、加拿大

包头龙属是甲龙科下的一个属，又名优头甲龙，是甲龙科下最巨大的恐龙之一，体型与细小的象相若。在甲龙下目中，只有多智龙及甲龙是较包头龙为大。包头龙约有 6 米长，重约 2 吨。它的身体阔 2.4 米，身体低、四肢短。后肢比前肢大，四肢都有像蹄的爪。

包头龙类的整个头部及身体都是由装甲带所保护的，不过却仍保持了一定的灵活性。它是首个甲龙下目与其装甲一同被发现的，这些装甲更可以覆盖其眼帘。每一个装甲带是由嵌入在厚皮肤上的厚椭圆形甲板组成，皮肤布满只有10～15厘米的短角刺（像鳄鱼）。除了这些角刺外，包头龙的颅后也有大角。它的尾巴末端是一个骨质的棍棒。尾巴有发达的肌肉，棍棒可以随意向两边挥动来防卫。脊椎与肋骨合并在一起，在臀部的几节脊骨则连合在一起形成一根棒子。尾巴是由硬化的组织组成，与尾骨结合在一起。

古生物学家劳伦斯·赖博于1902年发现首个包头龙的标本，并于1910年为其命名。

包头龙生活于8500百万至6500百万年前，上白垩纪坎帕阶至麦斯特里希特阶。包头龙是草食性的恐龙。它的鼻子结构复杂，可能它的嗅觉很灵敏。四肢很灵活，有可能用作挖掘坑洞。由于牙齿很弱小，故它们可能只吃低身的植物及浅的块茎。

包头龙只有腹部是没有装甲的。就像箭猪一样，要伤害它就必须将它反转。在加拿大艾伯塔省进行的恐龙骨骼研究支持这个观点，显示在鸭嘴龙上有很多咬痕，而甲龙下目则没有。有推测指包头龙的灭绝是因暴龙强劲的颚骨力量。

原角龙——最原始的角龙

Protoceratops

中文名称	原角龙
拉丁文学名	protoceratops
时　代	上白垩纪坎潘阶
食　性	草食性
典型体长	约 2 ~ 3 米
分布区域	蒙古、中国

原角龙是种小型的四足恐龙，身长约 1.8 米，肩膀高度 0.6 米，成年原角龙的体重约 180 公斤。它的脑袋和躯干都很大，其中头颅占了大部分。头颅骨有大型喙状嘴、四对洞孔，最前方的洞孔是鼻孔，可能比晚期角龙类的鼻孔还小。它们的眼睛很大，有大型眼眶，

直径约 50 厘米。眼睛后方是个稍小的洞孔。头部后方有大型头盾，没有角。头盾由大部的颅顶骨与部分的鳞骨所构成。头盾本身则有两个颅顶孔，而颊部有大型轭骨。它的头上长着个褶边一样的装饰，且雄性的比雌性的大些。

原角龙是草食性动物，以采食植物的枝叶以及多汁的茎根为食。脑袋中等大小，所以它们比较聪明。喙长得像鸟的一样，嘴的前部没有牙，但在嘴里两侧长着多列牙。嘴部肌肉强壮，咬合力高，适合咀嚼坚硬的植物。原角龙高度集中的大批标本，显示原角龙是群居动物，生蛋时往往是几只雌龙共用一个窝，大家轮流一圈一圈地产蛋。原角龙的天敌是速龙。

原角龙是第一个被命名的原角龙科恐龙，所以也成为原角龙科的名称来源。原角龙科是一群草食性恐龙，比鹦鹉嘴龙科先进，但比角龙科原始。原角龙科的特征是它们与角龙科相似，但原角龙科有更善于奔跑的四肢比例，以及较小的头盾。原角龙的蛋是世界上最早发现的恐龙蛋，此发现，也使原角龙在恐龙界的名气不亚于巨大的雷龙、暴龙。

牛角龙——角龙中的庞然大物

Torosaurus

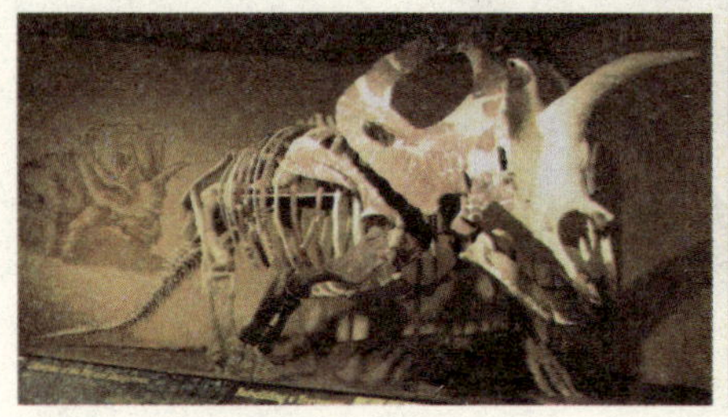

中文名称	牛角龙
拉丁文学名	Torosaurus
时　　代	白垩纪晚期
食　　性	草食性
典型体长	约 7.5 米
分布区域	北美大陆

牛角龙体长约 8 米，重约 8 吨，它们头上色彩鲜艳的冠饰，主要于求偶与斗争，其巨大的头骨是陆上动物有史以来最大的。当牛角龙低下巨大的脑袋时，它那甚为壮观的头盾就竖了起来，使得这家伙显得更为庞大。这个时候，从远远的地方就可以看见它。这种庞然大物身长和大象一样，体重超过 5 头犀牛的重量。它靠四条腿

行走，以低矮植物为生。尽管牛角龙的头骨是人的 13 倍，但它的大脑却很小。不过，由于它那蔚为壮观的头盾，眼睛上面的两只大尖角，以及头端部的一只小角，这些装备加起来，即使是与最庞大的肉食恐龙较量，牛角龙也显得毫不逊色。当与对手面对面撞上而谁也不愿意示弱退让时，牛角龙就会先是左右摇摆它那巨大的脑袋吓唬对方，接着就叉开两只前腿站稳。最后两只恐龙就把角抵在一起了，然后开始进行力量的较量。

牛角龙的名称常被翻译为“公牛蜥蜴”，但可能其实意为“有孔的蜥蜴”，意指它们头盾上的洞孔。由命名者奥塞内尔·查利斯·马什。

牛角龙是角龙科恐龙的一属，是草食性恐龙。在白垩纪期间，开花植物的地理范围有限，所以牛角龙可能以当时的优势植物为食，例如：蕨类、苏铁、针叶树。它们可能使用锐利的喙状嘴咬下树叶或针叶。

三角龙——最强大的角龙

Triceratops

中文名称	三角龙
拉丁文学名	Triceratops
时　　代	白垩纪晚期
食　　性	草食性
典型体长	约 7.9 ~ 10 米
分布区域	北美洲

三角龙是角龙科中最著名的一属。其化石发现于北美洲的晚白垩纪晚马斯特里赫特阶地层，约 6800 万年前到 6500 万年前，是最晚出现的恐龙之一，经常被作为晚白垩纪的代表化石。三角龙个体的身长估计有 7.9 ～ 10 米，最大有 12 米，高度为 2.9 ～ 3，重达

6.1～12 吨，有结实的体型、强壮的四肢，前脚掌有 5 个短蹄状脚趾，后脚掌则有 4 个短蹄状脚趾。三角龙最显著的特征是它们的大型头颅，它们的头盾可长至 2 米，可以达到整个身长的 1/3。三角龙的鼻孔上方有一根角状物，以及一对位在眼睛上方的角状物，可长达 1 米。头颅后方则是相对，短的骨质头盾。大多数其他有角盾恐龙的头盾上有大型洞孔，但三角龙的头盾则是明显坚硬的。

三角龙也是最著名的恐龙之一，是在通俗文化中非常受欢迎的恐龙。三角龙与暴龙居住在同一陆地上，且根据新近发现的化石表明，霸王龙与角龙确实会发生打斗。犀牛的角是由皮肤构成的，而三角龙的角则是实心的骨头长出来的，因此可能有强大的破坏力。三角龙已经演化出坦克一般的形态，是白垩纪最强的草食恐龙之一，暴龙、霸王龙也不敢轻易捕食它们，一只成年三角龙完全可以战胜一只成年暴龙或成年霸王龙。

幻龙——长满尖牙的水栖

Nothosaurus

中文名称	幻龙
别　　称	孽子龙
拉丁文学名	Nothosaurus
时　　代	三叠纪，距今 2.4 亿～ 2.1 亿年前
食　　性	以鱼为主
典型体长	3 ～ 4 米
推测体重	1 吨

幻龙是令鱼儿胆颤心惊的“海洋杀手”，主要生活在三叠纪时期欧亚地区的海域，是最古老的海生爬行动物之一。

幻龙与长颈龙十分相似，但和长颈龙比起来，幻龙的身体小且纤细，还不能完全适应水里的生活。而且幻龙的四肢并非如蛇颈龙一般呈鳍状，而是具有脚趾和蹼，因此可以断定幻龙可能可以长时

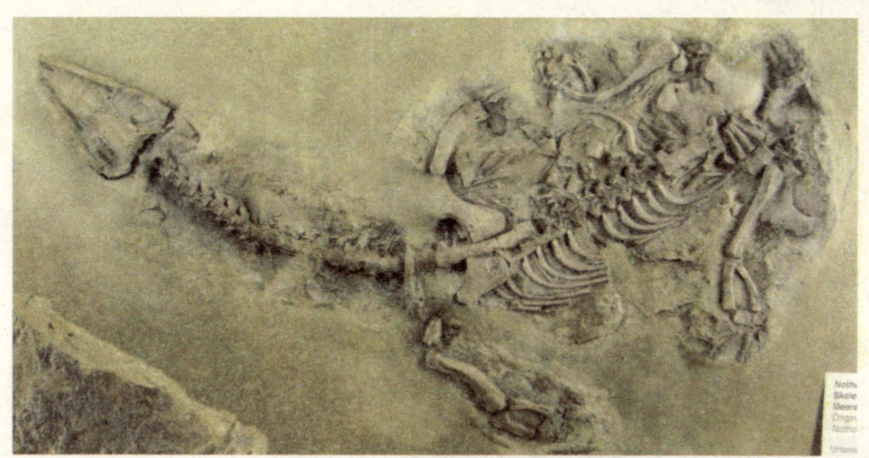

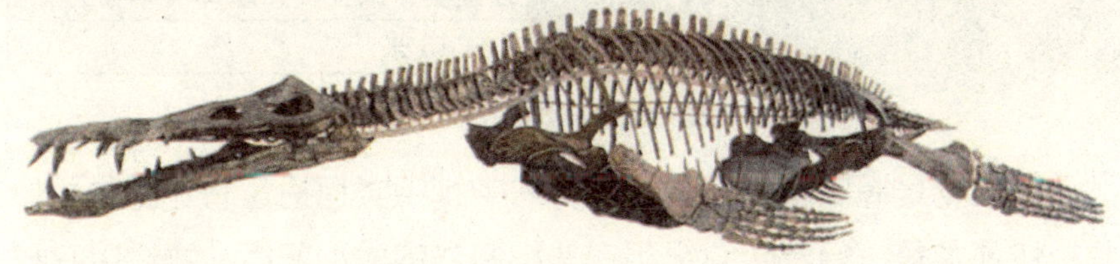

间停留在陆地上，以利于交配、生产等活动。

与潜龙比较，幻龙化石与后来发现的潜龙很类似，但二者时代上相差甚远。幻龙类局限于三叠纪，属于海相水生爬行动物，与潜龙最关键的区别表现在骨骼结构上：从四肢来看，幻龙类由于比较适应水中的生活，它们的四肢已经向桨状发展；幻龙类的肩带中，锁骨十分发达，形成粗大的骨质棒，与肩胛骨结合，而它们的间锁骨极小。

幻龙的化石分布在世界各地，英国、荷兰、瑞士、波兰、突尼斯、约旦、印度以及我国都有发现。在我国的贵州省兴义县，那里的薄层状灰岩中有大量的幻龙化石，其数量之丰富、个体保存之完整在世界上都是非常罕见的。当地老百姓把幻龙叫做“四脚蛇”，经常将其化石作为礼品馈赠亲友。有的媒体还曾把兴义称为“幻龙的王国”。

蛇颈龙——长脖子的海怪

Plesiosaur

中文名称	蛇颈龙
拉丁文学名	Plesiosaur
时　　代	三叠纪晚期～白垩纪末
食　　性	以鱼类、贝壳类、软体类动物为主
典型体长	2～18米
推测体重	0.1～27吨

蛇颈龙是海中爬虫类的一种，海中爬虫类包括了海洋鳄鱼和鱼龙。蛇颈龙是统治着侏罗纪和白垩纪海洋的大型爬行动物，以其长颈而著称。它们由陆上生物演化而来，再回到海洋中生活，主要生活在三叠纪到白垩纪晚期。它们生活在干净的水域中，主要以食用鱼类为生。化石证实它们较常出现在海洋环境中，除了鱼类之外也

吃贝类和软件类动物。

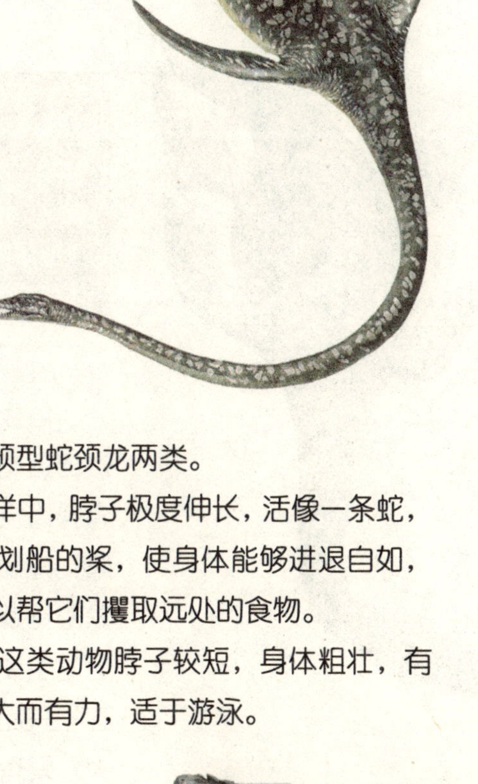

蛇颈龙的外形像一条蛇穿过一个乌龟壳：头小，颈长，躯干像乌龟，尾巴短。头虽然偏小，但口很大，口内长有很多细长的锥形牙齿，捕鱼为生。许多种类的身体非常庞大，长达 11 ～ 15 米，个别种类达 18 米。四肢进化为适于划水的肉质鳍脚，使蛇颈龙既能在水中往来自如，又能爬上岸来休息或产卵繁殖后代。

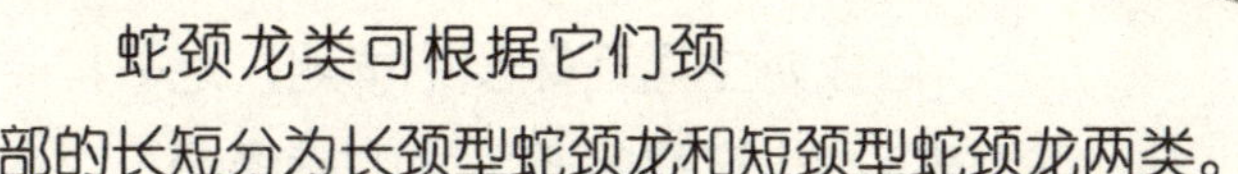

蛇颈龙类可根据它们颈部的长短分为长颈型蛇颈龙和短颈型蛇颈龙两类。

长颈型蛇颈龙主要生活在海洋中，脖子极度伸长，活像一条蛇，身体宽扁，鳍脚犹如四支很大的划船的桨，使身体能够进退自如，转动灵活。而长颈伸缩自如，可以帮它们攫取远处的食物。

短颈型蛇颈龙又叫上龙类。这类动物脖子较短，身体粗壮，有长长的嘴，所以头部较大，鳍脚大而有力，适于游泳。

扫一扫 听故事
中大奖

巨板龙——因大型肩胛骨而得名的恐龙

Macroplata

中文名称	巨板龙
拉丁文学名	Macroplata
时　　代	侏罗纪早期
食　　性	以鱼类主
典型体长	4 ~ 5 米
体貌特征	大型肩胛骨

巨板龙生活在侏罗纪早期，是一种原始的上龙。它得名于大大的肩胛骨，这些肩胛骨发展成大块的腹底骨板，主要是用来支撑前鳍的。相对其他上龙来说，巨板龙的构造还比较原始，之所以把它分类为上龙主要是看它窄长的口鼻部，而且它的脖子只比头骨长两倍而已。巨板龙身材不大，只有 4 到 5 米左右，27 块椎骨（有些资料是 29 块，而晚期蛇颈龙代表——薄片

龙的椎骨多达 71 块）。

巨板龙四肢已经特化成鳍状，头部较小，身体呈流线型，非常适合海洋生活，以各种鱼类为食。这些肩胛骨演化成为大块的腹底骨板，主要是用来支撑前鳍的。这使得它游泳时能产生很大的前进力量，从而获得较快的游泳速度。

巨板龙的样子可怕且极为凶残，可能以小型鱼类为食，并使用它们锐利的针状牙齿来捕捉猎物。其种属包括巨板龙、克柔龙、滑齿龙、上龙、泥泳龙、长吻龙等，是当时海洋中的一个大家族。上龙类化石较多地分布在英格兰、墨西哥、南美洲、澳大利亚和挪威。

扫一扫 听故事
中大奖

始盗龙——最早的肉食性恐龙

Eoraptor

中文名称	始盗龙
拉丁文学名	Eoraptor
时　　代	约 2.2 亿年前（三叠纪晚期）
食　　性	肉食性
典型体长	约 1.2 米
分布区域	南美洲

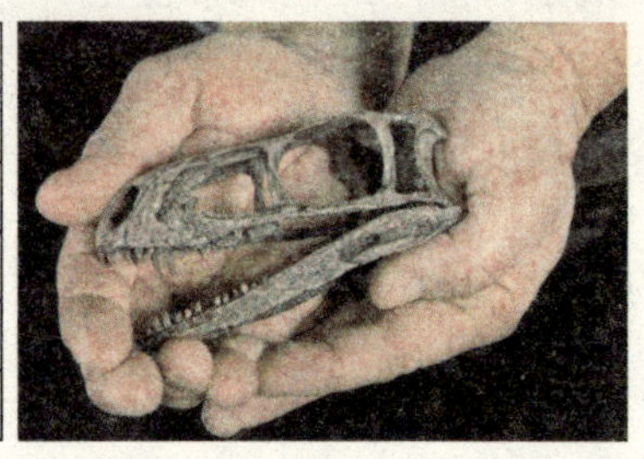

在目前已发现的诸多恐龙中，始盗龙是最早的恐龙之一，它们是大小像狗一样的肉食性动物。1991 年，芝加哥大学的古生物学家保罗·塞里诺（Paul Sereno）在南美洲阿根廷西北部一处极其荒芜不毛之地——伊斯巨拉斯托盆地，发现了始盗龙，该地属于三叠纪地层。

它们的身体较小，成长后也只有约 1 米长，重量估计约 10 公斤。

它是趾行动物，以后肢支撑身体，前肢只是后肢长度的一半，而每只手都有五指。其中最长的三根手指都有爪，被推测是用来捕捉猎物的。科学家推测其第四及第五指太小，不足以在捕猎时发生作用。

始盗龙可能主要吃小型的动物。它能够快速短跑，当捕捉猎物后，会用指爪及牙齿撕开猎物。在始盗龙的上下颌上，后面的牙齿像带槽的牛排刀一样，与其他的食肉恐龙相似；但是前面的牙齿却是树叶状，与其他的素食恐龙相似。这一特征表明，始盗龙很可能既吃植物又吃肉。始盗龙的一些特征证明，它是地球上最早出现的恐龙之一。例如，它具有5个“手指”，而后来出现的食肉恐龙的“手指”数则趋于减少，到最后出现的霸王龙等大型食肉恐龙只剩下两个“手指”了。再如，始盗龙的腰部只有三块脊椎骨支持着它那小巧的腰带，而后来的恐龙当越变越大时，支持腰带的腰部脊椎骨的数目就增加了。不过始盗龙也有一些特征与黑瑞龙以及后来出现的各种食肉恐龙都一样。例如，它的下颌中部没有一些素食恐龙那种额外的连接装置。再如，它的耻骨不是特别大。始盗龙和黑瑞龙在三叠纪晚期的出现，代表了恐龙时代的黎明。

腔骨龙——残忍而灵巧的杀手

Coelophysis

中文名称	腔骨龙
拉丁文学名	Coelophysis
时　　代	三叠纪晚期
食　　性	肉食性
典型体长	2.5 ~ 3 米
推测体重	15 ~ 30 公斤

腔骨龙，又名虚形龙，是北美洲细小肉食性的双足恐龙，也是已知最早的恐龙之一。它生存于三叠纪晚期，主要分布于美国亚历桑那、新墨西哥、犹他州等地。腔骨龙是肉食类恐龙。

腔骨龙体长 2.5 ～ 3 米，推测体重 15 ～ 30 公斤，是一种中小型食肉恐龙。腔骨龙常聚集成小群体活动，很像今天的野狼。

腔骨龙骨头中空，因此体态轻盈，能用长长的后腿快速奔跑。它的前肢相对短些，有 3 根带爪的手指。奔跑时，将前肢收拢靠近胸部，尾巴挺起向后以保持平衡。吻部尖细，使整个头部显得狭长。

腔骨龙的主食是小型哺乳动物，也可能会袭击那些大型的食草恐龙。

在 1881 年，一个业余化石搜集者发现了腔骨龙的第一块化石。1889 年，爱德华 · 德林克 · 科普将其命名为腔骨龙。

扫一扫 听故事
中大奖

克柔龙——嘴与脑袋一样长的恐龙

Kronosaurus

中文名称	克柔龙
拉丁文学名	Kronosaurus
时　　代	白垩纪早期
食　　性	鱼类、软体动物
典型体长	9 ~ 10 米
分布区域	澳大利亚

克柔龙又名克诺龙、长头龙，是一种海生爬行动物，属于蛇颈龙目的上龙亚目，是最大的上龙类之一，上龙类的明显特征是短而粗厚的颈部。克柔龙也是体型最大的上龙类之一。克柔龙是以希腊神话中泰坦巨神中的克罗诺斯为名，他吃了自己的孩子奥林匹斯十二主神。

克柔龙生活在 1.2 亿年前（白垩纪早期），颈骨只有 12 块，体长约有 9 ~ 10 米长，嘴与脑袋一样长，牙齿很大，超过 7 厘米，它

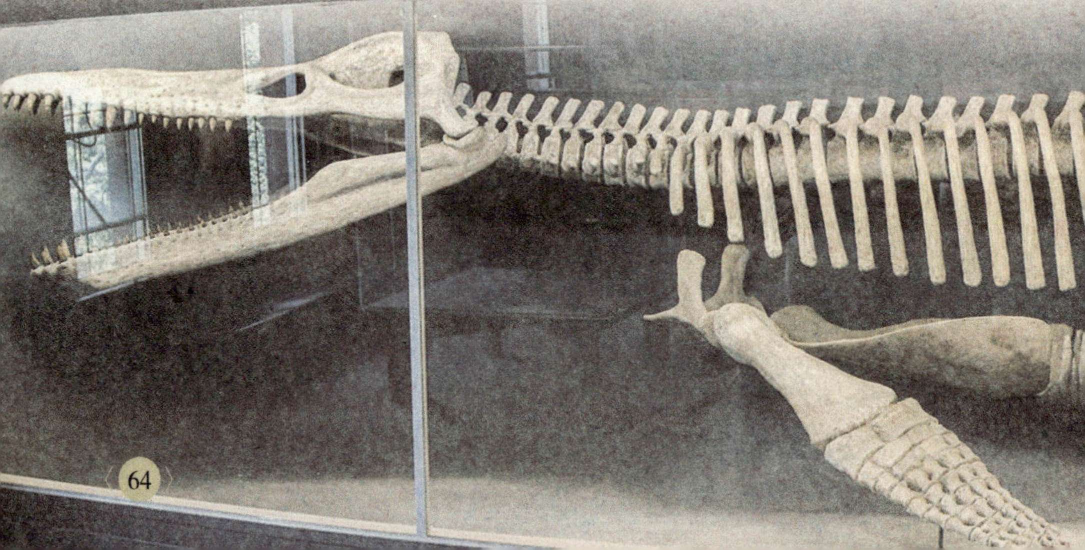

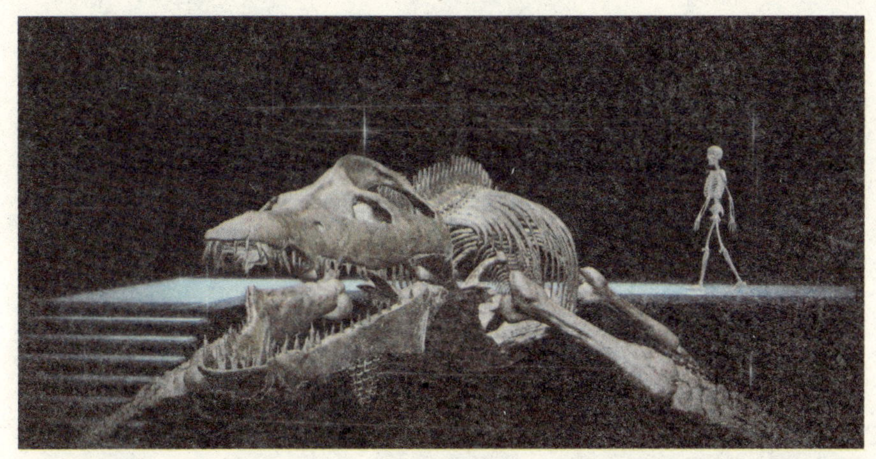

们的牙齿呈圆椎状，缺乏上龙与滑齿龙的切割用边缘，以及明显的三角面。

在那个时代，根本没有任何生物可以与它抗衡，它的体形好像圆桶，前肢扁平呈鱼鳍状，没有后肢，用来划水前进或控制前进方向，全身紧凑，利于快速游泳。鼻孔位于头顶上，可以在深水中呼吸。

曾经在澳大利亚的阿尔比阶地层，在一个薄板龙科的的化石中发现大而圆的齿痕，应该是被克柔龙所攻击。同时代的动物还有大量鱼类、多样性的软体动物如鱿鱼、菊石、箭石。有些上述动物的化石，甲壳上的齿痕也可能是由克柔龙造成的，它们的后齿成圆形，适合压碎有硬壳的动物。

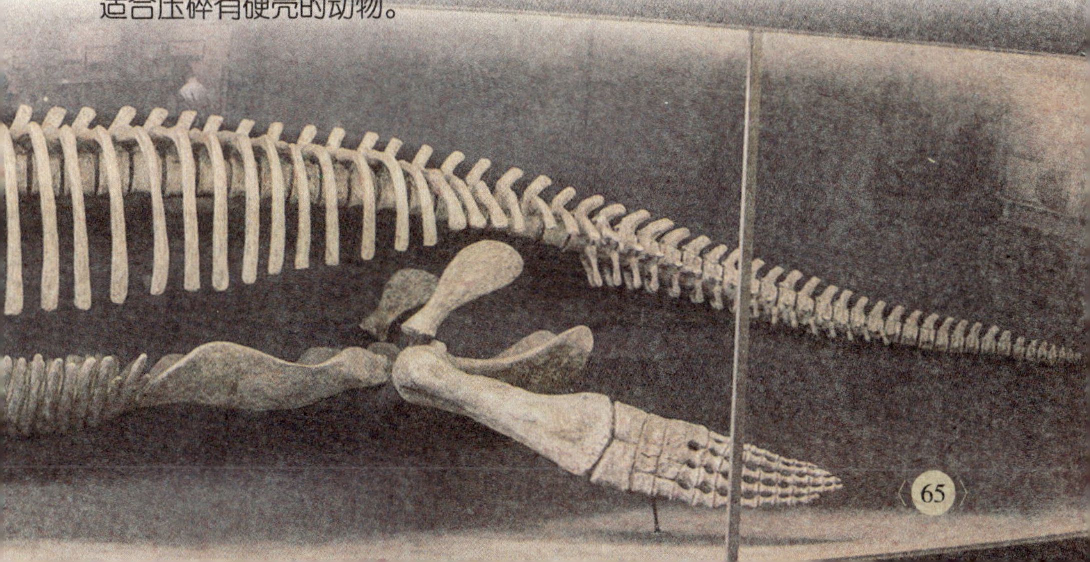

双嵴龙——长着“V”字形头冠的恐龙

Dilophosaurus

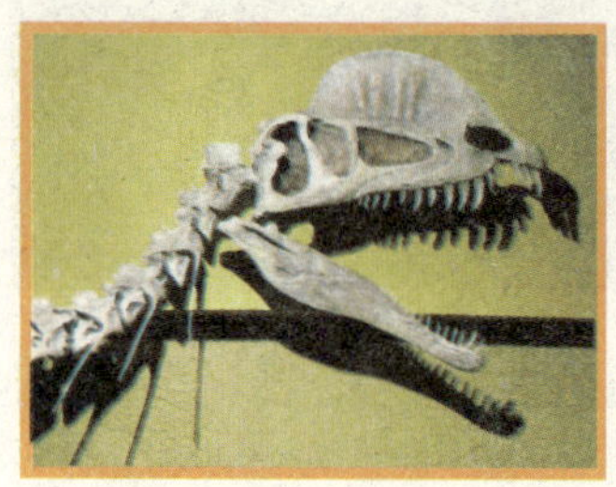

中文名称	双嵴龙
拉丁文学名	Dilophosaurus
时　　代	侏罗纪早期
食　　性	食肉性
典型体长	体长约 4 米
分布区域	美国、中国、南极洲

1942 年，科学家在美国亚利桑那州的侏罗纪早期地层中发现了一种体形较大的兽脚类恐龙。因为其头顶上有一对薄薄的“V”字形骨质嵴，科学家就把它命名为双嵴龙。

双嵴龙的身体较为粗壮，头骨高大，颚骨发达，嘴裂很大，满嘴的牙齿像锋利的小刀子一样，牙齿

的前后边缘上还有小的锯齿，这些特征显示它可以撕碎任何捕获到的猎物，然后将大块的肉吞进腹中。此外，双嵴龙的头骨上在眼睛后面的部位都有孔，这些孔是为了更好地附着那些牵动颚骨的肌肉用的，因此双嵴龙撕咬的力量一定非常强大。科学家推测，双嵴龙可能是侏罗纪早期生态系统中最残暴、最凶猛的食肉动物。

双嵴龙的后肢粗壮有力，脚上长有利爪，可以用来捕捉、撕裂猎物。2亿年前左右的那段时光里，双嵴龙经常出没在河流湖泊间的高地上或丛林间，追捕着各种各样的素食动物。它们也可能喜欢孤独地生活，有时也可能会隐蔽在不易被发觉的地方等待时机偷袭猎物，甚至它们还可能像现代的鬣狗一样，以由于各种原因死去的动物的尸体和腐肉为食。

双嵴龙也是环特提斯海动物群的成员之一，因此全世界发现的种类都大同小异。它们的化石在现代的南极洲也有发现，说明现在冰天雪地的南极洲在当时可能是一个温暖的恐龙天堂。

冰脊龙——南极洲唯一的兽脚类恐龙

Cryolophosaurus

中文名称	冰脊龙
拉丁文学名	Cryolophosaurus
时　　代	早侏罗纪
食　　性	肉食性
典型体长	约 6.5 米
分布区域	南极洲

冰脊龙又名冰棘龙或冻角龙，是一类大型的双足兽脚亚目恐龙，在其头部有一个像西班牙梳的奇异冠状物。由于它的头冠像 1950 年前后埃尔维斯 · 皮礼士利的高耸发型，所以亦有非正式的昵称“Elvisaurus”。1991 年，科学家在南极洲的早侏罗纪地层发现了

冰脊龙的化石。它是首次在南极洲发现的肉食性恐龙，且是首次被正式命名的南极洲恐龙。它的生存年代可追溯至早侏罗纪的普林斯巴赫阶，是最早的坚尾龙类恐龙。后来的研究认为，冰脊龙可能较接近双脊龙科。

冰脊龙的身长约 6.5 米，体重则约 465 公斤。冰脊龙的化石是一个高及窄的头颅骨，约 65 厘米长。它那独特的鼻冠位于眼睛上方，垂直于头颅骨，呈横向排列。头冠是有绉折的，外观很像一柄梳。它是从头颅骨向外延伸，在泪管附近与两侧眼窝的角愈合。其他有冠的兽脚亚目，如单脊龙，它们的冠多是沿头颅骨纵向长出，而非横向的。这个头冠若用在打斗上是很易碎的，故认为是作为求偶用的。

冰脊龙的化石在距南极约 650 公里的地方被发现，但在它们生存的时期，这个地方距离约 1000 公里或更为偏北的地区。研究显示，虽然内陆地区有极端的气候环境，但海岸地区并未曾过于严寒，可见当时恐龙可以抵受相对较凉的环境及可能在下雪时仍能生存。

角鼻龙——鼻上长角的肉食恐龙

Ceratosaurus

中文名称	角鼻龙
拉丁文学名	Ceratosaurus
时　　代	侏罗纪晚期
食　　性	食肉性
典型体长	约 6.5 米
分布区域	美国

在侏罗纪晚期，有一种个子不大却很凶残的食肉恐龙——鼻角龙。从外形上看，它与其他的食肉恐龙没有太大区别，都是大头、粗腰、长尾、双脚行走、前肢短小、上下颌强健，嘴里还布满尖利而弯曲的牙齿。但它的鼻子上方生有一只短角，两眼前方也有类似短角的突起，这可能就是它被称为角鼻龙的原因。另外，它的头部还生有小锯齿状棘突。

与身体相比，角鼻龙的颅骨相当大。它的每块前上颌骨有3颗牙齿，每块上颌骨有12～15颗牙齿，每块齿骨有11～15颗牙齿。它的鼻角是由鼻骨的隆起形成。一个角鼻龙的幼年标本，鼻角分为两半，仍没有愈合成完整的鼻角。除了大型鼻角，角鼻龙的每个眼睛上方还有块隆起棱脊，类似异特龙。这些小型棱脊是由隆起的泪骨形成的。

角鼻龙的身长有6～8米长，高2.3米，体重约700公斤到1吨，有着比例较长及更灵活的身体，背部中线，有一排皮内成骨形成的小型鳞甲。它的尾巴相当长，将近身长的一半，窄而灵活，左右较扁，形状像鳄鱼，这显示它更适合游泳。2004年，一项研究指出，角鼻龙一般是狩猎水中猎物，如鱼类及鳄鱼，不过它也可能猎食大型的恐龙。这项研究也指出，有时成年的角鼻龙及幼龙会同时觅食。当然这个论点仍存在有争议的地方，而在陆地的大型恐龙上常发现角鼻龙的牙齿痕迹，因此它很有可能也以尸体为食。

美颌龙——善于奔跑的小型恐龙

Compsognathus

中文名称	美颌龙
拉丁文学名	Compsognathus
时　　代	侏罗纪晚期
食　　性	肉食性
典型体长	约 1 米
分布区域	欧洲

美颌龙又称细颚龙、细颈龙、新颚龙、秀颚龙，是一种小型的双足肉食性兽脚亚目恐龙。它约有火鸡般的大小，生存于晚侏罗纪提通阶早期的欧洲，约 1.5 亿万年前。

扫一扫 听故事
中大奖

美颌龙是一种细小双足的动物，有着长长的后肢及尾巴，以在运动时平衡身体。它的前肢比后肢细小，手掌有三指，都有着利爪，用来抓捕猎物。踝部高，足部类似鸟类，显示它们的行动非常敏捷。

美颌龙细致的头颅骨又窄又长，鼻端呈锥形。头颅骨有五对窝孔，最大的是其眼窝。窝孔之间为纤细的骨质支架下颚幼长，但没有初龙类普遍的颚骨窝孔。牙齿小而锋利，适合吃细小的脊椎动物及其他动物，如昆虫。除了在前颌骨的最前牙齿外，其他的牙齿都有锯齿。科学家们就是用这个特征来辨别美颌龙及它的近亲的。

古生物学家已发现两个保存良好的化石，于 19 世纪 50 年代在德国及差不多一个世纪后的法国发现。美颌龙是几类确知其饮食的恐龙之一，在两个标本的肚中都发现有小型的蜥蜴。

梁龙——恐龙世界中的体长冠军

Diplodocus

中文名称	梁龙
拉丁文学名	Diplodocus
时　　代	侏罗纪末期
食　　性	植食性
典型体长	超过 25 米
分布区域	北美洲西部

梁龙是梁龙科下的一属恐龙，它的骨骼化石首先由塞缪尔·温德尔·威利斯顿所发现。梁龙生活于侏罗纪末期的北美洲西部，时代可追溯至 1.5 亿万至 1.47 亿万年前。个体最长可超过 25 米，是已知最长的恐龙。体重约 10 吨左右。它的鼻孔位于眼睛之上。当遇

上敌害攻击时，它就会逃入水中躲藏，而头顶上的鼻孔不会被水淹没，便于呼吸。

梁龙是最容易确认的恐龙之一，有着巨大的体型、长颈及尾巴，还有强壮的四肢。很多年前，它都被认为是最长的恐龙。

梁龙比迷惑龙、腕龙要长，但是由于头尾很长，躯干很短，而且很瘦，因此体重并不重。梁龙脖子虽长，但由于颈骨数量少且韧，因此梁龙的脖子也不能像蛇颈龙一般自由弯曲。

梁龙背部的骨骼较轻，使得它的身躯瘦小，只有十几吨重，体重远不如迷惑龙和腕龙。它的牙齿只长在嘴的前部，而且很细小，这样它就只能吃些柔嫩多汁的植物。鞭子似的长尾巴可以帮助它抵御敌害，也可以赶走所到之处的其他小动物。尽管梁龙体型很大，但它的脑袋却但它纤细小巧。它的鼻孔长在头顶上。嘴的前部长着扁平的牙齿，嘴的侧面和后部则没有牙齿。它的前腿比后腿短，每只脚上有五个脚趾，其中的一个脚趾长着爪子。梁龙是草食动物，吃东西时不咀嚼，而是将树叶等食物直接吞下去。

圆顶龙——四肢粗壮的恐龙

Camarasaurus

中文名称	圆顶龙
拉丁文学名	Camarasaurus
时　　代	侏罗纪晚期
食　　性	草食性
典型体长	约 18 米
分布区域	北美洲撒哈拉沙漠地区

圆顶龙是蜥脚下目恐龙的一属，是一种四足的草食性恐龙。它们是北美洲最常见的大型蜥脚类恐龙，但成年体型只有约 18 米长及体重 18 吨。它们生活于晚侏罗纪时期，距今约 1.55 亿万年至 1.45 亿万年前。

圆顶龙的拱形头颅骨也是其名字的由来之一。它的头颅骨短而高，是显著的方形，鼻端有大型洞孔。眼眶位于头部后方，在眼睛前有巨大的鼻孔。头颅骨的洞孔之间隔着细细的骨棒，颌部骨头厚实。

它的牙齿长 19 厘米，形状像凿子，整齐地分布在颌部上。牙齿的强度显示圆顶龙可能比拥有细长牙齿的梁龙科能吞食较为粗糙的植物，这也显示两种动物如果居住在同一环境，能不会竞争相同的食物来源，但幼年圆顶龙可能是以嫩叶为食。由于颈部不灵活，它们可能以高度不超过肩膀的植物为食，就像鸡一样，还可能有胃石来帮助碾碎胃部的食物，待食物平滑后再进行反刍。

圆顶龙每只脚都有五趾，最内侧的脚趾有利爪用作自卫。就像大部分的蜥脚下目，前肢比后肢短，但肩膀的高位置显示背部并不怎么斜。在一些蜥脚下目中，每一节脊椎都有向上的长神经棘，但圆顶龙却没有，可见它并不能以后肢站立。

如同许多后期蜥脚类恐龙，圆顶龙的一些脊椎是空心的，这可以减轻它们的体重。它的颈椎有 12 节，颈部肋骨互相重叠，使颈部更为硬挺。背椎有 12 节，荐椎 5 节，与髋骨固定，而尾椎有 53 节。圆顶龙的脚跟似乎都有着楔形的海绵状组织，以协助支撑其巨大的体重。与类似体型的蜥脚下目相比，圆顶龙的颈部及尾巴较短。

雷龙——最有名的蜥脚类恐龙

Apatosaurus

中文名称	雷龙
拉丁文学名	Apatosaurus
时　代	侏罗纪晚期
食　性	食草性
典型体长	21 ～ 23 米
分布区域	美洲

雷龙是梁龙科下的一个属，生活于约 1.5 亿年前的侏罗纪。它们是陆地上存在的最大型生物之一，重量可达 26 吨，大约体长 21 ～ 23 米。它的脖子 6 米长，实际上比体躯还长。它的尾巴大约长达 9 米。而它身体的后半部比肩部高，但当它以后脚跟支撑而站立起来的，真像是高耸入云。雷龙可能

扫一扫 听故事
中大奖

生活在平原与森林中，并可能成群结队而行。

雷龙有着长颈及尾巴，它们的颈椎比梁龙较短、较重，而腿部骨头较梁龙的结实、较长，因此被认为是比梁龙更粗壮的恐龙。在正常移动时，雷龙的尾巴会离开地面。它的前肢有一个大爪，后肢的前三个脚趾拥有趾爪。

1883 年，一群研究者发现几个零碎的恐龙骨骼化石，推测这个恐龙体型巨大，行进时可能如雷声隆隆，故取名雷龙。

雷龙一定要花大量的时间来吃东西，而且经常狼吞虎咽。食物从它那长长的食管一直滑落到胃里。在那儿，这些食物会被它不时吞下的鹅卵石磨碎。

钉状龙——身上长“刺”的恐龙

Kentrosaurus

中文名称	钉状龙
拉丁文学名	Kentrosaurus
时　　代	侏罗纪晚期
食　　性	植食性
典型体长	约 5 米
分布区域	东非坦桑尼亚

钉状龙又名肯氏龙，为剑龙科恐龙的一属，意思是“尖刺的蜥蜴”。它的化石发现于坦桑尼亚，生存年代约为 1.557 亿万到 1.508 亿万年前的晚侏罗纪的启莫里阶。

钉状龙身长约 5 米，只有剑龙的四分之一，跟一头大犀牛差不多大小，算是剑龙家族里的小个子。钉状龙用四条短粗的小腿支撑

着沉重的身躯行走，成年钉状龙从背至尾贯穿着两排甲刺，而非板甲。前部的甲刺较宽，从中部向后，甲刺逐渐变窄、变尖。在它的双肩两侧还额外长着一对向下的利刺，就像现在的豪猪一样，钉状龙就用这些甲刺作为自己防身的武器。后肢的长度为前肢的两倍，脚部有蹄状趾爪。臀部有个空腔，一度被认为是第二脑，但这里可能只有控制后肢与尾巴的神经，或是储存糖原体来激发肌肉的功能。

钉状龙生活在一些体形巨大的恐龙周围，如腕龙和叉龙，这些庞然大物生活在今天东非的坦桑尼亚一带。

钉状龙是种草食性恐龙，嘴部有小型颊齿，牙齿小，磨损面平坦，颌部只能作出上下运动。钉状龙的颊齿呈独特的铲状，齿冠不对称，牙齿边缘只有七个小齿突起，可能以蕨类与低矮植物为食。钉状龙可能曾被类似异特龙的兽脚类恐龙所猎食。当遇到危险时，钉状龙可左右挥动它们有尖刺的尾巴来避免被攻击。而臀部两侧的尖刺也可保护它们免受攻击。

马门溪龙——亚洲第一龙

Mamenchisaurus

中文名称	马门溪龙
拉丁文学名	Mamenchisaurus
时　　代	侏罗纪晚期
食　　性	食草性
典型体长	约 16 ~ 30 米
分布区域	东亚地区

马门溪龙属为蜥臀目蜥脚下目恐龙的一属，属于马门溪龙科。它们生活在侏罗纪晚期，广泛分布在东亚地区。马门溪龙的体长最多可达 30 米，而脖子占一半长度，是曾经生活在地球上的脖子最长的动物，也是亚洲最具知名度的大型草食恐龙。

马门溪龙的脖子由长长的、相互迭压在一起的颈椎支撑着，因而十分僵硬，转动起来十分缓慢。它脖子上的肌肉相当强壮，支撑

着它蛇一样的小脑袋。它的脊椎骨中有许多空洞，因而相对于它庞大的身躯而言，马门溪龙显得十分小巧。1.45 亿年前，恐龙生活的地区覆盖着广袤的、茂密的森林，到处生长着红木和红杉树。成群结队的马门溪龙穿越森林，用它们小的、钉状的牙齿啃吃树叶，以及别的恐龙够不着的树顶的嫩枝。马门溪龙用四足行走，它那又细又长的尾巴拖在身后。

马门溪龙的躯体十分笨重，但头却很小，头长不过半米。这样的小脑子要指挥全身活动，的确令人费解。后来经过研究才知道，在马门溪龙骨盆的脊椎骨上，还有一个比脑子大的神经球，也可称“后脑”，起着中继站的作用，它与小小的脑子联合起来支配着马门溪龙全身的运动。由于神经中枢分散在两处，所以马门溪龙不是敏捷、机灵的动物，而是一个行动迟缓、好静的庞然大物。

腕龙——最高大的恐龙

Brachiosaurus

中文名称	腕龙
拉丁文学名	Brachiosaurus
时　　代	侏罗纪晚期和白垩纪早期
食　　性	草食性
典型体长	约 23 米
分布区域	美国科罗拉多州西部

腕龙是蜥脚下目的一属恐龙，生活于晚侏罗纪，可能还有白垩纪早期。腕龙是曾经生活在陆地上的最大的动物之一，亦是所有最

闻名的恐龙之一。

腕龙属于蜥脚下目，是种四足草食性恐龙，有着长长的颈部和长长的尾巴，脑部相当小。不同于蜥脚下目的其他科，它的身体结构像长颈鹿，有着长长的前肢，颈部高举。腕龙的牙齿是凿状牙齿，适合咬碎植物。它的头颅骨有很多大型洞孔，可能是帮助减轻重量。前脚的第一趾及后脚的前三趾具有趾爪。最近的研究显示，腕龙无法将颈部垂直地抬高。腕龙的颈椎有 13 节，背椎有 11 或 12 节，以及 5 节荐椎。

腕龙的脑室很小，头颅骨形状怪异，有根高而弯的骨柱隔开位于头部后段的鼻孔。口部长而低矮，颌部构造坚固，牙齿大而呈汤匙状。

若腕龙是恒温动物，每天所需求的能量就很巨大，大约需要超过 182 公斤的食物。但若它是变温动物，每天所需的能量及食物则较小。某些科学家推测腕龙这种大型动物应该是巨温性动物。

剑龙——背着剑板的恐龙

Stegosaurus

中文名称	剑龙
拉丁文学名	Stegosaurus
时　　代	侏罗纪晚期
食　　性	食草性
典型体长	约 4 ～ 9 米
分布区域	亚洲

剑龙为一种巨大的恐龙，是一种生存于侏罗纪晚期的食草性四足动物。它们被认为是居住在平原上，并且以群体游牧的方式和其他如梁龙的食草动物一同生活。它的背上有一排巨大的骨质板，背后还有带有四根尖刺的危险尾巴来防御掠食者的攻击。

剑龙是装甲亚目、剑龙下目中的一个属，因其特殊的骨板与尾刺而闻名。身长 4 ～ 9 米，出现于侏罗纪中期，繁盛于侏罗纪晚期，到白垩纪早期灭绝，在地球上生存了一亿多年。剑龙生活的侏罗纪晚期，大约是 1.55 亿年前到 1.45 亿年前左右，也就是启莫里阶至提通阶期间。

剑龙最早为奥斯尼尔 · 查尔斯 · 马什在 1877 年所命名。在 19 世纪后期，马什与另一位考古学家爱德华 · 德林克 · 科普之间发生了俗称为“骨头大战”的竞争，而剑龙是首先被收集与描述的众多恐龙之一。化石的发现地点是莫里逊组的北部，这些最早出土的化石成为了装甲剑龙的正模式标本。剑龙属名“Stegosaurus”的意义，源自“有屋顶的蜥蜴”，这是因为马什一开始以为剑龙身上的板状构造是有如屋瓦一般地覆盖在整个背上的。

1886 年，一具完美的剑龙头骨骨架化石，在美国科罗拉多州被发现。

1980 年，四川省自贡市大山铺发现了一种名叫“太白华阳龙”的剑龙，除几具骨架外，还包括两个完好的头骨。

华阳龙的问世意义深远。过去，人们都认为欧洲是剑龙的故乡，后来才移居到美洲、亚洲和非洲。华阳龙标本的发现，改变了许多古生物学家的看法，他们开始相信，剑龙的起源中心应该在亚洲，因为我国四川的华阳龙是在侏罗纪中期地层中发现的，而其他各大洲可靠的剑龙化石都是在这以后的侏罗纪晚期地层中发现的。

剑龙的化石在欧洲、北美、东非及东亚都有发现，其中以亚洲发现最多。而亚洲的剑龙大部分发现于我国，迄今已发现 9 个不同种类，占世界已知总数的一半，这也使中国成为世界上剑龙类化石蕴藏最丰富的国家。

扫一扫 听故事
中大奖

沱江龙——亚洲第一剑龙

Tuojiangosaurus

中文名称	沱江龙
拉丁文学名	Tuojiangosaurus
时　代	侏罗纪晚期约 1.5 亿万年
食　性	植食性
典型体长	约 7 米
分布区域	中国四川沱江地区

沱江龙意为“沱江的蜥蜴”，是生活于侏罗纪的剑龙科恐龙，其化石发现于中国四川大山铺的上沙庙组。沱江龙在生理上类似于北美洲的剑龙属，也是目前研究最多的中国剑龙类。沱江龙身长约 7 米，高 2 米，体重约 4 吨，体型比剑龙小。

生活在中国的沱江龙与同时代生活在北美洲的剑龙有着极其密切的亲缘关系。沱江龙从脖子、背脊到尾部，生长着 15 对三角形的背板，比剑龙的背板还要尖利，其功能是用于防御来犯之敌。在短

而强健的尾巴末端，还有两对向上扬起的利刺，沱江龙可以用尾巴猛击所有敢于靠近的肉食性敌人。

你能够想象得出恐龙日光浴吗？沱江龙的背板也可以用于采集阳光。它们就像太阳能板那样，吸取热量。在这些背板中，当血液的温度升上来时，热量就会通过血管流遍全身，就像水在暖气管道中流动一样。

沱江龙的牙齿是纤弱的，不能充分咀嚼那些粗糙的食物，因此它们可能是在吃植物时一起吞咽下一些石块，这些石块可在胃中帮助将食物捣碎。

1974 年，在四川境内自贡附近五家坝挖掘清理出 106 柳条箱，重达 10 吨的骨骼化石。这些标本经过研究，复原了两具峨眉龙的骨架，一具四川龙的骨架，以及一具沱江龙的骨架。其中，沱江龙是亚洲有史以来所发掘到的第一具完整的剑龙类骨骼。

禽龙——最早发现的恐龙

Iguanodon

中文名称	禽龙
拉丁文学名	Iguanodon
时　　代	白垩纪早期
食　　性	草食性
典型体长	体长约 10 米
分布区域	欧洲、北非、亚洲东部、北美

禽龙属是大型素食恐龙的统称，属于蜥形纲鸟臀目鸟脚下目的禽龙类。生存于白垩纪早期的巴列姆阶到早阿普第阶，约 1.3 亿年前到 1.2 亿年前。

禽龙是种大型草食性动物，身长约 10 米，高 3 ～ 4 米，前手拇指有一尖爪，可能用来抵抗掠食动物，或是协助进食。生活

在欧洲、北非、亚洲东部广大地区的上侏罗纪和下白垩纪。这种两足行走的动物的后肢很发达，长而粗的尾起平衡作用。前肢也较发达，具有异常的前掌，朝上生长着硬如尖钉的拇指与掌的其余部分成直角。禽龙的牙齿类似鬣蜥的牙齿，较大，有锯齿状刃口。由于它们长有可以替换用的牙齿，所以能够终生以坚硬的植物为食。

禽龙的手臂长而粗壮，腕部相当不灵活，手臂与肩膀的骨头很结实，手部不易弯曲，中间三个手指可以承受重量；禽龙的拇指与中间三根主要的指骨垂直呈圆锥尖状，拇指尖爪被认为是对付掠食者的近身武器，类似短剑，但也可能用来挖开水果与种子，甚至用来与其他禽龙打斗。小指修长、敏捷，可能用来操作物体。禽龙的后腿强壮，但并非用来奔跑，每个脚掌有三根脚趾。骨干与尾巴由骨化肌腱支撑。

禽龙的化石多数发现于欧洲的比利时、英国、德国，此外也有一些出土于北美洲、亚洲内蒙古、以及北非地区。

滑齿龙——有史以来最强大的水生猛龙

Liopleurodon

中文名称	滑齿龙
拉丁文学名	Liopleurodon
时　　代	侏罗纪中期至晚期
食　　性	肉食性
典型体长	约 25 米
分布区域	德国、法国、俄罗斯、英国

滑齿龙属于蛇颈龙目里的短颈部上龙亚目，是种大型、肉食性海生爬行动物，生存在约 1.6 亿年前到 1.55 亿年前的侏罗纪中到晚期，是一种欧洲海洋中的顶级掠食动物。

滑齿龙的头部为深色，而底部为浅色，这样可以很好地伪装自己。它们的头骨顶端有两个鼻腔，具有方向感的嗅觉，使猎物的气味在某一个鼻孔会比另一个还要强烈，滑齿龙可以依此来判别猎物的方位。滑齿龙有着四个强壮的鳍状肢，为其提供了很好的加速度，因此它们是强壮的游泳者。

滑齿龙属是在 1873 年被命名的，又名平滑侧齿龙，学名为残酷滑齿龙。

扫一扫 听故事
中大奖

肿头龙——头顶肿起的恐龙

Pachycephalosaurus

中文名称	肿头龙
拉丁文学名	pachycephalosaurus
时　　代	白垩纪晚期
食　　性	树的叶和芽，灌木
典型体长	约 4.5 米
分布区域	美国蒙大拿州、南达科他州、怀俄明州

肿头龙又叫厚头龙，在希腊文中意为“有厚头的蜥蜴”，属于厚头龙科，生存于晚白垩纪马斯特里赫特阶的北美洲。化石已在蒙大拿州、南达科他州以及怀俄明州等地发现。肿头龙是草食性或杂食性恐龙，目前仅发现一个头颅骨与少数颅顶部分。肿头龙只有一个种，怀俄明肿头龙。

肿头龙是种二足恐龙，身长 4.5～5 米，重量可达 2 吨。它的头顶肿大，好像长着一个巨瘤。用两条粗壮的后腿走路，是鸟脚类

恐龙的一种。脸部与口部饰以角质或骨质突起的棘状物或肿瘤，头骨顶部出奇的肿厚、隆起，厚度可达 25 厘米，是颅顶最大的恐龙。由于头骨肿厚，头骨上的部分孔洞也封闭了，因此可安全地保护脑部。它的头部短，上有大型、圆形眼窝朝向前方，显示肿头龙具有良好的视力，可能具有立体视觉。肿头龙的嘴尖小，具有喙状嘴，牙齿小且锐利，齿冠呈叶状，小而有脊，这样的牙齿不能够嚼烂纤维丰富的坚韧植物，所以肿头龙的食谱上可能包括这样一些食物种类，如植物种子、果实和柔软的叶子等，甚至当时的昆虫也可能是它的食物之一。颈部成 S 或 U 形弯曲，拥有相当粗短的颈部，前肢短、后肢长，是目前已知最大型的肿头龙类。

肿头龙生活在 6700 万年前，鼎盛在晚白垩世的山地的内陆平原和沙漠中。它们喜欢过群体生活。成年雄性个体通过撞头确定群体的领袖。在繁殖季节，它们也可能以这种方式决出胜负，胜者与雌性个体交配。不过肿头龙的厚头部并不能帮助它抵抗掠食者的袭击。它有敏锐的嗅觉和视觉，当发现敌人时，会快速逃离。

剑角龙——最有名的肿头龙

Pstegoceras

中文名称	剑角龙
拉丁文学名	Pstegoceras
时　　代	白垩纪晚期
食　　性	树的叶和芽，灌木
典型体长	约 2 米
分布区域	北美洲

剑角龙不是角龙，而是一种白垩纪晚期的肿头龙，是目前被了解得最多的美洲肿头龙。体长约 2 米，高约 1 米，体重约 53 千克。以树的叶和芽、灌木为食。这种恐龙脑子比较大，在“头盖”四周还分布一圈小小的骨刺。似乎雄性剑角龙的头盖更大一些，可能是因为要用来战斗的缘故。

尽管个子不大，但剑角龙可不是个好惹的家伙。这种两足行走的食草动物来自一个不同寻常的恐龙家族：肿头龙家族。它们共同的特征是都长有一块又厚又圆的头盖骨。头盖骨呈半圆形，由许多小骨块组成，盖住了它的眼睛和后脖颈。这块头骨在剑角龙刚出生的时候并不是很厚，随着小龙的逐渐长大，它也越长越厚。某些专家相信他们分别找到了雄剑角龙的头盖骨和雌龙的化石。他们发现有些剑角龙的头盖骨比另一些的厚，这些较厚的骨头可能是雄剑角龙身上的。一只雄剑角龙的头盖骨可厚达 6 厘米——足足顶得上半块砖了。剑角龙 5 倍于人头骨厚的头盖骨还是它对付凶猛敌人的有力武器。一只剑角龙自卫时的样子可真是吓人！大多数攻击者都经不起这么猛的一撞，它们不是断根肋骨就是折条腿。

超少年全景视觉探险书

超级武器

一套多媒体可以视、听的探险书

SUPER JUNIOR

聂雪云◎编著

團结出版社

图书在版编目（CIP）数据

超级武器 / 聂雪云编著 . -- 北京 : 团结出版社，2016.9

（超少年全景视觉探险书）

ISBN 978-7-5126-4447-2

Ⅰ . ①超… Ⅱ . ①聂… Ⅲ . ①武器－世界－青少年读物 Ⅳ . ① E92-49

中国版本图书馆 CIP 数据核字 (2016) 第 210024 号

超级武器

CHAOJIWUQI

出　版：团结出版社

（北京市东城区东皇城根南街 84 号 邮编：100006）

电　话：（010）65228880 65244790

网　址：http://www.tjpress.com

E-mail：65244790@163.com

经　销：全国新华书店

印　刷：北京朝阳新艺印刷有限公司

装　订：北京朝阳新艺印刷有限公司

开　本：710mm × 1000mm　1/16

印　张：48

字　数：680 千字

版　次：2016 年 9 月第 1 版

印　次：2016 年 9 月第 1 次印刷

书　号：ISBN 978-7-5126-4447-2

定　价：229.80 元（全八册）

（版权所属，盗版必究）

超 级 武 器

前 言

FOREWORD

21世纪是一个知识大爆炸的时代，各种知识在日新月异不断地更新。为了更好地满足新世纪少年儿童的阅读需要，让孩子们获取最新的知识，帮孩子们学会求知，培养孩子们良好的阅读习惯，增强孩子的知识积累，我们编辑了这套最新版的《超少年全景视觉探险书》。

本书的内容包罗万象，融合古今，涵盖了动物、植物、昆虫、微生物、科技、航空航天、军事、历史和地理等方面的知识，都是孩子们最感兴趣、最想知道的科普知识，通过简洁明了的文字和丰富多彩的图画，把这些科学知识描绘得通俗易懂、充满乐趣。让孩子们一方面从通俗的文字中了解真相，同时又能在形象的插图中学到知识，启发孩子们积极思考、大胆想象，充分发挥自己的智慧和创造力，让他们在求知路上快乐前行！

目录 CONTENTS

超少年密码

超级武器

单兵利器——轻武器

空中斗士——军用飞机

海战中坚——军舰

陆战之王——坦克

水下幽灵——潜艇

单兵利器——轻武器

轻武器通常指枪械及其他各种由单兵或班组携行战斗的武器。又称 “轻兵器”。主要装备对象是步兵，也广泛装备于其他军种和兵种。其主要作战用途是杀伤有生力量，毁伤轻型装甲车辆，破坏其他武器装备和军事设施。

M1911A1 手枪（美国）

名枪名片		
	型号	M1911A1
	口径	11.43 毫米
	枪长	216 毫米
	全枪质量	1.1 千克
	弹容	7 发

M1911（45手枪）是一种在1911年起生产的.45 ACP口径半自动手枪，由美国人约翰·勃朗宁设计，推出后立即成为美军的制式手枪并一直维持达74年（1911年至1985年）。M1911曾经是美军在战场上常见的武器，经历了一战、二战、朝鲜战争、越战以及波斯湾战争。

在整个服役时期美国共生产了约二百七十万把M1911及M1911A1（不包括盟国授权生产），很可能是历来累积产量最多的自动手枪。M1911系列亦是约翰·勃朗宁以枪管短行程后座作用原理来设计的著名产品，其各种特点也影响着其他在二十世纪推出的手枪。

伯莱塔 92F 手枪（意大利）

名枪名片		
	型号	伯莱塔 92F
	口径	9 毫米
	枪长	217 毫米
	全枪质量	0.95 千克
	弹容	15 发

1985年由意大利伯莱塔公司研制的伯莱塔92F型手枪力压群雄，被美军选为新一代制式军用手枪、并在美军中重新命名为M9手枪。在1989年二次选型又选中该枪，更名为M10。目前美军已全部装备，替换了装备近半个世纪之久的柯尔特M1911A1手枪。该枪主要特点：一是射击精度高；二是枪维修性好与故障率低；三是人机工效、设计合理。

意大利的皮埃特罗－伯莱塔有限公司是世界上最古老的枪械生产工业组织之一，早在16世纪初期，伯莱塔家族就已经开始生产轻武器了。伯莱塔标志中那3支带环的箭的符号代表的意思分别是：容易瞄准，弹道平直，命中目标。

格洛克 18 手枪（奥地利）

名枪名片	
型号	格洛克 18
口径	9 毫米
枪长	223 毫米
全枪质量	（不含弹匣）0.636 千克
弹容	17、19、33 发

格洛克18手枪是由格洛克公司设计及生产的手枪，是在著名的格洛克17手枪上演变而来的。格洛克18可选择全自动或单发射击。该枪可靠性强、射速很快、外形小型且火力强大，因此只提供给特种部队、SWAT或其他军事单位人员。

沙漠之鹰系列手枪（以色列）

名枪名片	
型号	IMI“沙漠之鹰”
口径	12.7 毫米
枪长	267 毫米
全枪质量	2.05 千克
弹容	7 发

“沙漠之鹰”是美国麦格农公司和以色列IMI公司联合研制的自动手枪，以火力猛烈而著称，刚刚问世就受到了众多收藏家和枪械爱好者的疯狂追逐。沙漠之鹰手枪威力极大世界公认，但因其质量重、后坐力大、结构复杂且可靠性低，无法适应复杂恶劣的战场环境。所以没有被作为军用手枪来批量列装。

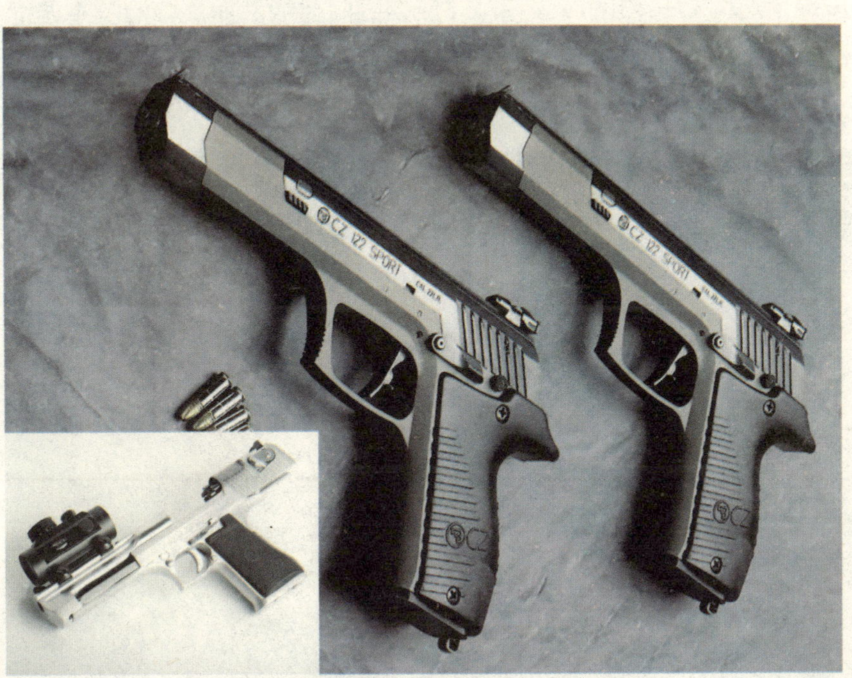

AK–47 突击步枪（苏联）

名枪名片		
	型号	AK–47 突击步枪
	口径	7.62 毫米
	枪长	875 毫米（固定枪托型）/645 毫米（折叠枪托型）
	全枪质量	4.3 千克
	出口初速	610 米 / 秒
	有效射程	200 米
	理论射速	600 发 / 分　战斗射速 200 发 / 分
	弹容	30 发

AK–47是由苏联枪械设计师米哈伊尔·季莫费耶维奇·卡拉什尼科夫设计的自动步枪。截至2012年，诞生65年的AK–47风靡全世界，AK–47步枪的声望超越了所有同时代的武器。该枪的主要优点是简单结构、坚实耐用、可靠性高。主要缺点是全自动射击时枪口上扬严重，连发精度低。

M16 自动步枪（美国）

名枪名片	
型号	M16 系列
口径	5.56 毫米
枪长	1000 毫米
全枪质量	3.4 千克
出口初速	975 米 / 秒
有效射程	600 米
理论射速	700 ~ 950 发 / 分钟 / 半自动 / 三连发
弹容	20 发或 30 发

M16自动步枪被称为开创步枪小口径化先河，从装备美军开始，已经经历了40多年的风风雨雨，这期间无论人们对它如何褒贬，仍然久盛不衰。直到今天，M16及其改型枪仍然在50多个国家中被广泛采用，除装备军队外，M16系列也被许多警察战术分队所采用。

扫一扫 听故事
中大奖

FN SCAR 突击步枪（美国）

名枪名片			
	型号	Mk.16 SCAR-L S	Mk.17 SCAR-H S
	口径	5.56 毫米	7.62 毫米
	枪长	850/ 620 毫米	997/ 770 毫米
	全枪质量	3.5 千克	3.86 千克
	理论射速	600 发 / 分钟	600 发 / 分钟
	弹容	30 发	20 发

SCAR突击步枪 ，是（FNH）为了满足美军特种部队通用的标准配置制造的现代步枪，由位于美国南卡罗莱纳州的FN美国分公司研制。该枪的主要特点是采用了模块化设计，所以可以在两种口径之间变换，每种又能改装成远战和近战模式。因此此枪族有两种主要版，一种是使用5.56 NATO的SCAR-L（轻型版），和使用7.62 NATO的SCAR-H（重型版），两种都可以改装成“狙击型态”或“近战型态”，FN SCAR主要装备美军特种部队。

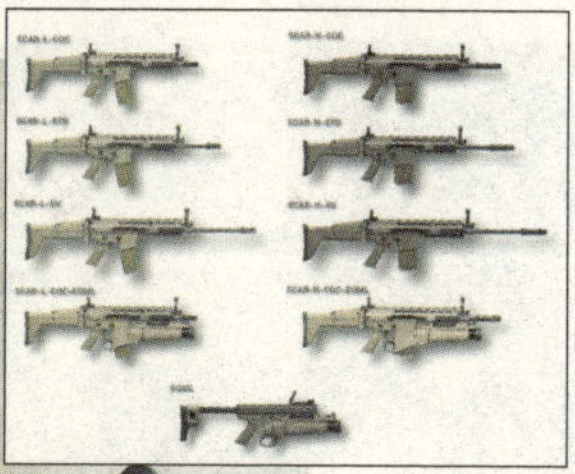

HK G36 突击步枪（德国）

名枪名片	
型号	HK G36
口径	5.56 毫米
枪长	758 毫米（枪托折叠）/1000 毫米（枪托展开）
全枪质量	3.63 千克（空枪）
出口初速	920 米 / 秒
有效射程	400 米 ~ 450 米
理论射速	750 发 / 分钟
弹容	30 发

G36突击步枪，是德国联邦国防军装备的新型步枪。G36突击步枪是德国黑克勒-科赫（HK）公司在1995年推出的现代化突击步枪，发射5.56x45毫米北约制式子弹。其名声远不及M16、AK-47和AUG等突击步枪，何况没有经过实战检验。但是绝妙的构思，看似常规却又处处透出的非常规之举，以及优良的战技术性能，使之公开亮相不久，便引起世界枪坛的广泛关注，并在短短数年间，排在了世界小口径名枪之列。

FAMAS 突击步枪（法国）

名枪名片		
	型号	FAMAS 突击步枪
	口径	5.56 毫米
	枪长	757 毫米
	全枪质量	3.61 千克（不含弹匣）
	出口初速	960 米 / 秒
	有效射程	300 米
	弹容	25 发

法国FAMAS突击步枪是一种无托式步枪，由法国圣·艾蒂安兵工厂设计生产。FAMAS F1 随法军参加海湾战争，沙漠风暴行动中不管是在近距离的突发冲突还是中远距离的点射，都有着优良的表现。FAMAS F1的射速快，而更重要的是它的弹道非常的集中。FAMAS的缺点就是子弹太少。25发子弹显得不够用，火力持续性差；瞄准基线高，如果加装瞄准镜会更高，不利于隐蔽；枪膛靠后，离射手头部比较近，发射时的噪音大，抛出的弹壳和烟雾会影响射手。

FN P90冲锋枪（比利时）

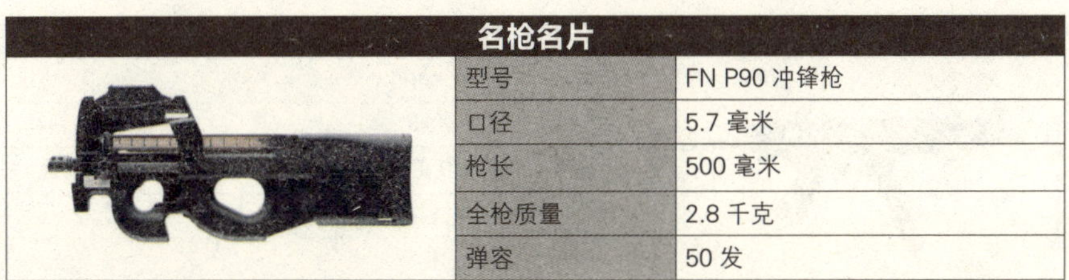

名枪名片	
型号	FN P90冲锋枪
口径	5.7毫米
枪长	500毫米
全枪质量	2.8千克
弹容	50发

FN P90是比利时国营赫斯塔尔公司于1990年底设计定型的一款冲锋枪，是世界上第一支为了发射新弹药而研发的个人防卫武器。P90小巧、便携、高容量弹匣、火力能击穿军用防弹背心、后座力低、结构简单可靠而易于保养。P90使用顶置弹匣、无托设计，所以虽然枪身很短，但枪管仍有263毫米长，让子弹有相当高弹速。P90所使用的5.7×28mm子弹能把后座力降至低于手枪，同时穿透力却能有效击穿手枪或冲锋枪不能击穿的防弹背心等个人防护装备。

HK MP5 冲锋枪（德国）

名枪名片		
	型号	HK MP5
	口径	9 毫米
	枪长	680 毫米（枪托展开）/490 毫米（枪托折叠）
	全枪质量	2.67 千克 /2.85 千克
	弹容	30 发

HK MP5系列是由德国军械厂赫克勒·科赫（HK）设计制造的冲锋枪，是赫克勒·科赫最著名及制造量最多的枪械产品。由于该系列冲锋枪装备了很多国家的军队、保安部队和警队，因此具有极高的知名度。MP5系列使用9×19毫米手枪弹，连发后坐力极低，且射速极高。有高命中精度、后坐力低及威力适中的优点，但是MP5结构复杂，容易出现故障，单价高昂且射程不远，只有200米，所以难以应付较远距离的目标。

UMP45 冲锋枪（美国）

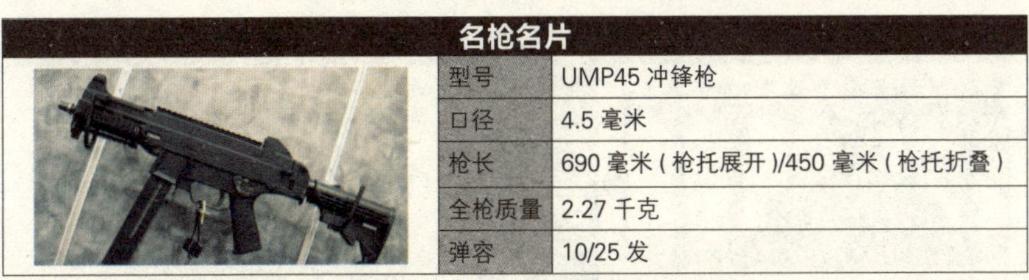

名枪名片		
	型号	UMP45 冲锋枪
	口径	4.5 毫米
	枪长	690 毫米（枪托展开）/450 毫米（枪托折叠）
	全枪质量	2.27 千克
	弹容	10/25 发

HK公司在为配合特种部队执行特种任务的情况下，开发了全新的、适合特种部队作战的“.45口径通用冲锋枪”（简称UMP45）。UMP45的结构简单，并大量采用非金属材料，这样的制造工艺使枪体重量大大减轻，同时也降低了制造成本。和G36一样，UMP45标志着HK公司在武器设计理念上的转变。UMP45的研制应用了G36的一些设计，不仅外形相似，而且操作规程也相同。虽然减轻了重量，降低了价格，但依然有着优良性能和质量。UMP45的采购价比MP5少了一倍。

HK MP7 冲锋枪（德国）

名枪名片		
	型号	HK MP7
	口径	4.6 毫米
	枪长	541 毫米（枪托展开）/340 毫米（枪托折叠）
	全枪质量	1.8 千克
	弹容	40 发

MP7冲锋枪是德国赫克勒·科赫公司所研制的个人防卫武器，原称单兵自卫武器。MP7冲锋枪的性能极其优越，在短短的两三年时间里就先后出口到17个国家，销售量十分惊人。MP7冲锋枪人机功效较好，结构设计得非常合理，弹匣扣、快慢机、枪机保险等按钮都能够左右手交互操作。在操作该枪时，除了更换弹匣外，整个操枪射击的过程都可以由单手完成。MP7冲锋枪的野外分解结合也相当方便，全枪仅由3个销钉固定，只需要以枪弹作为拆解工具即可将枪支分解，而不需要其他辅助工具。

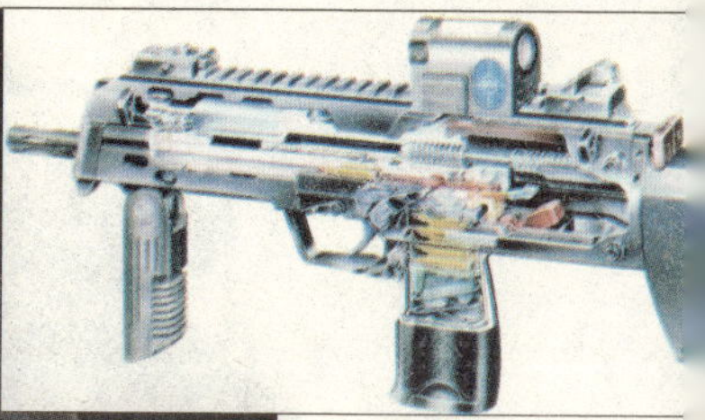

施泰尔 AUG 突击步枪（奥地利）

名枪名片		
	型号	施泰尔 AUG 冲锋枪
	口径	9 毫米
	枪长	665 毫米
	全枪质量	3.3 千克
	弹容	25/32 发

斯太尔AUG伞兵用冲锋枪是1977年奥地利斯泰尔–曼利夏公司推出的军用自动步枪，是一种导气式、弹匣供弹、射击方式可选的无托结构步枪。也是史上首次正式列装、实际采用犊牛式设计的军用步枪。AUG突击步枪突出优点是集兀枪托、塑料枪身、千里眼、模块化四大优点于一身。主要缺点是所有的AUG的瞄准镜、把手太小，近身搏击后容易折断。结构比较复杂，活塞与前握把挨得很近，容易灼伤在前的手，扳机力偏大，光学瞄具视场小，并且要用手控制发射方式，这使射手难以获得迅速准确的射击效果。AUG背带环的位置也不够合理，使该枪背挂、携行以及战斗使用难以得心应手，恶劣条件下的可靠性也较差。

扫一扫 听故事
中大奖

M200 狙击枪（美国）

名枪名片	
型号	CheyTacM200
口径	10.36 毫米
枪长	1,187.45 毫米
全枪质量	14.06 千克
出口初速	860 米 / 秒
有效射程	2000 米
弹容	7 发

美国Cheytac公司研制的M200 .408英寸口径狙击枪，是世界上远射程狙击枪之一。理想状况下可以对2000米距离的人体头部进行无修正射击，2004年7月13日，美国海豹特种部队前狙击手理查德-马科维斯，选取了2122米以外的一个标准钢制靶进行射击，前三发的分布在42.2厘米内，创造了新的世界纪录。此前被世界认可的单发最远纪录是2002年由加拿大部队创造的，一名加拿大狙击手使用美国麦克米兰公司的Tac-50狙击步枪，经过一次修正后，在2430米外击毙一名塔利班分子。

巴雷特 XM109 狙击枪（美国）

名枪名片		
	型号	XM109
	口径	25 毫米
	枪长	1168 毫米
	全枪质量	20.9 千克
	出口初速	860 米 / 秒
	有效射程	2000 米
	弹容	5 发

对于一些远距离的狙击任务，常见的12.7mm口径子弹威力不足。美国巴雷特公司作为提倡发展12.7mm口径狙击步枪的先驱，设计和制造一种25mmXM109型狙击步枪，威力惊人，如果改称为“肩射炮”可能是一个更形象的称法。该枪采用的25mm的高爆双用途弹药，至少能够穿透50mm的装甲钢板，有能力摧毁轻装甲车辆、直升机和其它装备。

G22 狙击步枪（德国）

名枪名片	
型号	G22 狙击步枪
口径	7.62 毫米
枪长	1247 毫米（枪托展开）/1023 毫米（枪托折叠）
全枪质量	9.15 千克
出口初速	880 米 / 秒
有效射程	1000 米
发射方式	单发
弹容	5 发

在世界枪坛中，德国枪别具特色。德国人严谨细致的作风造就出无数令军人、尤其是特种兵啧啧称奇的精密枪械，G22狙击步枪就是其中风头正劲的一种。该枪采用温彻斯特·马格努姆枪弹，在一公里内的首发命中率达到90%，能在百米内穿透20mm的装甲钢板。该枪于1998年装备德国陆军，在阿富汗战场上发挥了不可忽视的作用。

M240 通用机枪（比利时）

名枪名片		
	型号	M240
	口径	7.62 毫米
	枪长	1260 毫米
	全枪质量	21 千克
	弹容	30 发

在1976年美军经过试验、评审、招标竞争，决定把FN MAG定型为M240以取代M60系列机枪、M73/M219 7.62mm坦克机枪和M85 .50口径坦克机枪。这样，比利时FN公司在美国南卡罗莱纳州的哥伦比业市建立了分公司FNMI，开始生产M240。

M240通用机枪在20世纪90年代中期一直被美国军队所采用，被广泛用于步兵、战地车辆、舰船和航空器上。尽管不是最轻的通用机枪，但M240的可靠性受到了一致推崇。

M249 机枪（比利时）

名枪名片		
	型号	“米尼米”M249
	口径	5.56 毫米
	枪长	1040 毫米
	全枪质量	7.5 千克
	弹容	30/200 发

1970年，比利时著名的FN公司设计出了“米尼米”M249轻机枪，该枪为一种5.56毫米小口径轻型机枪，使标准的北约5.56毫米小口径弹，其设计还是沿袭了通用机枪的概念。M249轻机枪被美军采用的时间是1982年，其美国生产型称为M249。除美国和比利时装备外，加拿大、澳大利亚等多个国家也采用“米尼米”M249机枪作为制式武器。

扫一扫 听故事
中大奖

空中斗士——军用飞机

军用飞机的百年发展和运用，将国防和国家利益拓展到三维空间。从第一次世界大战中崭露头角，到第二次世界大战中铺天盖地，再到现在的先进技术，军用飞机的发展经历了一个漫长的过程。现在的军用飞机已经是一个以战斗机、轰炸机、攻击机为主，侦察机、加油机、预警机等支援飞机为辅的大家族。而且比地面和海洋兵器具有机动性上的巨大优势。

扫一扫 听故事
中大奖

F-15“鹰”战斗机（美国）

名机档案		
	生产商	美国波音公司和导弹部（原麦道公司）
	机长	19.43 米
	机高	5.68 米
	翼展	13.03 米
	最大起飞重量	30845 千克
	实用升限	18300 米

F-15鹰式战斗机是美国麦克唐纳·道格拉斯公司为美国空军研制生产的双引擎、全天候、高机动性空中优势重型战斗机。F-15虽然开始定位于空中优势型战斗机，但后期升级改进过的F-15系列战斗机也证明了其在对地作战中也有非常不错的表现，总的来说，F-15是一款极为优秀的多用途战斗机。

F-15服役至今近40年，总生产数量1200余架，各种改型数十种，外销六个国家。其参加大小战争100余场，击落敌机100余架，没有一架在战场上被击落的记录。是美国空军的主力空优战斗机，并且还要继续服役下去。

F-16“战隼”战斗机（美国）

名机档案	
 生产商	美国通用动力公司
机长	15.09 米
机高	5.09 米
翼展	9.45 米
最大起飞重量	16057 千克
最大速度	2483 千米 / 小时
实用升限	15240 米

F-16“战隼”战斗机是由美国通用动力公司研制的一种单引擎、轻型的战术飞机，设计的初衷主要是用于空中格斗，辅助美国空军造价昂贵的主力F-15重型战斗机，高低搭配作战。后来经过不断的升级改造，发展成为可用于空中格斗、对地攻击、电子侦察等多种用途的战机。自从问世以来，在历次的冲突和战争中表现优异，它是现役西方战斗机当中产量最大也是最重要的机种，服役于24个国家，已经制造超过4500架。

F-22“猛禽”战斗机（美国）

名机档案	
生产商	美国洛克希德公司与波音公司共同设计
机长	18.92 米
机高	5.08 米
翼展	13.56 米
最大起飞重量	38000 千克
最大速度	1480 千米 / 小时
作战半径	2177 千米
实用升限	19812 米

F-22“猛禽”战斗机是美国洛克希德公司与波音公司联合研制开发的一种多用途战斗机。作为第五代战斗机的首创之作，F-22战斗机的隐身性、超音速巡航、超远航程等性能十分突出。它特有的隐身设计使它被发现的概率只有F-15战斗机的1/80，它的高空性能让大多数防空导弹对它无可奈何，它的大迎角设计让它的机动性能超越任何对手，它配备的每秒运行100亿次的电脑让它的基本操作可以由电脑完成。毫无疑问，F-22战斗机是迄今为止技术最先进的战斗机。

F-35“闪电 2”战斗机（美国）

名机档案	
生产商	美国洛克希德公司
机长	13.72 米
机高	4.57 米
翼展	9.14 米～10.98 米
作战半径	1111 千米
最大起飞重量	22680 千克

F-35“闪电2”有“世界战斗机”之称，它是一款由美国等9个国家联合研发的新一代单座单发战斗攻击机，主要由美国洛克希德·马丁公司设计生产。用于前线支援、目标轰炸、防空截击等多种任务。F-35在战机世代上属于第五代战斗机，具备较高的隐身设计、先进的电子系统以及一定的超音速巡航能力。

得益于装备了美国普拉特·惠特尼公司研制的、有史以来最为强劲的F-135新型发动机，海军型F-35B能够垂直起降，这大大地缩短了起飞/降落距离，使F-35B更加的机动灵活、便于部署。

苏-27“侧卫”战斗机（苏联）

名机档案

生产商	苏联苏霍伊设计局
机长	21.49 米
机高	5.93 米
翼展	14.7 米
最大起飞重量	33000 千克
战斗重量	20300 千克
最大速度	2876 千米 / 小时
作战半径	11500 千米
实用升限	18000 米

苏-27战机是苏联苏霍伊设计局研制的单座双发全天候空中优势重型战斗机，是世界上最优秀的第三代战斗机之一。

得益于优异的气动外形和发动机良好的加速性能，苏-27操纵品质与飞行性能要高于一般第三代战斗机。1989年在巴黎航空展览会上，普加乔夫驾驶苏-27飞机做出了机尾前行，机头后仰， 最大飞行迎角为110° ～120° 的“眼镜蛇”机动，在时速为125千米的条件下不失速，使在场的解说发出了“但愿只在空中表演时见到它”的惊叹，引起了西方国家航空界的轰动。

苏-35“侧卫-E”战斗机（苏联）

名机档案		
	生产商	苏联苏霍伊设计局
	机长	21.9 米
	机高	5.9 米
	翼展	15.3 米
	最大起飞重量	34500 千克

苏霍伊苏-35战斗机是苏霍伊设计局在苏-27战斗机的基础上研制的深度改进型单座双发、超机动多用途重型战斗机，在战斗机世代上属于第四代战斗机改进型号，即第四代半战斗机。苏-35除了增加三翼面设计带来绝佳的气动力性能外，真正的重点在航电设备，提升自动化、计算机化、人性化、指管通情（C3I）能力等。此外，苏-35还装备了更大推力的发动机，主翼与垂尾内的油箱也相应增大，因此有近4000千米的航程。故苏-35无论在机动性、加速性、结构效益、航电性能各方面都全面优于苏-27。

“鹞”式战斗机（英国）

名机档案	
生产商	宇航公司
机长	14.11 米
翼展	9.24 米
最大起飞重量	14061 千克
作战半径	293 千米(近距支援)817 千米(对地拦截)

如果你看过美国电影《真实的谎言》，你一定会被电影里男主角驾驶着一架飞机从楼顶垂直起降所感染，那就是“鹞”式战斗机，它是英国研制的世界上第一种实用的固定翼垂直短距起降飞机。“鹞”式飞机的发动机有4个喷口，分别设在机身下方的飞机重心四周，每个喷口都可以在一定范围内灵活地转动方向，从而产生不同方向的推力，使飞机可以向前飞、后退、横向飞、悬停、空中原地转向和垂直起落。

幻影 2000 战斗机（法国）

名机档案	
生产商	法国达索飞机制造公司
机长	14.36 米
翼展	9.13 米
最大速度	2480 千米 / 小时
作战半径	40 千米
实用升限	16460 米

幻影2000战斗机是法国达索公司在20世纪70年代为法国空军设计的单发、轻型、三角翼多用途战斗机。该型飞机由法国自主设计，是法国第一种第四代战斗机，亦为第四代战斗机中唯一采用不带前翼的三角翼飞机，这是一种独树一帜的设计。法国在战斗机研制方面独树一帜的做法不仅体现在幻影2000飞机上，而且体现在整个幻影系列飞机的形成和发展之中。幻影2000除装备法国空军外，还外销8个国家，总建造数量600余架，改型达20余种。

扫一扫 听故事
中大奖

“阵风”战斗机（法国）

名机档案	
生产商	法国达索飞机制造公司
机长	15.30 米
机高	5.34 米
翼展	10.90 米
最大起飞重量	21500 千克
最大速度	2125 千米/小时

“阵风”战斗机，是法国达索飞机制造公司设计制造的双发、三角翼、高机动性、多用途第四代半战斗机。“阵风”战斗机真正的优势在于多用途作战能力，这款战机是世界上“功能最全面”的，不仅海空兼顾，而且空战和对地、对海攻击能力都十分强大。以F3型为例，阵风已具备高超的对海攻击、侦察和核攻击能力，阵风是一款能力全面、性能比较均衡的中型战斗机，即能空中格斗，又能对地攻击，还能作为航母舰载机，甚至可以投掷核弹（F3型）。世界上真正属于这类“全能通用型战斗机”的新型战机，除阵风外，只有美国的F/A-18E/F以及F-35。

EF-2000欧洲“台风”战机（欧洲）

名机档案

生产商	德国、英国、意大利和西班牙四国联合研制
机长	14.5米
机高	6.4米
翼展	10.5米
最大起飞重量	14515千克
最大速度	2125千米/小时
作战半径	460千米~556千米

欧洲EF2000“台风”战斗机(EF-2000)是一款双发动机，多用途，前翼加上三角翼(鸭式布局)的攻击战斗飞机，由欧洲战斗机有限公司设计生产。与其他同级战机相比，“台风”战机的驾驶舱人机接口高度智能化，可以有效减低驾驶员工作量，头盔显示器更是直觉化和有效，飞行员可以用较少操作步骤就能达成想要的功能。另外，还加装了语音辨识输入，可以用口语启动指令，加快操作流程速度。

JAS-39“鹰狮”战斗机（瑞典）

名机档案		
	生产商	瑞典航空航天工业集团萨博公司
	机长	14.1 米
	机高	4.5 米
	翼展	8.4 米
	最大起飞重量	14000 千克
	最大速度	2470 千米 / 小时
	作战半径	800 千米

JAS-39“鹰狮”战斗机为瑞典萨博公司研发的第四代战斗机，是一款战斗、攻击、侦察兼具的多功能轻型战斗机。该型机采用了鸭型翼（前翼）与三角翼组合而成近距耦合鸭式布局，结构上广泛采用复合材料，全动前翼位于矩形涵道的两侧，无水平尾翼。该机能在任何高度上实现超音速飞行，出众的性能使它能够在公路上进行起降，而且维护及使用都极为方便，有着“北欧守护神”之雅称。

A-10“雷电”攻击机（美国）

名机档案	
生产商	美国费尔柴尔德公司（现已并入洛克希德·马丁公司）
机长	16.26 米
机高	4.47 米
翼展	17.53 米
最大起飞重量	22680 千克
最大速度	722 千米 / 小时
作战半径	1000 千米
实用升限	11000 米

A-10攻击机是美国费尔柴尔德公司生产的一种单座双引擎攻击机，是美国空军现役唯一一种负责提供对地面部队的密接支援任务的机种。A-10攻击机依靠强大的火力、坚厚的装甲专司对地攻击，包括攻击敌方坦克、武装车辆、重要地面目标等。虽然集现代高科技于一体的F-16、AH-64等先进飞行器抢占了A-10的许多作战机会，但是在北约大规模空袭南联盟的作战行动，以及近年的伊拉克战争中，却证明了A-10无法被撼动的独特地位。

F/A-18“大黄蜂”攻击机（美国）

名机档案	
生产商	美国麦道公司和诺斯洛普公司联合研发
机长	17.1 米
机高	4.7 米
翼展	11.43 米
最大起飞重量	23400 千克
最大速度	1814 千米 / 小时
作战半径	740 千米
实用升限	15000 米

F-18“大黄蜂”战斗机是美国诺斯罗普公司为美海军研制的舰载单座双发超音速多用途战斗第四代战斗/攻击机，它也是美国军方第一种兼具战斗机与攻击机身份的机种，基于这个原因，作为美国海军最重要的舰载机，F-18的用途广泛，它既可用于海上防空，也可进行对地攻击。该机于1978年首飞，1983年进入美国海军服役，2006年7月28日F-14“雄猫”战斗机退役后，F-18成为美国航空母舰上唯一的舰载战斗机。

F-117A“夜鹰”攻击机（美国）

名机档案	
生产商	美国洛克希德·马丁公司
机长	20.08 米
机高	3.78 米
翼展	13.20 米
最大起飞重量	23814 千克
最大速度	1040 千米/小时

F-117A是美国前洛克希德公司研制的隐身战斗轰炸机。其独特的设计外形非常引人注目，在美国空军没解密之前，很多见到过的人以为是外星飞船。F-117A是世界上第一种可正式作战的隐身战斗轰炸机。设计始于20世纪70年代中期，1981年6月15日试飞定型，次年8月23日开始向美国空军交付，共向空军交付59架。

后来，尽管F117A在科索沃战争和伊拉克战争中表现出众，但是他的设计使用的是70年代末的技术。小平面隐身技术已经过时，且机动性差、不易维护。在2006年末，美国空军宣布F-117退役。

苏-25“蛙足”攻击机（苏联）

名机档案	
生产商	苏联苏霍伊设计局
机长	15.53 米
机高	5.20 米
翼展	14.36 米
最大起飞重量	17600 千克
最大速度	950 千米 / 小时
实用升限	10000 米

苏-25攻击机是苏联时的一种亚音速近距离空中支援攻击机，其结构简单，装甲厚重坚固，易于操作维护，适合在前线战场恶劣的环境中进行对己方陆军的直接低空近距支援作战。苏-25曾在阿富汗战争中大量使用，在车臣战争中苏-25及其各种改进型飞机也都投入了实战。该机表现出火力强大、安全性能好等特点，尽管非法武装从境外获得了“毒刺”、“星爆”等美英先进的单兵防空导弹，却从未击落过一架苏-25攻击机。

B-52“同温层堡垒”战略轰炸机（美国）

名机档案	
生产商	美国波音飞机公司
机长	49.05 米
机高	12.4 米
翼展	56.39 米
最大起飞重量	22135 千克
最大速度	1010 千米 / 小时
实用升限	16800 米

B-52亚音速远程战略轰炸机是美国波音飞机公司研制的八发动机远程战略轰炸机，用于替换B-36轰炸机执行战略轰炸任务。从1955年开始生产并交付使用，先后发展了B-52A、B、C、D、E、F、G、H等8种型别，1962年停止生产，总共生产了744架飞机。

B-52现役76架，仍然是美国空军战略轰炸主力，美国空军现在预算让B-52一直服役至2050年。这使得其服役时间高达90年。美军愿意让B-52继续服役的其中一个原因是B-52是美国战略轰炸机当中可以发射巡航导弹的唯一机种。

B-1B“枪骑兵”战略轰炸机(美国)

名机档案		
	生产商	美国罗克韦尔公司
	机长	44.5 米
	机高	10.4 米
	翼展	41.8 米
	最大起飞重量	214650 千克
	实用升限	18000 米

B-1B“枪骑兵”轰炸机是由美国罗克韦尔公司研制的一种超音速可变后掠翼重型长程战略轰炸机，主要用于执行战略突防轰炸、常规轰炸、海上巡逻等任务。1962年，美国空军提出“先进有人驾驶战略飞机计划”，要求研制一种低空高速轰炸机作为B-52的后继机。随即，美国罗克韦尔公司研制的B-1型飞机在招标中胜出，1982年11月，B-1的改进型B-1B首飞，1984年开始装备美国空军。

扫一扫 听故事
中大奖

B-2“幽灵”隐形轰炸机（美国）

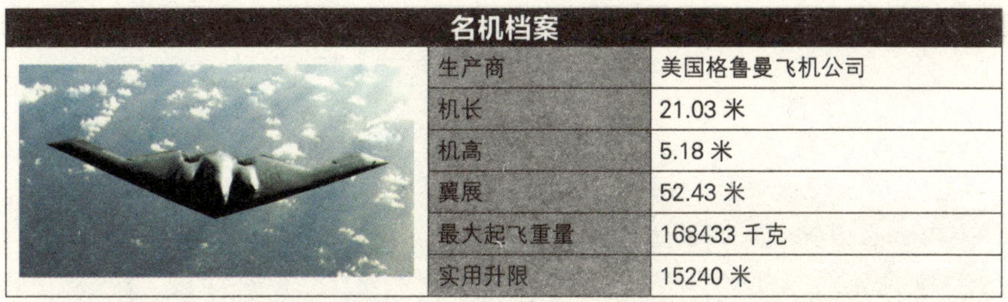

名机档案	
生产商	美国格鲁曼飞机公司
机长	21.03 米
机高	5.18 米
翼展	52.43 米
最大起飞重量	168433 千克
实用升限	15240 米

B-2隐形战略轰炸机绰号“幽灵”，是由由诺斯洛普和波音公司联合麻省理工学院为美国空军研制的执行战略核/常规打击任务的低可侦测性飞翼式轰炸机。

B-2是当今世界上唯一一种的隐身战略轰炸机，最主要的特点就是低可侦测性，即俗称的隐身能力。能够使它安全的穿过严密的防空系统进行攻击。B-2的隐身并非仅局限于雷达侦测层面，也包括降低红外线、可见光与噪音等不同讯号，使被侦测与锁定的可能降到最低。B-2在空中不加油的情况下，作战航程可达1.2万千米，空中加油一次则可达1.8万千米。每次执行任务的空中飞行时间一般不少于10小时，美国空军称其具有“全球到达”和“全球摧毁”能力。

图-22M“逆火”轰炸机（苏联）

名机档案	
生产商	苏联图波列夫飞机设计局
机长	42.46 米
机高	11.05 米
翼展	34.3 米
最大起飞重量	12.4 万千克
最大速度	2200 千米 / 小时
作战半径	4000 千米
实用升限	18000 米

图-22M轰炸机是苏联图波列夫设计局（现俄罗斯联合航空制造集团）研制的超音速可变后掠翼远程战略轰炸机。当前，俄罗斯空军总共服役有160架左右的改进型图-22M3轰炸机，该机具有核打击、常规攻击和反舰能力，以及良好的低空突防性能。由于图-22M3改装了推力更大的发动机，所以他也是目前世界上装备的轰炸机中飞行速度最快的。作为图-22轰炸机家族的最新改进版，图-22M3有着其他飞机不具备的巨大优势，作为当今世界战力最强悍战略轰炸机之一，该机也有着无可比拟的巨大威慑力。

图 –160“海盗旗”战略轰炸机（苏联）

名机档案		
	生产商	苏联图波列夫飞机设计局
	机长	54.10 米
	机高	13.10 米
	翼展	55.70 米
	最大平飞速度	2000 千米 / 小时
	作战半径	4000–5000 千米
	实用升限	15000 米

图–160是苏联图波列夫设计局（现俄罗斯联合航空制造集团）研制的超音速可变后掠翼远程战略轰炸机。图–160是世界上最大的轰炸机，同时也装备着世界上推力最强劲的军用航空发动机。图–160旨在替换图–22M轰炸机，并与美国空军的B–1轰炸机相抗衡，后起之秀的图–160速度比美国B–1轰炸机快80%，比B–1轰炸机大将近35%。图–160的航程比B–1轰炸机多出将近45%。

扫一扫 听故事
中大奖

SR-71“黑鸟”侦察机（美国）

名机档案		
	生产商	美国洛克希德公司
	机长	32.74 米
	机高	5.64 米
	翼展	16.95 米
	最大起飞重量	77110 千克
	作战半径	1930 千米
	实用升限	26600 米

SR-71侦察机是美国空军所使用的喷气式三倍音速长程高空高速战略侦察机，由美国洛克希德公司的臭鼬工厂研制生产，采用了大量当时的先进技术，拥有低可侦测性，还能以3马赫的高速躲避敌机与防空导弹。在实战记录上，没有任何一架SR-71曾被击落过。

SR-71侦察机共生产32架，1998年SR-71永久退役。当前仍在使用的有4架：美国空军第9侦察联队第2分遣队使用的两架SR-71A重新服役型、美国国家航空航天局(NASA)德赖顿飞行研究中心使用的一架SR-71A和一架SR-71B。

RQ-4A“全球鹰”无人侦察机（美国）

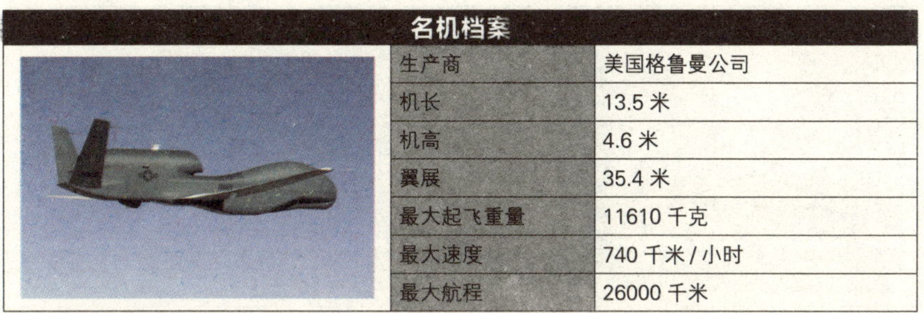

名机档案	
生产商	美国格鲁曼公司
机长	13.5 米
机高	4.6 米
翼展	35.4 米
最大起飞重量	11610 千克
最大速度	740 千米 / 小时
最大航程	26000 千米

诺斯罗普·格鲁曼公司的RQ-4A“全球鹰”是美国空军乃至全世界最先进的无人机。装备光电高分辨率红外传感系统、CCD数字摄像机、合成孔径雷达，利用全球卫星定位系统和惯性系统进行引导飞行。RQ-4A可以自动完成从起飞到着陆的整个飞行过程。如果有需要，它可以逗留在某个目标上空42小时，进行不断的监测。虽然“全球鹰”的最大飞行速度有3.5倍音速，但在大部分时间里飞得很慢，容易被战斗机追击或被导弹击落。另外它的负载能力只有900千克，只能携带有限的设备。

MQ-9“死神”无人机（美国）

名机档案		
	生产商	美国通用动力公司
	机长	8.21 米
	机高	2.13 米
	翼展	14.8 米
	最大速度	130 千米 / 小时
	作战半径	800 千米
	实用升限	7010 米

由美国通用原子公司研发的MQ-9“死神”无人机是一种极具杀伤力的新型无人作战飞机。每架“死神”无人机都配备一名飞行员和一名传感器操作员，他们在地面控制站内实现对“死神”无人机的作战操控。“死神”无人机的主要任务是为地面部队提供近距空中支援，还可以在山区和危险地区执行持久监视与侦察任务。“死神”无人机装备电子光学设备、红外系统、微光电视和合成孔径雷达，具备很强的情报收集能力和对地面目标攻击能力，并能在作战区域停留数小时，持久地执行任务。

X–47B 无人机（美国）

名机档案		
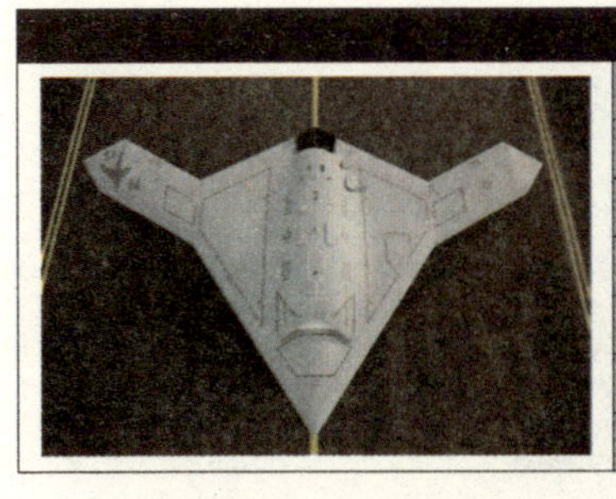	生产商	美国诺斯罗普·格鲁门公司
	机长	11.63 米
	机高	3.10 米
	翼展	18.92 米，折叠后 9.4 米
	最大起飞重量	20215 千克
	最大速度	亚音速
	实用升限	12190 米

X–47B是人类历史上第一架无需人工干预、完全由电脑操纵的“无尾翼、喷气式无人驾驶飞机”，由美国国防技术公司诺斯罗普·格鲁门公司开发，也是第一架能够从航空母舰上起飞并自行回落的隐形无人轰炸机。未来的X–47B无人驾驶飞机具备高度自主的空战系统，可以为美军执行全天候的作战任务提供作战支持，并具备良好的隐身性能和战场生存能力；可以携带各种传感设备和内部武器装备载荷，能满足联合作战、网络作战的须求；该机还可能进行空中加油，以提高战场覆盖能力和进行远程飞行。

E-2“鹰眼”预警机（美国）

名机档案	
生产商	美国格鲁曼公司
机长	17.54 米
机高	5.58 米
翼展	24.56 米
最大起飞重量	23356 千克
最大速度	590 千米 / 小时
实用升限	9390 米

E-2美国格鲁曼公司于1965年研制的世界上第一种专门的预警机，绰号“鹰眼”，它是美国海军的主力预警机种，在美国航空母舰历次作战行动中都发挥着无法替代的作用。

1982年6月9日，以色列发起对叙利亚的突袭。在“鹰眼”的精确指挥下，短短的6分钟之内，以色列战斗机就成功摧毁了叙利亚19个导弹营，而以军战机却无一损伤。从此“鹰眼”美名远播，威震八方。此后，世界其他地区发生的多场局部战争中，都有“鹰眼”预警机的飒爽英姿。

AH-1“眼镜蛇”武装直升机（美国）

AH-1“眼镜蛇”武装直升机档案		
	生产商	美国贝尔直升机公司
	机长	17.4 米
	最大起飞重量	6697 千克
	最大平飞速度	282 千米 / 小时
	最大航程	650 千米

AH-1“眼镜蛇”直升机，是由贝尔直升机公司于20世纪60年代中期为美陆军研制的专用反坦克武装直升机，当时也是世界上第一种反坦克直升机。由于其飞行与作战性能好，火力强，被许多国家广泛使用，经久不衰。

AH-1“眼镜蛇”不仅参加了越战，其改进型号又陆续参加了中东战争、两伊战争和海湾战争。海湾战争时，美国陆军虽然已经装备了更先进的“阿帕奇”武装直升机，但海军陆战队还是更喜欢占据甲板面积较小的“眼镜蛇”。在开战后的第三天，“眼镜蛇”就击毁了伊军的100辆坦克和200个地面目标，再次证明了它超强的作战能力。

AH-64“阿帕奇”武装直升机（美国）

AH-64 武装直升机档案		
	生产商	美国休斯直升机公司
	机长	17.7 米
	最大起飞重量	10433 千克
	最大平飞速度	296 千米 / 小时
	最大航程	480 千米

随着“眼镜蛇”在越南的成名，美国人发现直升机捕杀地面目标竟然如此有效，于是他们决心研制更先进的武装直升机对付坦克。AH-64“阿帕奇”是美国陆军在20世纪80年代装备的第二代武装直升机，也是现役最恐怖、最强大的武装直升机。它有着厚重的装甲和凶猛的火力，它可以无视恶劣的天气，无视昼夜的差别，随心所欲地找出敌人并加以摧毁，没有哪一种武器比它更适合“死亡天使”这个定义。

RAH-66“科曼奇”武装直升机(美国)

RAH-66 武装直升机档案		
	生产商	美国波音公司
	机长	14.5 米
	最大起飞重量	4990 千克
	最大平飞速度	324 千米/小时

RAH-66“科曼奇”是波音公司为美军专门研制的攻击侦察直升机。它最显著的优点是采用了直升机史无前例的全面隐身设计。它的弹仓内置，机身、发动机进气口、排气管和涵道风扇尾桨都进行了十分巧妙的设计，雷达反射回波比传统直升机要少得多。

RAH-66“科曼奇”还采用先进的无轴承旋翼，这就使得飞行员驾驶起来就像驾驶战斗机一样。8片桨叶涵道尾桨，能使RAH-66进行急速转弯，使其能在3至4.5秒钟之内以前飞速度作90°和180°转弯。这样的性能是一般的直升机无法比拟的，如此优异的性能导致它不会贻误任何战机。

卡 -52“短吻鳄”武装直升机（俄罗斯）

卡 -52“短吻鳄”武装直升机档案		
	生产商	俄罗斯卡莫夫公司
	机长	15.9 米
	最大起飞重量	10400 千克
	最大平飞速度	350 千米 / 小时
	最大航程	1200 千米

卡－52武装直升机是苏联卡莫夫设计局（现俄罗斯直升机公司）设计的共轴反转双旋翼式并列双座昼夜全天候战斗直升机。卡－52在设计上继承了卡－50武装直升机的动力装置、侧翼、尾翼、起落架、机械武器和其它一些机上设备，不同之处在于它采用了并列式双座驾驶舱。座舱的两名乘员各拥有自己的操纵装置，但两套操纵系统可以联动。在必要的情况下，两个乘员中的任何一个都可以单独驾驶直升机或控制武器系统。而且，卡－52宽大的机鼻使其能容纳更多的电子设备，具有优良的侦察、指挥与控制等功能。

A-129“猫鼬”武装直升机（意大利）

A-129“猫鼬”武装直升机档案

 生产商	意大利阿古斯塔公司
机长	14.3 米
最大起飞重量	4100 千克
最大平飞速度	300 千米 / 小时
续航时间	3 小时

A129武装直升机是由意大利阿古斯塔·韦斯特兰公司研制，绰号“猫鼬”。这是欧洲自主设计的第一种武装直升机，也是第一种经历过实战考验的欧洲国家的武装直升机。A129采用了武装直升机常用的布局，即纵列串列式座舱，副驾驶/射手在前，飞行员则在较高的后舱内。1995年，阿古斯塔公司斥资对A129实施升级改型。升级后A129，在载弹量、火力、作战半径、作战高度等性能方面有了显著改善，作战效能得到全面提升。

“虎”式武装直升机（德、法联合）

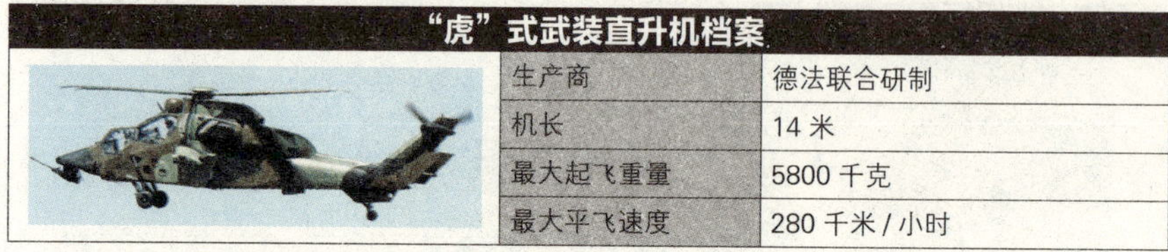

“虎”式武装直升机档案		
	生产商	德法联合研制
	机长	14 米
	最大起飞重量	5800 千克
	最大平飞速度	280 千米 / 小时

欧洲虎式是法国和德国联合研制，德国戴姆勒宇航和法国马特拉宇航生产的四旋翼、双发多任务武装直升机，是世界上第一种将制空作战纳入设计思想并付诸实施的武装直升机。虎式武装直升机的空中机动性能、续航力、机炮射击精确度均优于AH–64武装直升机等美制武装直升机，适合进行直升机空战，整体武器筹载虽然不如美制武装直升机，也足以胜任一般的反坦克、猎杀软性目标或支援等任务；而在后勤维持成本上，虎式相较于AH–64、AH–1系列则拥有较大的优势。

海战中坚——军舰

“谁控制了海洋，谁就控制了世界。”几百年来，无论是葡萄牙、西班牙，还是荷兰、英国，乃至今天的美国在世界上的优势力量都是以海权方面的绝对优势为基础。古希腊强大的舰队成就了希腊的繁荣，无敌舰队满足了西班牙皇室的奢华，而英国皇家海军维系了日不落帝国曾经的辉煌……

“弗吉尼亚”级核动力巡洋舰（美国）

“弗吉尼亚”级核动力巡洋舰档案			
舰长	178.3 米	续航力	30 节 /13500 海里
舰宽	19.2 米	最大航速	30 节
吃水	9.6 米	标准排水量	8623 吨
人员配置	624 人		

“弗吉尼亚”级核动力导弹巡洋舰是为了满足为“尼米兹”级核动力航母护航要求而建造的，本级舰共建造了4艘。

该级舰的自动化程度较高，全舰的居住性强，其生活条件较为舒适，有利于舰员在海上长期生活、执行作战任务。该级舰装备了美国海军当时先进的综合指控系统和武器系统，而且在建造时就考虑了今后的改装需要，在舰体尺寸等方面都留有余地。自从20世纪80年代以来，该级舰先后进行了几次改装，不但防空、反潜能力大幅提高，而且还首次具备了对地攻击能力，大大提高了该级舰执行任务的灵活性。

“提康德罗加”级导弹巡洋舰（美国）

“提康德罗加”级导弹巡洋舰档案			
舰长	173.0 米	续航力	20 节 /6000 海里和 30 节 /3300 海里
舰宽	16.8 米	最大航速	32.5 节
吃水	9.7 米	标准排水量	7652 吨
人员配置	387 人		

“提康德罗加”级巡洋舰是美国海军隶下的第一种正式使用宙斯盾的主战舰艇，是美国海军现役唯一一级导弹巡洋舰。本级舰共27艘。

在美国海军的作战编制上，“提康德罗加”级是作为航空母舰战斗群与两栖攻击战斗群的主要指挥中心，以及为航空母舰提供保护的主要舰艇。身为航空母舰战斗群头号护卫兵力，配备宙斯盾系统的“提康德罗加”级舰能提供极佳的防空战力，使得航空母舰战斗群有充足的力量抵抗敌国来自水面、空中、水下兵力的导弹攻击。此外，该级舰也具有极佳的反潜能力 。

扫一扫 听故事
中大奖

“基洛夫”级核动力巡洋舰(苏联)

“基洛夫”级核动力巡洋舰档案			
舰长	251.2 米	续航力	30 节 /14000 海里
舰宽	28.5 米	最大航速	32 节
吃水	9.1 米	标准排水量	1.9 万吨
人员配置	727 人		

“基洛夫”级巡洋舰是苏联/俄罗斯海军的大型核动力导弹巡洋舰。该级舰是世界上建造的最大的巡洋舰，满载排水量超过2.5万吨，仅次于航空母舰，舰上装载超过400枚导弹，因此有“武库舰”的称号，也是世界上唯一一级排水量超过两万吨及使用核动力的现役巡洋舰。

“基洛夫”级强大的火力来自于其舰载的“花岗岩”远程反舰导弹系统，该型导弹是前苏联第三代反舰导弹，是采用火箭冲压发动机推进的大型超声速反舰导弹，全长10.5米，重量6.98吨，由垂直发射器发射，最大射程为500-550公里，最高飞行速度1.6马赫，可装备500kT当量的核战斗部或750千克的高爆战斗部，任何一枚都足以让敌舰葬身海底。

“光荣”级导弹巡洋舰（苏联）

“光荣”级导弹巡洋舰档案			
舰长	186.4 米	续航力	30 节 /2500 海里或 15 节 /7500 海里
舰宽	20.8 米	最大航速	32 节
吃水	8.4 米	标准排水量	9380 吨
人员配置	454 人		

“光荣”级巡洋舰是苏联/俄罗斯海军隶下的大型常规动力攻击巡洋舰。本级舰满载排水量近12000吨，是世界上少数几种仅存的巡洋舰之一。本级舰在外观上最大的特点就是船舷两侧硕大的并列布置P-1000火山岩长程反舰导弹发射装置，发射装置每组两具，每舷侧四组，共16枚，使得本级舰拥有了世界上仅次于基洛夫级巡洋舰（20枚）的长程对舰投送火力。本级舰共七艘，完工入役三艘，在建两艘，苏联解体后取消两艘。在建的“共青团员”号完工度达90%，苏联解体后由乌克兰继承，三号舰“瓦良格”号巡洋舰是现俄罗斯海军太平洋舰队旗舰。

“衣阿华”级战列舰（美国）

“衣阿华”级战列舰档案			
舰长	270.4 米	续航力	14 节 /20150 海里、17 节 /15900 海里、25 节 /9600
舰宽	32.92 米	最大航速	31 节
吃水	10 米	标准排水量	44560 吨
人员配置	1851 人		

“依阿华”级战列舰是美国海军排水量最大的一级战列舰。本级舰共完成建造4艘，是世界上最晚退役（1992年退役封存）的战列舰，4艘同型舰仍保存至今。这一级战列舰也是美国海军的最后一级战列舰。1945年9月2日，标志着第二次世界大战结束的日本无条件投降的签字仪式，就在停泊在东京湾上的三号舰“密苏里”号的主甲板上举行，本级舰也因此而闻名于世。

“阿利·伯克”级驱逐舰（美国）

“阿利·伯克”级驱逐舰档案			
舰长	153.8 米	续航力	20 节 / 4400 海里
舰宽	20.4 米	最大航速	32 节
吃水	9.9 米	满载排水量	8422 吨
人员配置	368 人		

“阿利·伯克”级驱逐舰是美国海军隶下唯一一型现役驱逐舰，是美国海军的主力。本级舰以宙斯盾战斗系统SPY–1D被动相控阵（无源电子扫描阵列）雷达，结合MK–41垂直发射系统，将舰队防空视为主要作战任务，是世界上最先配备四面相控阵雷达的驱逐舰，伯克级掀起了世界防空驱逐舰发展的新篇章，尔后世界各国发展的新锐防空驱逐舰无一例外都借鉴了伯克级的设计思想。“伯克”级现役共计62艘，仍在建造，使得伯克级至今仍为世界上最新锐，最先进，战斗力最为全面的驱逐舰，也是世界上建造数量最多的现役驱逐舰。

“朱姆沃尔特”级驱逐舰（美国）

“朱姆沃尔特”级驱逐舰档案			
舰长	183.0 米	最大航速	30 节
舰宽	24.1 米	标准排水量	1.45 万吨
吃水	8.4 米		
人员配置	140 人		

“朱姆沃尔特”级驱逐舰是美国海军新一代多用途对地打击宙斯盾舰。本级舰从舰体设计、电机动力、指管通情、网络通信、侦测导航、武器系统等，无一不超越当代，是全新研发的尖端科技的结晶，展现了美国强大的科技实力、雄厚的财力以及设计思想上的前瞻，是美国海军的新世代主力水面舰艇。

为了有强大的隐身性能，该级舰采用独树一帜的干舷内倾船体，为了减少雷达回波，所有武器内置于船身。并有出众的攻击和防护能力。

“勇敢”级45型驱逐舰（英国）

“勇敢”级45型驱逐舰档案			
舰长	152.4米	续航力	18节/7000海里
舰宽	21.2米	最大航速	27节
吃水	5.3米	标准排水量	7350吨

45型驱逐舰是英国皇家海军隶下的新一代防空导弹驱逐舰。本级舰围绕PAAMS导弹系统，配备性能优异的桑普森相控阵雷达和S1850M远程雷达，并划时代的采用了集成电力推进系统，使得本级舰成为世界上现役最新锐的驱逐舰之一。本级舰原定建造12艘，然而皇家海军经费持续缩减，数量降至6艘。

“地平线”级驱逐舰（法国、意大利）

“地平线”级驱逐舰档案			
舰长	151.6 米	续航力	17 节 / 7000 海里
舰宽	20.3 米	最大航速	29 节
吃水	4.8 米	标准排水量	6970 吨
人员配置	200 人		

“地平线”级驱逐舰是法国与意大利联合研制的新一代中型防空舰艇。本级舰舰体具有多种隐身设计，主要武器系统为法国与意大利合作发展的基本型防空导弹系统。本级舰与45型驱逐舰一样是欧洲最新锐的防空舰艇，从细节到主体设计无一不是欧洲国防科技的结晶。

“地平线”级的舰体具有多种隐身设计，主要武器系统为英国、法国与意大利合作发展的基本型防空导弹系统，包括由法国DCN研发、装有紫菀防空导弹－15/30型的Sylver垂直发射系统共48管，并以EMPAR雷达来负责对空搜索与导弹导引。由于自动化程度很高，近七千吨的“地平线”级驱逐舰仅需编制200名官兵。

“金刚”级驱逐舰（日本）

“金刚”级驱逐舰档案			
舰长	161.0 米	续航力	20 节 / 4500 海里
舰宽	21.0 米	最大航速	30 节
吃水	6.2 米	标准排水量	7250 吨
人员配置	300 人		

“金刚”级驱逐舰是日本海上自卫队所配属、配备有宙斯盾战斗系统的导弹驱逐舰，是日本海上自卫队在2007年爱宕级驱逐舰服役之前排水量最大的作战舰艇。“金刚”级在设计上与美国“阿利·伯克”级驱逐舰Flight-1构型是基本相同的，但舰桥结构更为庞大，取消了“伯克”级的轻质十字桅杆，改用海自传统的重型四角格子桅，这是“金刚”级与“伯克”级Flight1在外观上主要的区别。舰上并没有配备对地攻击性的战斧巡航导弹。“金刚”级一共建造了4艘，是全世界除了美国海军之外最早出现的宙斯盾舰。在海自护卫舰队中每1个护卫队群配备1艘，是海自主要的防空舰。

“萨克森”级护卫舰（德国）

“萨克森”级护卫舰档案			
舰长	143 米	续航力	15 节 / 4000 海里
舰宽	17.2 米	最大航速	29 节
吃水	4.4 米	标准排水量	5600 吨
人员配置	225 人		

“萨克森”级护卫舰是德国联邦国防军海军隶下的多用途防空护卫舰。本级舰装备性能一流的APAR主动相控阵雷达，防空作战性能突出。充分采用先进的计算机控制技术，可以称为数字化战舰。本级舰满载排水量近6000吨，主武装为四组八联装MK-41垂直发射系统，发射标准2型和ESSM防空导弹，舰体采用堡垒式设计，再配合深灰色涂装使全舰洋溢着钢铁的青春。本级舰计划建造4艘，取消建造1艘，是德国海军最大的水面舰艇，也是德国海军第一艘采用模块化设计的舰艇。

“南森”级护卫舰（挪威）

“南森”级护卫舰档案			
舰长	132.0 米	续航力	16 节 / 4500 海里
舰宽	16.8 米	最大航速	27 节
吃水	4.9 米	标准排水量	5290 吨
人员配置	120 人		

“南森”级护卫舰是挪威皇家海军的现役的主力舰艇。本级舰参考西班牙“阿尔瓦罗·巴赞”级护卫舰的设计，配备了美制宙斯盾战斗系统（外销版）与AN/SPY-1无源相控阵雷达，是世界上最小的宙斯盾舰，满载排水量5000余吨。本级舰在设计上放弃宙斯盾战斗系统的防空优势，以反潜战为主要作战方向，首舰装备两组八联装MK-41垂直发射系统，其余舰只安装一组，暂只装填ESSM防空导弹。本级舰共五艘，于2004年到2011年间陆续下水服役，替代奥斯陆级护卫舰成为挪威海军的新主力。

“无畏”级护卫舰(新加坡)

“无畏”级护卫舰档案			
舰长	130 米	续航力	18 节 / 4500 海里
舰宽	15.5 米	最大航速	30 节
吃水	5.5 米	标准排水量	3800 吨
人员配置	210 人		

“无畏”级护卫舰为新加坡海军的新一代多功能护卫舰，是法国海军“拉法耶特”级护卫舰的升级改进版本。“无畏”级除了具备较强的防空、反潜、反舰等正规作战能力之外，另一项重要任务就是水面巡逻，在交通频繁、龙蛇混杂的东南亚水域（如马六甲海峡）阻绝非法移民、走私、贩毒、海上劫掠乃至于恐怖活动等，并保护新加坡的经济海域。“无畏”级护卫舰自定位建造之初就被要求能超越东南亚各国海军的任何水面作战舰艇，而事实上，该级舰在服役后相当长的一段时间内都将是东南亚地区最精锐最强劲的中型护卫舰。

“维斯比”级轻型护卫舰（瑞典）

“维斯比”级轻型护卫舰档案			
舰长	72 米	人员配置	43 人
舰宽	10.4 米	最大航速	35 节
吃水	2.5 米	标准排水量	620 吨

“维斯比”级巡逻舰（一些国家也将其称之为轻型护卫舰）是瑞典海军第一艘采用隐身设计的轻型护卫舰，本级舰也是世界上以复合材料取代钢材作为舰体的海上舰艇之一，不仅在各种讯号的抑制上采用了最先进的技术、最极端和彻底的隐身手段，更致力于降低舰上装备对雷达隐身性能可能产生的破坏，例如尽可能将装备隐藏在舰体内或采取可折收式设计、装备的外型尽量降低RCS，以及使用低截获率雷达，使得本级舰也成为世界全面隐身舰艇的先驱。

扫一扫 听故事
中大奖

“尼米兹”级核动力航空母舰（美国）

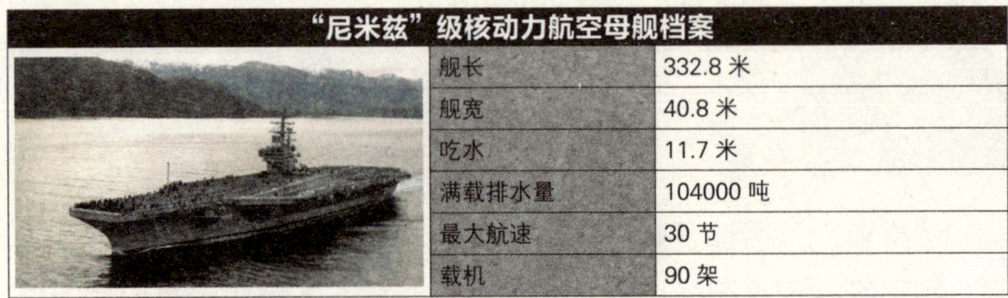

“尼米兹”级核动力航空母舰档案	
舰长	332.8 米
舰宽	40.8 米
吃水	11.7 米
满载排水量	104000 吨
最大航速	30 节
载机	90 架

“尼米兹”级航空母舰为美国海军现役唯一一级核动力多用途航空母舰，亦为现役世界上吨位最大和综合作战能力最强的军用舰只，共计十艘。本级舰以首舰“尼米兹”号命名，“尼米兹”号得名来自于第二次世界大战太平洋舰队司令切斯特 · 威廉 · 尼米兹。

“尼米兹”级航空母舰作为美国海军远洋战斗群的核心力量，搭载多种不同用途的舰载机对敌方飞机、船只、潜艇和陆地目标发动攻击，并保护美国海上舰队和海洋利益。

“杰拉尔德·福特”号航空母舰（美国）

“杰拉尔德·福特”号航空母舰档案		
	舰长	337.0 米
	舰宽	77.0 米
	吃水	12.0 米
	满载排水量	112000 吨
	最大航速	>30 节
	载机	75 架各型飞机

“杰拉尔德·R·福特”号航空母舰是美国海军最新一级“福特”级航空母舰首舰，该舰采用了许多高新前卫技术：舰载机电磁弹射系统、新的大功率一体化核反应堆、带状电力分配系统（全电力化推进的军舰）、有源相控阵雷达、F-35舰载机、舰载激光防御系统以及信息栅格化航母等关键性的舰用高科技。其中最先进之处有两方面：一是综合电力推进系统，二是电磁弹射，两者均为革命性的进步。“福特”号航母的问世对全球海军装备产生了新的巨大冲击，也将引领新一代航母的技术标准。

“库兹涅佐夫元帅”级航空母舰（苏联）

“库兹涅佐夫元帅”级航空母舰档案		
	舰长	310.0 米
	舰宽	75.0 米
	吃水	11.0 米
	满载排水量	67500 吨
	最大航速	30 节
	载机	39 架

“库兹涅佐夫元帅级”航空母舰是前苏联和俄罗斯的第一级真正意义上的航空母舰，它以“基辅”级航空母舰为基础进行设计，但飞行甲板有了足够的长度，防卫能力也有了较大的加强，也是俄罗斯最新型的航空母舰。与其他俄制航空母舰一样，扣除舰载机仍有相当强大的战斗力量。该级舰一共建造了四艘，现唯一一艘“库兹涅佐夫号”部署于俄罗斯北方舰队，也是现在俄罗斯唯一的一艘航空母舰。

“戴高乐”号航空母舰（法国）

“戴高乐”号航空母舰档案	
舰长	261.5 米
舰宽	31.4 米
吃水	8.5 米
满载排水量	38000 吨
最大航速	27 节
载机	35 ~ 40 架

法国“戴高乐”号航空母舰是法国第一艘核动力航空母舰，也是世界上唯一一艘非美国海军隶下的核动力航空母舰，亦是法国海军现役唯一一艘航空母舰，又是法国海军的旗舰。

秉承一贯的“武力自主”原则，“戴高乐”号航空母舰舰上的装备动力、武器、电子等绝大部分都是法国自制，这标志着法国建立起了全欧洲国家中最完整的国防工业研发体系，并在许多方面还足以在美俄两强之外独树一帜。

“伊丽莎白女王”号航空母舰（英国）

“伊丽莎白女王”级航空母舰档案		
	舰长	280.0 米
	舰宽	74.0 米
	吃水	11.0 米
	满载排水量	65000 吨
	最大航速	30 节
	载机	40 架

“伊丽莎白女王”号是英国海军首次用王室名字命名航空母舰，排水量达6.5万吨，长280米，宽74米，可搭载40架短距/垂直起降的F-35舰载机和直升机，是英国历史上最庞大的战舰，仅次于美国航母。

英国新航母采用的全新设计，与美法航母格格不入，其最大特点就在于其“双舰岛”设计：两个位于右舷的独立舰岛各司其职，前者专司航行操控，后者以舰载机起降控制为主。“双岛”设计提升了航母的抗打击能力，并减少了舰载机起降过程中的气流干扰，可谓是一举两得。

陆战之王——坦克

说起坦克，让人不得不联想到战争。从1916年9月，在法国索姆河畔，坦克第一次投入使用，坦克在现代战争中发挥着越来越重要的作用。尤其在第二次世界大战中，坦克正式充当起“陆地猛虎”的角色。可以说，在过去的几十年中，坦克历经无数次的考验，在战争中立下了赫赫战功……

M1A2“艾布拉姆斯”主战坦克（美国）

M1A2“艾布拉姆斯”主战坦克档案	
生产商	美国底特律坦克厂
乘员	4人
车长	9.77米
车宽	3.66米
车高	2.44米
重量	63吨
最大速度	68千米/小时
最大行程	450千米

M1A2主战坦克是美国陆军的主战坦克，是M1A1的第二阶段的改进产品，配备了先进的车际信息系统和战场管理系统，并装有全新的装甲和电子设备。M1系列坦克是世界首次采用燃气轮机作为主动力的制式坦克。发动机输出功率是1500马力，这使得M1系列坦克的越野速度和加速性能非常优秀。目前，各型M1系列主战坦克产量超过了7780辆。除装备美国陆军与海军陆战队外，还出口到了埃及、沙特阿拉伯、澳大利亚、伊拉克与科威特。

T-90 主战坦克（俄罗斯）

T-90 主战坦克档案		
	生产商	鄂木斯克坦克厂
	乘员	3 人
	车长	9.53 米
	车宽	3.78 米
	车高	2.22 米
	重量	46.5 吨
	最大速度	65 千米 / 小时
	最大行程	375 千米

T-90主战坦克是俄罗斯研制的主战坦克。该型坦克的车体改良自T-72型坦克，早期的炮塔是与T-72类似的铸造炮塔，但后期的炮塔则是重新设计的焊接炮塔。火控则采用T-80U型坦克的火控系统。主要是为了对付当时北约的威胁而研制的，几乎全部都部署在西部军区和乌拉尔军区，一直作为俄罗斯本土的防御性武器使用，近几年才出口到印度。

“豹”2A6 主战坦克（德国）

“豹”2A6 主战坦克档案	
生产商	德国克劳斯·玛菲公司
乘员	4 人
车长	9.61 米
车宽	3.42 米
车高	2.48 米
重量	55.15 吨
最大速度	72 千米 / 小时
最大行程	550 千米

“豹”2A6主战坦克是目前世界上最先进的、也是知名度最高的主战坦克之一。“豹”2A6坦克是“豹”2家族的最新改进型号，最大的特点是换装了55倍口径的120毫米滑膛炮，炮口初速可达到1750米/秒。还采用了先进的增压中冷柴油机，该发动机的功率高达1100千瓦，使得“豹”2A6坦克的越野性能非常优秀。再加上先进的火控系统和优异的防保性能，使“豹”2A6可以猎杀世界上任何一种主战坦克。目前装备该坦克的有德国、加拿大、希腊、荷兰、葡萄牙、西班牙等国家。

“梅卡瓦”主战坦克（以色列）

“梅卡瓦”主战坦克档案		
	生产商	以色列特勒阿舒梅厂
	乘员	4人
	车长	8.63米
	车宽	3.7米
	车高	2.75米
	重量	61吨
	最大速度	55千米/小时
	最大行程	500千米

“梅卡瓦”主战坦克是以色列国防军装备的自主生产的主战坦克系列。从1979年到现在，“梅瓦卡”主战坦克迄今为止已发展了四代，并亲历了以色列已爆发的多次冲突，是当今世界经历实战次数最多的主战坦克。最先进的梅卡瓦Mk4型坦克则装有最新的目标自动跟踪系统，能锁定几千米外的敌方地面运动目标和低空飞行直升机。在防护上，它周身挂有模块化复合装甲，并配装了先进的激光报警装置。坦克四周安装四部监视器，可实时掌握周边360度，俨然是一座“移动堡垒”。

“勒克莱尔”主战坦克（法国）

“勒克莱尔”主战坦克档案	
生产商	法国 GIAT 工业所
乘员	3 人
车长	9.87 米
车宽	3.71 米
车高	2.70 米
重量	53 吨
最大速度	71 千米 / 小时
最大行程	550 千米

“勒克莱尔”主战坦克是法国在20世纪80年代研制的新一代主战坦克。该型坦克的主要武器为1门120毫米滑膛炮，可以发射尾翼稳定脱壳穿甲弹和多用途破甲弹。火控系统主要包括通道稳定式瞄准镜、炮口觇视器和陀螺稳定周视瞄准镜。辅助武器主要有两种：一是120毫米坦克炮左侧安装的1挺12.7毫米并列机枪，可由车长或炮长操纵射击；二是炮塔上安装的1挺7.62毫米高射机枪，车长或炮长可在车内遥控射击。

10 式主战坦克（日本）

10 式主战坦克档案	
生产商	日本三菱重工
乘员	3 人
车长	9.42 米
车宽	3.24 米
车高	2.3 米
重量	48 吨
最大速度	70 千米 / 小时
最大行程	310 千米

10式主战坦克是日本三菱重工生产的新一代主战坦克，该型坦克使用了大量最先进的科技，也延续了日本武器一贯的精致细腻。

10式坦克重量仅为44吨，主炮为一门44倍口径的120毫米滑膛炮。10式主炮的弹种除了传统的尾翼稳定脱壳穿甲弹、高爆穿甲弹、高爆榴弹之外，还能使用一种程序化引信炮弹，其电子引信能在穿透三层墙壁之后才引爆弹头，主要在城镇战中用来对付隐藏于工事后方或建筑物内部的敌军。10式坦克车身上还配有遥控武器站，不仅近距离火力压制力大增，更能让人员在车内安全地操作，而不必冒险探头出车外，利于城镇作战。

“挑战者”2E 主战坦克（英国）

“挑战者”2E 主战坦克档案		
	生产商	英国维克斯公司
	乘员	4 人
	车长	10.79 米
	车宽	3.50 米
	车高	2.90 米
	重量	55 吨
	最大速度	48 千米 / 小时
	最大行程	550 千米

“挑战者”2E主战坦克是英国在自行研制的“挑战者”-1的基础上新研发的一种主要用于出口的坦克。“挑战者”2E坦克装备了全电式火炮控制和稳定系统和先进数字火控计算机。采用一门120毫米线膛坦克炮，可发射包括尾翼稳定脱壳穿甲弹、高爆破甲弹和发烟弹，还可以发射贫铀弹。炮塔防护采用的是第二代“乔巴姆”复合装甲，炮塔中还装有一套核、生、化防护系统。炮塔两侧各装有5组烟幕弹发射器。并装备了一挺7.62毫米链式机枪。

水下幽灵——潜艇

在世界战争史上，海战的历史可谓源远流长，从最初的小型木制战船，发展到今天能够覆盖到空中、水面、水下的各个领域，一次又一次革命性的进步，使海军的武器装备也相应有了极大的飞跃。潜艇的诞生迎合了海洋战争的需要，随着科技的不断发展，潜艇早已成为海军的主要舰种之一，在战争中发挥着独特而又不可替代的作用……

“台风”级弹道导弹核潜艇（苏联）

“台风”级弹道导弹核潜艇档案			
生产商	圣彼得堡“红宝石”中央设计局	水上极速	33 节
全长	171.5 米	水上排水量	23200 吨 ~ 24500 吨
全宽	22.8 米	潜行极速	27 节
乘员	180 人	潜航排水量	33800 吨 ~ 48000 吨
水上吃水	12.5 米	潜航深度	300 米

941型战略核潜艇（北约代号：台风级）在1976—1989年间共建成6艘，不仅是前苏联最大的弹道导弹潜艇，也是目前世界最大体积和吨位潜艇纪录保持者，是典型的冷战产物。其中该级艇有三艘已经被拆除。另外三艘中，只有一艘处于运行状态。

“台风”级有20个导弹发射筒，主要配备的武器是P-39（北约代号：SS-N-20）弹道导弹，P-39是专供“台风”级核潜艇使用的弹道导弹。它是采用固体燃料、三级推进式的潜射洲际弹道导弹。长度16米，直径2.4米。发射重量90吨，可携带10个分弹头，射程8000～10000千米。

“奥斯卡”级巡航导弹核潜艇（俄罗斯）

“奥斯卡”级巡航导弹核潜艇档案			
生产商	北德文斯克造船厂	水上极速	20 节
全长	154 米	水上排水量	13900 吨
全宽	18.2 米	潜行极速	33 节
乘员	107 人	潜航排水量	18300 吨
水上吃水	13.1 米	潜航深度	500 米

“奥斯卡”级巡航导弹核潜艇，原本计划建造20艘，最终仅完工13艘，3艘未完工，4艘取消建造。这种潜艇曾经保持着一项世界纪录，即世界上最大的巡航导弹核潜艇。

“奥斯卡”级艇体十分巨大，共分两个型号。949型的水下排水量为16500吨，949A型的水下排水量19400吨。该型核潜艇配备有24枚P-700型反舰巡航导弹。P-700型导弹低空航速为1.6马赫，高空航速超过2.5马赫，既可以配备750千克的常规战斗部，也可以配备TNT当量为50万吨的核战斗部。

“北风之神”级弹道导弹核潜艇（俄罗斯）

“北风之神”级战略弹道导弹核潜艇档案			
生产商	北方机器制造厂	水上极速	12 ~ 16 节
全长	171.5 米	水上排水量	14720 吨
全宽	13 米	潜行极速	26 ~ 27 节
乘员	130 人	潜航排水量	17000 吨
水上吃水	10.5 米	潜航深度	400 米 ~ 450 米

955型战略核潜艇（北约代号：北风之神）是俄罗斯第四代战略核潜艇。艇上装有16个导弹发射筒，配备16枚RSM–56弹道导弹，射程8000千米以上，命中精度为60米。

作为“台风”级和“德尔塔”级核潜艇的后继型，该级艇总体性能有了极大提升，其威力更强、机动性更好、信息化程度也更高。该级艇庞大的艇体设计为其破除北冰洋厚厚冰层提供了足够的浮力，其携带的“布拉瓦”导弹可以突破导弹防御系统，几乎可从任何方向对美国发起攻击。955型战略核潜艇将为俄罗斯恢复战略核力量、重塑大国形象提供强有力的保障。

“俄亥俄”级弹道导弹核潜艇（美国）

“俄亥俄”级弹道导弹核潜艇档案			
生产商	美国通用动力公司电船分公司	水上极速	12 节
全长	170.7 米	水上排水量	16764 吨
全宽	12.1 米	潜行极速	20 节
乘员	155 人	潜航排水量	18750 吨
水上吃水	11.8 米	潜航深度	240 米

美国海军于1976年开始建造“俄亥俄”级核潜艇，该级艇堪称是冷战时期核潜艇的代表作，被誉为“潜艇之王”。“俄亥俄”级有24部潜射弹道导弹发射筒，可发射“三叉戟C4”型和“三叉戟D5”型弹道导弹。原本美国海军预计建造24艘俄亥俄级，但后来只建造了十八艘。进入21世纪后，由于舰体老化，无力承担核威慑任务。为此，把其中四艘“俄亥俄”级艇进行了改装，成为携带常规制导导弹的巡航导弹核潜艇。因此“俄亥俄”级核潜艇被分为了巡航导弹核潜艇和弹道导弹核潜艇两类。

“洛杉矶”级攻击核潜艇（美国）

“洛杉矶”级攻击型核潜艇档案			
生产商	纽波特－纽斯造船公司和通用电力公司电船分公司联合制造	水上极速	24 节
全长	110.3 米	水上排水量	6080 吨
全宽	10 米	潜行极速	32 节
乘员	133 人	潜航排水量	6927 吨
水上吃水	9.9 米	潜航深度	450 米

“洛杉矶”级攻击型核潜艇是美国海军第五代攻击核潜艇，也是世界上服役最多的核潜艇，至今仍大量在美国海军服役。

1998年，美国海军耗巨资为整个洛杉矶级核潜艇进行了现代化改装，主要增加超高频卫星通讯设备、加装新式探测系统和增加了12管垂直发射系统，可以发射“战斧”巡航导弹和“鱼叉”反舰导弹。使该级艇从以往主要承担反潜、反舰的任务，发展到现在可以对陆攻击等任务，具有优良的综合性能。

扫一扫 听故事
中大奖

“海狼”级攻击核潜艇（美国）

“海狼”级攻击核潜艇档案			
生产商	美国通用动力公司电船部	水上极速	20 节
全长	99.4 米	水上排水量	7460 吨
全宽	12.9 米	潜行极速	35 节
乘员	133 人	潜航排水量	9150 吨
水上吃水	10.9 米	潜航深度	600 米

“海狼”级攻击核潜艇是依据冷战后期美国海军“前进战略”的需求而设计的，其目的是建造一种在21世纪初期能在各大洋与北冰洋对抗任何苏联现有与未来的核潜艇，并取得制海权的攻击核潜艇。

与以往的美国攻击潜艇相比，“海狼”级无论在鱼雷管数量、口径或武器搭载量都大幅增加，以加强武备能力与持续作战时间，并为将来换装全新发展的武器预作准备。“海狼”级总共有八门鱼雷管，较以往的美国潜艇多出一倍，武器筹载量更大增至50枚；由于“海狼”级是专门用来猎杀苏联潜艇的，所以并未配备专门装填对陆巡航导弹的垂直发射系统。

“弗吉尼亚”级攻击核潜艇（美国）

“弗吉尼亚”级攻击核潜艇档案			
生产商	美国通用动力公司电船部和纽波特纽斯造船厂	水上极速	22节
全长	114.9米	水上排水量	6850吨
全宽	10.4米	潜行极速	28节
乘员	132人	潜航排水量	7925吨
水上吃水	10.1米	潜航深度	500米

“弗吉尼亚”级攻击核潜艇是美国海军在建的最新一级多用途攻击型核潜艇，它将替换将要退役的“洛杉矶”级攻击型核潜艇，“弗吉尼亚”级把焦点放在20世纪90年代以来层出不穷的地区性冲突上，故十分强调该级艇的多重任务性，包括近岸作战能力、对地攻击能力、特种作战与情报搜集等。

“前卫”级弹道导弹核潜艇(英国)

“前卫”级弹道导弹核潜艇档案			
生产商	英国维克斯造船工程有限公司巴罗造船厂	水上极速	18节
全长	149.9米	水上排水量	14891吨
全宽	12.8米	潜行极速	25节
乘员	135人	潜航排水量	15900吨
水上吃水	12米	潜航深度	350米

“前卫”级弹道导弹核潜艇于1986年开工建造，于1993年服役，共建4艘。采用了英国首创的泵喷射推进技术，有效降低了辐射噪声，安静性和隐蔽性尤为出色。潜艇外表覆盖均匀的吸声涂层，光导发光潜望镜是前卫级的新特征。

该级艇装备了16枚三叉戟2D5型潜射弹道核导弹，该型导弹为三级固体燃料推进的导弹，采用星体惯性制导，每枚导弹可携带8个分导式多弹头，射程为12000千米。

“凯旋”级弹道导弹核潜艇（法国）

“凯旋”级弹道导弹核潜艇档案			
生产商	瑟堡海军造船厂	水上极速	20 节
全长	138.0 米	水上排水量	12640 吨
全宽	12.5 米	潜行极速	25 节
乘员	111 人	潜航排水量	14335 吨
水上吃水	12.5 米	潜航深度	500 米

“凯旋”级弹道导弹核潜艇是法国海军第三代弹道导弹核潜艇。共建造4艘，分别为“凯旋”号、“鲁莽”号、“警醒”号和“猛烈”号。“凯旋”级有16具弹道导弹发射筒，装备M−51导弹，该型导弹为三级固体燃料导弹，具有6个分导式多弹头，可同时攻击多个目标，射程11000千米。

“凯旋”级采用了许多先进的降噪措施，采用泵喷射推进器，艇体外形光顺，并装设消声瓦。它采用新型合金钢做艇壳材料，使下潜深度达500米。并采用消磁、减小红外特性等措施，大大提高了隐蔽性和生命力。

超少年全景视觉探险书

外星怪客

一套多媒体可以视、听的探险书

SUPER JUNIOR

聂雪云◎编著

团结出版社

图书在版编目（CIP）数据

外星怪客 / 聂雪云编著 . -- 北京 : 团结出版社，2016.9

（超少年全景视觉探险书）

ISBN 978-7-5126-4447-2

Ⅰ . ①外… Ⅱ . ①聂… Ⅲ . ①宇宙－青少年读物 Ⅳ . ① P159-49

中国版本图书馆 CIP 数据核字 (2016) 第 210012 号

外星怪客

WAIXINGGUAIKE

出　版：团结出版社

（北京市东城区东皇城根南街 84 号　邮编：100006）

电　话：（010）65228880　65244790

网　址：http://www.tjpress.com

E-mail：65244790@163.com

经　销：全国新华书店

印　刷：北京朝阳新艺印刷有限公司

装　订：北京朝阳新艺印刷有限公司

开　本：710mm × 1000mm　1/16

印　张：48

字　数：680 千字

版　次：2016 年 9 月第 1 版

印　次：2016 年 9 月第 1 次印刷

书　号：ISBN 978-7-5126-4447-2

定　价：229.80 元（全八册）

（版权所属，盗版必究）

前言

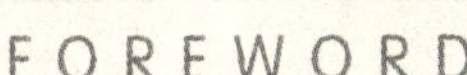

FOREWORD

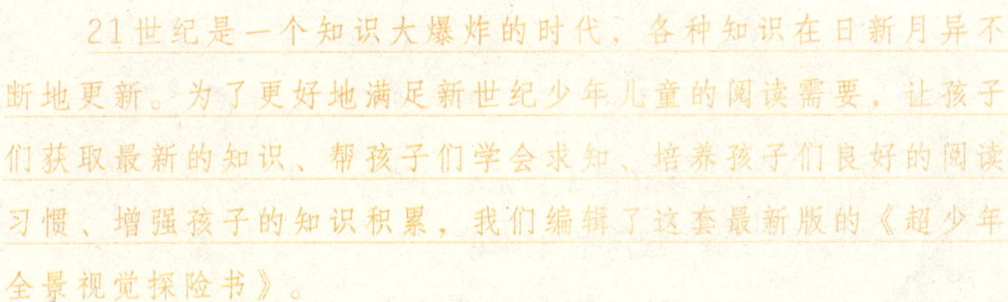

21世纪是一个知识大爆炸的时代，各种知识在日新月异不断地更新。为了更好地满足新世纪少年儿童的阅读需要，让孩子们获取最新的知识，帮孩子们学会求知，培养孩子们良好的阅读习惯，增强孩子的知识积累，我们编辑了这套最新版的《超少年全景视觉探险书》。

本书的内容包罗万象、融合古今，涵盖了动物、植物、昆虫、微生物、科技、航空航天、军事、历史和地理等方面的知识，都是孩子们最感兴趣、最想知道的科普知识，通过简洁明了的文字和丰富多彩的图画，把这些科学知识描绘得通俗易懂、充满乐趣。让孩子们一方面从通俗的文字中了解真相，同时又能在形象的插图中学到知识，启发孩子们积极思考、大胆想象，充分发挥自己的智慧和创造力，让他们在求知路上快乐前行！

目录 CONTENTS

超　少　年　密　码

外　星　怪　客

宇宙探索

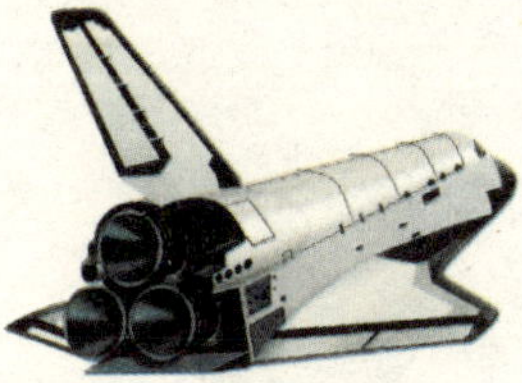

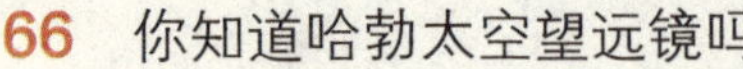

宇宙探索

YUZHOU TANSUO

宇宙是无穷无尽的吗

宇宙是所有物质世界的总称，是所有时间空间的总称，所以目前就我们人类所掌握的知识来看，宇宙是没有尽头的，除非我们发现了有非物质也就是脱离了时间空间的东西存在。但就目前我们的能力来看这是不可能的，即使发现了更远的东西，只要它是物质的，那也是宇宙的一部分。

宇宙边缘很可能有着很大的力，足以使任何的物质在靠近它时，都会受到一个斥力，从而使该物体发生“绝对”运动，方向发生改变，但是其实它的“相对”运动方向并没有改变，因为这个斥力影响着整个宇宙。

我们可以理解成，有一个人在地球上用一个有着很大功率的望远镜朝某一方向望去，很可能在若干年后会在该镜里看到地球，甚至自己。其原因就是当光以径直的方向向前运行时（不考虑其他力），在不断靠近这堵“墙”时，会不断受到一个斥力，渐渐地，这个斥力越来越大，使得光以一定的曲率弯曲而继续运行。最终，回到原点。

简单来讲，如果在二维的基础上，人的速度只要不超过每秒7.9千米，我们就始终不会走出地球。这时，在某种角度上来讲我们可以认为地球是无限大的。

牛顿认为宇宙是无尽头的，这是不正确的，因为这样的话，宇宙所有物体都拥有无限引力。爱因斯坦则认为，宇宙是一个封闭的平面球体，这一说法得到了广泛支持，因为美国的天文学家观测到了一颗恒星的光从一端出发，最终回到了另一端。而把一条线无限延伸，是可以碰到的，因为就像前面所说的那样，宇宙是一个封闭的平面球体，但如果遇到空间扭曲，就会进入另外一个时空，无法相遇。

银河是条河吗

晴天的夜晚，抬头仰望天空，我们可以看到空中有一条银色的光带，好像一条河，我们的古人给她起了一个好听的名字——银河。那么银河真的是天空中的河流吗？

其实，银河准确的说应该叫银河系，据天文学家观测，银河系是一个巨型棒旋星系（漩涡星系的一种），共有4条旋臂。银河系由包括太阳系在内的几千亿个恒星系、大量的星际气体和宇宙尘埃组成，整个形状如同一个大铁饼，中间凸起，四周扁平。凸起的地方是核球，是恒星密集的地方；四周扁平处为银盘，越靠近边缘星星的分布越稀疏。

银河系非常庞大，它的直径大约为10万光年。这就是说，以光的速度从银河系的一边走到另一边，需要10万年。太阳系位于距银河中心2.6万光年处。

银河系的年龄迄今还让天体物理学家们争论不休。目前占主流的观点认为，银河系在宇宙诞生的大爆炸之后不久就诞生了，迄今已有122亿岁。但是，这一判断建立在宇宙演化的一些理论假设之上，目前还有争议。

什么是“河外星系”

宇宙空间的很多区域并不是绝对的真空，在恒星际空间内充满着恒星际物质。恒星际物质的分布是很不均匀的，其中宇宙尘埃物质密度较大的区域（此密度仍然远远小于地球上的实验室真空）所观测到的是雾状斑点，称为星云。

星云类型主要有“亮星云”和“暗星云”两种。星云本身并不能发光，所以“亮星云”其实是借助别人的力量才“发”光的。

假如一片星云附近有一颗恒星，那这片星云就能反射恒星发出的光而现出光亮来，这就像月亮反射太阳光一样，这样的亮星云我们称之为反射星云；还有一类星云，在它们中间有一片恒星，星云

吸收恒星的紫外辐射，再把它转变为可见光发射出来，这样我们也能看见这片星云，这样的亮星云叫作发射星云。如果在一片星云附近和中央都没有恒星，那这片星云我们就不能看到，这样的星云我们就叫它暗星云。

河外星系（例如室女座和后发座的河外星系），指的是银河系之外的其他星系，通常干脆简称为“星系”，它们都是与银河系属于同一量级的庞大恒星系统。河外星系一般用肉眼看不见，就是通

扫一扫 听故事
中大奖

过一般望远镜去观察，也还是一片雾气，跟星云简直一样。

所以以前人们一直把它们也当作星云，称为河外星云。后来经过深入的研究，天文学家才发现二者完全是两码事：河外星云实际上是和我们银河系类似的星系，而上面所说的真正的“星云”，都是我们银河系的内部成员，是由气体和尘埃组成的。因此，现代天文学再也不用“河外星云”这个词了，而一律改称“河外星系”。

趣味链接

什么是人造地球卫星？

人造地球卫星，简称“人造卫星”。是用运载火箭发射到高空并使其沿着一定轨道环绕地球运行的宇宙飞行器。其优点在于能同时处理大量的资料，及时传送到世界任何角落，其居高临下，俯视面大，一颗运行在赤道上空轨道的卫星可以覆盖地球表面1.63亿平方公里的面积，比一架8000米高空侦察机所覆盖的面积多5600多倍，使用三颗卫星就能涵盖全球各地人造地球卫星具有对地球进行全方位观测的能力。

为什么有的星星会突然出现又渐渐消失

有时候，遥望星空，你可能会惊奇地发现：在某一星区，出现了一颗从来没有见过的明亮星星！然而仅仅过了几个月甚至几天，它又渐渐消失了。

这种“奇特”的星星叫作新星或者超新星。在古代又被称为“客星”，意思是这是一颗“前来做客”的恒星。

新星和超新星是变星中的一个类别。人们看见它们突然出现，曾经一度以为它们是刚刚诞生的恒星，所以取名叫“新星”。其实，它们不但不是新生的星体，相反，是正走向衰亡的老年恒星。

当一颗恒星步入老年，它的中心会向内收缩，而外壳却朝外

膨胀，形成一颗红巨星。红巨星是很不稳定的，总有一天它会猛烈地爆发，抛掉身上的外壳，露出藏在中心的白矮星或中子星来，其实，它们就是正在爆发的红巨星。

在大爆炸中，恒星将抛射掉自己大部分的质量，同时释放出巨大的能量。这样，在短短几天内，它的亮度有可能将增加几十万倍，这样的星叫“新星”。如果恒星的爆发再猛烈些，它的亮度增加甚至能超过1000万倍，这样的恒星叫作“超新星”。

超新星爆发的激烈程度是让人难以置信的。据说它在几天内倾泄的能量，相当于一颗青年恒星在几亿年里所辐射的那样多，以至于它看上去就像一整个星系那样明亮！

新星或者超新星的爆发是天体演化的重要环节。它是老年恒星辉煌的葬礼，同时又是新生恒星的推动者。超新星的爆发可能会引发附近星云中无数颗恒星的诞生。同时，新星和超新星爆发的灰烬，也是形成别的天体的重要材料。比如说，今天我们地球上的许多物质元素就来自那些早已消失的恒星。

扫一扫 听故事
中大奖

恒星为什么看上去都是静止不动的

人们肉眼可以看到的星有6000多颗。这些星可以分为两类：一类是行星，也就是太阳系的八大行星（曾公认为九大行星，2006年，冥王星被划分为矮行星，所以现在太阳系只有8颗行星）。古人观测天空，只看到离了我们最近的水星、金星、火星、木星、土星，发现这五颗星的位置总在变化，这说明它们在天上不停地走来走去（这种“走动”，按现在的说法就是行星的“公转”），因此称它们为“行”星。而对于另一类星，它们在天上的位置看上去总是固定不变（当然，这必须排除地球自转、公转造成的星星们看上去的“变动”），所以称它们为“恒”星。

随着科学的发展，人们逐渐认识到宇宙中的“运动”是绝对的，而“静止”永远是相对现象。大量观测表明，恒星并不是固定不变的，它们也在运动。天文学上称之为恒星的“自行”。其实，恒星的运动如果与视线平行，我们是看不出来的。所以，自行的真正定义应该是恒星运动垂直于视线的分量。

恒星自行的绝对速度并不慢，往往比行星的运动速度快得多，只不过除太阳外的恒星离我们都太遥远了，它们跑得再快，从地球上看去也跟静止差不多。但经过上万年之后，恒星的位置变化就会较为明显。

为什么说太阳是地球上的万物之源

太阳在宇宙中是一颗普通的恒星。太阳直径140万千米，是地球直径的109倍多。与其他星星相比，它显得又大又亮。这是因为太阳与我们生活的地球相距很近，天文学家认为，迄今为止，太阳照耀地球已有50亿年，并且还会继续照耀50亿年。

太阳是一个由炽热气体组成的能发光发热的大火球，仅表面温度就有6000℃，内部温度更高。

太阳带有光和热的表层称为“太阳大气”，由里向外分为三个部分：光球、色球和日冕。此外，在太阳的边缘外面还常有像火焰的红色发光的气团，称作日珥。日珥大约11年出现一次，不过，我们用肉眼看不到，只有天文工作者用特制仪器，并且只有在日全食时才看得比较清楚。

太阳的光和热的能源是氢聚变为氦的热核反应。因为太阳的主要成分就是氢（占71%）和氦（占27%），热核反应在太阳内部进行，能量通过辐射和对流传到表层，然后由表层发出光和热，习惯上称为“太阳辐射”。

除了光和热，太阳还向宇宙空间释放出一种肉眼看不见的微粒流，称为粒子流，也叫太阳风。太阳风使彗星的尾部总是朝着背离太阳的方向，太阳风还不断撞击各个行星。当太阳风经过地球的北极和南极时，会与空气摩擦，产生漂亮的红、蓝、绿、紫等色彩，这就是极光。

太阳光到达地球后，会转化成各种形式的其他能量。太阳把地面和空气晒热，晒热的空气上升，空气流动形成风，转化为风能。太阳把水面和地面晒热，使一部分水蒸发，水汽升到空中形成云，以雨雪的形式降下来，汇入江河，太阳能转化为水能。植物需要阳光来发生光合作用，太阳能转化为植物的化学能。

可以说地球上的一切能源几乎都是直接或间接来源于太阳，气候变化、生物生长、人类生存更是离不开太阳。

扫一扫 听故事
中大奖

什么是日食

我们知道太阳会发光，而地球和月球都是不发光的天体，月球靠太阳的照耀而反光，地球需要太阳的照射来维持生物的存活。由于地球和月球都是球体，同一时间内只能被太阳照射一面，另一面不被照到并且拖着一条长长的黑影子，太阳光很强烈，黑影子也便很长很明显，延伸在茫茫太空中。

当月球运行到太阳和地球之间时，如果太阳、月球和地球三者正好在一条直线上或接近于一条直线时，月球的影子就一直延伸到

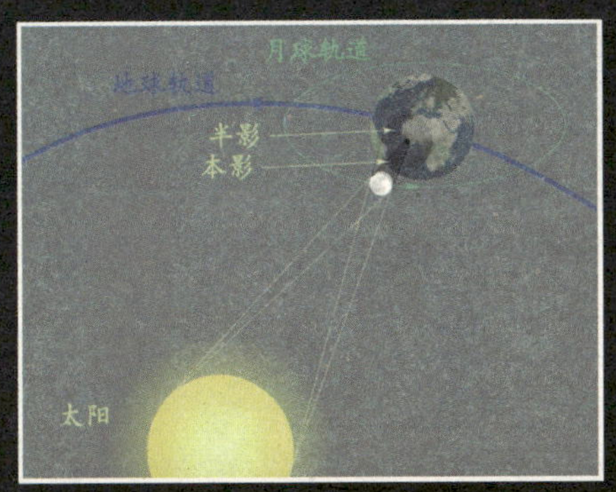

地球的表面，处在月影之中的地球区域，便看到月球遮住太阳的景象，这便是日食。

按照被月球遮住的太阳的面积大小，日食可分为日偏食、日环食和日全食，这主要是由太阳、月球和地球成一条线的直曲程度决定的。

由于月球只在农历的每月初一运行到地球和太阳之间，所以日食必定发生在农历初一；不过，并不是说每逢初一必定发生日食。

天气变化与太阳有关吗

早在18世纪初，英国天文学家、天王星的发现者威廉·赫歇尔就注意到，当太阳黑子少时，地球上的雨量也减少。

19世纪末，俄国施维多夫教授在研究旱灾的周期性时，从一些老树墩上的年轮发现，年轮之间的距离并不是相等的，而是有疏有密，疏密的程度大致11年变化一次，即与太阳黑子周期对应。树木的年轮表示了树木每年新增加的木质。

假使某一年天气潮湿、暖和，树生长得快，它就生长出较厚的一层木质；假使春夏的天气较冷，或是夏天干旱，树的营养不足，其年轮就窄一些。遗憾的是，俄国的树木寿命都很短，施维多夫找到的树木太年轻，似乎还不能说明更多的问题。以后，人们搜集了树龄在几百年甚至上千年的大量的树木年轮资料，作了系统的研

究。统计结果表明，树木逐年的生长率与同时期的黑子相对数相关，在太阳活动峰年，树木生长得快一些。

中国著名科学家竺可桢也对气候与太阳活动的关系进行了大量的研究。他发现，中国长江流域的雨量与黑子多少成正比；黄河流域则相反，雨量与黑子多少成反比。他根据中国历史上的太阳黑子记录指出，黑子最多的第4、第6、第9、第12和第14世纪，也是中国严寒日子多的世纪。中国还有许多科学工作者，充分利用中国物候学、地方志及各种史料记载，对中国5000年来的气候变迁进行了研究。对古老树木年轮的研究和放射性碳14的测量，以及近年人们对南极、北极的深层冰核中氧18的含量、年度冰溶化百分率和冰中二氧化碳的研究，进一步表明太阳活动不仅有11年、22年的周期变化，而且还有80～90年、200年、500年和8000年等周期变化。太阳活动与气候的长期变化有明显的相关性。

扫一扫 听故事
中大奖

太阳有帽子吗

每当日全食出现，在月掩日轮的周围便会浮现出银白色的光区（光区外面是黑暗的天空背景），看上去，被月球遮挡的太阳像是一顶“太阳帽”，人们称它为日冕。日冕是太阳的最外层大气。它的形状随黑子周期而变化。在黑子数极大值期间，日冕形状比较整齐；在黑子数极小值期间，日冕的形状是扁圆形的。

日冕延伸的范围很大，分内冕和外冕。内冕只延伸到离太阳表面约0.3太阳半径，外冕则可达几个太阳半径。

由于太阳圆面的光太强，即使使用太阳望远镜，如果不是在日全食期间，仍然看不见日冕。1937年，法国默东天文台的青年天文学家李约想出了一个办法，把一个小黑圆盘塞进太阳望远镜里，从而造成长时间的“人造日全食”，这种仪器便称为“日冕仪”。虽然使用日冕仪只能观测内冕，但毕竟为天文学家们提供了很大方便。这样，人们就不必再等到相隔多年才有一次的日全食时才去紧张地观察，而是可以常年从容地研究太阳大气了。

1942年，瑞典光谱学家通过对日冕光谱的研究发现，日冕谱线属于极高度电离的离子。日冕的温度约有200万摄氏度，高于光球，也高于色球。高温是日冕的独特之处。日冕物质是极其稀薄的，每立方厘米约有108个粒子。由此得出日冕实际上是一团炽热的极稀薄的等离子体。

20世纪70年代以来，天文学家已将日冕仪放到航天器上进行大气外日冕观测。另外，地面上也使用射电望远镜对日冕作常规的观测。多方面的观测表明，由于高温，整个日冕处于膨胀状态，其中大量的快速粒子如脱缰之马，挣脱了太阳引力的束缚，不断向外流动，形成太阳风。

太阳是最大的星星吗

如果我问："天上的星星哪颗最大？"或许有人会不假思索地回答："太阳呗！"错了！在我们地球人的肉眼看来，太阳的的确确是一颗最大最亮的恒星。它是我们地球体积的130万倍。可是在宇宙庞大的恒星家庭里，太阳只是很小的一个成员。

在夏天的傍晚，正南方有一颗红色的恒星，叫“心宿二”，离地球约410光年。看上去虽说不大，但它的体积却比太阳大2.2亿倍，也就是说，把2.2亿个太阳堆积起来才有这颗心宿二那么大。

星中最大的恒星在御夫座，叫“柱六”，它的体积说出来会吓你一大跳：比太阳的体积大200亿倍。

恒星世界中最小的星是哪颗呢？它小到什么程度？目前所知是蟹状星云中的一颗中子星，它的直径仅有20千米，相当于地球直径的1/637。由此看出，最大的恒星柱六与最小的中子星之间的差距是多么大啊！

为什么太阳会发光、发热

太阳为什么会发光、发热呢？它的能源是什么？

太阳像是一个正在燃烧的大“煤球”。仔细计算一下，像太阳那么大（比地球大130万倍）的“煤球”，要一直燃烧下来，也只能够烧3000多年。因为我们人类的历史有几十万年，有文字记载的文明历史也有5000多年了，太阳的“年龄”不可能比人类历史短。更何况，要是煤球，越烧越小，太阳光会很快变得越来越暗弱。但实际上，经过近百年来的实测，太阳亮度并没有什么变化。所以，“煤球”燃烧的想法，肯定是不对的。

趣味链接

奇妙的声音

人们发现，每当敌害来到白蚁的巢穴时，整群白蚁常常已逃得无影无踪，只留下空“城”一座。为了揭开这个奥秘，昆虫学家进行了专门的研究。原来，担任哨兵的白蚁能从很远的地方，就发出敌情“报告”，用自己的头叩击洞壁，通知巢中的蚁群立即撤退。

20世纪以来，随着原子物理学的发展，人们才解决了太阳能源问题。著名科学家爱因斯坦（1879—1955）发现了物体质量与能量的关系。只要有一点点质量转化为能量，其数值就十分巨大。例如1克物质相对应的能量，这相当于1万吨煤全部燃烧所放出的热量。

对于原子能的研究，使人们想到太阳的能源可能就是原子能。观测、实验证实了这种想法。

原来，太阳主要由氢组成，氢占太阳总质量的70%以上。在太阳内部高温（在1000万开尔文以上）、高压（约为2500亿倍标准大气压）的条件下，氢原子会发生“热核反应”，由4个氢原子核合成为1个氦原子核。在这个反应中，有一部分质量转化为能量，放出大量的热量。太阳内部的热核反应，类似于地面上的氢弹爆炸。正因为在太阳核心区不断地发生无数的“氢弹爆炸”过程，所以源源不断地供应了太阳辐射出的光和热。原子能就是太阳的能源。

太阳从东方升起这种说法并不正确。由于地球在绕着太阳转，实际上地球是在向东方转去，迎向太阳。

什么是小行星

宇宙空间存在着许许多多的小石质天体，它们就是小行星。它们大小不等，形状各异。这些小行星中，大的直径上千千米，小的仅数米。18世纪初，天文学家通过搜寻观察，发现了第一颗小行星，给它起名为谷神星。从那以后，许多小行星陆续被发现，至今已有8000多颗小行星获得了正式编号。

小行星的体积和质量都很小，它们都是由岩石构成的小天体，其表面没有大气层。小行星的形状大多不规则，可谓千姿百态。从地球上看去，这些形状不规则的小行星的亮度也在不断变化，因此它们又被称为变光小行星。

在太阳系中，小行星集中在火星与木星之间的一条很宽的环带内，形成小行星带。小行星在这条环带内围绕太阳运行。还有一些小行星游离于环带之外，其中有一些离地球很近。

只有少数散漫的小行星不在小行星带中，它们在地球轨道外运

行，成为近地小行星。近地小行星备受人类关注，因为它们有可能撞到地球上来。虽然这种可能性极其微小，但是一旦发生，会对地球环境及人类构成严重危害。

太阳系里的小行星多达几十万颗，它们可能是很久以前太阳系内八大行星形成后剩下的物质。它们有的始终循规蹈矩，按自己的固有轨道运行；有的却不肯安分守己，顽皮地在浩瀚无边的太阳系中横冲直撞。

扫一扫 听故事
中大奖

海王星是怎么被发现的

我们都知道，太阳系是由太阳和围绕它运转的八大行星、卫星以及数以万计的小行星，还有彗星、流星和尘埃物质组成的。

太阳，是这个家族当之无愧的主人，它庞大的身躯占去太阳系总质量的99.8%。五十亿年来，它一直不停散发着光和热，温暖着它周围的“儿孙”。别看它这么一大把年纪，其实对于它的一生，现在才算是中年呢。在太阳周围由内到外的轨道上，有众所周知的八大行星——水星、金星、地球、火星、木星、土星、天王星和海王星。它们是这个家族里八个大小不一、性格各异的兄弟。水星是个小个子，大小和月亮很相近，上面并没有水。金星在质量、体积、构造方面则和地球有不少相似之处；不过大气很浓密，竟达地球的六十倍。探测和研究表明，地球是太阳系里唯一一颗有生命存在的星球。火星只有地球一半大小，因为又亮又红，所以人们叫它“火星”。八大行星里个头最大的要数木星，它比其他七大行星加起来还大。木星除了有光环和大红斑，还有16个卫星。和木星一样有光环的是土星，在望远镜里，土星的光环又亮又美。行星中卫星数目数它最多，居然有23个，真是“儿孙满堂”了。天王星和海王星是八大行星中离太阳最远的两个行星。海王星的发现还有个充满传奇色彩的故事。天文学家用牛

顿万有引力定律计算天王星的位置，却老是和观测结果稍有不符，于是科学家大胆提出：在天王星的运行轨道之外，可能有另一颗行星在影响着它的运动，就这样经过大量的复杂计算，终于发现了海王星。因为它是首先由理论算出位置，然后才找到的，所以又称它为“笔尖上发现的行星”。

为什么行星会有美丽的光环

在太阳系的八大行星中，木星、土星、天王星和海王星都戴着美丽的光环。而土星的光环在四颗行星光环中是最为美丽壮观的，最先发现土星光环的是意大利天文学家伽俐略，在1610年他用自制望远镜观察土星时，发现土星有两个“耳朵”。他误认为土星可能是由一大二小三个天体组成，怀疑这两耳朵是两颗卫星。但他一直不敢将观察结果发表，其原因是“卫星”并没有绕土星公转，似乎永远停留不动。伽利略虽然未能清楚地看出环的本质，但他还是成为观察土星环的第一个人。在1655年，惠更斯成为第一个描述环是环绕土星的盘状的人。

土星光环厚约10千米，直径达27万千米，可以细分为几个环带，中间夹着暗黑的环缝，这就是著名的卡西尼环缝。

木星有一群细细的环，厚约30千米，总宽度达6000千米，光环与木星的中心距离约1.28×105千米；天王星的光环彼此相隔很远，并且极细，共有11道环；海王星有5道光环。

这些光环引起了科学家们的广泛关注。科学家们经过观测研究后发现，行星的光环是由无数小碎块组成的，碎块仿佛一颗颗小卫星，环绕着它的行星运行不息。关于它的形成有多种猜测。有些人认为是由行星引力产生的起潮力把其他天体瓦解成大量碎块，进而形成了行星的环状附属物。

为什么火星是火红色的

火星是太阳系八大行星之一，天文符号是♂，是太阳系由内往外数的第四颗行星，属于类地行星，直径约为地球的53%，自转轴倾角、自转周期均与地球相近，公转一周约为地球公转时间的两倍。所以它又被称为地球的弟弟。

在古代，火星在西方被称为战神玛尔斯星；在中国，因为它荧荧如火，位置、亮度时常变动，所以称它为荧惑星。那么火星的颜色为什么是火红色的呢？

1975年8月20日和9月9日，美国发射了两个“海盗”号探测器探索火星。探测器不仅探明了火星大气中存在氮，还探明了火星之所

以是红色的奥秘。这是因为它表面的氧化物质很丰富，其中氧化硅约占45%，氧化铁约占18%，氧化镁约占8%，氧化钙约占6%。这些氧化物是红色的，它们所形成的土壤和岩石呈现出红色。火星也就名符其实了。这些氧化物的存在说明火星表面有很强的氧化能力，而关于氧的问题，目前还无法解释。

火星作为和地球较近的一颗类地行星，一直是人们的兴趣焦点。目前在火星上有三艘运作中的探测船，分别是火星奥德赛号、火星快车号和火星侦察轨道器，数量是太阳系内除了地球以外最多的。地表还有很多火星车和着陆器，包括两台火星探测漫游者：勇气号和机遇号。

目前在火星上的几个探测车已经证明了火星上曾经有水的存在，如果能在火星上寻找到历史上曾经有过的生命的化石，这将是行星探测中最激动人心的事情！

水星上有水吗

水星以水来命名，是因为水星上有水吗？水星到底与水有什么关系呢？

在中国，古时阴阳五行说非常盛行，于是，把日月的名字分别叫作太阳、太阴，又用五行的金、木、水、火、土来表示五大行星，于是就有了现在的水星、金星、火星、木星、土星的名字。它反映了炎黄子孙的智慧和独特的思维方式，是东方精神文化的精华。

看来，水星和水没有必然的联系。那从现代天文观测事实上看，水星上有水吗？

“水手”1号探测器对水星天气的观测表明，水星最高温度可达427 ℃，最低温为-173 ℃，没有任何液态水的痕迹存在于水星的表面。就算是我们给水星送去水，液体和气体分子的运动速度也会因为水星表面的高温而加快，足以让那些分子逃出水星的引力场。也就是说，要不了多久，水和蒸气会全部跑到宇宙空间，跑得没有一点踪影。

然而，宇宙实在是太神奇了，常常发生令人意想不到的事情。1991年8月，美国天文学家在新墨西哥州用装有27个雷达天线的巨型

天文望远镜对水星进行观测，得出了令科学家们瞠目结舌的结论——在水星表面的阴影处，水以冰山形式存在着。

美国科学家的新发现，激起了科学界研究水星的强烈愿望，看来水星之名，并非徒有虚名。

你知道木星吗

木星是太阳系从内向外数的第五颗行星，是一个气体行星，也是太阳系中体积最大、自转最快的行星。它有着极其巨大的质量，它的质量是太阳系中其他七大行星总和的2.5倍还多，是地球的317.89倍，而体积则是地球的1316倍。2012年2月23日科学家称又发现了木星的2颗新卫星，使它的卫星累计达68颗。

人们常说的木星的红肚脐其实是木星大红斑和白卵，这也是木

星的标志性特征。木星大红斑位于木星赤道南部。从东到西最长时有4.8万千米，最短的时候也有2万多千米；从北到南最长有1.4万千米，最短时也有1.1万千米，面积大约45325万平方千米。能容纳三个地球。

1665年，法国天文学家卡西尼首次发现大红斑，观测到它每6个地球日按逆时针方向旋转一周，经常卷起高达8千米的云塔。它时常改变颜色和形状，但却从来没有完全消失过。

1977年8月20日和9月5日美国先后发射了“旅行者1号”和“旅行者2号”空间探测器，这两个探测器首度将大红斑清晰的影像传送回地球。科学家经探测结果推测，大红斑是一个庞大的气旋风暴，类似于地球上的台风，也类似于火星上的尘暴，但它的规模要大得多，持续时间也长得多。除了大红斑之外，木星上还存在一些小红斑。

为什么在太阳系中只有地球会有生命呢

至今为止，在太阳系的八大行星之中只有地球上存在生命，这是什么原因呢？

要回答这个问题，我们就需要知道产生生命和生命存在的条件是什么。进化论告诉我们，生物是从低等到高等、从水生到陆生、从单细胞到多细胞逐步进化而来的。产生生命的先决条件就是：必须具备了从无机物到有机物、从有机物到大分子结构有机物、从大分子结构有机物到生命形成的各种各样的条件。产生生命以后还要有着生命可以生存的环境。

在八大行星之中，只有地球才符合条件，而其他的行星上既没有符合产生生命的要求，又没有适应生命生存的环境。现在，我们只要分析与地球最相近的两颗行星——金星和火星，就可以说明这个问题。

金星要比地球靠近太阳，由于这个原因，它的表面温度达到了450℃，即使在夜晚，金星的温度也足以把岩石烧至溶化。试想，在这种环境中生命如何能够产生，又如何能够生存呢？至于火星，它

比地球远离太阳，所以表面温度比地球低得多，虽然火星午间的温度为30℃，晚间为-150℃，似乎可以适合生命存在，但是火星上没有水，而水又是生命赖以生存的物质。

对火星探测已经说明，火星上没有生命存在。因此，科学家们把金星和火星运行的轨道之间的区域，称为太阳系的生命圈。所以说，我们地球是一个幸运儿，它有着得天独厚的条件，使生命能够在这里繁衍生存。

趣味链接

哈雷彗星的彗核是个又丑又脏的家伙。其模样长得与其说像一个带壳的花生，不如比作一个烤糊了的土豆更为贴切。表皮裂纹累累，皱皱疤疤，其脏、黑程度令人难以想象。它最长处16公里，最宽处和最厚处各约8.2公里和7.5公里，质量约为3000亿吨，体积约500立方公里。哈雷彗星彗核的密度很低：大约0.1克/立方厘米，说明它多孔，可能是因为在冰升华后，大部份尘埃都留了下来所致。哈雷彗星的表面比煤灰还黑的，这让它大量的吸收太阳的辐射而使温度为30～100℃。彗核表面至少有5～7个地方在不断向外抛射尘埃和气体。

月球来自哪里

对月球的起源，近百年来，人们提出多种假说，其中最著名的三种分别是共振潮汐分裂说、同源说、捕获说。但这这三种假说只能解释部分观测事实，不能令人满意。因此不断有科学家另辟蹊径，提出新的假说。其中，最新提出的撞击成因说引起了人们的极大关注，它能解释更多的观测事实，是当前较合理的月球起源假说。下面对这四种假说逐一介绍。

一、分裂说

这是最早解释月球起源的一种假设。早在1898年，著名生物学家达尔文的儿子乔治·达尔文就在《太阳系中的潮汐和类似效应》一文中指出，月球本来是地球的一部分，后来由于地球转速太快，把地球上一部分物质抛了出去，这些物质脱离地球后形成了月球，而遗留在地球上的大坑，就是现在的太平洋。这一观点很快就受到了一些人的反对。他们认为，以地球的自转速度是无法将那样大的一块东西抛出去的。

再说，如果月球是地球抛出去的，那么二者的物质成分就应该是一致的。可是通过对“阿波罗”12号飞船从月球上带回来的岩石样本进行化验分析，发现二者相差非常远。

二、俘获说

这种假设认为，月球本来只是太阳系中的一颗小行星，有一次，因为运行到地球附近，被地球的引力所俘获，从此再也没有离开过地球。还有一种接近俘获说的观点认为，地球不断把进入自己轨道的物质吸积到一起，久而久之，吸积的东西越来越多，最终形成了月球。但也有人指出，像月球这样大的星球，地球恐怕没有那么大的力量能将它俘获。

三、同源说

这一假设认为，地球和月球都是太阳系中浮动的星云，经过旋转和吸积，同时形成星体。在吸积过程中，地球比月球相应要快一点，成为“哥哥”。这一假设也受到了客观存在的挑战。通过对“阿波罗12号”飞船从月球上带回来的岩石样本进行化验分析，人们发现月球要比地球古老得多。有人认为，月球年龄应在53亿年左右。

四、大碰撞说

这一假设认为，太阳系演化早期，在星际空间曾形成大量的“星子”，星子通过互相碰撞、吸积而长大。星子合并形成一个原始地球，同时也形成了一个相当于地球质量0.14倍的天体。这两个天体在各自演化过程中，分别形成了以铁为主的金属核和由硅酸盐构成的幔和壳。由于这两个天体相距不远，因此相遇的机会就很大。一次偶然的机会，那个小的天体以每秒5千米左右的速度撞向地球。

剧烈的碰撞不仅改变了地球的运动状态，使地轴倾斜，而且还使那个小的天体被撞击破裂，硅酸盐壳和幔受热蒸发，膨胀的气体以极大的速度携带大量粉碎了的尘埃飞离地球。这些飞离地球的物质，主要由碰撞体的幔组成，也有少部分地球上的物质，比例大致为0.85：0.15。在撞击体破裂时与幔分离的金属核，因受膨胀飞离的气体所阻而减速，大约在几小时内被吸入堆积到地球上。

飞离地球的气体和尘埃，并没有完全脱离地球的引力控制，通过相互吸积而结合起来，形成全部熔融的月球，或者是先形成几个分离的小月球，再逐渐吸积形成一个部分熔融的大月球。

什么是月食

我们知道只有太阳发光，地球和月球都是不发光的天体，但月球靠太阳的照耀而反光，地球需要太阳的照射来维持生物的存活。由于地球和月球都是球体，同一时间内只能被太阳照射一面，另一面不被照到并且拖着一条长长的黑影子，太阳光很强烈，黑影子也便很长很明显，延伸在茫茫太空中。

当月球运行到地球背着太阳的阴影区域（天文学上称本影）内时，月球被地球的阴影所遮掩，人们会在地球上看到月球被地球遮挡的景象，这便是月食。

月食分月全食和月偏食两种，月全食时月球全部落入地球的阴影中，

处在地球背着太阳那一面的人便都可以看到月全食；月偏食时，月球只是一部分进入地球的阴影中，并且始终没能全部进入，地球的阴影只是挡住了月球的一部分。

由于月食时地球在月球和太阳之间，所以月食必定发生在农历每月的十五或十六日；当然，这也并不是说每逢十五或十六就一定会发生月食。

一般说来，月食的时间长，月全食可达1至3个小时；日食时间短，日全食不过7分半钟，但整个日食过程有时延续两个小时。据天文资料显示，一年内最多发生7次日食和月食，即5次日食和2次月食，或4次日食和3次月食。

我们为什么看不到月球的背面

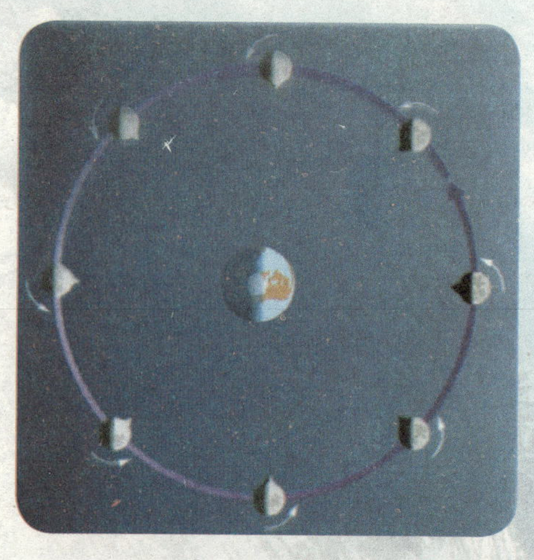

月球总以一个面对着地球，根本上是因为月球的自转和公转周期是相同的。

要理解这一现象，你可以做一个实验：画一个圆，标出正东西南北方向。你站在圆心（代表地球），再找一个朋友，站在圆上，让他面部朝前（即不扭动脖子），沿着圆逆时针挪动，要求他在沿着圆挪动的时候，保持面部始终朝向圆心，也就是你。那么这样一个过程就基本模拟了月亮绕地球转动的过程。

很明显，在这样一个过程中，你的朋友始终是一个面（前面）面向你。下面解释为什么在这样一个过程中，公转周期等于自转周期。

你的朋友从你的正北方出发，绕着你转动，再一次出现在正北方的时候，他就完成了一个公转周期。（类似于月亮绕地球公转一周的时间。）

下面看看他的自转时间是多少。我们不妨还设定当你的朋友在你的正北位置，面部朝向正南时的姿态为初始姿态，然后我们就可

以发现当你的朋友逆时针挪动到你的正西方位置时，他的自转姿态就发生了逆时针90°的旋转。（如果你的朋友在这个过程中不“自转”的话，那么当他在此位置时，他面向的不是你，而仍然是朝向正南方向。而实际实验时你的朋友在此位置却是朝向正东方向，所以他相对于初始位置逆时针绕自己旋转了90°。）

类似地，当他走到你的正南方向时，他相对于初始姿态自转了180°。当他走到你的正东方向时，他相对于初始姿态自转了270°。当他再次走到你的正北方向时，他相对于初始姿态自转了360°，也就是说他完成了一个自转周期。

因为完成一个公转过程就刚好完成了一个自转过程，所以从时间上来看，这个自转周期就等于公转周期。在整个过程中，你的朋友总是以面部朝向你，由此也就可以解释，月亮总是以一个面朝向地球了。

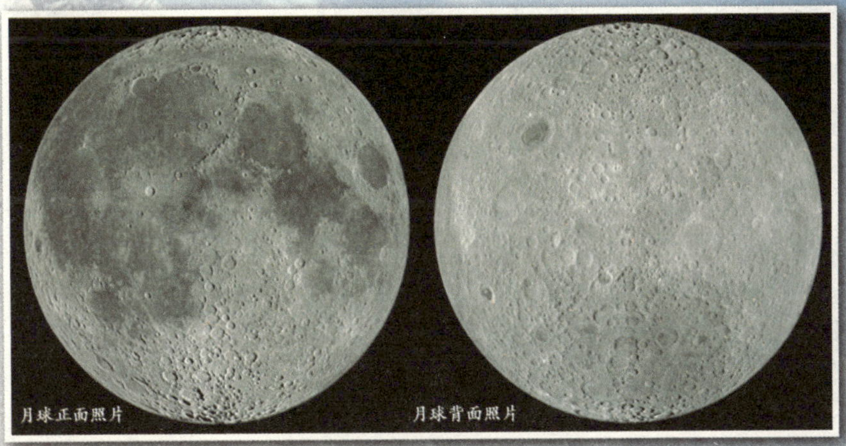
月球正面照片　　月球背面照片

月球的环形山是如何形成的

月球表面布满了大大小小的圆形凹坑，称为“月坑”，大多数月坑的周围环绕着高出月面的环形山。月面上最大的环形山为月球南极附近的克拉维环形山，直径230千米。小的月坑直径只有几十厘米甚至更小。直径大于1000米的月坑总数在33000个以上。月球背面的环形山更多。

关于环形山的形成，比较流行的解释有两种：

其一，月球形成不久，月球内部的高热熔岩与气体冲破表层，喷射而出，就像地球上的火山喷发。它们起初威力较强，熔岩喷出

又高又远，堆积喷口外部，形成环形山。后来喷射威力减小，喷射堆积只在中央底部，堆成小山峰，就是环形山中的中央峰。有的喷射熄灭较早或没有再次喷射，就没有中央峰。

其二，流星体撞击月球。1972年5月13日，有一颗大的陨星体在月面上撞出一个有足球场那么大的陨石坑。撞击时引起的月震，被放置在月面的4个月震仪记录下来。主张陨石撞击说的人认为，在距今约30亿年前，空间的陨星体很多，月球正处于半融熔状态。巨大的陨星撞击月面时，在其四周溅出岩石与土壤，形成了一圈一圈的环形山。又由于月面上没有风雨洗刷与激烈的地质构造活动，所以当初形成的环形山就一直保留至今。

趣味链接

恒星真的不动吗?

恒星不仅在动，而且动得非常快。天狼星以每秒 8 公里的速度向地球奔来；织女星以每秒 14 公里的速度向地球奔来；牛郎星更快，以每秒 26 公里的速度向地球奔来。由于恒星在不停地运动，星座的形状也在不停地变动。那些用肉眼看时只有一颗，用仪器观测时却是两颗靠得很近的星，叫双星。聚星是肉眼看上去是一颗星实际上是两颗以上的星星聚在一起的星。

扫一扫 听故事
中大奖

哈雷彗星是如何被发现的

17世纪80年代之前的漫长岁月里，人们一直受着彗星的困惑而惶惶不安。丹麦有个名叫布拉乌的天文学家，把彗星当作“妖星”，并给它涂上了神秘的色彩，说什么彗星是由于人类的罪恶造成的，这个星体上的毒气，会散布到大地，形成瘟疫、风雹等灾害，惩罚人类的罪行。

因此，1682年的一个晴朗的夜晚，当一颗奇异的星星，拖着一条闪闪发光的长尾巴，“披头散发”地出现在天空中时，人们惊恐万分。

然而，英国天文学家爱德蒙·哈雷却不信邪，他对这颗彗星毫无惧色，决心要揭开所谓“妖星”的真面目。

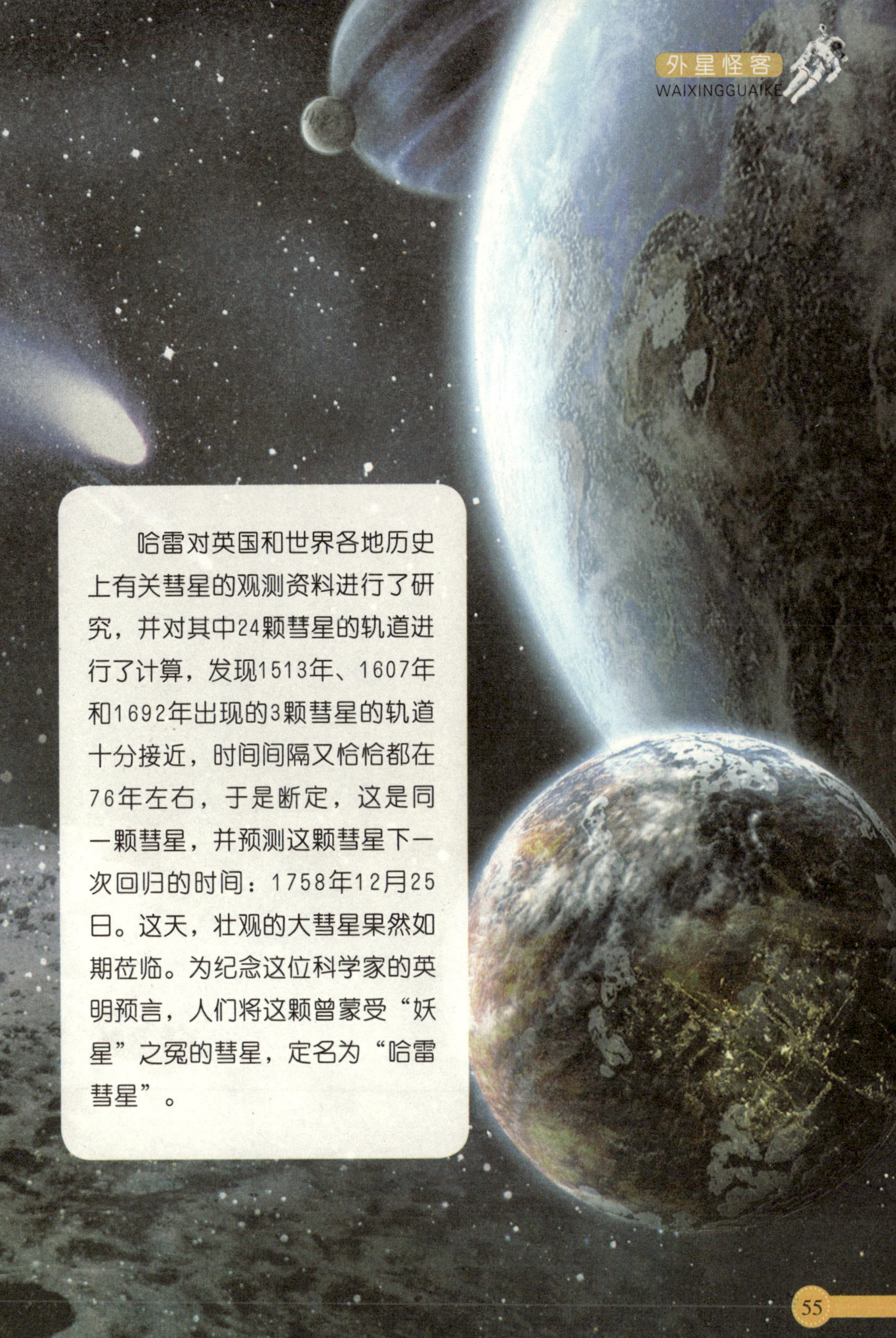

哈雷对英国和世界各地历史上有关彗星的观测资料进行了研究，并对其中24颗彗星的轨道进行了计算，发现1513年、1607年和1692年出现的3颗彗星的轨道十分接近，时间间隔又恰恰都在76年左右，于是断定，这是同一颗彗星，并预测这颗彗星下一次回归的时间：1758年12月25日。这天，壮观的大彗星果然如期莅临。为纪念这位科学家的英明预言，人们将这颗曾蒙受“妖星”之冤的彗星，定名为“哈雷彗星”。

运载火箭是怎样运行的

运载火箭是由多级火箭组成的运输工具，能把人造地球卫星、载人飞船、空间探测器等有效载荷送入太空轨道。运载火箭一般由2～4级组成，就其结构形式来说，基本上有两种类型。一类是首尾相接的串联式火箭；另一类是下面两级并联，上面一级串联的混合式火箭。无论哪种形式，其构造都可按从头到尾分为四大舱段。

第一部分是有效载荷舱段。位于火箭头部，是用来装载所运载的装备，它的外部有流线形整流罩。整流罩是硬壳式结构，其作用是在大气层飞行段有效保护载荷，减少空气阻力。如果装载着核弹头，则必须一直“戴”着它直至命中目标。如果载着航天器，则在飞出大气层后抛掉，由弹簧或无污染炸药产生分离力沿纵向分成两半。

第二部分是控制仪器舱段。这是火箭的“指挥部”，作为指挥中枢，它由制导系统、姿态控制系统、电源和配电系统组成。它的功用是控制运载火箭保持一定姿态，确保按既定轨道飞行。

第三部分是推进剂贮箱段。这部分用来装载推进剂，它占去火箭体积的大部分及总重量的80%～90%。为了增大运载能力，贮箱的设计很精致，用材越轻越好，还要有尽可能高的强度，不易破裂，一般多采用高强度铝合金材料制成。

最后一部分是发动机舱段。这是用于安装火箭发动机的部位，有的火箭还在这个舱段外部装有尾翼。发射前，运载火箭通过它与发射架相连，发射后在飞行过程中保持外形完整和稳定飞行轨道。

发射运载火箭时要使火箭保持一定的姿态，预定好所进入的轨道，使火箭正常飞行并准确飞向目标……所有的指令都由控制系统发出。控制系统由五部分组成。

第一是惯性制导机构。这一部分包括运载火箭上的惯性导航的陀螺仪、加速度表以及计算机等设备。它们通过测量火箭的加速度，自动计算出高度、速度、航向等运动参数，来控制火箭发动机增减推力，从而保证火箭进入预定轨道飞行。

第二是无线电制导机构。这一部分是由地面雷达、无线电测量设备等测出火箭的飞行方位、速度和轨迹等，经计算比较得出修正飞行误差的指令并发送到火箭上。

第三是中间变换装置。这是火箭的“计算中心”，它能将来自各方面的信息数据，包括火箭测量系统、控制系统和来自地面的指令等加以综合计算，得出结论，然后发出放大后的指令信号给执行机构，以保证火箭在既定轨道运行。

第四是执行机构。它按中间变换装置的指令转换为机械运动，使翼面、发动机推力、喷管角度等进行相应的改变，以保证和控制火箭的运行。

第五是电源系统。这是各控制系统顺利运行的保障，由航天器的电源分系统统一分配。

五个系统必须协力合作，配合默契，缺一不可，否则就不能确保火箭在太空中正常工作。

火箭发射时为什么要用倒计时

最早的倒计时程序出现在一部名叫《月里嫦娥》的科幻电影里，是由这部电影的导演弗里茨·朗首创的。后来经研究，专家们认为这种倒数计时的发射程序是十分科学的。它简单明了，清楚准确，突出地表现了火箭发射准备时间的逐渐减少，能使人们思想集中，产生准备时间即将结束，发射就要开始的紧迫感。从此以后，倒数计时发射程序就被普遍采用了。这可算是艺术家对科学的贡献吧！

为什么火箭适合宇宙航行

起初人们认为，火箭能飞的唯一理由，就是它快速喷出的气体与空气产生反作用力。但是这种观点是错误的。反作用原理在真空情况下也是起作用的，在宇宙中也是如此。因此，火箭不同于使用螺旋桨的飞机，它适合于太空航行。

火箭适用于宇宙中的任何地方。当它向后喷出高温气体，就会被推动或者获得更大的速度。火箭喷出气体的质量和速度越大，所获得的推动力也就越大，利用这个推动力，火箭就可以飞离地球或者飞向太阳系的某处。

航天飞机都能做什么

航天飞机是一种载人的太空飞行器。它的最突出优点是可以反复使用，是空间技术发展进程中的一个突破。它是人类探索宇宙、开发太空领域的最经济实用的工具，所以航天飞机的发明被称为人类通向宇宙之路的一个里程碑。

航天飞机设计成用火箭推进的飞机，发射时像火箭那样垂直起飞，返回地面时能像滑翔机或飞机那样下滑和着陆。航天飞机集中了许多现代科学技术成果，是火箭、航天器和航空技术的综合产

物。因为它的特点是可以多次使用（火箭都是一次使用的），发射成本较低，所以，它是天地间很好的交通工具，也是用途广泛的航天器。

航天飞机除可在天地间运载人员和货物之外，凭着它本身的容积大、可多人乘载和有效载荷量大的特点，还能在太空进行大量的科学实验和空间研究工作。它可以把人造卫星从地面带到太空去释放，或把在太空中失效的或毁坏的无人航天器，如低轨道卫星等人造天体修好，再投入使用。

载人飞船与航天飞机有什么区别

载人飞船和航天飞机都是载人航天器，那它们之间有什么区别呢？载人飞船与航天飞机的最大区别在于：载人飞船完全依靠火箭助推升空，完成任务后经过减速，沿弹道轨迹穿过大气层软着陆后就不能再使用；航天飞机靠运载火箭发射和上升后，返回时能像飞机那样下滑和着陆在跑道上，并可以重复使用。

载人飞船通常由密封座舱和服务舱组成。服务舱里装有主发动机和助推小火箭，舱体不可回收。密封座舱目前最多乘载3人，可回收，又叫返回舱。航天飞机的技术要求更高些，它是运载火箭、轨道器和飞机的三合一产物。它身体较庞大，运输能力强，能运载二三十吨重的东西，可乘载7～10名航天员。

航天飞机怎样返回地面

航天飞机综合了火箭和飞机的功能。当它发射时，就像火箭一样点火升空；当完成任务返航时，能像飞机一样滑翔降落。航天飞机返回的最大难关是穿越大气层，因它速度快，跟大气摩擦会起火燃烧。

为了避免燃烧，科学家经过研究，制成了一种特殊的防热材料——硅纤维瓦，然后用它制成航天飞机的“防热外衣”，来抵挡摩擦时产生的高温。

有了航天飞机，人类可在宇宙空间中建立人类航天基地，使基地成为人类向更深远的星际空间进行探测活动的中转站。

你知道哈勃太空望远镜吗

“哈勃”太空望远镜，是以著名天文学家哈勃命名的。望远镜全长12.8米，镜筒直径4.28米，主镜直径2.4米，外壳孔径则为3米，全重11.5吨。是迄今为止被送入轨道的口径最大的望远镜。

哈勃太空望远镜同时也是一个完整的性能卓越的空间天文台，借助它可观测到宇宙中140亿光年远发出的光；它能够单个地观测到星群中的任一颗星；它能研究和确定宇宙的大小和起源，以及宇宙的年龄、距离标度；它还能分析河外星系，确定行星部、星系间的距离，能对行星、黑洞、类星体和太阳系进行研究，并画出宇宙图和太阳系内各行星的气象图。

哈勃望远镜由三大部分组成：第一部分是光学部分；第二部分为科学仪器部分；第三部分是辅助系统，包括两个长11.8米、宽2.3米，能提供2.4千瓦功率的太阳电池板，两部与地面通信的抛物面天线等。

目前哈勃望远镜已有过许多重要发现，神通广大的哈勃望远镜为人类观测宇宙立下了汗马功劳。

航天飞机的使用优点

航天飞机除了可以在天地间运载人员和货物之外，凭着它本身的容积大、可多人乘载和有效载荷量大的特点，还能在太空进行大量的科学实验和空间研究工作。它可以把人造卫星从地面带到太空去释放，或把在太空失效的或毁坏的无人航天器，如低轨道卫星等人造天体修好，再投入使用，甚至可以把欧空局研制的“空间实验室”装进舱内，进行各项科研工作。

为什么在太空中睡觉既有趣又困难

和在地球上的人一样，航天员晚上也要睡觉。当然这里还是有些不同，因为在太空失重环境中，宇航员不能躺在床上睡觉，身体会自动飘浮起来。这样，宇航员就必须钻进睡袋并固定在航天器的舱壁上，以免到处飞和撞上什么物品。

由于太空中没有上下前后左右之分，宇航员站着睡、躺着睡，还是倒着睡都一样。在太空睡眠，大部分宇航员觉得身体稍微蜷曲成弓状，比完全伸直或平躺着要舒服得多。手臂可以放在睡袋内，

也可以伸在外面，任其自由，不过多数宇航员都不愿意让自己的手臂自由飘动，而是选择放进睡袋里。

当航天飞机或其他航天器的姿态控制发动机（用于控制航天器姿态的发动机）开动时，睡袋如果挂在半空中，就会与舱壁相碰撞。所以大多数宇航员喜欢将睡袋紧贴着舱壁睡觉，这样就会使人感到像睡床上一样。采用这种睡眠方式，后背可以伸直，有利于预防腰背痛。

除此以外，欧洲航天局还设计出一种新式睡袋。在袋的外面有一些管道，当管道充气时，睡袋被拉紧，从而向人体施加一定压力。这种压力可以使人感到像在地面睡眠一样舒适，而且还可以消除一种飘飘然似的自由下落感。

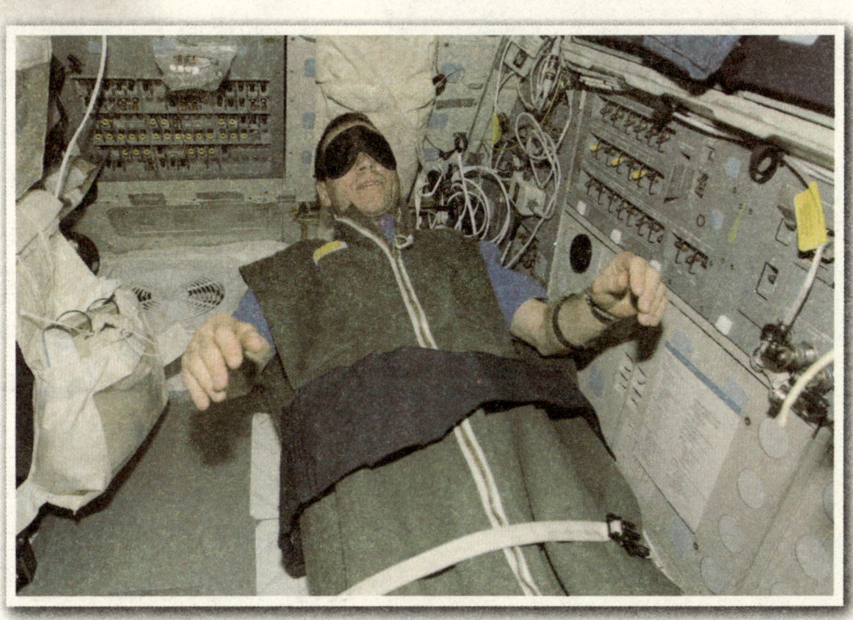

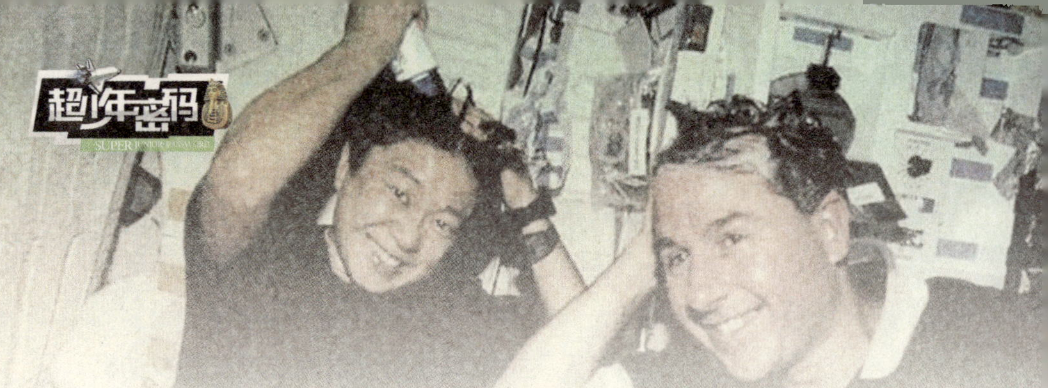

为什么说太空淋浴很奢侈

人在太空中长期生活和地面上一样，也需要定期洗澡。在地面，淋浴对人说来，只不过是日常生活中的一件小事，可到了太空就麻烦无比了，完全可以算得上是一种奢侈的享受。如果用价值计算，将一套淋浴设备送上太空，再使用比银子还昂贵的水，那么，一次淋浴的费用恐怕要比世界上最豪华的浴池还要高得多。

在“礼炮”号航天站上，宇航员每10天才能洗一次澡。航天站里的洗澡间像一个手风琴式的密闭塑料布套，它被挂在顶棚上，使用时将它放下，不用时可叠起来吊在顶棚上。顶棚上固定着一个圆形水箱，水箱内装有5升水。浴室的地板上有许多排水孔，下面是废物集装箱，用于盛废物和污水。上面压水，下面抽水，就形成了从上往下的效果。地板上还有一双固定的橡皮拖鞋，

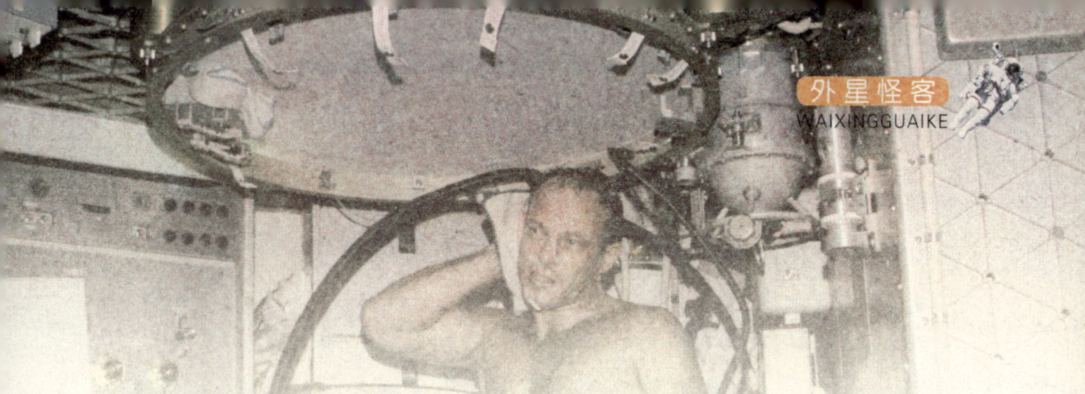

洗澡时需要穿上拖鞋，人才不会飘浮起来。浴室放下后，形成真空环境。在失重状态下，水是危险品，少量的水也会呛伤人，甚至溺死人，为了安全，洗澡时宇航员通过呼吸管进行呼吸。

宇航员洗澡时，首先把通到浴室外的呼吸管套到嘴上（戴上呼吸罩），戴上护目镜，避免从鼻子和嘴吸进污水；接着，开动电加热器，把水箱中的水加热到适当的温度；然后，打开水喷头，加压的温水从上面喷下来浇到身上，这时就像在地面上淋浴一样。

洗用后产生的污水从室内地板上的小孔中排到废物集装箱里。由于失重，污水会飘浮起来，因此，地板上的小孔通过吸收装置，把污水吸入小孔抽走。

另外，宇航员的洗发液是特制的。由于太空中不可能有很多水冲洗头发，所以宇航员使用的洗发液是免洗型的。

苏联宇航员在“礼炮”号和“和平”号航天站里长期生活和工作，他们亲身体验过在太空失重环境里洗澡的乐趣。随着航天事业的发展，将会出现更完善的太空浴室。

宇航员如何在太空中行走

太空是一个真空、失重的世界，在那儿没有氧气，没有流水，也没有地面，宇航员在太空中行走实际上是离开飞船在太空中漂浮。早期，宇航员要用脐带式的保障系统与飞船连接，以保证氧气的供给，并防止身体飘离飞船。后来，新式的宇航服不仅供有氧气、无线电，还有一个喷气动力系统。系统内装有20多个氮气喷管，如同一枚小火箭。宇航员通过扶手上的开关控制“火箭”的方向和推力，在太空中自由移动。

扫一扫 听故事
中大奖

什么是空间站

空间站是一种大型的载人航天器，又称航天站、太空站或者轨道站等。它像人造卫星一样常年围绕地球运行。它的内部有着比载人飞船大得多的空间，因此可以供好几个宇航员在里面长期居住和工作。空间站一般分为多个舱段：工作舱、服务舱、对接舱和科研舱等。各个舱段先在地面上建造，然后由火箭或航天飞机分别送入太空，最后由宇航员把它们组装在一起。

在空间站上，宇航员可以完成包括航天实验、新型材料与药品的研制、对地球和宇宙的长期观测等很多工作。

遨游太空最好穿什么衣服

为了保障宇航员能完全脱离飞船，在太空或星球表面独立活动，并适应恶劣的环境，美国宇航局花费了1亿美元，经历5年之久的研制，生产出43套航天服，每套价值230万美元，是迄今为止世界上最昂贵的服装。

航天服实际上是一个小型的“密封舱”，共分4层，都有各自的功能。

由里向外数，最里面贴身的一层为通风与液冷层，起“冷却器”和排除人体余热的通风作用，防止受太阳光的照射而过热，使

人体保持舒适。

第二层为密封层，装有供宇航员呼吸的空气，并可抵挡太空温度骤变的伤害。

第三层为增压层，它可保持航天服里的空气压力与地球大气压力相等。

最外面的一层为护衬层，表面涂有闪光物质，可反射阳光中的热辐射和微流尘对人体的危害。

此外，在航天服上还有一根细软管与背包式生命保障系统连接，以便从中不断更换新鲜空气。全套服装加上生命保障系统，重约83千克，穿上这套服装，可以保证宇航员在太空或月球表面停留8～9小时。

为了使新设计的航天服能确保宇航员的身体不受危害，在使用前都进行了多次动物试验，让身穿航天服的狗、兔、猴等动物经受火箭起飞的超重、再入大气层和失重等严酷的考验。经过多次试验和改进，最后制成了符合要求的航天服。

什么是超重和失重

航天活动使人处在各种特殊环境中，其中超重和失重环境对人体影响很大。航天过程中为什么会发生超重和失重现象呢？原来，地球上的一切物体都会受到地球的万有引力，即重力。超重主要发生在飞船的发射和返回过程中。飞船发射和返回时，由于飞船的突然加速上升或减速下降，重力条件发生了变化，使人感觉像被重物压着似的，这就是超重现象。由于重力的大小随着高度的增加而减

小，当人处在太空中，远离地球和其他星球时，便处于失重状态。这时，人会感到身体突然变轻了，会飘浮起来和随意颠倒旋转。

超重和失重对航天员的身体都是十分不利的。航天员都必须经过严格的训练。

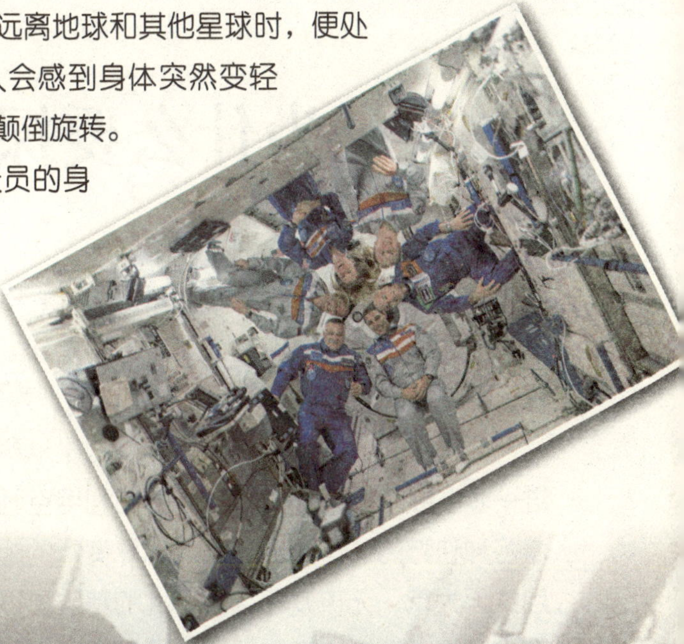

人类为什么要探月登月

1969年7月21日，美国航天员阿姆斯特朗登月成功，月球因此成为除地球之外唯一留有人类足迹的星球。如今美国宣布要重返月球，而许多国家也提出了探月登月计划。为什么要这么做呢？

原来，人类探测月球的主要目的是从科学的角度去了解月球，进一步发展航天工程技术，开发和利用空间资源。首先，月球上有着各种独特的矿产资源，是对地球资源的重要补充和储备。其次，月球无大气、无声波和电波干扰的特殊环境，是非常理想和稳定的实验基地。同时，它的低重力和真空无菌的环境，又是材料科学和医药学研究、生产的理想场所。

趣味链接

宇航员如何在太空中行走

太空环境是真空、失重的状态，没有氧气也没有地面，所以宇航员在太空中行走实际上是离开飞船在太空中漂浮。早期，宇航员要用脐带式的保障系统与飞船连接，以保证氧气的供给，并防止身体飘离飞船。后来，新式的宇航服不仅供有氧气、无线电，还有一个喷气动力系统。系统内装有 20 多个氮气喷管，如同一枚小火箭。宇航员通过扶手上的开关控制“火箭”的方向和推力，在太空中自由移动。

未来人类可以生活在月球吗

人类要实现建设月球驻人基地、向月球移民的计划，航天器壳体和月球土壤可以使辐射防护问题得以解决。人能否适应月球上的微重力，也可通过试验来确定。因此，关键在于解决空气和水的问题，而水又是排在第一位的。有了水和空气，就可建立密闭生态循环系统，从而解决食物供应问题。在月球两极永远遮阴的陨石坑

中，存在有大量的冰冻水，另外还可以从月球的土中提取出氮和氧制造空气。由此可见，保障人类生命安全和正常生活、工作的一系列问题，在月球上是可以逐步解决的。

人造卫星为什么会绕地球转

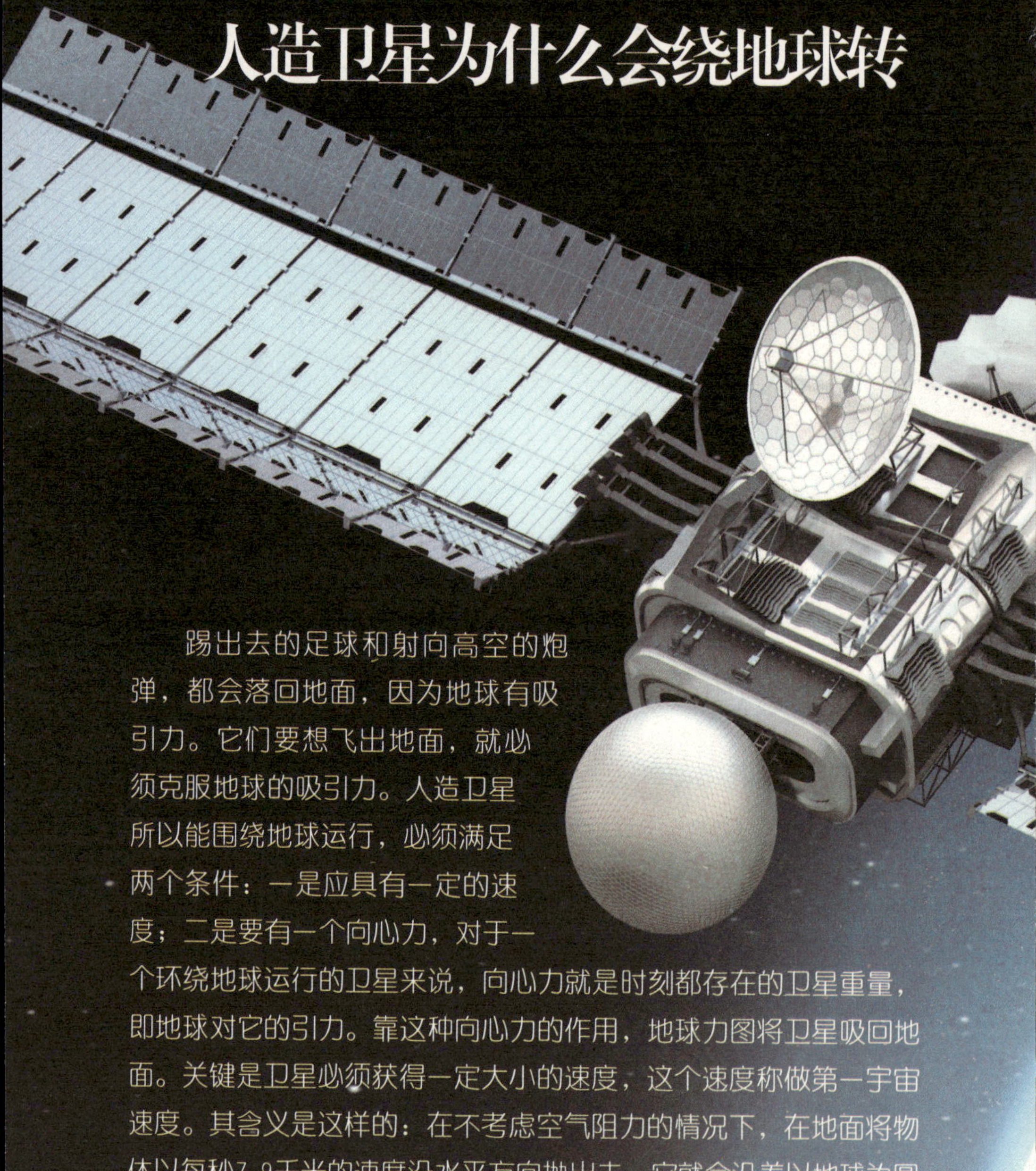

踢出去的足球和射向高空的炮弹，都会落回地面，因为地球有吸引力。它们要想飞出地面，就必须克服地球的吸引力。人造卫星所以能围绕地球运行，必须满足两个条件：一是应具有一定的速度；二是要有一个向心力，对于一个环绕地球运行的卫星来说，向心力就是时刻都存在的卫星重量，即地球对它的引力。靠这种向心力的作用，地球力图将卫星吸回地面。关键是卫星必须获得一定大小的速度，这个速度称做第一宇宙速度。其含义是这样的：在不考虑空气阻力的情况下，在地面将物体以每秒7.9千米的速度沿水平方向抛出去，它就会沿着以地球为圆心的圆形轨道运转起来，而不会掉下来。

圆形
轨道
速度不够快，
最后落回地面
椭圆轨道，落到近地点速度
最快，又开始远离地球
扫一扫 听故事
中大奖

为什么把宇航员称为英雄

能驾驶航天飞行器飞向浩瀚无垠的宇宙是人们梦寐以求的，而宇航员更是一份神秘而富于挑战性的职业。作为一名宇航员要经过非常严格的挑选和艰苦的训练，他们必须学习众多的科学课程，掌握多方面的高新技术，克服太空生活对人身体和心理产生的诸多影响，有时候甚至要付出自己宝贵的生命。

在人类的航天史上，人们会永远记住这些名字：

尤里·加加林，苏联宇航员，人类第一个航天员。1961年4月12日乘世界上第一艘载人宇宙飞船“东方”号首次绕地球飞行，这是一次划时代的飞行。

捷列什科娃，苏联第一个也是人类第一个女宇航员，1963年6月16日乘“东方”号宇宙飞船升空，开创了人类妇女航天的先例，为表彰她的功绩，人们以她的名字命名了月球背面的一座环形山。

阿姆斯特朗，美国宇航员，1969年7月20日22时56分20秒，他代表全人类在月球表面踏出的“一小步”昭示着人类的科技水平向前迈进了“一大步”。“阿波罗”11号上的另两位宇航员柯林斯和奥尔德林也名留青史。

1965年3月18日，苏联宇航员列昂诺夫和美国宇航员首次实现太空行走；苏联宇航员季托夫和马纳罗夫在太空连续工作366天，成为在空间工作时间最长的人。

1984年2月7日，美国的布鲁斯·麦坎德里首次在太空自由行走

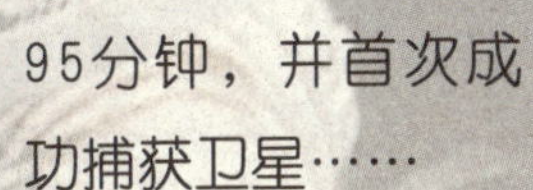

95分钟，并首次成功捕获卫星……

然而，人们更不会忘记那些为了人类科学的发展而奉献出生命的宇航英雄们。

第一位牺牲的宇航员是苏联的邦达连科。

1967年4月23日，另一位宇航员科马罗夫因飞船失事以身殉职，苏联人民把他奉为英雄葬在克里姆林宫城墙下。

而1986年1月28日对于航天事业来说是个惨烈的日子，美国的“挑战者号”航天飞机失事震惊全世界，女教师克里斯塔·麦考利夫等7名宇航员不幸全部遇难。

在“阿波罗”4号飞船失事事件中遇难的美国宇航员格里索姆生前曾说过一段话：“要是我们死亡，大家要把它当作一件寻常的普通事情，我们从事的是一种冒险的事业。万一发生意外，不要耽搁计划的进展。征服太空是值得冒险的。”这是宇航员高尚人格的真实写照。

他们为了科学进步无私献身的崇高精神赢得了人们永远的尊敬，他们的名字会永远载入人类的航天史册！

你知道“阿波罗”登月飞船吗

以太阳神的名字命名的“阿波罗”登月飞船因人类首次成功踏上月球而注定了它在航天史上拥有独一无二的地位。

“阿波罗”飞船由指令舱、服务舱和登月舱组成，总高25米，直径10米，重约45吨。飞船每次载3名宇航员，登月飞行结束后，返回地球的只有指令舱和宇航员。

指令舱既是宇航员的座舱，又是飞船的“神经中枢”。它高3.3米，底部直径4米，有一辆旅行汽车般大小，重约6吨。指挥舱为圆锥形，锥顶有与登月舱的对接装置。锥顶部为前舱，装有降落伞、仪器设备。返回地面时要丢弃辅助降落伞等物，这时重量只有5.3吨，锥中部则是宇航员的密封座舱，备有14天的生活必需品和救生

设备。锥底部是后舱，设有10台姿态控制火箭及导航系统。指令舱是由有机烧蚀热层、铝合金及不锈钢的蜂窝夹层构成的。

服务舱位于指令舱之后，是个高6.7米，直径4米，重约5.2吨的圆筒形舱体，装上燃料和设备之后重达25吨。舱内用轻金属结构分成6个隔舱，分别容纳主发动机、16台姿态控制火箭、燃料箱、电器系统等。

登月舱接于服务舱下面第三级火箭顶部的金属罩内。它由上下两段组成，高7米，宽4.3米，重14.7吨。上升段是登月舱的主体，内有宇航员座舱、生命维持系统、上升发动机、姿态控制火箭、燃料箱，电源通信系统及与指令舱对接用的过渡通道，还装有考察月球表面的科学仪器。下降段在上升段飞离月面时起发射架的作用。它由着陆用发动机和交会雷达、仪器舱和蓄电池组、水和氧气槽及4条带有触地传感器的着陆支架组成。

1969年7月16日，在肯尼迪航天中心所在地梅里特岛上，“土

星”5号火箭载着“阿波罗”11号直冲云霄。“阿波罗”11号满载人类的希望，经过四天的航行顺利进入绕月轨道，宇航员柯林斯随飞船指令舱留在轨道上，宇航员阿姆斯特朗和奥尔德林则驾驶登月舱“鹰”号飞行702小时39分40秒之后，降落在一片死寂的月球上。阿姆斯特朗花了整整3分钟才走完9级踏板的舷梯，走出登月舱，在月球表面踏出人类的第一个脚印。

人类会永远铭记美国东部时间1969年7月20日22时5分20秒这一时刻的。地球上亿万人的眼睛通过电视屏幕见证了这不同寻常的“第一步”。

两位宇宙员在月球表面进行了2小时40分的科学探险。他们插了一块金属纪念牌，上面镌刻着一行大字“公元1969年7月，来自

扫一扫 听故事 中大奖

行星地球上的人首次登上月球，我们是全人类的代表，我们为和平而来。”

他们还展开太阳能电池阵，安设了月震仪和激光反射器，并采集了22千克月球岩石和土壤的样品。

7月21日上午11时15分，登月舱飞离月面与飞船会合，并于1969年7月28日美国东部时间12时55分22秒安全降落在夏威夷西南的太平洋上。“阿波罗”11号和三位宇航员载誉而归，完成了这次登月壮举，名垂青史。

什么是导航卫星

茫茫的大海无边无际，船舶是怎样找到正确的航向呢？古代航海家很早就学会通过观看天体来辨别方向，明亮的北极星就是最好的标志。后来我们的祖先发明了指南针，并首先用于航海，使人们在阴雨天也能找出正确的航向。

指南针与观察天体位置相配合，就是航海术中的天文航海法。领航员用六分仪测量一颗星星的水平线上的仰角和方位，记下时间，然后从天文历中查出它的地理位置，在海图上标下自己的估计航位；再观测另一星星，用同样方法得到另一次估计船位。根据两次结果，便可以找到船舶的真实位置。

这种航海法虽然简单，但会受到天气的影响，随着无线电技术的发展，又出现了多种无线电助航法。领航员使用电子仪器测量两个或两个以上岸上无线电发射台的方位、距离，便可以不受天气、时间和地点的限制，定出船位。这是现代导航的重要手段，且精度越来越高，应用范围日益广泛。但是岸上无线电助航系统，因为有效距离短，覆盖面积小，无法充分利用。

人造卫星发射成功，给现代航海术的发展增添了一个有力的工具。向地球上20183千米的高度发射24颗导航卫星，它们将沿周期

为12小时的轨道运行，组成一个经济可靠的全天候环球导航系统。在任何时间，在地球上任何地点，沿地平线5度的天空上都可看到6～11颗导航卫星，这些导航卫星发送一定频率的无线电信号。航海者从接收这些信号中可以算出自己的位置。运用精密的接收机接受信号，并经过计算机的处理，船舶的定位精度可达到20米以内。目前最有代表性的导航系统有中国的北斗、美国的GPS、俄罗斯的格洛纳斯、欧洲的伽利略四大卫星导航系统。

趣味链接

地球，是太阳系八大行星之一，按离太阳由近及远的次序排列为第三颗。地球是太阳系的第三颗行星，也是太阳系中直径、质量和密度最大的类地行星。住在地球上的人类又常称呼地球为世界。地球是上百万种生物的家园，包括人类。地球是目前人类所知宇宙中唯一存在生命的天体。地球诞生于 45.4 亿年前，而生命诞生于地球诞生后的 10 亿年内。

中国为什么要发展载人航天

中国为什么要发展载人航天，长期以来一直是一个被关注的问题。载人航天是当代最具代表性的高科技工程。实施载人航天工程，对于一个国家政治、经济、科技、国防和人才培养等诸多方面有着重大的现实意义和深远的影响。

第一，载人航天，是衡量一个国家综合国力的重要标志。在当今世界上，没有什么比载人航天更能充分展示一个国家的综合国力。如果没有高度发达的科学技术和科研能力，如果没有雄厚的经济基础和强劲的经济能力，任何一个国家都是不可能实施载人航天工程的。因此，我国实施载人航天工程，可以提高我国的国际地位和国际威望，增强中华民族的自信心和自豪感，充分显示我国的综合国力，促进经济发展和科技进步。

第二，载人航天，对科技发展具有强大的牵引作用。载人航天技术，集中了当代科技发展的最新成果，是多种学科、多种技术领域尖端技术的集大成者，载人航天在应用这些已有的技术成果的同时，为促进载人航天技术的发展和载人航天的实现，又对这些科学技术领域提出了新的更高的要求，为实现这些目标所做出的努力和取得的技术成果，客观上促进了这些学科向前发展。因此，载人航天，对于科技的发展具有巨大的推动作用。

第三，载人航天，对经济建设具有重要推动作用。目前，虽然载人航天直接经济效益还不明显，但是，载人航天活动开发的许多新技术、新产品，已经在带动传统产业技术改造、提高经济效益、促进经济建设等方面，发挥了重要作用，产生了广泛的社会和经济效益。同时，人到太空中，可以利用太空环境进行一系列的试验，这些试验将不仅可以获得在地面条件下无法生产加工的新材料，还可以获得新工艺和方法。这些工艺和方法将为促进经济建设，提高效率和经济效益，产生积极的影响。

第四，载人航天，可以促进科学研究工作的深入发展。载人飞船为科学工作者进行科学研究工作提供了有效载体。从太空观察地球，可以更深入地了解地球的构造，探明地球的资源和预测地震、洪水、飓风、火山爆发等自然灾害，可以保护人们的生命和财产。

美国航天员在太空实验室里进行了146项地球观察，其中包括农作物的长势、病虫害的蔓延、森林火灾、积雪的覆盖融化情况等。将观察到的资料提供给有关部门的专家，就可以对地质、地理、农业、生物、水文、环境污染和矿藏等进行研究和评估。

超少年全景视觉探险书

远古遗迹

一套多媒体可以视、听的探险书

SUPER JUNIOR

聂雪云◎编著

团结出版社

图书在版编目（CIP）数据

远古遗迹 / 聂雪云编著 . -- 北京 : 团结出版社，2016.9

（超少年全景视觉探险书）

ISBN 978-7-5126-4447-2

Ⅰ . ①远… Ⅱ . ①聂… Ⅲ . ①文化遗址－世界－青少年读物 Ⅳ . ① K917-49

中国版本图书馆 CIP 数据核字 (2016) 第 210017 号

远古遗址

YUANGUYIJI

出　版：团结出版社

（北京市东城区东皇城根南街 84 号　邮编：100006）

电　话：（010）65228880 65244790

网　址：http://www.tjpress.com

E-mail：65244790@163.com

经　销：全国新华书店

印　刷：北京朝阳新艺印刷有限公司

装　订：北京朝阳新艺印刷有限公司

开　本：710mm × 1000mm　1/16

印　张：48

字　数：680 千字

版　次：2016 年 9 月第 1 版

印　次：2016 年 9 月第 1 次印刷

书　号：ISBN 978-7-5126-4447-2

定　价：229.80 元（全八册）

（版权所属，盗版必究）

远　古　遗　迹

前言

FOREWORD

21世纪是一个知识大爆炸的时代，各种知识在日新月异不断地更新。为了更好地满足新世纪少年儿童的阅读需要，让孩子们获取最新的知识、帮孩子们学会求知、培养孩子们良好的阅读习惯、增强孩子的知识积累，我们编辑了这套最新版的《超少年全景视觉探险书》。

本书的内容包罗万象、融合古今，涵盖了动物、植物、昆虫、微生物、科技、航空航天、军事、历史和地理等方面的知识。都是孩子们最感兴趣、最想知道的科普知识，通过简洁明了的文字和丰富多彩的图画，把这些科学知识描绘得通俗易懂、充满乐趣。让孩子们一方面从通俗的文字中了解真相，同时又能在形象的插图中学到知识，启发孩子们积极思考、大胆想象，充分发挥自己的智慧和创造力，让他们在求知路上快乐前行！

目录 CONTENTS

超少年密码

远古遗迹

失落世界
SHILUOSHIJIE

史前文明

1968年夏，自称是岩石狂的梅斯特在犹他州羚羊喷泉度假时，意外地发现了三叶虫的化石。三叶虫是一种节肢动物，生长于距今5亿年的寒武纪和奥陶纪。令人吃惊的是，化石上居然有人的脚印！脚印长26厘米，后跟比脚掌深0.3厘米。

无独有偶，一位名叫比特的教育家在同一地点也发现了带脚印的三叶虫化石，还有两个穿凉鞋的脚印。1个半月后，地质学家伯狄克又在同一地区发现了一块5个脚趾隐约可见的泥岩。要知道，5亿年前连与人脚相似的猴子、熊等动物都没有，更不要说人类了！

1972年9月25日，法国一家工厂在加工从非洲加蓬共和国奥洛克铀矿进口的铀时，意外地发现这些铀已被人用过。曾任美国原子能委员会主席的诺贝尔奖得主格兰·西伯格说，只有同时使用极纯净的水，并且有极精确的裂变条件，铀才能被利用。遗憾的是地球上从来没有过这种纯天然的纯净水。为此，科学家到矿区考察，

惊奇地发现了一个古老的“核反应堆”。经考证，奥洛克铀矿成矿于20亿年前，成矿不久“核反应堆”就开始运转了，估计大约已运转了50万年，使用过500吨铀矿石，但输出功率只有100千瓦。是谁，在人类诞生以前设计了如此的高科技产物呢？

更令人百思不得其解的是那些古代岩画中酷似现代风格的人物服饰。1912年，有人在西南非洲的纳米比亚的布兰德比尔格山上，在描绘动物的壁画中，发现了一幅描绘白人贵妇的原始岩画。贵妇身穿短袖套衫和紧绷臀部的马裤，戴着手套，系着吊袜带，着便鞋。她身边站着的一位男子，戴着非常复杂的面具和头盔。在被考古学家确定为真品的法国卢萨克史前壁画中，人物穿着夹克衫。澳大利亚阿纳姆高地岩画中的人物，甚至穿着宇宙服，戴着装有类似天线、有观察小孔的头盔，宇宙服上有明显的拉链。泰国南部攀牙府的岩画上出现了头戴头盔，身背呼吸过滤器，腰系电筒，着背带裤的机器人。凡此种种，人们不禁要问：是现代人受着人类先民在天之灵的启示，缝制了这样的衣饰，

还是某种神奇的力量使我们的祖先跨越时空，在赤身裸体的荒蛮时代，充分想象了几千年上万年以后子孙的服饰？

这些林林总总，令人迷惑不解的史前遗迹，对认为人类文明是一个从低级向高级逐渐向前、向上发展和进化的传统观点来说，无疑是一个严峻的挑战。1977 年，雷内·诺尔伯根指出，面对我们无法解释的诸多遗址、遗物，我们应该以一种全新的方式来探索人类的文明史了。

1998 年，有学者根据考古学家和人类学家关于人类直立行走的研究，确定现今人类形成于 400 万年前，而地球诞生于 45 亿年以前。世界万物都是从无到有，从有到无，生生灭灭，地球上的高等物种及其智慧很可能也是从无到有，从有到无，生生灭灭的。据测算，大约 20 亿年前，地球上存在过高度文明的生物，由于地球大灾变以及亿万年的自然变迁，这些文明成为残存物。也有古生物学家推论：大约在 5 亿年前、3.5 亿年前、2.3 亿年前、1.8 亿年前以及最后在 6500 万年前，地球经历了毁灭性大灾变，使当时创造的文明毁灭殆

扫一扫 听故事
中大奖

尽。每次大灾变都会使文明出现断裂。延续至今的这次文明和上一次文明之间的断层大约发生在公元前 12000 年至公元前 10000 年。

与是否存在星外文明一样，是否存在地球的几度文明也是迄今为止的考古手段和技术无法确证的，为此，研究者之间展开旷日持久的论战亦可想而知。我们期望，随着科学技术的发展，考古的手段和技术能有突破性发展，地球上是否存在几度文明的悬案终有一天大白于天下。

扫一扫 听故事
中大奖

阿尔塔米拉岩画之谜

在西班牙北部阿尔塔米拉的一个山洞深处，9 岁的玛丽亚·德·萨托奥拉和她的父亲——一位业余考古学家，在此试探性地挖掘着。

忽然，从洞内传出了小女孩微弱的尖叫声："公牛！公牛！爸爸快来！"

父亲马斯利诺扔下鹤嘴锄跑进洞里，只见女儿站在那里激动地指着洞顶。他举起提灯，在那 18 米长、9 米宽的洞顶上发现了一些褐色、红色、黄色和黑色的史前动物画像——这些壮观的艺术品已有万年以上的历史了。

洞顶上有 17 只活灵活现的牛：有的正以爪子抓挠着地面，有的躺卧，有的怒吼，有的被长矛刺伤濒于死亡。在这周围还画着一群野公猪、一匹马、一只雌鹿和一只狼。

当萨托奥拉深入这些纵横交错的洞穴时，她发现了更多其他动物绘画，其中许多动物已经灭绝或于几世纪前就已从西欧消失了。

这一年是 1879 年。

起初，萨托奥拉的发现被考古学家们当作伪造品而嗤之以鼻，他们认为这是一个怀疑达尔文进化理论的阴谋。

然而，这些后来被证明是史前艺术最伟大发现之一的绘画，其中多数已被确认为公元前 15000 ～前 10000 年的作品。

1902 年，萨托奥拉去世 14 年后，考古学家艾比·亨利·布罗伊尔造访了那些洞穴，并从地下掘出了一些兽骨，其中的一些几乎

与洞顶上的那些雕刻毫无二致。

那些绘画的真实性不再被怀疑了，并被尊称为“史前艺术的西斯廷教堂”。此外，令人惊奇的是它们的保存状况。在南部欧洲——大部分是在西班牙的东北部和法国的西南部，已发现有100多个装饰着石器时代的绘画和雕刻的洞穴，但在岁月时光的磨洗之下，在风霜雨雪的侵蚀之下，它们已经模糊不清了。

阿尔塔米拉的绘画位于一片漆黑的洞穴里，萨托奥拉是在距离很近时才发现的。洞中的温度和湿度恒定不变，通风状况恰到好处，而且空气中的湿度使得绘画色彩不至于因干燥而剥落。几个世纪以来，崩坍的石块使它们与世隔绝。但在法国南部拉斯卡厄克斯的岩画就没有那么幸运了。在对外开放的15年里，它所遭受的损坏程度——由造访者带来的汗、体温以及一些微生物造成的损毁——超出了以往几千年的总和。

扫一扫 听故事
中大奖

撒哈拉沙漠中的壁画

撒哈拉沙漠，世界上第一大沙漠，气候炎热干燥。但在这极端干旱缺水、绿色植物稀少的旷地上，竟然曾有过高度繁荣昌盛的远古文明。沙漠上许多绮丽多姿的大型壁画，都是那些远古文明的证明。

1850 年，德国探险家巴尔斯来到撒哈拉沙漠进行考察，无意中发现岩壁中刻有鸵鸟、水牛及各式各样的人物像。1933 年，法国骑兵队来到撒哈拉沙漠，偶然在沙漠中部塔西利台、恩阿哲尔高原上发现了长达数千米的壁画群，它们的色彩雅致、协调，刻画出远古生活的情景。此后，欧美国家的考古学家纷至沓来，1956 年，亨利 · 罗特率领法国探险队在撒哈拉沙漠发现了 1 万件壁画。第二年，他们想方设法把大量的壁画复制品及照片带回到艺术之都巴黎，成为那个时代具有轰动效应的奇闻。

从发掘出来的大量古文物看，它们距今约 1 万年至 4000 年前，那时的撒哈拉不是沙漠，而是大草原，或者是水草丰美的绿洲。当时有许多部落或民族生活在这块美丽的沃土上，创造了高度发达的文化。这种文化最主要的特征是磨光石器的广泛使用，还有陶器的制造和应用，这是生产力有所发展的标志。

壁画中还有撒哈拉文字和提斐那古文字，这说明当时的文化已发展到相当高的水平。壁画的表现形式或手法相当复杂，内容丰富多彩。从笔画构图来看，粗犷朴实，所用颜料是各种各样的岩石和泥土，如红色的氧化铁，白色的高岭土，赭色、绿色或蓝色的页岩石等。人们把颜料磨成粉末，加水，然后用来绘制。由于颜料伴着水分能够充分地渗入岩壁内，与岩壁的长时间接触而引起了某种特殊的化学变化，颜料与岩壁石材融为一体，因而画面的鲜明度能保持很长时间。几千年来，即便经过风吹日晒，壁画的颜色仍鲜艳夺目，这不能不说是文化艺术上的一个奇迹。

在今天极端干燥的撒哈拉沙漠中，为什么会出现如此丰富多彩的古代艺术品呢？有些学者认为，要解开这个谜，就必须立足于考察非洲远古气候的变化。据考证，距今 3000 ～ 4000 年前，撒哈拉不是沙漠而是湖泊和草原。约 6000 多年前，曾是高温多雨的地带，各种动植物在这里繁衍生息。只是到公元前 200 年～前 300 年，气候发生了大的变化，绿茵茵的大草原终于才演变为黄沙漫天的大沙漠。

印第安人的石刻文字

在秘鲁国立大学博物馆里，珍藏着一块3万年前的奇异石刻。石刻描绘一位古代印第安的学者，手持一个管状物贴近眼前，聚精会神地观测天象。

这块石刻引起了各国天文学家极大的兴趣，因为那个古代印第安天文学家手里所拿的东西跟现代的望远镜非常相像。而人们一般都认为，人类第一架望远镜是在17世纪由伽利略发明的，至今不过300多年，那么，在遥远的3万年前，印第安人石刻中的望远镜又是从哪儿来的呢?

类似的珍奇石刻，在秘鲁国立大学博物馆还有14000块之多，它们描述了古代印第安人在天文、地理、生物、医学等领域令人难以置信的高度成就。

比如，其中有至今仍视为禁区的大脑移植手术，有精细得连血管也清晰可见的心脏手术；有精致的西半球地图，还有准确的星象图。

早在1525年，这些石刻就引起了一个叫作西蒙的教士的注意，他把这一发现写入著作。20世纪70年代，美国宇航局的约瑟夫·布鲁利克博士为了解开这些印第安人古代石刻之谜，特地到秘鲁进行了长时间的研究。他用种种科学方法对那些石刻进行分析，最后断定，那些石刻确是出自30000年前古代印第安人之手。

布鲁利克博士的这个结论，使大西洋研究家们大为振奋。因为在一幅石刻的大西洋地图上，赫然刻画着早已突然消失的大西洲图形。古希腊哲学家柏拉图在他的哲学著作中曾首次提到神秘而美丽的阿特兰蒂斯（大西洲）。

秘鲁的古代石刻再次为大西洲的存在提供了证据。这些印第安石刻也使研究“天外来客”的专家们欣喜若狂。秘鲁国立大学的人类学教授卡布勒说：“如果那手持望远镜观天以及精细正确的外科手术图等，都是当时真实场面的写照的话，那么，可以证实‘天外来客’曾在3万年前到过地球，并向人类传授过他们高度发达的科学技术知识。否则，那些印第安古代石刻的成因就很难解释。”研究“天外来客”的权威达尼肯也肯定地说：那些古代石刻“为‘天外来客’曾访问地球提供了决定性的证据”！当然，这一结论还有待于科学家进一步考察和研究。

两河流域文明

公元前 4000 年，在底格里斯河和幼发拉底河之间的地区希腊语称之为“美索不达米亚”，已经产生了文明。大约公元前 3000 年，两河之南的苏美尔人已经建立了数以十计的城邦，这是迄今知道的人类最早的文明。

古代两河流域文明曾被人遗忘，直至19世纪的考古发掘才为世人所重知。19 世纪德国哥丁根大学希腊文教授格劳特芬德，花费许多年读懂了波斯石刻上的 40 个楔形文字中的 8 个字，并运用这 8 个字读出了石刻上 3 个国王的姓名。1835 年英国人亨利 · 罗林生以同样的方法，释读了那 8 个字，此后，又释读了贝希斯敦石崖上的碑文。1848—1879 年，欧洲人在原亚述首都尼尼微进行了一次重大的发掘，挖掘出了 2 万多片刻有楔形文字的泥版和各种文物 5 万多件。这些重大发现为进一步了解古代两河流域的文明奠定了基础。

根据考古资料推断，古代两河流域的文字体系源于苏美尔。约公元前 4000 年后期，苏美尔人创造了图画式文字。但是这种文字有局限性，它只能表达某种具体事物，无法表示抽象的概念。公元前

3000 年，这种文字发展成为楔形文字。因为苏美尔人通常用平头的芦秆在未干的软泥版上印刻出字迹，所以它的笔道非常自然地都呈楔形。最初，苏美尔人把楔形文字刻成直行，自左上方往下行。后来为书写得更清晰和避免已写出的文字受损，书写的方式改为每行由左至右，各行自上而下。

楔形文字是由一个音节符号和音素符号组成的集合体，总计约 350 个。它的结构相当复杂，在阿卡德时代应用的领域日渐拓宽。巴比伦和亚述帝国兴起后，楔形文字不仅因于实体事物的记录，也发展成为供宗教、历史、文学、法律等方面使用的文字。它对周围地区的影响很大，埃兰人、赫梯人、胡里特人、米坦尼人都先后采用楔形文字表示自己的语言。

两河流域很早就有了文学作品，在苏美尔时期，文学作品以诗作为多。作品的主题大多是礼赞神祇、英雄和君王，具有宗教和神话的性质。例如，苏美尔人有一则关于洪水的神话传说，后来被犹太人吸收编造了洪水和诺亚方舟的故事，再现在《圣经 · 旧约全书》的《创世纪》中，后经基督教的宣传，诺亚方舟的故事广为流传。

在巴比伦时代，大部分文学作品采用阿卡德语，但作品的形式与内容、主题与情节和风格仍是苏美尔时代的，无非已经过加工雕琢，增加了新的风采。

扫一扫 听故事
中大奖

在这一时期也有一些反映阶级矛盾、寓意深刻的佳作，如《主人与奴隶的对话》描写了主人和奴隶就 12 个问题进行的简短对话，揭示了在奴隶制度下奴隶无法生存的哲理。

自然科学在古代两河流域已有发展，早在苏美尔·阿卡德时代，天文学就已产生了。苏美尔人在观察月亮运行规律的基础上编制了太阴历。他们把两次新月出现的期间作为一个月，每月包括 29 天或 30 天。又根据月的圆缺和季节变化，分一年为 12 个月，6 个月为 29 天，6 个月为 30 天，每年 354 天。它比太阳年（365 日 5 时 48 分 46 秒）短 11 天多的时间，为此设置闰月加以调整。古巴比伦时期，人们已能将肉眼看到的星体绘成星图，把恒星和五大行星区别开来，还能观测出太阳在恒星背景上的视运动轨道——黄道。以后，巴比伦人又区分出黄道上的 12 个星座，绘出黄道 12 宫的图形。新巴比伦时代，人们能够预测日食、月食和行星的会冲现象。同时，人们又以 7 天为一周，分别以日、月、火、水、木、金、土七个星的名字作为星期日至下个星期六的名称。

在苏美尔时代，人们对 1 至 5 的数字已有了专门的名称，对“10”这个数也有了特别的符号。在巴比伦时代已兼用 10 进位和 60 进位，并把 60 进位法用于计算周天的度数和计时，如周天的度数为 360，1 小时为 60 分，1 分为 60 秒等。古巴比伦人已经掌握了四则运算、平方、立方和求平方根、立方根的法则，还会解三个未知数的方程式。

他们得出的圆周率常数为 3，与今天使用的圆周率非常接近。总之，两河流域在天文、历法和数学方面的成就不仅对当时各国产生了影响，也对希腊、罗马产生了影响。以 7 天为一周，分圆周为 360° 等，直到现在仍在沿用。

在建筑艺术方面，约公元前 4000 年代中期，苏美尔地区就存在多级寺塔的建筑。由于两河流域石材匮乏，这种寺塔都用生砖（土坯）筑成，下面的几级都没有内室，实际上是一层层台基，只有最上一层才有一个小神庙。这时已经存在砖砌的拱门和圆柱了。苏美尔·阿卡德国家形成以后，又有了王宫建筑。苏美尔人发明的拱门、拱顶和穹窿结构经常用于陵墓和房舍建筑，这极大地影响了两河流域地区的建筑。

亚述帝国时期出现了大规模的王宫建筑，这些建筑在高大的台基上，有许多宫室和附属建筑。王宫大门两边墙上有一些人面兽身的浮雕，门口还有一对 3 米或 4 米高的人头、狮身、鹫翼、牛脚的雕像。王宫墙壁上装饰着许多浮雕，一般都表现国王出征、狩猎和宫廷生活的题材。亚述人喜欢塑造临危不惧、冷静果敢的猎手，陷入绝境而凶相毕露的狮子，身受重伤犹垂死挣扎的野兽。这些浮雕中的人物一般表现得比较呆板，而动物则刻画得生动逼真。新巴比伦时期，城市和王宫修筑得更加壮丽。主要城门两边和王宫墙壁上都用彩色琉璃砖镶出种种动物的图案。这一时期最有名的建筑是王宫里的“空中花园”，它实际上是一座土台，最高处达 25 米。由于两河流域的建筑系用砖、土为材料，所以不能像埃及的金字塔和神庙那样坚固耐久，长久遗存。

扫一扫 听故事
中大奖

阿兹特克文明

美洲大陆并非欧洲人哥伦布创造的新发现，而在所谓的文明人种达到之前，自成一体的文明已经在这片古老的土地上独立发展了上千年。后来的考古发掘使人们意识到，在地球另一端的大洋彼岸，曾经和欧亚大陆一样，生活繁衍过一群人类，创造过辉煌的成就。其中位于今天北美墨西哥高原的阿兹特克文明、中美的玛雅文明和南美的印加文明并称古代美洲三大文明。

阿兹特克族印第安人主要分布在墨西哥中部和南部。阿兹特克文明形成于 14 世纪初，1521 年为西班牙人所毁灭。

阿兹特克文明在发展过程中，吸收了托尔特克文化和玛雅文明的许多成就，自己也有独创。其文字仍属图画文字，但已含有象形文字成分。使用太阳历与圣年历，已知一年为 365 天，每逢闰年补加一天。

阿兹特克文明有比较发达的农业，主要作物有玉米、豆类、南瓜、马铃薯、棉花、龙舌兰等，其中龙舌兰是其特产。饲养火鸡、鸭、狗等禽畜。阿兹特克人利用特斯科科等湖泊发展人工灌溉系统，据说在特诺奇蒂特兰城南的索奇米尔科有 1.5 万条人工渠道， 至今仍存 900 条。手工业相当发达，有金、银、铜、宝石、皮革、纺织、羽毛、陶器等各种工艺品。知道利用各种草药治病，并已使用土法麻醉。陶器和绘画均极精致，建筑和艺术也达到相当高的水平。

阿兹特克的首都特诺奇蒂特兰面积约10平方千米，人口达30万。

全城有10千米长的防水长堤，并有两条石槽从陆地引淡水入城。城中的公共建筑物多以白石砌成，十分瑰丽壮观。一般房屋的周围，在固定在水面的木排上种植花草，形成水上田园。城中心的主庙基部长100米、宽90米，四周有雉堞围墙环绕，塔顶建有供奉主神威济洛波特利和雨神特拉洛克的神殿，其祭坛周围有蛇头石雕，坛下重达10吨的大石上，刻有被肢解的月亮女神图案。1790年在墨西哥城中心广场发现的第五太阳石直径近4米，重约120吨，刻有阿兹特克宗教传说中创世以来4个时代的图像。城北的市场是国内贸易中心，据记载可以容6万人交易货物，比西班牙的市场还大。

阿兹特克人的社会组织以氏族为基础，实行公社土地所有制，但已开始出现阶级划分，由贵族、祭司、武士和商人构成社会的统治阶级。贵族拥有土地，子女可受到特殊教育。平民接受农、工和战技等专业教育，是军队的主体。最下层是奴隶，主要来自战俘和罪犯。

特奥提华坎文明

提奥提华坎帝国是一个曾经存在于今日墨西哥境内的古代印地安文明，大致上起始于西元前 200 年，并且在 750 年时灭亡。

提奥提华坎遗迹位于今日墨西哥市东北方约 50 公里处，位于一个紧临墨西哥谷的小型谷地中央，它的中央有一个南北向的轴心称为“亡者之路”，是一个实际上比较像是长方形广场的宽广大道。之所以这条大道被称为“亡灵大道”，是因为西班牙人来到此地时，看到成群的金字塔。西班牙人由于古埃及的金字塔的缘故，认为所有金字塔都是陵墓，于是把这条金字塔群中的大道如此命名。事实上印第安人的金字塔不是陵墓，而是祭祀用的。

大道的北端是月亮金字塔，中段的东侧则有一座古代墨西哥最

高大的建筑，称为太阳金字塔，这两座金字塔的造型类似，都是采用阶梯状的梯型叠成、正前方设置有非常陡峭的走道，其中月亮金字塔长宽分别为170米、150米，太阳金字塔的基座则为225米乘以222米，接近正方形，全高63米。太阳与月亮金字塔的塔顶在古代可能还有神庙状的建筑，但因为年代久远早已消失，只剩下一个略呈圆顶状的小丘。月亮金字塔比太阳金字塔矮一些，但由于月亮金字塔所在地势高，这两座主要金字塔的塔顶是水平的。

除了两座大型金字塔外，整个遗迹群还包含了位在太阳金字塔对面的羽蛇神神庙，与一些围绕在大道周围的迷你金字塔与半地下半地上的建筑物地基。整个提奥提华坎遗迹的占地约30万平方公里，由于早在西班牙人登陆墨西哥之前，该地就已经无人居住呈现荒芜状态，因此当西班牙人征服墨西哥各民族，大肆破坏印地安原住民的建筑物建立自己的殖民地文化时，提奥提华坎反而躲过一劫安然存在到今日，而成为今日古代墨西哥文明非常重要的一个象征物，并受到各方高度重视。今天，提奥提华坎遗迹已经是墨西哥境内最受欢迎的观光点之一。

玛雅古文明

玛雅文明，是现代分布于现今墨西哥东南部、危地马拉、洪都拉斯、萨尔瓦多和伯利兹 5 个国家的丛林文明。玛雅文明因印第安玛雅人而得名，是美洲印第安玛雅人在与亚、非、欧古代文明隔绝的条件下，独立创造的伟大文明，其遗址主要分布在墨西哥、危地马拉和洪都拉斯等地。玛雅文明诞生于公元前 10 世纪，分为前古典期、古典期和后古典期三个时期，其中公元 3 至 9 世纪为其鼎盛时期。

玛雅文明虽然处于新石器时代，却在建筑、天文学、数学、农业、艺术及文字等方面取得了惊人成就，为世界文明作出了极为重要的贡献。

但是，让人们百思不得其解的是，作为世界上唯一一个诞生于热带丛林而不是大河流域的古代文明，玛雅文明与奇迹般地崛起和发展一样，其衰亡和消失充满神秘色彩。公元 8 世纪玛雅人放弃了高度发达的文明，大举迁移。创建的每个中心城市都终止新的建筑，城市被完全放弃，繁华的大城市变得荒芜。玛雅文明一夜之间消失于美洲的热带丛林中。

到 11 世纪后期，玛雅文明虽然得到了部分复兴，然而，相对于全盛时期，其辉煌早已不比往昔。随着资本主义海外扩张的血腥行动，玛雅文明最后被西班牙殖民者彻底摧毁。

一、丛林中的神殿

19 世纪 30 年代，美国人约翰 · 斯蒂芬斯在洪都拉斯的热带丛

林中首次发现了玛雅古文明遗址。从此以后，世界各国的考古学家在中美洲的丛林和荒原上又发现了许多处被弃的玛雅古代城市遗迹。玛雅人在没有金属工具、运输工具的情况下，仅凭借新石器时代的原始生产工具，建造了一座座规模惊人的巨型建筑。雄伟壮观的提卡尔城，其电脑复原图出现时，许多现代城市的设计师也自叹弗如：建于 7 世纪的帕伦克宫，殿面长 100 米，宽 80 米。乌克斯玛尔的总督府，由 22500 块石雕拼成精心设计的图案，分毫不差。奇琴·伊察的武士庙，屋顶虽已消失，巍然耸立的 1000 根石柱仍然令人想起当年的气魄。这一切都使人感到，这是个不平凡的民族。

二、寓意深远的玛雅文字

玛雅文字最早出现于公元前后，但出土的第一块记载着日期的石碑却是公元 292 年的产物，发现于提卡尔。从此以后，玛雅文字只流传于以贝登和提卡尔为中心的小范围地区。5 世纪中叶，玛雅文字才普及到整个玛雅地区，当时的商业交易路线已经确立，玛雅文字就是循着这条路线传播到各地的。

人们自 1970 年开始进行的对玛雅文解读工作，但迄今都未能完全解读。玛雅文主要刻在神殿的石碑及墙上，记录着国王的诞生、上任、战争等重要事件。可惜经过多年的侵蚀，墙上或碑上的文字已经磨损，解读工作并不容易，再加上西班牙入侵玛雅时烧毁了大量书籍，以致玛雅文的原文非常少，而且字形奇特，解读工作难以有所进展。

到了 20 世纪中叶，研究人员们逐渐为玛雅人塑造出一个雏形：一个集数学家、天文学家和祭师为一身，并带有哲理性的民族，他们对于计算时间的流逝和观察星相特别地感兴趣。许多考古学家相信，那些正处于破译过程之中的玛雅雕刻文字肯定与历法、天文和宗教有关系。

俄国学者余里·罗索夫于 20 世纪 50 年代采用了一种全新的方式来研究玛雅文字，引起了玛雅碑文研究领域里的一场革命。罗索夫提出玛雅文字和古埃及、中国的文字一样，是象形文字和声音的联合体，换句话来讲，玛雅的象形文字既代表一个整体概念，又有它的发音。

当时的玛雅社会已出现了纸张和成书抄本，再加上玉器、陶器和日常用品中皆普遍有文字书写的情况，可见象形文字尽管比较艰深，却已成为玛雅社会中不可或缺的信息工具，它的复杂美丽与它的广泛使用都成为玛雅文化生活中的一大特色。这正是玛雅人对世界文明最伟大的贡献之一。

三、惊人的数字历法成就

随着对玛雅文化的进一步考察，人们惊奇地发现，几千年前的玛雅人竟有无与伦比的数学造诣。玛雅人的历法和天文知识究竟精确到什么程度？把一年分为 18 个月，测算的地球年为 365.2420 天，现代测算为 365.2422 天，误差仅 0.0002 天，就是说 5000 年误差仅一天。测算的金星年为 584 天，与现代测算 50 年内误差仅 7 秒。令人难以置信的数字！几千年前的玛雅人如何能有如此精确的计算？

玛雅人至少在公元前 4 世纪就掌握了“0”这个数字概念，比中国人和欧洲人早了 800 年至 1000 年。玛雅人创造了 20 进位计数法，数字演算可沿用到 400 万年以后。这样庞大的天文数字，只有在现代星际航行和测算星空距离时才用得上。而几千年前的玛雅人刀耕火种，用树叶遮体，用可可豆作媒介以物换物，如此的数字演算他们用得着吗？

除此之外，玛雅人还有一个令我们百思不得其解的历法，那就是卓金历。这是根据一年等于 260 日周期所计算出的历法，但在太阳系中，并没有适用此历的行星。那玛雅人究竟是为了什么才编卓金历？究竟有什么谜存在呢？

四、火箭浮雕

人们不禁要问道，生活在新石器时代的玛雅人为何产生如此高度的文明？即使到了 16 世纪，西班牙人在布满古迹遗址的尤卡坦半岛上看到的印第安人，还是以树叶遮体、住泥巴茅屋、以采集狩猎糊口。显然那种精确的天文历法和数学，那种令全世界景仰的文明、艺术，都远超出当地印第安土著几近原始生活的实际需求。令人疑惑：古代玛雅人是怎样得到如此高深的知识的？灿烂的玛雅文化是如何产生的？后来又是怎样销声匿迹的？

1952 年 6 月 5 日，人们在墨西哥高原的玛雅古城帕伦克一处神殿的废墟，发掘出一块刻有人物和花纹的石板。当时人们仅把这当作是玛雅古代神话的雕刻。到了六十年代人们乘坐宇宙飞船进入太空后，那些参与宇航研究的美国科学家才恍然大悟：帕伦克石板上

雕刻的，原来是一幅宇航员驾驶宇宙飞行器的图画！虽然经过图案化的变形，但宇宙飞船的进气口、排气管、操纵杆、脚踏板、方向舵、天线，软管及各种仪表仍清晰可见。这幅图画的照片被送往美国航天中心时，宇航专家们无不惊叹，一致认为它就是古代的宇航器。

这令人难以置信，但却是确凿的事实。于是，有些学者提出一种大胆的假想：在遥远的古代，美洲热带丛林中可能来过一批具有高度文明的外星智能生命，他们教授尚在原始时代的玛雅人各种先进知识，然后飘然而去。他们被玛雅人认为是天神。玛雅文化中令人难以理解的高深知识，就是出于外星人的传授。

当然，这仅仅是推测。后来，这个在古代高达的文明突然就消失了，玛雅文明消失的原因众说纷纭，至今仍有众多猜测。有人说，建于丛林中的玛雅帝国，在发觉此地无以维持生计后，便做了一次种族大迁徙，来到奇琴伊察定居，又绵延两个世纪才灭亡。也有学者认为，玛雅帝国外受游牧民族的袭击，内部则因发生内乱，整个帝国在遭受巨变后，溃退逃散。然而何以胜败两方面都走得无影无踪？没有人能够找到合理的答案。这个秘密的解开，有如拼图游戏一般，目前不过刚刚开始。

扫一扫 听故事
中大奖

迈锡尼文明

迈锡尼文明的繁荣始于公元前17世纪，谁才是这一文明的创造者，一直是个争论不休的话题。

迈锡尼的文字被识读以后，他们属于希腊人已经不成问题，而且迈锡尼文明和米诺斯文明曾经相互影响也是不争的事实。人们还相信迈锡尼的繁荣来自与其他国家的广泛而平等的贸易，所以为这一文明做出贡献的应该不只是一个民族。

公元前13世纪，迈锡尼的自负国君倾尽全力去攻打特洛伊，花费了10年时间，耗尽了人力和财力，虽然最终攻克了特洛伊城，整个国家却已经大大地伤了元气。迈锡尼文明从此一蹶不振。几百年之后，它自己的城池也被攻破，迈锡尼就永久地消失于人类的视线中了。

被挖掘出的迈锡尼城堡高耸在山顶，平面呈三角形铺展开去，守护在城堡门口的是一对已经无头但仍然威武的石刻雄狮。两只狮子顶着一条柱子的石板雕，被认为是皇族权势的象征。因此，迈锡尼城堡的大门得一美名——“狮子门”。

狮子门往里，就是一处单独围着石墙的皇家墓井。墓井里发现的尸体多为黄金所包裹，有一具男尸脸上还戴着精致的黄金面具，

妇女头上也装饰了各种黄金首饰，连墓内的小孩儿也是被黄金片所覆盖。由此可见迈锡尼享有“黄金之城”的美誉确实当之无愧。

除了墓地，城堡里还有皇家宫殿、楼阁、冠冕厅及起居室。城堡的东面还有大量商人的住处，在那里发现了不少陶器。人们由此推断迈锡尼古城里居住的全是皇族、政要和商人，他们享有迈锡尼文明的富裕果实。但是，迈锡尼本身并不出产黄金，那么多的黄金都是从哪里来的呢？迈锡尼高踞高山之上，也算是固若金汤，可为何在历史上却多次被攻破呢？更让人不明白的是，迈锡尼文明已经创造了自己的文字，并且被用来书写进行贸易时的货物清单，但他们却不在墓碑上刻下死者的名字和业绩，这有别于同时代及后世民族的树立丰碑的习惯，这又是为什么呢？

迈诺安文明

克里特岛位于地中海北部，是希腊的第一大岛，总面积 8300 平方千米。大约在西元前 2300 年至西元前 1500 年间，克里特岛上曾存在过一种迈诺安文明，又称米诺斯文明，这种文明在其存在的最后 200 年间达到顶点。当时，统治克里特岛的是迈诺斯王朝。迈诺斯王朝极其强大，它称雄爱琴海，威震雅典，是联系欧、亚、非三洲先进国家的纽带。

迈诺斯王朝凭借优越的地理位置，发展造船业，建立了世界上最早的一支海军。所向披靡的迈诺斯舰队，使王朝能与埃及、叙利亚、巴比伦、小亚细亚等区域保持贸易来往，并成为海上霸权国家，爱琴海诸岛各国纷纷向迈诺斯称臣，雅典也得向它纳贡。

3000 多年来，世人对迈诺斯文明的了解，除了那个广为流传、有关克里特岛国王迈诺斯及其半人半牛、藏身黑暗地下迷宫的贪婪怪物弥诺陶洛斯的神话以外，几乎是一无所知了。克里特岛上所有的城市，突然在一夕间全部被毁坏了，这个古老的文明便从地球上永远地消失了。迈诺安文明人去向了哪里?

20 世纪初，英国考古学家艾文斯爵士经过细致考察，终于在克里特岛发现了迈诺斯首都诺索斯的遗址。遗址的建造之奇、藏品之丰，为世人所惊叹。艾文斯和他的队员们在遗址中发掘出了以海洋生物、雄壮公牛、舞蹈女郎和杂技演员为题材的色彩鲜明的壁画。另外，还发掘出了斧头的残片、铜斧乐器，以及 1 个以小片釉陶和象牙包

金加镶水晶造的近 1 平方米的棋盘等文物。

这次发掘过后，人们并没有停止探索迈诺安文明的脚步。在后来对王宫的发掘中，考古队员在王宫一间小屋里，发现了数千张刻有文字的泥板，其中一块赫然写着“雅典贡来妇女 7 人，童子及幼女各 1 名”。不禁使人想起牛头人身怪物的神话，神话中说迈诺斯国王为报雅典王爱琴斯害死其子之仇，用武力强迫雅典人每隔 9 年必须进贡 14 名少年和少女供牛头人身的怪兽米诺陶洛斯食用。最后爱琴斯之子用魔剑杀死了怪物米诺陶洛斯。出人意料的是，1980 年春，英国考古学家在雅典公布，在克里特岛上一所铜器时代的房屋，发掘出 200 多根支离破碎的人骨，是 8 至 11 个年龄为 10 到 15 岁的少年，他们的尸骨上留下被宰杀的刀痕。

后来考古学家们发掘到一座神庙，发现曾创造灿烂文明的克里特岛人竟然真的用活人祭祀！考古学家在神庙中发现了许多放置祭品的陶制器皿和一个供台，供台上躺了一具身高约 165 厘米高的青年骨骸，台边有一个接血用的盆状容器，附近还发现了一把宰人的青铜尖刀。考古学家还在附近发现了几具仰面朝天、手上戴着银质戒指的骨骸，专家推测这应该是祭司与其助手。离祭台较远的地方还有许多杂乱的尸骨，据推测是参加仪式的官员和祭司的随从们。

是谁导演了这场悲剧，让这么多人在顷刻之间毙命！

考古学家们根据现场情形推测：引起这场悲剧的罪魁祸首是火山，当克里特岛人正在进行活祭，祈求上苍让灾难远离之时，火山突然爆发，这引起了巨大海啸，浪头高达 50 米，滔天巨浪，滚滚南下，摧毁了克里特岛上的城市、村庄，迈诺斯王国也随之化为乌有。随着时间的流逝，迈诺斯王国逐渐被人遗忘了，只在传说中被提及。

1967 年的一场发掘仿佛也为这种观点提供了直接证据。当时，美国考古学家在克里特岛以北 130 千米的桑托林岛考察时，在 60 米厚的火山灰下，挖出一座古代商业城市。经考证，这座城市是在公元前 1500 年前后，桑托林火山大爆发时被火山灰埋葬的。那可能是人类历史上最猛烈的一次火山大爆发，喷出的火山灰渣占地面积广达 62.5 平方千米，岛上的城市几乎在一瞬间就被埋在厚厚的火山灰下。据记载，当时埃及的上空曾出现 3 天漆黑一片的情景。

但这只是一种观点，也有人认为公元前 1400 年时期迈诺斯文化突然崩溃，其直接原因是来自希腊本土的麦锡尼人的入侵。历史的真相往往掩盖在层层迷雾之中，真正的迈诺斯王国消失之谜也许要等到更多的考古发现后才能真正揭开。

三星堆文明

三星堆遗址属全国重点文物保护单位，是中国西南地区的青铜时代遗址，位于成都平原四川广汉南兴镇，1980 年起发掘。在遗址中发现城址 1 座，据推测，其建造年代最迟为商代早期。已知东城墙长 1100 米，南墙 180 米，西墙 600 米，皆为人工夯筑而成。清理出房屋基址、灰坑、墓葬、祭祀坑等。房基有圆形、方形、长方形 3 种，多为地面木构建筑。

自 1931 年以后，三星堆遗址曾多次发现祭祀坑，坑内大多埋放玉石器和青铜器。1986 年发现的两座大型祭祀坑，发掘了大量青铜器、玉石器、象牙、贝、陶器和金器等。金器中的金杖和金面罩制作精美。青铜器除 、尊、盘、戈外，还有大小人头像、立人像、爬龙柱形器和铜鸟、铜鹿等。其中，青铜人头像形象夸张，极富地方

特色；立人像连座高 2.62 米，大眼直鼻，方颐大耳，戴冠，穿左衽长袍，佩脚镯，是难得的研究蜀人体质与服饰的资料。祭祀坑的年代约为商末周初，被认为是蜀人祭祀天地山川诸自然神祇的遗迹。

三星堆的发现将古蜀国的历史推前到 5000 年前。三星堆文化来自何方？这里数量庞大的青铜人像和动物不归属于中原青铜器的任何一类。青铜器上没有留下一个文字，简直让人不可思议。

出土的“三星堆人”高鼻深目、颧面突出、阔嘴大耳，耳朵上还有穿孔，不像中国人倒像是“老外”。有学者认为，三星堆人有可能来自其他大陆，三星堆文明可能是“杂交文明”。

在世界所有考古发现中，三星堆遗址出土的青铜神树，称得上是一件绝无仅有极其奇妙的器物。青铜神树分为 3 层，树枝上共栖息着 9 只神鸟，显然是“九日居下枝”的写照，出土时已断裂尚未复原的顶部，推测还应有象征“一日居上枝”的一只神鸟，以及尾在上头朝下攀援在青铜神树上的神龙。

三星堆出土的大量青铜器中，基本上没有生活用品，绝大多数是祭祀用品。表明古蜀国的原始宗教体系已比较完整。这些祭祀用品带有不同地域的文化特点，特别是青铜雕像、金杖等，与世界上著名的玛雅文化、古埃及文化非常接近。大量带有不同地域特征的

祭祀用品表明，三星堆曾是世界朝圣中心。

三星堆的发现震惊了国内外学术界的原因，首先是因为它的发现与长期以来人们对巴蜀文化的认识大相径庭，甚至有些地方是完全不同的。其次，它的发现也验证了古代文献中对古蜀国记载的真实性。传统上认为在古代巴蜀地区是一个相对封闭的地方，与中原文明没有关联或很少有交往等观念。而三星堆遗址的发现证明，它应是中国商周时期前后一个重要的诸侯国，它的文化虽然具有独特性，但与中原文化有着一定的渊源。三星堆遗址是我们了解四川地区，甚至是中国西南地区历史文化发展的重要途径。

对于三星堆文化的研究还有待进一步地深入进行。

扫一扫 听故事
中大奖

班清文明

1962 年，泰国王国艺术部的一位职员在班清小镇一条长满杂草的小路上行走时，踢出一个画有图案的陶器碎片。出于职业习惯，他将碎片带回曼谷。他的同事们从陶器的颜色推断这是史前产物，但因班清太不起眼了，没有引起注意。

1966 年，美国驻泰国大使的儿子斯蒂芬 · 扬来到班清，在路过一个筑路工地时，在堆积石料的地方，看到许多被推土机挖出的破损陶器。他被上面的图案所吸引，就捡了一个大而美丽的陶罐带给泰国的婵荷公主玩赏。这个陶罐虽然已经破损，但在浅黄色的底色上，有着艺术家随心所欲、一挥而就的深红色图案，也有经过精心构思的精确的几何图案。这种色彩搭配不但抢眼还相当赏心悦目，再加上美丽的图案，使陶器具有强烈的艺术感染力。另外，婵荷公主注意到这种图案不同于泰国已发现的任何一种，倒是有几分像古希腊的陶器图案。这太怪了！“这件陶器真是太有意思了，我从未见过这样的东西。”这位酷爱艺术的公主出于对文物的敏感，亲自去了一趟班清。她挨家挨户搜集文物，最后，不仅带回了大量的陶器，还有不少的青铜制品。

1968 年，美国著名的艺术史学家伊丽莎白·莱昂斯把一些陶器碎片送到费城大学的考古研究中心。经测定，班清的陶器是公元前 4000 年左右制造的，几乎和两河文明的年代一样久。这是令人难以相信的，一般认为，泰国的可考历史至多有 1500 年。以后又多次测试班清陶片，结果都是一样。难道班清曾是世界古文明的摇篮之一？东南亚是一个向外流淌文化的源泉？

1974 年，在联合国的资助下，考古学家开始对班清文明小镇的古墓葬进行挖掘。开挖的第一天，人们的期望值并不很高，很难想象这个人口不足 5000 人、世代以种稻为生的小镇会有很悠久的历史。然而，当挖到 5 米深时，一种考古者熟知和梦寐以求的土层出现了：这是 6 层界线分明的墓葬，最深的一层是公元前 4000 年的，最浅的一层也可追溯到公元前 250 年。这可大大地超过了泰国的可考历史。

挖掘工作一发而不可收，到 1986 年，班清挖出了各种文物 18 吨，其中有大量的青铜器和金银装饰品。

最先的研究显示，这里的文明起源于种稻，但很快有了作坊工业。早在公元前 3000 多年，班清人已经掌握了冶铁技术，比中国和中东要早得多。那时，世界各地的文明先发者开始了农耕，有了制作石器的技术。班清人却已经开始用难以想象的几何图案制作手镯、项链、兵器、工具和陶器了。什么人是他们的祖师？班清宝藏的无穷魅力还在于它一直不为人所知，这是为什么？考古学家开始寻找那些较大的墓葬，期望能找到帝王、找到学者、找到能工巧匠的名字。他们想了解班清的文明是自发的，还是受了别人的影响。

班清工艺品上的图案和古希腊的很相似，但古希腊文明比班清要晚一些。两个文明有没有交流、影响？如果有的话，是通过什么样的途径影响的？中东早期的铜器是红铜与砷的混合物，但到公元前 3000 年前，锡突然取代了砷。中东的锡是不是来自班清？因为班清的青铜就是红铜和锡的混合物。这是因为班清所处的呵叻高原的山脉中，至今仍以铜、锡储量丰富而闻名于世。

这是一个辉煌的文明，但为什么史书上没有一点记载呢？班清在古代的作用是什么？是冶炼基地，驿站，贸易中转站，都市，还是其他什么？这样的讨论看来还要进行好多年。与此同时，来自班清的诱人宝藏将会慢慢地越积越多。它们不会说话，但却有说服力。它们也许会证明，这里存在过一个举世无双的文明。

印度尼西亚的“千佛寺”

人们都公认由释迦牟尼创立的佛教产生于印度，然而世界上最大的佛塔却在印度尼西亚，而并非建于佛教起源国印度，这不能不说是一件令人奇怪的事情。

印度尼西亚的婆罗浮屠被列为东方文明的四大奇观之一，也是世界石刻艺术宝库之一。佛塔基座上刻有 160 块浮雕，这些浮雕都是根据佛经刻出来的。中部 5 层塔身和围墙上也刻有 1300 块精美浮雕，描绘了佛祖解脱之前日常生活的情景，也有一些反映的是民间传说故事。这些浮雕刻画人物栩栩如生，形象逼真。

这座佛塔的名字中融合了印尼文化，并不是印度佛教文化简单的移植。“婆罗”一词来自梵文，是“庙宇”的意思；“浮屠”是古爪哇文，意为“山丘”，“婆罗浮屠”即为“山丘之庙”。佛塔的数量很多，佛像也很多，庙中佛像有1000多尊，大型浮雕1400余块。所以，在爪哇历史中，这座佛塔又被称为“千佛寺”。佛塔被后人发掘出来后，大批学者纷纷前来对它进行研究。然而，时至今日，它的秘密越来越多，人们都在努力探索，但都未能揭开这些秘密。

秘密之处首先在于建筑。关于佛塔的建筑年代在任何史料中都没有明确的记载。据考古学家们考证，从跋罗婆文写的碑铭上看，那些建筑年代久远，大约在公元 772 ～ 830 年间，具体什么时间却无法确定。

其次，塔内众多的佛像、雕石均有着深刻的含义。然而，它却

不是容易为今人所理解的。迄今为止，世人能够理解的仅占20%。如《独醒图》表现富贵不能淫；《救世图》赞扬佛的慈悲宽宏；《身教图》则教育人们不要冤冤相报，而剩下的大部分佛像雕石今人都已经很难理解其深刻含义了。

还有一个更多巧合的秘密是数字。在婆罗浮屠的整个建筑中，多次用到了8、10等数字。3层圆台上的小舍利塔的数目分别为32、24、16，塔内佛像总共有504尊，全部都是8的倍数。佛塔建筑中所有舍利塔的数目是73。而“73”的个位数与十位数之和恰好是10，这是佛教中一种圆空、轮回的教义的体现。另据传说，原来塔内佛像总数为505尊，后来由于塔顶原来的佛像修行圆满，达到涅 ，远走高飞了，所以现在的只剩下504尊。原佛像数505这3位数之和也是10，这与舍利塔的总数目具有相同的道理，即从0出发，经过9个实数后，回复到0，故10等于0。佛像在数字方面时时都注意体现教义。

随着佛塔神秘面纱的揭开，也许会出现越来越多的类似的谜，人们目前还无法完全去破译出这些谜的谜底。但相信随着时间的推移和高科技的发展，神秘的千佛寺将完全地展露在世人面前。

太阳门是外星人之门吗

位于世界上最高的淡水湖——的的喀喀湖东南 21 千米、海拔 4000 米高的层峦叠嶂的安第斯高原上，有一座前印加时期的蒂亚瓦纳科文化遗址。自 1548 年西班牙殖民主义者发现了这个被印加人称作蒂亚瓦纳科的小村落，并向外界报道后，以精美的石造建筑为特征的蒂亚瓦纳科文化就此闻名于世。自那以后，围绕这个遗址是什么时代建造的、由何人建造的、建造的目的是什么等问题，整整讨论了 4 个多世纪。

这是一个星散在长 1000 米、宽 400 米的台地上的大遗迹群，地处太平洋沿岸通往内地的重要通道上。遗址被一条大道“劈”为两半，大道一边是占地 210 平方米、高 15 米的阶层式的阿加巴那金字塔，另一边是由长 118 米、宽 112 米的台面组成的卡拉萨萨亚建筑。该建筑至今仍完好无损，四周围有坚固的石墙，里面有梯阶通向地下内院，坐落在西北角的就是美洲古代最卓越、最著名的古迹之一——太阳门。它被视作蒂亚瓦纳科文化的最杰出的象征。

蒂亚瓦纳科文化是公元 5 世纪到公元 10 世纪之际，影响秘鲁全境的一支文化。作为该文化的代表，太阳门由重达百吨以上的整块巨型中长石雕镌而成，造型庄重，比例匀称。它高 3.048 米，宽 3.962 米，中央凿一门洞。门楣中央刻有一个人形浅浮雕神像，人形神像的头部放射出许多道光线，双手各持着护杖，在其两旁平列着 3 排 48 个较小的、生动逼真的形象，其中上下两排是面对神像的带有翅

膀的勇士，中间一排是人格化的飞禽，浮雕展现了一个深奥而复杂的神话世界。这块巨石在发现时已残碎，1908 年经过整修，恢复旧观。据说每年 9 月 21 日黎明的第一缕曙光总是准确无误地射入门中央。

在印加人创造蒂亚瓦纳科文化的年代，尚未使用有轮子的运输工具和驮重牲畜。这里的气压很低，大约只有海平面气压的一半，空气中氧含量也挺少。体力劳动对于任何一个非本地人来说，都是难以忍受的。因此在这云岚缭绕、峭拔高峻的安第斯高原上建造起如此雄伟壮观的太阳门，实在是不可思议。

当时的生产力极为原始，怎么把上百吨重的巨石从采石场拖曳到指定地点呢？据计算要完成这个任务至少每吨要配备 65 人和数千米长的羊驼皮绳，这样得有 26000 多人的一支庞大队伍，而要安顿这支大军的食宿，非得有一个庞大的城市，但这在当时还没出现。

另有不少人认为，当初是用平底驳船从科帕卡瓦纳附近采石场经过的的的喀喀湖运去石料的，据地质考查，当时湖岸与卡拉萨萨亚地理位置接近，后来湖面降低才退到现在的位置，如这一说法成立，那使用的驳船要比几个世纪后的殖民主义者乘坐的船还要大好几倍，这在那时也是不可能的事。

更有甚者，说蒂亚瓦纳科是外星人在某一时期建造在地球上的一座城市，太阳门是外空之门。

总之，对太阳门众说纷纭，莫衷一是。但我们相信，随着考古资料的不断发掘和科学技术的进步，太阳门的秘密总有一天会被揭示。

庞贝城消失之谜

在距今约 2000 年前，在意大利那不勒斯海湾东面，维苏威火山南面，有一座名叫庞贝的古城。由于地处那不勒斯海湾，庞贝城阳光明媚、气候宜人，又是重要的交通要道和航运港口，所以庞贝非常繁华。

然而在公元 79 年之后，这个安逸舒适的小城突然从人们面前消失了，曾经繁华无比的城市一下消失得无影无踪，没有留下只砖片瓦。而这一切，源自当年 8 月的一次令人胆战心惊的火山爆发。

由于庞贝城北依维苏威火山，因此它建立之初就处在危险的边缘，但当时这座火山已经是一座死火山，1000 多年没有喷发过，附近又拥有那么丰富的地质和森林资源，因此人们放心地在这里定居下来。经历了几百年的安居乐业之后，庞贝已经发展成了著名的商贸中心，人们对北面的维苏威火山的危险性也已逐渐淡忘。然而地下的地质运动并不像人们想象得那么平静，就在庞贝城日益繁荣的时候，地球内部的巨大压力逐日积聚，使得非洲大陆和欧亚大陆之间不断产生挤压碰撞，从而使得地中海海底的边缘向地球内部深陷，而维苏威火山正好处于这一地震带上，因而它随时

都有可能爆发，而且一旦爆发，其杀伤力将是毁灭性的。

不幸的是这一天真的到来了。公元 79 年 8 月 24 日，庞贝城的人像往常一样生活着，维苏威火山口却突然冒出了火山灰，人们一开始并没有在意，因为之前曾经出现过这种情况，以为很快就会停止，但这次却是末日的到来。火山灰越流越多，几个小时以后，突然传来震耳欲聋的爆裂声，火山岩浆喷射而出，维苏威火山如一门冲天火炮，大约以声速两倍的速度喷射出高达 27 千米的浓烈熔浆，熔浆在空中被粉碎成小颗粒，扩散成一个大云团，随着气流向东南方向移动，很快笼罩了附近几个城市。火山喷出的大量热蒸汽形成的雨水倾盆而下，山洪冲刷着山石泥土和火山灰，巨大的土石流顺着山谷奔泻而来，空气中弥漫着呛人的硫黄和浓烟味。

庞贝城立刻陷入了恐慌，人们纷纷逃难，但剧烈的火山灰和山洪让许多人根本来不及逃生便葬身巨石岩浆中。罗马散文家小普林尼经历了这场灾难，他当时正在庞贝考察，在逃离火山灾区的途中他亲眼见识了这次灾难的可怕，他后来描述道："不是无月或漫天乌云的那种黑暗，而是那种好像一个封闭的房子里的灯熄灭了的那种黑暗……四周传来妇女的呻吟声、婴儿的啼哭声以及男人的吼叫声，一些人在呼喊他们的父母，另一些人在呼喊他们的孩子和妻子的名字，他们想凭借彼此的声音来认出对方。"可见当时的混乱和恐惧。

这场灾难彻底摧毁了庞贝城，火山停止喷发后，整个庞贝城已经被厚厚的火山灰和岩浆所覆盖，整个城市被埋在了地下。此后，维苏威火山又于公元 203 年、305 年、472 年等多次爆发，厚厚的火山灰和熔岩一次次地覆盖着庞贝城，使庞贝城彻底埋藏于地下，人们从地面上再也看不到古城的一点踪迹了。庞贝古城就这样从人们的视线中消失了，后人只是在记载和传说中知道曾经有过一个庞贝城，但对于他的具体位置和样貌却一无所知。

直到 1709 年，一群意大利工匠在维苏威火山东南地区修筑水渠时，从地下挖出了一些古罗马的钱币，以及一些经过雕琢的大理石碎块，不久又挖出了一块刻有庞贝字样的石头，这一消息立刻引起了人们的注意，许多探险家和考古学者来到这里寻找庞贝的踪迹，但由于庞贝古城深埋于地下，考察工作并不顺利。1860 年，意大利国王维克多 · 伊迈纽尔二世把庞贝城的挖掘列为国家的重大建设项目之一，并委任菲奥勒利教授主持工作，庞贝城的发掘才取得了实质性进展，经过长达 100 多年的大规模系统挖掘，这座沉睡于地下 1000 多年的古城终于露出了本来面目。

由于火山灰和岩浆的作用，庞贝古城的城市结构和建筑物得到了较好保护，许多居民用品和壁画也得以保全原状，甚至有些布料和绘画的颜色仍然非常鲜艳。通过庞贝遗址的整体结构和布局，后人可以想见当时庞贝人的生活状态和生活习惯。由于庞贝城在公元 79 年 8 月 24 日那天突然“凝固”，发掘出的遗址正为我们提供了当时庞贝人的生活标本。

荒丘之下的埃布拉

在叙利亚北部城市阿勒颇与哈马之间，是一片无垠的沙漠，沙漠中有个名叫特尔·马尔狄赫的巨大土丘，高出周围地面约 10 米，远远望上去，气势非同一般。20 世纪轰动全球的最重大考古发现之一——埃布拉古国都城遗址即沉睡在这座引人注目的荒丘之下。

埃布拉古国都城遗址于 20 世纪 60 年代被意大利考古学家保罗·马蒂埃率领的罗马大学考古队发现。

埃布拉城平面大致呈菱形，最宽处约 1000 米，辟有 4 门，遗址总面积 56 万平方米，城址中央最近似圆形的卫城，直径约 170 米。1973 年，在卫城中发现公元前 3000 年前的王宫，宫墙高达 15 米，宫殿鳞次栉比，千门百户，结构复杂多变，阶梯走廊曲折相通，是王宫成员的居住区。在城墙和卫城之间是普通居民的生活区。1957 年，又在卫城中发现了王室档案库，里面出土了大量完整的文书。埃布拉古国在考古发现之前一直是一个不为人知的国度，有关这个王国各方面的情况，几乎均来源于埃布拉文书的记载。

发现的 15000 件黏土板文书大多接近

正方形，边长约 20 厘米，尽管还有相当数量的“埃布拉文书”尚未破译，但是，根据已经释读的大量文书记载，学者们已经可以勾勒出这个神秘国度的概况。

埃布拉古国是一个高度发达的奴隶制国家，王室、神庙僧侣和世俗贵族都占有大量的私有土地，以地域关系为纽带结合起来的农村公社仅占少量土地。在埃布拉古国晚期贫富分化悬殊，社会矛盾激化。埃布拉古国长期实行募兵制，拥有一支兵种齐全、装备精良、训练有素、战斗力强的常备军，国王凭借军事力量，对内加强统治，对外频频发动侵略战争，随着军事侵略的胜利和王国版图的扩大，大量奴隶和财富流入埃布拉国内，埃布拉奴隶制经济空前繁荣。一些泥板书中写有很多的指令、税款和纺织品贸易的账目以及买卖契约，还有一块泥板上写有 70 多种动物的名称，表明埃布拉的工商业也相当的发达。

就在埃布拉王国称雄一时的时候，两河流域另一个奴隶制城邦阿卡德王国强大起来。阿卡德城位于巴比伦尼亚（今巴格达）以北，阿卡德国

王萨尔贡一世曾经征服过埃布拉。萨尔贡一世的孙子那拉姆·辛统治时期，横征暴敛，滥杀无辜，他率领军队亲征埃布拉王国，并将埃布拉都城焚毁殆尽。阿卡德王国的军队撤退后，埃布拉人民在废墟上重建家园，古都恢复了昔日的繁华和喧闹。但好景不长，大约在公元前2000年左右，游牧民族阿摩利人再度把这座城市掳掠一空，临走时又放了一把大火将其焚毁。此后，阿摩利人长驱直入，到达巴比伦尼亚，建立了古巴比伦王国。埃布拉古国由于迭遭浩劫，日渐衰落。公元前1600年，最后一场大火将埃布拉都城彻底毁灭，埃布拉居民也突然消失得无影无踪。这场毁灭性的灾难究竟是由于统治者内部纷争造成的，还是由于来自北方小亚细亚的强悍民族赫梯人的侵略，似乎已成为永远无法解开的历史之谜。

埃布拉古国的发现是一个具有划时代意义的重大历史事件，在这样一个严重干旱、人迹罕至、鸟兽绝迹的沙漠地区，人类曾建立过一个繁庶的国家，创造过光辉灿烂的文化，的确是一个了不起的奇迹。难怪在发现埃布拉古国的消息公布以后，有人甚至将它列为“世界奇迹之一”，从某种意义上来讲，这种评价是不过分的。可以预料，随着“埃布拉文书”释读研究工作的深入，改写中东历史的日子为期不远了。

黄沙之下的摩亨佐·达罗城

在巴基斯坦信德省的拉尔卡纳县南部，印度河右岸，有一座半圆形的佛塔废墟，修建年代无人知晓。当地人称之为“死人之丘”。

多少年来，这里一片荒芜，满目凄凉，没有人烟。可是，有谁想到这漫漫黄沙之下埋藏着一个曾经高度发达的文明城市——摩亨佐·达罗。

但是，摩亨佐·达罗城是怎样衰落直至葬身黄沙之下的呢？摩亨佐·达罗人是在什么时候遗弃这座城市的？他们后来又到哪里去了？

世界各国的许多考古学家、历史学家、人种学家和古文字学家一直试图通过发掘出来的古城遗址和大批石制印章、陶器、青铜器皿等文物，揭开古城的秘密。几十年过去了，古城的真实面貌已经渐渐显露出来。

摩亨佐·达罗是公元前3000—前1750年青铜器时代的一座世界名城。这个城市的居民叫“达罗毗茶人”，是世界上最早种植棉花并用棉花织布的民族之一。他们创造了结构独特的文字，还发明

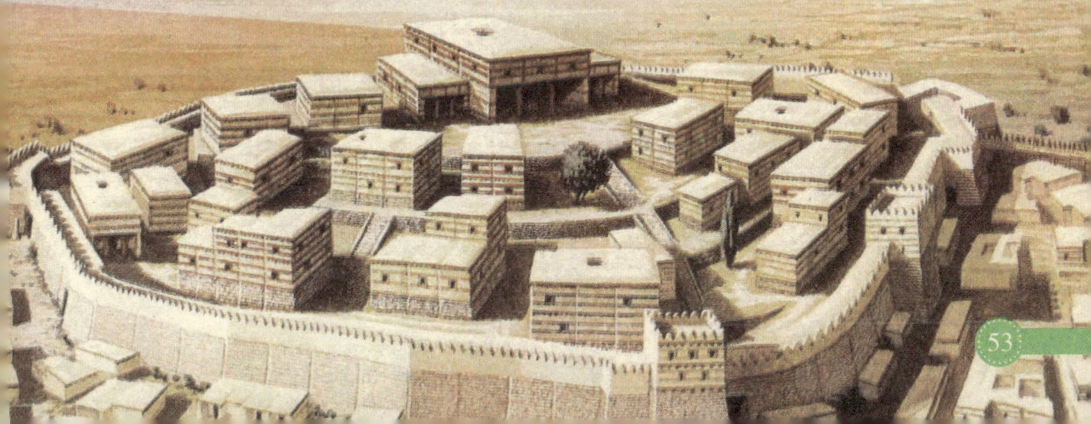

了相当精密的度量衡方法，建立了高度发达的城市经济，而且广泛地和其他各民族进行着贸易往来。

摩亨佐 · 达罗的城市总体规划非常先进且又极为科学，在当时可谓土木工程中的一项伟大成就。城市整个被分为好几个部分，包括一座位于高处的"城堡"和地势较低的城区。一条宽阔的大马路自北向南纵贯城市，每隔几米就有一条东西向的小街与之成直角相交。此外，还有小巷组成的不规则的路网与小街相连，住宅房屋的墙壁很厚，表明至少是两层楼房，大多数为多间建筑，有些房子很大，包括几套院落，有些则是简陋的单间房屋。

房屋是用烧制的砖块建成的，据考古学家称，"砌砖的精细程度几乎无法再提高了"。大多数住宅的底楼正对马路的一面均为毛坯，没有窗户—— 这种旨在防止恶劣天气、噪音、异味、邻人骚扰和强盗入侵的城市习俗至今仍为近东地区的许多地方遵行。通常房屋正门位于后面的小巷，对着一个宽敞的门厅，向前是一个院落，房屋的采光、通风十分良好。

当欧洲人还生活在村庄里，英伦三岛上的巨石阵正在建造的时候，生活在印度河流域的哈拉帕人已经拥有了世界最先进的供水和排污系统之一。在摩亨佐 · 达罗，一个水井网络为每个街区提供方便的淡水来源。

几乎每户人家都有沐浴平台、许多家庭还有厕所。城中还有一个范围广大的排水系统将多余的水带走。于 1925 年挖掘出土的大浴池是被一个大建筑群包围的砖砌大水池，位于城市公共部门的正中心，盛有一池深水，它在当时是一个技术上的奇迹，在古印度的建筑中也是独一无二的。

大多数研究者认为大浴池不仅仅是一个公共洗浴区。大浴池和众多的沐浴平台暗示洗礼仪式在当时的社会中非常盛行，这种仪式

今天在巴基斯坦和印度仍很普遍。

据考古学家推断，摩亨佐·达罗时期，商业、农业、加工业等行业都极为发达。虽然限于当时的生产和经济水平，一般人生活方式可能相当简单，但考古发现仍不乏奢侈品。在艺术上，有一件高19厘米的男子石雕像，是在摩亨佐·达罗发现的少数石雕之一，堪称精品。一些精美的金属制品、珠宝饰品和陶器也被不断发掘出来。此外，在摩亨佐·达罗还发现大量刻有神秘文字或图案的印章。

古城摩亨佐·达罗遗址的发现证明：包括现在印度和巴基斯坦的古印度，也和埃及、巴比伦、中国一样，是人类文明的摇篮。

几乎比创造出这些奇迹更难以解释的是摩亨佐·达罗这个伟大城市的文明在公元前2000年上半叶的某个时候一下子消失了，几乎没留下任何延续的痕迹。关于古老文明毁灭的原因众说纷纭，外族入侵、洪水泛滥、沙漠侵害。至今无人能够破译印章上谜一般的文字，这些掌握了象形文字、雕刻艺术并有着城市规划天赋的聪明人究竟是从哪里来的？没人真正知道。他们连同他们创造出的这些高级文化似乎是从远古奇异稀薄的空气中偶然生成，又突然间消失了。

这些谜底可能还深藏在神秘的“死人之丘”底下。可是，由于岁月的消磨，洪水的冲刷和盐碱的腐蚀，解开这些历史悬案的希望就像眼前的摩亨佐·达罗遗址日见颓败一样，变得越来越渺茫了。

大津巴布韦之谜

大津巴布韦文化是南部黑非洲古代文明的杰出代表，得名于一组古代巨石建筑群遗址。大津巴布韦遗址位于今津巴布韦共和国内。

该建筑群大约始于公元 4 世纪至 5 世纪，以此为中心曾先后间建立过一些班图人的王国。后经多次重建或扩建，于 14、15 世纪达到鼎盛。

“津巴布韦”一词源于邵纳语，意为“石头建筑”或“石头城”。

大津巴布韦是这些遗址中最大、最壮观的。它是一个围墙围成的圆表区域，内有房屋和庭院。围墙高 9 米，厚约 5 米，顶部砌着大石块。沿山谷向下延伸，在约 24 万平方米的范围内散布着许多石头建筑，包括一座围墙围着的庙宇和稍小一些的建筑物遗迹。

大津巴布韦遗址三面环山，一面是波平如镜的凯尔湖。整个的遗址范围包括山顶的石岩和山麓的石头大围圈及其东面的一片废墟，组成了相互联系的建筑群。

据考证，这座石头城建于公元 600 年前后，是马卡兰加古国的一处遗址。古城分为外城和内城两部分，外城筑在山上，城墙高 10 米，厚 5 米，全长 240 米，由花岗岩巨石砌成。内城建在山坡谷地，呈椭圆形。城内有锥形高塔、神庙、宫殿等，都由石块砌筑，而且这些建筑的入口、甬道和平台等都是在花岗岩巨石上就地开凿出来的。

遗址外围可以看到古代梯田、水渠、水井的痕迹，有相当大的铁矿坑和遗存的炼铁工具。遗址内掘出不少金银首饰，甚至有泥土

做的铸造钱币的模型。在一个货栈仓库遗址中，发现了中国明代的瓷器、近东的陶瓮、阿拉伯的玻璃和金器、印度佛教的念珠。以上说明，大石头城在农业、冶炼、工艺和对外贸易方面，都已达到很高的水平。

在高大的城墙顶上和城内建筑物的石柱上，往往装饰着一只矫健的“津巴布韦鸟”，脖子挺直，翅膀贴身，身如鹰，头似鸽，高约 50 厘米，用微红的皂石精细雕成。它的学名为“红脚茶隼”，是南非和南亚之间的候鸟，年年准时来津巴布韦越冬，被津巴布韦人奉为神鸟，立为图腾。津巴布韦独立之后把它定为国鸟，作为国旗、国徽和货币的图案。

16 世纪初，葡萄牙殖民者入侵南非时，已经风闻津巴布韦石头城的故事。但真正到现场勘察的是德国探险家卡尔 · 毛赫。他在 1868 年潜入石头城，被当地酋长捉到，一无所获。1877 年 9 月毛赫再次潜入，将石头城的方位标注在地图上，搜刮了一些文物，回国后向世界宣告这一“伟大发现”。消息传开，西方殖民者蜂拥而至，将珍贵文物洗劫一空。

可恶的是，西方学者不相信“黑暗大陆”能够创造这样璀璨的文明，长期抱着“外来人创立”的观点。或猜是公元前的腓尼基人，越过撒哈拉沙漠南下建立的；或认为是印度商人、古埃及人建立的。甚至臆想石头城是《圣经》所讲的以色列国王居住过的地方，什么

石头城与所罗门圣殿相似云云。

谁建造了石头城？如果是外来人建立的，为何世界上任何史书都未提及？外来人能够建造一个石头城，那么，其他 200 多个较小的石头城是谁建造的？

通过放射性碳法测定发掘物和一系列考古引证，人们完全否定了西方学者的偏见。石头城是地道的“土产”，是黑非洲人民的伟大创造。早在公元前 200 年左右，津巴布韦的土地上已有众多的土著居民。公元 5 世纪，这个遗址有了第一个居民点，并逐渐扩大。11 世纪，马卡兰加王国定都于此，开始营建石头城。后来被莫诺莫塔帕王国取代，都城继续扩大，15 世纪进入最盛期。莫诺莫塔帕，意为“矿藏之王”。当时王国大量开采铁、铜、黄金，首都是冶炼业的中心。莫诺塔帕王国具有雄厚的经济实力，才能建造这样宏大的城市，并吸引阿拉伯人、印度人前来贸易。

石头城为何毁灭？较有说服力的一种解释是：15 世纪末，莫诺莫塔帕王国的矿藏枯竭了，牧场过量地放牧，农田连作导致肥力下降，生态恶化，工农业生产锐减，养活不了石头城那么多的居民。有一年大旱，野火烧毁了庄稼，生路断绝，人们不得不舍弃完整无损的石头城向北迁移。但是，它禁不起几百年风霜雨露的剥蚀，特别是 19 世纪西方强盗的挖掘破坏，古城化为废墟，仅能供后人研究和凭吊了。

石头之城：佩特拉

在死海和约旦阿克巴湾之间的山峡中，隐藏着一个神秘的城市废墟——佩特拉城，它是从岩石中雕凿出来的，遗址上现留有哈兹纳宫、欧翁石宫、露天大剧场等宏伟的建筑，让前来参观的人震惊不已。

佩特拉城兴建于 2500 年前，由当时的纳巴泰人修建并当作固定的居住地。纳巴泰人属于阿拉伯游牧民族，约在公元前 6 世纪从阿拉伯半岛北移进入今约旦和南叙利亚境内，这一地区森林繁茂、降水丰富，而且地势险要、易守难攻，因此被他们选为居住地。到了公元前 4 世纪，亚洲和阿拉伯与欧洲各国的交往日益密切，佩特拉因处于这要道的附近而迅速发展起来，来自世界各地的商人们押运着满载货物的骆驼队经过佩特拉，与此同时，佩特拉还是通往希腊和地中海各地的门户，并一跃成为亚欧商道的重镇，成为东西方文化经济交流的中心。

佩特拉城处于群山岩石之中，现有哈兹纳宫、欧翁石宫、露天大剧场等宏伟的建筑。其中哈兹纳宫是佩特拉最负盛名的建筑，宫室雕凿在陡峭而坚固的岩石上，共分上下两层，高约50米，宽约30米，底层由 6 根直径 2 米的大圆柱支撑着前殿，构成堂皇的柱廊，顶层 6 根圆形石柱附壁雕成，柱与柱间是神龛，供奉着圣母、带翅武士等神像。这些塑像栩栩如生，威严肃穆，颇具神韵。体现出非常高超的建筑水平，难怪美国考古学家斯蒂芬斯在初次见到哈兹纳宫时，

形容它是“一座神庙，精致清晰，宛如一颗嵌在岩石壁上的浮雕宝石”。

欧翁石宫是一个面积有几百平方米的大殿，令人震惊的是大殿内竟然没有一根支撑的柱子，真是不可思议。欧翁石宫的两侧是密集的石窟群，石窟内有住宅、寺院、浴室和墓窟等。欧翁石宫的斜对面是一座罗马式露天大剧场，剧场的舞台用巨石铺砌而成，由几十层阶梯石座环护着，剧场的设计非常神奇，站在舞台中心说话鼓掌都会产生强烈的回音，从而将声音清晰地扩散出去。

公元 2 世纪至 3 世纪，强大的罗马帝国征服了佩特拉，把它划为罗马东部的一个行省，使它成为罗马东部行省中最发达的一个行省。然而随着世界交易中心向幼发拉底河的转移，佩特拉的地位开始下降，并逐渐从人们关注的焦点中消失。公元 4 世纪的一场大地震让这个城市遭受了灭顶之灾，整个城市被摧毁，到 12 世纪以后，佩特拉城已经从人们的视线中消失，人们只能从传说中去体会它曾经的繁华和兴盛。佩特拉城从人间蒸发了。

重现于世的吴哥古城

历史总留下很多遗憾，光阴总毁去太多珍奇。庞贝古城、玛雅文化遗址已让人们感慨不已。吴哥古城更在丛林之中吸引着人们的目光。吴哥古城是柬埔寨的象征，它是人类文化宝库中的明珠。它与埃及的金字塔、中国的长城、印度尼西亚的婆罗浮屠并称为“东方四大奇观”。

吴哥城是1861年，法国生物学家亨利·墨奥特来到法国领地印度支那半岛（即中南半岛）的高棉，寻找珍奇蝴蝶的标本时偶然发现的。

吴哥城古名禄兀，占地面积东西长1040米，南北长820米，堪称一座雄伟庄严的城市，几百座大胆设计的宝塔林立，周围更有宽200米的灌溉沟渠，好像一条“护城河”，守卫着吴哥城。建筑物上刻有许多仙女、大象及其他浮雕，尤以172个人的“首级像”显得壮丽雄伟。在这座古城中有寺庙、宫殿、图书馆、浴场、纪念塔及回廊，表示当年在此兴建都市的民族必定是个文化颇为发达，并有高超建筑技术的民族，因为这里是世界最伟大的建筑之一。

墨奥特虽然想揭开古城的秘密，却因染患热带热病过世，以后由法国方面继续探索。

原来，在公元12世纪，吉蔑人在丛林中兴建吴哥城，并于13世纪达到盛世。一位中国商务使节兼旅行家周达观在1296年抵达吉蔑首都，他对这个隐藏在丛林中的帝国做了些细微介绍，从中可看

出其兴盛的状况：

在吴哥城门口，除了狗和罪犯之外，任何人都可自由出入由兵士驻守的城门。那些王宫贵族们，居住在用瓦覆盖的圆形屋顶，且都是面向旭日初升的东方，而奴仆则在楼下忙于工作。

巴容神殿，有 20 多座小塔和几百间石屋围绕着一座黄金宝塔，神殿的东边则由两头金色狮子守卫着金桥，处处都显出吉蔑帝国丰盛的财力。

国王更是尊贵，他穿着富丽堂皇的绸缎华服，头上时而戴着金冠，时而戴着以茉莉花及其他花朵编成的花冠。身上的佩戴更是举世名珍，珍珠、手镯、耳环、宝石、金戒指……当其他大使或百姓想见国王时，便于国王每日两次坐朝时，席地而坐等待。在乐声中一辆金色车子载来国王，此时有螺声大作，臣僚官属须合掌叩头，等到国王在传国之宝——“一头狮子皮”——坐定，螺声停止，众人才敢抬头瞻望国君之威仪，并将诸事奉告……

从周达观所著《真腊风土记》的以上细节可窥视吉蔑帝国全貌：

扫一扫 听故事
中大奖

吉蔑帝国不但有富庶的国力，而且是个有秩序、有法律的民族，人口达到200万。

然而1431年，暹罗（泰国的古称）人以7个月的时间，攻陷吴哥城，搜刮大批战利品而去。第二年他们再度光临吴哥城，却发现这里变成了一座空旷的“无人城”，不但没有半个人影，连牲畜也不见踪影，究竟这些人到哪里去了？对此，众说纷纭。

大部分学者认为导致吴哥的荒废最直接的原因就是与暹罗间连年争战。13世纪暹罗逐步侵犯吴哥地区，至1431年暹罗占领吴哥后，大肆毁坏城市建设。灌溉系统遭破坏后，赖以为生的田地无法耕种，吴哥王室遂迁都金边。吴哥民众部分迁移至暹罗首都，部分随王室搬到金边，弃守后的吴哥渐渐凋零。

古格古文明

10 世纪中叶至 17 世纪初，古格王国雄踞西藏西部，弘扬佛教，抵御外侮，在西藏吐蕃王朝以后的历史舞台上扮演了重要的角色。它位于青藏高原的最西端，札达象泉河（藏语为朗钦藏布）流域为其统治中心，北抵日土，最北界可达今克什米尔境内的斯诺乌山，南界印度，西邻拉达克（今印占克什米尔），最东面其势力范围一度达到冈底斯山麓。其都 城札不让位于现札达县城西 18 公里的象泉河南岸。经测量，札不让北面的香孜、香巴、东嘎、皮央遗址，西面的多香，南面的达巴、玛那、曲龙遗址等，都具有相当的规模。除了这些由于今日仍然作为村庄或行政所在地而有幸被标明在地图上的据点外，古格王国境内还有大量的无遗迹亦散布在荒原大漠之中，断壁残垣、坍毁的洞穴、倾圮的佛塔难以数计。

古格王国遗址，确切地说是古格王国的都城遗址。它位于西藏札达县城西 18 千米的朗钦藏布的一片高地上。遗址区南北长约 1200 米，东西宽 600 余米，总面积 72 万平方米。遗址区内地形极其复杂，沟壑纵横，宛若迷宫。既有平缓的台地，也有陡峭的山崖、幽暗的洞穴，区内高差近 200 米。建筑遗址主要分布在象泉河南岸的一座土山上，土山南岸有一狭窄的山脊与南面的大土山相连，山的东西两侧均为深沟，有泉水流出，是古格王国遗址附近的常年水源。所有建筑依山而建，背山面水，视野开阔。从远处看，整个建筑群由下而上逐层上收，错落有序，宛若一座巨大的金字塔，蔚为壮观。

古格王国的都城遗址大部分建筑依山叠砌，层层而上，共分11层，有宫殿、寺庙建筑，也有民居和军事设施，宫殿建筑多集中在山顶，四周均是悬崖峭壁并有土坯砌筑的城墙保护，只有通过两条陡峭的暗道才能到达王宫。王宫内有3组建筑遗址，分别是国王处理政务、居住的处所。国王和王族的宫室小巧别致，颇具匠心。其西部建有国王“冬宫”，四周环绕由土坯围砌的城墙，一条长达50米又窄又陡的曲道可直通其上，真乃“一夫当关，万夫莫开”。王宫处于整个都城的制高点，居高临下，便于观察全城，利于战时的指挥调动，同时也体现了王权至高无上、君临天下的思想意识。

阿里周围在不同时期曾经建立过不同教派的大小寺庙近百座。这些佛教建筑分布在王宫以下山坡的显著位置上，众星捧月般拱卫着王宫。佛教寺院里的壁画、塑像、雕刻乃至建筑艺术都具有西部西藏的独特风格，它不仅融会了中亚、南亚和西亚古代艺术的神韵，还吸收了中原内地和西藏地区不同的艺术风格，具有很高的历史、科学、艺术价值，是西藏古代文化的精粹，是中华民族文化的瑰宝。

山的上、下现存寺庙建筑六座，其中以红、白两庙最为辉煌。红白相间，为以土黄色为基调的土山平添了几分色彩。两庙为明显的藏式建筑，庙内四壁满布精美壁画，题材非常广泛，有各种佛传故事、礼佛、庆典、商旅运输、习武场面等。白庙北面墙壁上绘有一幅吐蕃历代赞普和古格王形象的画像；红庙弥足珍贵的是南壁上的一幅故事画，描绘了迎请古印度著名佛学家阿底夏的场面。从山顶上小经堂的壁画里，我们可以看到天堂里的神和菩萨，人间的裸体侍女，还有在地狱惨受酷刑的人和魔鬼。置身庙内，人们仿佛在巡游一座宏大的画廊，浓厚的宗教气息，栩栩如生的人物形象，鲜艳夺目的色彩，加之融内地、印度、尼泊尔和西亚风格于一体的绘画手法，浑然天成，给人无限的遐想。

古格壁画整体布局严谨，通常以绘制的大像或塑像为主体，两侧或四周排列着相同大小的小像；不同题材的壁画卷幅形式也各不相同：佛界人物神情、姿态丰富，很少僵化呆板，特别是佛母、度母、神母、供养天女等，大多被描绘成身材修长、容貌娇美的美女形象，其中的一些可以说是佛教壁画中最优美的人体画像；世俗生活题材的壁画更是多姿多彩，许多都是画匠的即兴之作。

古格是个尚武的王国，在遗址内有暗道、碉堡、武器库，还有城墙。古格人依靠强大的军事实力造就了雄踞一方的王国，最终却又让战争葬送了自己。无数个岁月过去了，今天，人们仍然可以在这块沉睡了300年的秘境上发现许多散乱的盔甲、马骨、盾牌和箭杆。传说，在与拉达克人的战争中，两军决战的场面尤为惨烈，杀声震天，刀光闪烁，尸横遍野，血流成河。强悍的拉达克人灭掉了自己的兄弟之国后，却没有在这片血染的土地上立足，为了防止古格人卷土重来，他们在胜利的狂欢中把这座城堡变成了一片废墟。

纳斯卡线条

纳斯卡线条位于秘鲁南部的纳斯卡地区，是存在了 2000 多年的迷局：一片绵延几千米的线条，构成各种生动的图案，镶刻在大地之上。究竟是谁创造了纳斯卡线条？它们又是怎样创造出来的？神秘线条背后意味着什么？至今仍无人能破解。因此纳斯卡线条被列入十大谜团。

纳斯卡线条的发现十分偶然。1939 年一个下午，来自美国的考索克夫妇来到秘鲁南部的纳斯卡高原上，眺望着绵延数英里①的一片标记，它看起来像是涂画在一本巨大而神秘的便笺上。在广阔的沙漠上，上千条苍白的线条指向各个方向。

他们被纳斯卡沙漠这些像机场跑道一样的线条深深地吸引住了，“对于这些奇异的遗迹，我们心里涌起千百个疑问，突然我们发现夕阳的降落位置几乎正好位于其中一条长线的尾端！过了一会，我们才想起那一天是 6 月 22 日，正是南半球的冬至，一年中最短的一天。”

他们说：“我们发现了世界上最大的天书！”

考索克夫妇的发现，震惊了全世界的考古学界，考古学家们陆续来到纳斯卡高原。他们不仅发现了更多的直线条和弧线图案，在沙漠地面上和相邻的山坡上，人们还惊奇地发现了巨大的动物形体，这使得那些图案变得更加扑朔迷离：一只 46 米长的细腰蜘蛛，一只大约 300 米的蜂鸟，一只 108 米的卷尾猴，一只 188 米的蜥蜴，一

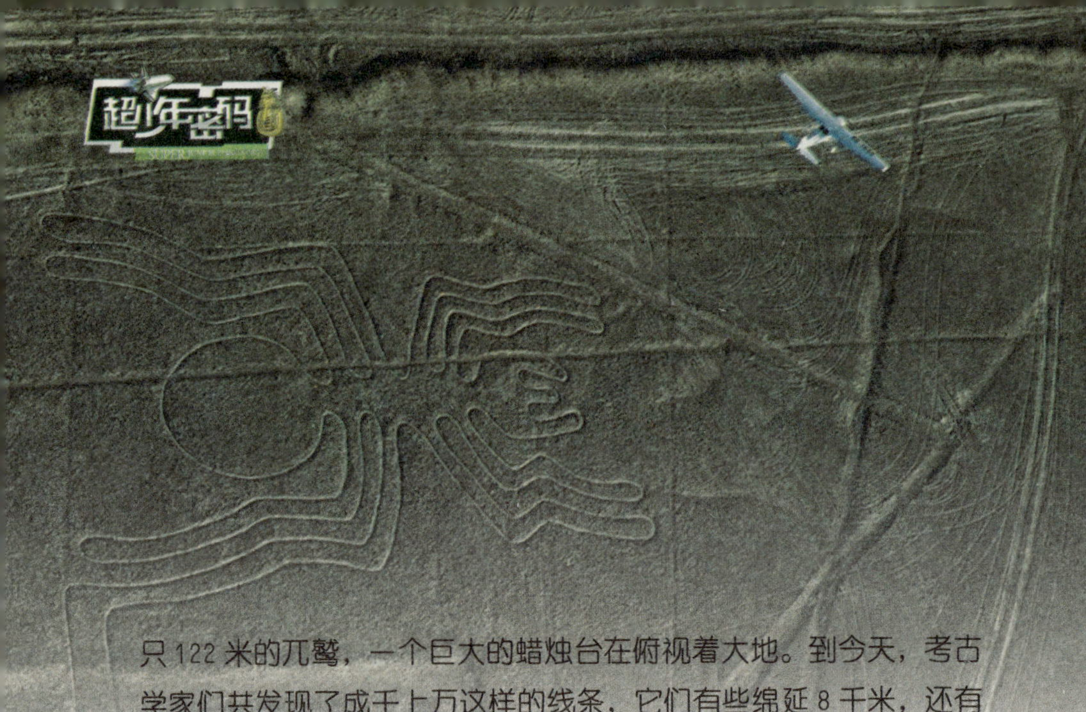

只 122 米的兀鹫，一个巨大的蜡烛台在俯视着大地。到今天，考古学家们共发现了成千上万这样的线条，它们有些绵延 8 千米，还有数十幅图形，包括 18 只鸟。这些动物图案中，只有兀鹫这种动物是当地的土产，其他动物如亚马孙河蜘蛛、猴子、鲸鱼等，似乎与寸草不生的荒漠格格不入。有些图案描绘得十分精致，如蜘蛛图案中位于右脚末端的生殖器官。

对于如此众多、如此巨大的图案，人们不知道应该做怎样的解释，于是，人们就给它们取名为“纳斯卡线条”。

那么，这些神秘线条的主人是谁呢？

1983 年，一支意大利的考古队在纳斯卡地区发现了大量的陶器，这些陶器上都装饰有一些动物图案。而这些图案在荒漠上又以更大的规模重复出现。这些图案的相同使人们相信神秘的线条是古纳斯卡人所为。

根据纳斯卡制陶风格的不同，考古学家们把纳斯卡文明分为 5 个时期。考古学家在线条所处的地层里，找到了那些陶器，由于处于同一地层，因此纳斯卡线条的年代与陶器的年代是非常接近的。而通过对陶器的碳 14 测定，人们得出了陶器的年代，从而也就间接得出纳斯卡线条的制作年代可能为公元前 200 年到公元 300 年。

纳斯卡平原上最常见的是黄沙和黏土，上面铺着一层薄薄火山岩和砾石，长期的风吹日晒使它们发黑变暗。在这些所谓天然黑板上画线条，不过就是古纳斯卡人刮去几厘米的岩石层，让下面苍白的泥土显露出来。如果是在另外一种气候条件下，也许剧烈的外界侵蚀会在数月内磨蚀掉这些线条，但纳斯卡是地球上最干燥的地区之一，再加上那里几乎没有强风，因此风蚀也微乎其微。寸草不生的纳斯卡高原是如此贫瘠，如此与世隔绝。这些都为纳斯卡线条保留至今提供了条件。

纳斯卡线条图形巨大，例如：一只 50 米的大蜘蛛；一只巨大的秃鹰，其翼展竟达 120 米；一条蜥蜴有 180 米那么长；而一只猴子则有 100 米高。因此，人们在地面上根本无法识别，似乎像在暗红色的沙砾上一条条弯弯曲曲的小径。只有从高空往下观望时，这些线条才能呈现各种兽类的巨大图形。直到 20 世纪 40 年代才被人们从飞机上全部发现。这些线条是在 2000 年前创造的，那时的人们不可能掌握现代飞行技术，那么，在根本看不到全貌的情况下，古代的纳斯卡人又是怎样设计、制造出这些巨大的直线、弧线以及那些动物图案来的呢？

就这些线条图的数量、自然状态、大小以及连续性来说，它们是考古学中最难解开的谜团之一。有些线条图描述了活着的动物、植物，想象的形象，还有数千米长的几何图形。这样线条要表达些什么？它们的作用又是什么？对于这些的争论，自纳斯卡线条被发现之日起，从未停止过。一些科学家认为它们用于与天文学有关的宗教仪式，也有人认为纳斯卡线条是古纳斯卡人分配水源的标志，而那些图案是不同家族的族徽。人们发现，在那些图案覆盖的地下，分布着大量的水渠。这一说法较易为人接受，因为纳斯卡平原是一片很荒凉的平原，几乎是没有降雨的。

探寻“空中花园”

一提到四大文明古国之一的古巴比伦，令人津津乐道、浮想联翩的首先是“空中花园”。

被列为古代世界七大奇迹之一的巴比伦“空中花园”，亦称“悬苑”，相传它依偎在幼发拉底河畔。新巴比伦王国国王尼布甲尼撒二世（公元前 604—前 562 年在位）曾以兴建宏伟的城市和宫殿建筑闻名于世，他在位时主持建造了这座名园。尼布甲尼撒二世娶波斯国公主塞米拉米斯为妃，公主美丽可人，深得国王的宠爱。可是时间一长，公主愁容渐生。尼布甲尼撒不知何故，公主说：“我的家乡山峦叠翠，花草丛生。而这里是一望无际的巴比伦平原，连个小山丘都找不到，我多么渴望能再见到我们家乡的山岭和盘山小道啊！”原来公主日夜思念花木繁茂的故土，郁郁寡欢。

国王为取悦爱妃，即下令在都城巴比伦兴建了高达 25 米的花园。此园采用立体叠园手法，在高高的平台上，分层重叠，层层遍植奇

花异草，并埋设了灌溉用的水源和水管，花园由镶嵌着许多彩色狮子的高墙环绕。王妃见后大悦，因从远处望去，此园如悬空中，故又称“空中花园”。

“空中花园”当然不是吊在空中的，它由砖块等材料建成的建筑物以拱顶石柱支撑着，台阶种有全年翠绿的树木。河水从“空中花园”旁边的人工河流下来，灌溉花园里的花草。据说人工河流的水要由奴隶们转动机械装置从下面的幼发拉底河里抽上来，整个花园远看就像一座小山丘。

令人遗憾的是，“空中花园”和巴比伦文明其他的著名建筑一样，早已淹没在滚滚黄沙之中。考古学家至今仍未能找到这座让人迷醉的花园的确实位置。

大半描绘“空中花园”的人都从未涉足巴比伦，只知东方有座奇妙的花园，波斯王称之为天堂，而在两相凑合下，形成遥远巴比伦的梦幻花园。实际上，在巴比伦文本记载中，它本身也是一个谜，其中甚至没有一篇提及“空中花园”。

直到19世纪末，德国考古学家发掘出巴比伦城的遗址。他们在发掘南宫苑时，在东北角挖掘出一个不寻常的、半地下的、近似长方形的建筑物，面积约1260平方米。这个建筑物由两排小屋组成，每个小屋平均只有6.6平方米。两排小屋由一走廊分开，对称布局，

周围被高而宽厚的围墙所环绕。西边那排的一间小屋中发现了一口开了三个水槽的水井，一个是正方形的，两个是椭圆形的。根据考古学家的分析，这些小屋可能是原来的水房，那些水槽则是用来安装压水机的。因此，考古学家认为这个地方很可能就是传说中的“空中花园”的遗址。当年巴比伦人用土铺垫在这些小屋坚固的拱顶上，层层加高，栽种花木。至于灌溉用水是依靠地下小屋中的压水机源源不断供应的。考古学家经过考证证明，那时的压水机使用的原理和链泵基本一致。它把几个水桶系在一个链带上与放在墙上的一个轮子相连，轮子转动一周，水桶就跟着转动，完成提水和倒水的整个过程，水再通过水槽流到花园中进行灌溉。而且，考古学家也的确在遗址里发现了大量种植花木的痕迹。

为了发展旅游业，1978 年，伊拉克政府制定与实施了一项修建巴比伦遗址的计划，在遗址上仿建了部分城墙和建筑，在城内修建了博物馆，陈列出土的巴比伦文物。

然而，到目前为止，在所发现的巴比伦楔形文字的泥版文书中，还没有找到确切的文献记载。关于“空中花园”遗址是否已被找到这一问题一直存在争论。因此，考古学家的解释是否正确仍需进一步研究。看来，传说中的“空中花园”，它的真实面目依旧隐身于历史的迷雾之中。

消失的沙漠天堂

1900 年 3 月，瑞典探险家斯文 · 赫定沿塔里木河向东，到达孔雀河下游，想寻找行踪不定的罗布泊。3 月 27 日，探险队到达了一个土岗。这时，糟糕的事情发生了，斯文 · 赫定发现他们带来的水泄漏了许多。在干旱的沙漠中，没有水就等于死亡。于是他们去寻找水源，结果发生了令人难以置信的一幕，一座古城出现在他们的眼前：有城墙，有街道，有房屋，甚至还有烽火台。

斯文 · 赫定在这里发掘了大量文物，包括钱币、丝织品、粮食、陶器、36 张写有汉字的纸片、120 片竹简和几支毛笔……

回国后，斯文 · 赫定把文物交给德国的希姆莱鉴定。经鉴定，这座古城是赫赫有名的古国楼兰，整个世界震惊了，许多国家的探险队随之而来……经历史学家和文物学家长期不懈的努力，楼兰古国神秘的面纱被撩开了一角。

楼兰在历史上是丝绸之路上的一个枢纽，中西方贸易的一个重要中心。司马迁在《史记》中曾记载："楼兰，姑师邑有城郭，临盐泽。"这是文献上第一次记载楼兰城。西汉时，楼兰的人口总共有 14000 多人，商旅云集，市场热闹，还有整齐的街道，雄壮的佛寺、宝塔。

古楼兰位于今新疆巴音郭楞蒙古自治州若羌县罗布泊西岸，是新疆最荒凉的地区之一。这里悠久的历史、美丽的传说故事令人神往，许多中外游人和探险家都不辞辛劳地沿着丝绸之路向西进发，去目

睹这座历史文化名城——古楼兰。1979 年 1 月，中国科学家彭加木就曾从孔雀河北岸出发，徒步穿过荒漠到达楼兰遗址考察。

楼兰古城四周的墙垣，多处已经坍塌，只剩下断断续续的墙垣孤零零地站立着。城区呈正方形，面积约 10 万平方米。楼兰遗址全景旷古凝重，城内破败的建筑遗迹了无生机，显得格外苍凉、悲壮。

楼兰古城曾经是人们生息繁衍的乐园。它身边有烟波浩渺的罗布泊，门前环绕着清澈的河流。在碧波上泛舟捕鱼，在茂密的胡杨林里狩猎，人们沐浴着大自然的恩赐。据《水经注》记载，东汉以后，由于塔里木河中游的注滨河改道，导致楼兰严重缺水。敦煌的索勒率兵 1000 人来到楼兰，又召集鄯善、焉耆、龟兹三国兵士 3000 人，不分昼夜横断注滨河，引水进入楼兰，缓解了楼兰缺水的困境。但在此之后，尽管楼兰人为疏浚河道作出了最大限度的努力和尝试，但楼兰古城最终还是因断水而废弃了。

1979 年，新疆考古研究所组织了楼兰考古队，开始对楼兰古城古道进行调查、考察。在通向楼兰道路的孔雀河下游，考古队发现了大批的古墓。其中几座墓葬外表奇特而壮观：围绕墓穴是一层套一层共 7 层由细而粗的圆木，圈外又有呈放射状四面展开的列木。整个外形像一个大太阳，不由得让人产生各种神秘的联想。它的含义究竟是什么，目前还是一个未解之谜。

关于楼兰古国消失的原因，除了上面所说的缺水、干旱的说法外，还有许多种。

说法一：楼兰消失于战争。公元5世纪后，楼兰王国开始衰弱，北方强国入侵，楼兰城破，后被遗弃。

说法二：楼兰的消失与罗布泊的南北游移有关。斯文·赫定认为，罗布泊南北游移的周期是1500年左右。3000多年前有一支欧洲人种部落生活在楼兰地区，1500多年前楼兰再次进入繁荣时代，这都和罗布泊游移有直接关系。

说法三：楼兰消失与丝绸之路北道的开辟有关。经过哈密（伊吾）、吐鲁番的丝绸之路北道开通后，经过楼兰的丝绸之路沙漠古道被废弃，楼兰也随之失去了往日的光辉。

说法四：楼兰被瘟疫疾病毁灭。一场从外地传来的瘟疫，夺去了楼兰城内十之八九居民的生命，侥幸存活的人纷纷逃离楼兰，远避他乡。

说法五：楼兰被生物入侵打败。一种从两河流域传入的蝼蛄昆虫，在楼兰没有天敌，生活在土中，能以楼兰地区的白膏泥土为生，成群结队地进入居民屋中，人们无法消灭它们，只得弃城而去。

扫一扫 听故事
中大奖

云雾中的城市马丘比丘

马丘比丘位于印加王朝首都库斯科西北 120 千米处，是印加文明最后的遗存。它坐落在层峦叠嶂、高达 2000 米的安第斯山脉之间，乌鲁巴姆巴河与两座山峰间的盆地上，四周被崇山峻岭、悬崖峭壁所包围着。周围的群峰隐没在云堆之中，远远望去，给人一种虚幻缥缈之感。

马丘比丘在印加语中意为“古老的山巅”。马丘比丘遗址占地面积约 13 平方千米，东北西三面紧挨峭壁。看得出来，古城是经过精心规划的，而且设计古城蓝图的印加建筑师们很可能在设计时使用了泥模或石模。这座古城的全部建筑都用巨型花岗岩石块垒砌而成，四周环绕着城墙。城内街道依山而铺设，所有建筑物都设置在不同的层面上，相互之间全部用层叠的石阶连接，错落有致。古城中心是“大广场”，是一处露天的开阔地。当年的印加人可能在这里召集大型聚会，向公众发布通告。一座巨石砌成的城门——光荣门，矗立在 1005 千米长的道路尽头，这是整个山城唯一供人出入的城门，居高临下，形势险峻。

马丘比丘古城的建筑物中既有供当地的显贵们居住的房屋，也有在周围农田劳作的普通人居住的民房。不同的是，显贵们曾经居住的是用石头构筑的规模宏大、建造精致的建筑物，而当年的工匠和劳工则在古城中心以外的地方建有矮小的住房。这些粗陋的住房房顶都是用草铺就的，通常只有一间房来供全家人居住。彼此沾亲

带故的家庭都住在环绕在庭院周围的 2 ～ 8 间的小房子里。

人们发现，古城中的农民在马丘比丘附近开凿山体修建成了颇为壮观的梯田。为了防止土壤流失，他们在周围还用石块修造了围墙。考古表明，印加的工匠加工打造金属器皿和石器的技艺是很精湛的。他们把铜熔入锡，制造出一种叫做“青铜”的金属。利用这种金属，他们制造出斧、凿和刀。他们还用一种叫做“闪长岩”的黑色坚硬的岩石打造出了锤头和刀具。他们还将一种称为“绿色片岩”的石头做成串珠。

在马丘比丘被发掘的墓葬有 100 多处，出土遗骨 173 具。在这些墓葬的陪葬品中，发现有铜镜、一把手柄呈飞鸟形的刀、饮酒用的碗、别针、铜制的镊子和装饰性的刀具等器物。

著名的“三窗神庙”是马丘比丘最重要的圣地，一堵巨大石墙上三个窗口正对着安第斯山脉的层峦叠嶂，据说印加王朝的创始人就在那里出现。城内设有用来测定时间的日晷，这件形状奇特的石

雕又被称为“太阳神的拴马桩”，它也是印加人崇拜日神的一件圣物。而马蹄铁形的日神塔是马丘比丘举行宗教仪式的地方，建塔的石块个个精工细琢，而砌合之处几乎没有缝隙。

日神塔下有一座皇室的陵墓，这是马丘比丘古城最怪异的建筑之一。在洞穴的墙壁上铺着精心制作的石板，在穴内坚硬无比的岩石上，有雕刻出的宝座和凹室，至于这里葬的是谁，目前无法说清。

马丘比丘的所有建筑全都是用石块砌成，石块之间没有任何黏合灰浆，全靠石匠用凿子、铁钎之类的工具镶嵌起来，但石块贴合得十分紧密，极为牢固。城中建有设计巧妙的饮水渠道，全城可供1500多人居住。由于周围是难以翻越的大山所形成的天然屏障，到处都为密不透风的密林所掩盖，所以迟迟未被发现，整个古城保存得相当完整。

马丘比丘的发现，曾引起举世轰动，当人们进一步考察这座古城时，又发现了更多的疑问。首先，考古学家们发现，建造这座古城所用的成千上万块花岗岩，来自同一个采石场。它坐落在距离马丘比丘600米以下的山谷里。其中有好几十块打磨得十分光滑的巨石，重量绝对不下于200吨。人们发现，古城的建造者与现在的建筑工人不同，他们不使用灰浆之类的黏合剂，相反，他们往往把石块切割成各种不规则的形状，然后再把这些石块以各种角度连锁拼合，就像拼接玩具那样相互交错地搭建在一起。有关人员经过仔细勘察，发现有的巨石竟有33个角，每一个角度都和毗邻的那块石头上一个相等的角紧密地结合在一起。如此精密的工程，当初的石匠是如何设计，又靠什么工具来加工的？更困难的是这些巨石的运输，当时的印加人不但没有这些运输工具，而且不会使用车辆，他们怎么能够把这些巨大的石块从600米之下的采石场搬运到高山上呢？

安第斯山脉的森林中有取之不尽的木材，但马丘比丘的建造者

们却放着现成的木材不去使用，而偏要修建耗时而又费力的巨石建筑，这又是为什么？难道他们掌握了某种我们尚不知道的轻易地切割和搬运这些巨石的本领？

更重要的问题是：这座古城是做什么用的？以宾海姆为代表的一些人认为，它就是印加帝国最后的避难所。但另一些人却认为，它只是宾海姆在寻找传说中的印加帝国避难所时所发现的。除此之外，并没有足够的证据能够证明这一点。那么，它到底是为何而建造的呢？

与之相关的问题是马丘比丘建于何时？秘鲁一些考古学家根据该城出土的陶器和金属制品，认为该城大约建于15世纪。而德国学者洛夫·穆勒等人根据该城建筑中反映出的“差岁”现象推测，其设计和建造是在公元前4000—前2000年之间。两种观点年代差异悬殊，谁也说服不了谁。

最后还有一个疑问：谁是马丘比丘的建造者？一般认为，它是印第安人建造的。另一些人却提出，那么，为什么生活在马丘比丘附近的印第安人对这座古城的来龙去脉一无所知呢？

马丘比丘古城的石壁上刻着许多符号和标记，至今还没有破译，没有人知道它们究竟代表着什么。它真的是印加帝国最后的避难所吗？

云雾缭绕中的马丘比丘古城，始终披着神秘的面纱，每年考古学家都会有新的发现，但这些发现往往是解答了一些疑问，又带来更多的疑问。

卡帕多西亚地下城

在安那托利亚高原上，距土耳其首都安卡拉 280 千米处，一幅千变万化的岩石立体画横空铺展 4000 平方千米，这就是卡帕多西亚，一个美丽而神奇的地方。

几百万年前，这里曾覆盖着一片壮观的火山熔岩，而时光似箭，风吹雨打，大自然的鬼斧神工硬生生地剥蚀出今天卡帕多西亚谜一般的景观。

数不清的岩锥，蒙着一层浅淡的黄色，偶尔可见的断面，却如一把利刃赫然削过，留下几道刺目的雪白。岩锥群面目相仿又各具风骨，簇簇团团者亲密地相倚相依，仿若坚骨之下仍有看不见的血

脉相连；拔地擎天者悄然独立，背托着广寂的蓝天，突兀得恰到好处；更有奇者浑身通圆，头顶惟妙惟肖的蘑菇帽子神气活现地俯视脚下。在这里，人们不禁慨叹造物主的神来之笔，是如何勾勒出这“后现代”品质的杰作。

趋近岩锥仔细端详，洞洞窗窗，层层向上，原来岩锥已被巧妙地掏空了，有些门洞离地数十米，要顺着曲窄的石梯才能攀缘而上。岩锥顶部凿成圆穹，底部有圆柱、拱门和台阶。聚集的岩锥往往一岩一室，打通后由地道串联起来，成为四通八达的村落。卡帕多西亚的地下城堡是一个入地深达60米左右，上下贯通10层的地下迷宫，蕴藏着卡帕多西亚全部的奥妙与神奇。

地下城堡的存在，史书上曾经全无记载，是法国国王路易十四的一位出访土耳其的密使偶然经过，才揭开这一千载之谜。

相传，约2000年或更早以前，一支部族避乱隐居于此，利用天然熔岩洞拓宽改造，穴居成为隐居者理想的住所。随着基督徒修道士们凭着对基督的崇拜，舍生忘死地挖成一个个岩洞教堂，为这片荒凉的不毛之地带来了信仰风潮。后来伊斯兰教势力用刀剑与《古兰经》创建了强大的宗教国家，基督徒遭到迫害，卡帕多西亚承担起避难所的角色。

地下城堡的房舍按用途规划为卧室、作坊、厨房、武器库、储物室、水井和墓地等。每一层的出入口都设“机关”，洞口上方置一个大圆石轮，若有敌情，启动开关，石轮会自动滚下，堵住进口。各层有梯子相连，并挖了数十条竖洞和外逃的秘密出道。每走一段，便发现一个又深又高的长筒形洞，黑漆漆的不见头尾，但一股股清风呼呼吹来，这是换气孔，以保持洞内有新鲜空气。

基督徒们在洞中开辟了许多酒窟，他们酿制葡萄酒，在地面上挖出大小不一的坑，有的存放葡萄，有的冷藏酒罐。他们还在教堂祈祷。

当伊斯兰教完全统治土耳其的时候，卡帕多西亚人四散而去。到了 14 世纪，这里成为无人区，洞穴湮没，荒草飘忽。17 世纪法王密使发现此地时，卡帕多西亚已被遗忘了 300 多年。

今天，世界各地的人们慕名而来，想缅怀一下沉沦与毁灭中的创造与超越。

马耳他岛的巨石建筑

地中海上的马耳他岛，位于利比亚与西西里岛之间。1902 年，在这里的首府瓦莱塔的一条不引人注意的小路上，发生了一件引起世界轰动的大事。

有人盖房时在地下发现一处洞穴，后来人们才知道，原来这里埋藏着一座史前建筑。它由上下交错、多层重叠的多层房间组成，里边有一些进出洞口和奇妙的小房间，旁边还有一些大小不等的壁孔。中央大厅耸立着直接由巨大的石料凿成的大圆柱和小支柱，支撑着半圆形屋顶。整个建筑线条清晰，棱角分明，甚至那些粗大的石架也不例外，没有发现用石头镶嵌补漏的地方。天衣无缝的石板上耸立着巨大的独石柱。整个建筑共分 3 层，最深处达 12 米。

这些不可思议的史前地下建筑的设计者是谁？在石器时代，他们为什么花费这么大的精力来建造这座巨大的地下建筑？人们百思不得其解。

11 年后，在该岛的塔尔申村，人们又一次发现了巨大的石制建筑。经过考古学家们挖掘和鉴定，认为这是一座石器时代的庙宇的废墟，也是欧洲最大的石器时代遗址。

这座约在 5000 多年前建造的庙宇，占地达 8 万平方米，整个建筑布局精巧，雄伟壮观，好多个祭坛上都有精美的螺纹雕刻。站在这座神庙的废墟面前，首先映入眼帘的是一道宏伟的主门，通往厅堂及走廊错综的迷宫。

而在马耳他岛上的哈加琴姆、穆那德利亚、哈尔萨夫里尼，考古学家们也发现了精心设计的巨石建筑遗迹。

哈加琴姆的庙宇用大石块建造，也是最复杂的石器时代遗迹之一。有些“石桌”至今仍未被肯定其用途。石桌位于通往神殿门洞内的两侧，神殿里曾发现多尊母神的小石像。

穆那德利亚的庙宇，俯瞰地中海，扇形的底层设计是马耳他岛上巨石建筑的特征。这座庙宇大约建于4500年前，有些石块因峭壁的掩遮而保存得相当完整。

最令人不可理解的是“蒙娜亚德拉”神庙，这座庙宇又被称为“太阳神”庙。一个名叫保罗·麦克列夫的马耳他绘图员，仔细地测量了这座神庙后发现，这座神庙实际上是一座相当精确的太阳钟。根据太阳光线投射在神庙内的祭坛和石柱上的位置，可以准确地显示夏至、冬至及其他一年中的主要节令。而更令人震惊的是，从太阳光线与祭坛的关系推测，可以毫不怀疑地得出结论：这座神庙建成时间离现在已经整整1.2万年了。

这座神庙的存在，又一次打乱了人们的正常思维方式。1.2 万年以前，神庙的建造者们居然能有那么高深的天文学和历法知识，能够周密地计算出太阳光线的位置，设计出那么精确的太阳钟和日历柱。这一切该怎么解释呢?

马耳他岛的面积很小，仅 246 平方千米。但在这样一个小岛上，却发现了 30 多处巨石神庙的遗址。不少学者的研究表明，这些巨石建筑的建造者们在天文学、数学、历法、建筑学等方面都有极高的造诣。有些巨石建筑甚至可以作为推测、判断节令的历法标志，而且还可用作观察天体的视向线，甚至能当作一台巨型计算机，准确地预测日食和月食。

石器时代的马耳他岛居民真有这么高的智慧吗?如果真是这样，那么他们是怎样获得这些知识的?为什么他们在其他领域却没有相应的发展?是什么因素激发了他们建造巨石建筑的疯狂热情?而这些知识又为什么莫名其妙地中断了?这一切至今仍没有人能够回答。巨石无言地耸立着，把一切高深莫测的疑问保持在一片沉默中。

卡纳克的巨石阵

巨石古迹遍布欧洲各地，由南边的意大利伸展至北方的斯堪的纳维亚，还包括不列颠群岛。不过规模最大的是位于法国西部布列塔尼的松林和石南荒原中的卡纳克。这里的石块不仅比欧洲其他地方多，而且分布范围也大，约有 8 千米长。这些石块究竟为何人所竖，至今所知甚少，但他们必定精通技术，可动用众多人力，而且是按预先构思好的计划进行的。

卡纳克石阵主要由三组巨石组成：勒梅尼克、克马里奥和克勒斯冈，全在卡纳克北部。勒梅尼克共有 1099 块石头，排成 11 行，占地约长 1 千米，宽 100 千米。其东面是克马里奥，共 10 行，延伸 1.2 千米。再往东是克勒斯冈，几乎排成正方形，共 13 短行，540 块巨石，

末端是个由 39 块巨石围成的半圆。另外还有第四组位于小勒梅尼克，是最小的，仅有 100 块石头。各组的排列大致相同，全部沿东西方向分行排列，各行间的距离不同，接近外缘即南北边缘的行距较密。每一行越接近东端，石块便越高，而且排得越密。偶尔有些石块并不排成直线，而是排成平行曲线。巨石的高度也参差不齐：最矮的在勒梅尼克西端，约高 0.9 米；最高的在克里马奥，高达 7 米。

卡纳克现存的 3000 块巨石，可能只有原来的半数。有些已风化，更多的被当地农民和业余考古者拿走。地震，尤其是 1722 年的大地震，使许多石块倒下跌碎，便更易被人拿走了。

各组石块是公元前 3500 年至公元前 1500 年间的不同时期竖立的，约与英国的巨石阵和埃及的金字塔同期。虽然卡纳克的“建筑师”是谁及用什么方法建造仍是个谜，但地质学家大致同意部分巨石的竖立年份早于轮子在欧洲出现的日子（使用轮子最早约为公元前 1000 年，但也可能更早）。石块采用当地的花岗岩，人们将石块拖至卡纳克，然后竖在预定位置。由于最高的石块可能重逾 350 吨，这项工程估计使用了许多人力。按当时男性的平均寿命为 36 岁，女

扫一扫 听故事
中大奖

性 30 岁计算，应该没有一个在工程开始时参加的人能活至整项工程完成。

巨石砌成的大道和圆环并不是卡纳克唯一的史前古迹，亦不是最早的。在这里还发现了一些土丘，至少有两个建于公元前 4000 年。克里马奥巨石行列的方向，正指着一个长满青草的墓丘上一块竖立的石块，这块石头就是通往卡加度墓丘的入口标记。墓内一条以石块铺砌的甬道通往一个方形石室，这里葬着一代代的当地人。这座墓丘建于公元前 4700 年，入口朝向冬至日出的方向，是欧洲现存最古老的。

许多世纪以来，这些土丘，特别是卡纳克的石块吸引了无数游客，不少人试图解释这些巨石的用途。19 世纪法国作家福楼拜就说过："关于卡纳克的垃圾文章真不少，比那里的石块还要多。"在众多说法中，最流行的是说卡纳克本为一宗教中心，那些石块受占列塔尼人膜拜，很久以后，罗马人"接收"了这些石块，在上面刻上他们神祇的名字。至基督教传入后，又在上面刻上十字架和其他的基督教标志。不过当地民间的传说则说这些石块是罗马士兵变的，因为这些士兵把当地圣人前教皇科尼利逐出罗马并将他赶回他的老家布列塔尼。

有一种说法（在中世纪十分流行）认为，这些石块能提高妇女生育力。不孕妇女只要连续数夜睡在石桌上（以扁平巨石搁于数块

巨石上构成），并在身体涂上蜡、油和蜂蜜；或者只要掀起裙子，蹲在石上，或从石上滑下以吸收石头的魔力，即可获得生命力。许多人相信这些石块代表他们祖先的灵魂。又有些人认为这些石块只是留在地上的标记，是专为参加宗教仪式的人而设的，在仪式中祭司会为作物和牲畜祈福。不过这些石块会不会是墓碑呢？因为卡纳克在布列塔尼语中意为“坟场”。

较近的一种观点认为这些石块有特别用途。汤姆博士研究过卡纳克和其他巨石古迹后，得出结论认为竖立这一排排巨石的人，具有很先进的天文知识，想借此研究天体的运行，包括太阳和其他行星，尤其是月球的运行，或许以此作为巨大的天文钟，以便推算耕种的时间。

据汤姆博士说，有这观月天文台中，最重要的石块是位于洛马力奎的那块碎裂的仙人石。利用这块石头作为标记，可从 13 千米外的土丘和石块上观看月亮升落。

要确切说出卡纳克的巨石有何用途，也许永不可能，但它对游客的吸引力丝毫不减。虽然许多石块上长满苔衣，许多石块已经消失，但通过卡纳克仍是了解欧洲大陆古文明的一个重要环节。

天狼星与多贡人

尼日尔河是非洲西部的大河之一，它流过马里共和国时拐了个大弯。在河湾处，居住着一个名叫多贡族的黑人土著民族，他们以耕种和游牧为生，生活艰难贫苦，大多数人还居住在山洞里。他们没有文字，只凭口授来传述知识。看上去同西非其他土著民族没有什么两样。

20 世纪 20 年代，法国人类学家格里奥和狄德伦为调查原始社会宗教，来到西非，在多贡人中居住了 10 年之久。长时期的交往使他们得到了许多多贡人的信任。从多贡人最高级的祭司那里，他们了解了一个极为令人惊讶的现象：在多贡人口头流传了 400 年的宗教教义中，蕴藏着有关一颗遥远星星的丰富知识。那颗星用肉眼是看不见的，即使用望远镜也难以看到，这就是天狼伴星。

多贡人把天狼伴星叫做“朴托鲁”。在他们的语言中。“朴”指细小的种子，“托鲁”指星。他们还说这是一颗“最重的星”，而且是白色的。这就是说，他们已正确地说明了这颗星的三种基本特性：小、重、白。实际上，天狼伴星正是一颗白矮星。而天文学家最早猜测到天狼伴星的存在是在 1844 年，借助高倍数望远镜等各种现代天文学仪器，1928 年人们才认识到它是一颗体积很小而密度极大的白矮星。直到 1970 年才拍下了这颗星的第一幅照片。生活在非洲山洞里的多贡人显然没有这种高科技的天文观测仪器，那么，他们是怎样获得有关这颗星的知识的呢？

不仅如此，多贡人还在沙上准确地画出了天狼伴星绕天狼星运行的椭圆形轨迹，与天文学的准确绘图极为相似。多贡人说，天狼伴星轨道周期为 50 年（实际正确数字为 50.04+/−0.9 年）；其本身绕自转轴自转（也是事实）。他们又说，天狼星系中还有第三颗星，叫做“恩美雅”，而且有一颗卫星环绕“恩美雅”运行。不过直到现在，天文学家仍未发现“恩美雅”。

多贡人认为，天狼伴星是神所创造的第一颗星，是整个宇宙的轴心。此外他们还早就知道行星绕太阳运行，土星上有光环，木星有四个主要卫星。他们有四种历法，分别以太阳、月亮、天狼星和金星为依据。

据多贡人说，他们的天文学知识是在古代时，由天狼星系的智慧生物到地球上来传授给他们的。他们称这种生物为“诺母”。在多贡人的传说中，“诺母”是从多贡人现今的故乡东北方某处来到地球的。他们所乘的飞行器盘旋下降，发出巨大的响声并掀起大风，降落后在地面上划出深痕。“诺母”的外貌像鱼又像人，是一种两栖生物，必须在水中生活。在多贡人的图画和舞蹈中，都保留着有关“诺母”的传说。

远古的巴西“七城”

巴西是一片神奇的土地，要认识它或了解它的史前史是一件很困难的事。在巴西，考古发掘大部分要归功于运气，归功于外行人的努力和勤奋。正因为如此，一位叫路德维希·施维恩哈根的奥地利哲学家和历史学教授捷足先登。1928 年，路德维希第一个在他所著的《远古巴西史》中详细描述了充满了神秘色彩的“七城”，至此，“七城”成为考古学家和历史学家蜂拥而至的新热点。

巴西“七城”在特雷西纳的北边，位于小城皮里皮里和里奥隆格之间。它的纬度差不多是在赤道上，离海边只有 300 多千米。初到“七城”的人会发现，这里没有杂乱的先前被层层叠放的石头残

留物，没有带着尖尖的棱角和人工雕刻条纹的独石柱，而是一处神秘的乱七八糟的所在，和《圣经》中所描述的被上天用烈火和硫黄消灭掉的罪恶之地十分相似。这里石头被烧焦了，被可怕的暴力熔化了。大火把这儿的一切都吞噬掉了，离我们肯定很久远。在这里，稀奇古怪的石头造型和被分成数段的怪物巨兽别别扭扭地刺向天空。然而科学家在“七城”还没挖掘出人的尸骨。

从考古学家精心绘制的复原的平面图我们可以看到，“七城”周围的界线是一个相当精确的，直径为 20 千米的圆圈。“七城”被清清楚楚地分成 7 个区。在这 7 个区里，考古学家可发现碉堡、街道、神庙、篱笆，地下槽罐、大墙等遗迹。然而“七城”的神秘所在自有其不同的特点。首先，“龟甲”状地貌是“七城”荒野中有着特殊魅力的东西，由于缺乏研究，人们对出现这种情况茫然不知。再有，使考古学家和科学家诧异的是：被压成碎骨状的金属块，从岩石层中显露出来，在墙壁上还可见到呈长长的点滴状的锈迹仍在向下滴

着。这些现象都是怎样产生的？到目前为止，还没有一个人能拿出被公众认可的原因。

然而最令考古学家和科学家不能理解的是：是谁在岩壁上画了那些画？那些画又意味着什么？这些史前的艺术家们在岩壁上画圆圈、轮子（带轮辐的）、太阳、圆圈中的圆圈，圆圈中的四角，十字和星辰的变体。有一幅画是这样画的，首先是一条直线，在线下面摆动着 4 个如同五线谱的球体。由于史前的人不认识记谱符号，这些东西肯定是另一种意思。画上有一个古印度浮雕，虽然它所显示的是 9 个“五线谱头”在中线之下，两个在中线之上。印度研究人员根据梵文鉴定，这块浮雕描绘的竟然是一种飞行器。

这些岩画中最具特色和给人印象最深刻的画是有宇航员的一面墙，两个戴着圆形头盔的人物，在他们上方有一个东西，幻想家会把它描述成飞碟，两个人物之间绕着一道螺旋线，其边上还有一个人的形象……

看了这些岩画，人们不禁要问，难道“七城”的居民真的见过宇航员和飞行器？这些宇航员来自哪个星球？他们来到“七城”的目的是什么呢？“七城”曾经相当繁荣，它是怎么一下子变成一片废墟的呢？谁能解开这个历史之谜？

消失的亚特兰蒂斯

亚特兰蒂斯，又称大西洲、大西国。最早提及亚特兰蒂斯的是希腊哲学家柏拉图，柏拉图描述的亚特兰蒂斯是一个美丽、技术先进的岛屿，其历史可追溯至公元前 370 年。他在书中写道：亚特兰蒂斯不仅有华丽的宫殿和神庙，而且有祭祀用的巨大神坛。柏拉图描述，亚特兰蒂斯人拥有巨大的财富，最初诚实善良，具有超凡脱俗的智慧，过着无忧无虑的生活。随着时间的流逝，亚特兰蒂斯人野心开始膨胀，他们开始派出军队，征服周边的国家。

亚特兰蒂斯人的生活变得腐化堕落，无休止的极尽奢华和道德沦丧，终于激怒众神，于是，众神之王宙斯一夜之间将地震和洪水降临在大西岛上，亚特兰蒂斯最终被大海吞没，消失在深不可测的大海之中。

在梵蒂冈城国保存的古代墨西哥著作抄本和存留至今的墨西哥的印第安文明的作品中，也有过类似的叙述：“地球上曾先后出现过四代人类。第一代人类是一代巨人，他们并非这里的居民，而是来自天上。他们毁灭于饥饿。第二代人类毁灭于巨大的火灾。第三代人类就是猿人，他们毁灭于自相残杀。后来又出现了第四代人类，即处于‘太阳与水’阶段的人类，处于这一阶段的人类文明毁灭于巨浪滔天的大洪灾。”

现代科学发现，在大洪灾之前，地球上或许存在一片大陆，这片大陆已有高度发达的文明，在一次全球性的灾难中，大陆沉没在大西洋中。引发巨大灾难的是大规模的地震及其后产生的海啸。火山灰导致整个地中海地区数周之内都处于黑暗之中，远在英国的植物也受到影响。地震的威力相当于广岛原子弹爆炸威力的 4000 倍。近一个世纪以来，考古学家在大西洋底找到的史前文明遗迹，似乎在印证此假说。人们把这片大陆称为“大西洲”，把孕育史前文明的国度称为“大西国”。科学界沿用柏拉图提出的名字——亚特兰蒂斯。

扫一扫 听故事
中大奖

超少年全景视觉探险书

疯狂科学

一套多媒体可以视、听的探险书

SUPER JUNIOR

聂雪云◎编著

团结出版社

图书在版编目（CIP）数据

疯狂科学 / 聂雪云编著 . -- 北京 : 团结出版社，2016.9

（超少年全景视觉探险书）

ISBN 978-7-5126-4447-2

Ⅰ . ①疯… Ⅱ . ①聂… Ⅲ . ①科学知识—青少年读物 Ⅳ . ① Z228.2

中国版本图书馆 CIP 数据核字 (2016) 第 210013 号

疯狂科学

FENGKUANGKEXUE

出　版：团结出版社
（北京市东城区东皇城根南街 84 号 邮编：100006）
电　话：（010）65228880 65244790
网　址：http://www.tjpress.com
E-mail：65244790@163.com
经　销：全国新华书店
印　刷：北京朝阳新艺印刷有限公司
装　订：北京朝阳新艺印刷有限公司

开　本：710mm × 1000mm 1/16
印　张：48
字　数：680 千字
版　次：2016 年 9 月第 1 版
印　次：2016 年 9 月第 1 次印刷

书　号：ISBN 978-7-5126-4447-2
定　价：229.80 元（全八册）

（版权所属，盗版必究）

前言

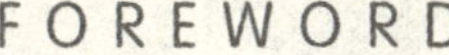

FOREWORD

21世纪是一个知识大爆炸的时代，各种知识在日新月异不断地更新。为了更好地满足新世纪少年儿童的阅读需要，让孩子们获取最新的知识、帮孩子们学会求知、培养孩子们良好的阅读习惯、增强孩子的知识积累，我们编辑了这套最新版的《超少年全景视觉探险书》。

本书的内容包罗万象、融合古今，涵盖了动物、植物、昆虫、微生物、科技、航空航天、军事、历史和地理等方面的知识。都是孩子们最感兴趣、最想知道的科普知识，通过简洁明了的文字和丰富多彩的图画，把这些科学知识描绘得通俗易懂、充满乐趣。让孩子们一方面从通俗的文字中了解真相，同时又能在形象的插图中学到知识，启发孩子们积极思考、大胆想象，充分发挥自己的智慧和创造力，让他们在求知路上快乐前行！

目录 CONTENTS

超 少 年 密 码

疯 狂 科 学

科技探秘

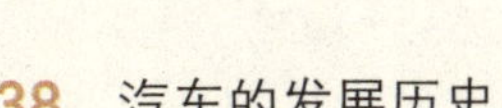

身边科学

科技探秘
KEJI TANMI

火的发明和使用

人类发明用火，是经历了艰苦缓慢的实践和认识过程的。我们的祖先起初并不喜欢火。大火燃起，烈焰冲天，浓烟蔽日，所到之处，一片焦土。火的破坏性使原始人望而生畏，遇到大火就惊恐万状，逃之夭夭。

但是，遇到火的次数多了，人们就渐渐不以为奇，反而习以为常了。而且他们逐渐懂得了火也能给自己带来好处：大火过后，被烧死的野兽糊香扑鼻，香美异常，吃起来外焦里嫩；火能使人得到温暖，赶走寒冷；火还可以用作防御和攻击猛兽的武器，因为猛兽也是害怕火的。

一次又一次的实践，改变了原始人对火的认识，他们慢慢地由怕火而变成爱火。当大火再一次袭来的时候，他们不再一跑了之，而是果敢地、小心翼翼地把一些还在燃烧的树枝拿回来，并且不断地给它添加新的树枝——精心地“喂养”起来。于是，由几根树枝架起的一堆篝火终于燃烧起来了。

原始人开始只是利用现成的火，后来渐渐想到应当保存火种——他们把火置于特别的监

护之下，由专人负责看管，不让它熄灭。用火时把火生得旺旺的，不用时让火慢慢地冒着烟。一堆火种往往可以保存很长的时间。

对于原始人来说，火难以携带，且火种不易保存。在新的生活环境下，火越来越攸关原始人的生死存亡，经过长时间的生产活动，原始人发现用燧石相击可以引燃易燃物，或以木与木摩擦也能生火。这样，原始人终于发明了人工取火的方法。

陶器的发明

陶器的发明，是人类第一次利用天然物，按照自己的意志，创造出来的一种崭新的东西。中国古代先民至少在1万年以前就已掌握了制作陶器的技术，并已懂得了在做炊器用的陶器中要加进砂粒，以防烧裂。

陶器的主要成分是硅和铝的无机盐类，无毒、无味，是制作生活用具的良好材料。人们将具有可塑性的粘土，用水湿润后，经过手捏、轮制、模塑等方法加工成型后，在阴凉通风处风干，干燥后在800~1000℃高温下用火烧造而成的制品，就是陶器。

在陶器发明以前，人们为了取得熟食，有时把食物架在篝火上烤熟；或者是用石头砌成一个大坑，把猎物去皮，放进坑内，盖上热灰，直到焖熟；还有的就是用灼热的石块将兽肉烫熟；或者把兽肉放入网中，泡入高温的泉水中，泡熟后食用。经过百万年的狩猎与采集生活，在原始的农耕作业生产过程中，人们对泥土的性质和状态有了更加深刻的认识。而居住环境的相对固定和生活资料的积累，使得人们开始研究储存生活资料的用具器物，在石制品、骨制品以及其他的自然物之外去寻找一种新材料，用以煮熟、储存食物，于是以水、火、泥的合成方式生产的陶器就应运而生了。

最早的天文学著作

春秋战国时期，天文学已有所发展，出现了一大批天文学专著和关于天文的观测记录用以皇帝星占之用。其中，齐国的天文学家甘德著有《天文星占》八卷，魏国的天文学家石申著有《天文》八卷，后人将这两部著作合为一部，取名为《甘石星经》。《甘石星经》是中国，也是世界上最早的天文学著作。

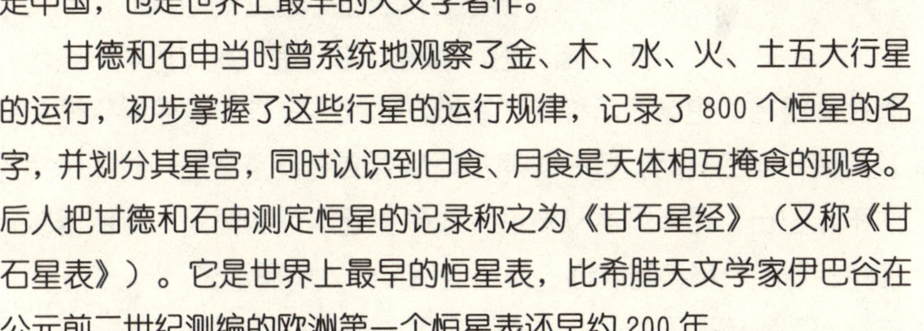

甘德和石申当时曾系统地观察了金、木、水、火、土五大行星的运行，初步掌握了这些行星的运行规律，记录了 800 个恒星的名字，并划分其星宫，同时认识到日食、月食是天体相互掩食的现象。后人把甘德和石申测定恒星的记录称之为《甘石星经》（又称《甘石星表》）。它是世界上最早的恒星表，比希腊天文学家伊巴谷在公元前二世纪测编的欧洲第一个恒星表还早约 200 年。

后世许多天文学家在测量日、月、行星的位置和运动时，都要用到《甘石星经》中的数据。因此，《甘石星经》在中国和世界天文学史上都占有重要地位。石氏星表是古代天体测量工作的基础，因为测量日月星辰的位置和运动，都要用到其中二十八宿距度（本宿距星和下宿距星之间的赤经差叫距度）的数据，这是中国天文历法中一项重要的基本数据。

活生生的史书

青铜器是中华民族古老灿烂文明的载体，是世界冶金铸造史上最早的合金，是人类历史上的一项伟大发明。中国古代铜器，是古代先民对人类物质文明的巨大贡献，在世界艺术史上占有独特地位。

青铜器是由青铜（红铜与锡的合金）制成的器具。青铜，古称金或吉金，是红铜与其他化学元素（锡、镍、铅、磷等）的合金，其铜锈呈铜绿色，因此而得名。史学上所称的“青铜器时代”是指大量使用青铜工具及青铜礼器的时期。这一时期主要从夏商周直至秦汉，时间跨度为两千年左右，是青铜器从发展、成熟直至鼎盛的时期。青铜器以其独特的器形、精美的纹饰、典雅的铭文向人们揭示了先秦时期的铸造工艺、文化水平和历史源流，被称为“一部活生生的史书”。

青铜器包括有炊器、食器、酒器、水器、乐器、车马饰、铜镜、带钩、兵器、工具和度量衡器等。最初出现的是小型工具或饰物。夏代开始有青铜容器和兵器。商代中期，青铜器品种已很丰富，并出现了铭文和精细的花纹。商晚期至西周早期，是青铜器发展的鼎盛时期，器型多种多样，浑厚凝重，铭文逐渐加长，花纹繁缛

富丽。随后，青铜器胎体开始变薄，纹饰逐渐简化。春秋晚期至战国，由于铁器的推广使用，铜制工具越来越少。秦汉时期，随着瓷器和漆器进入日常生活，铜制容器品种减少，装饰简单，多为素面，胎体也更为轻薄。

中国古代铜器，是古代先民对人类物质文明的巨大贡献。虽然从目前的考古资料来看，中国铜器的出现晚于世界上其他一些地方，但是就铜器的使用规模、铸造工艺、造型艺术及品种而言，世界上没有一个地方的铜器可以与中国古代铜器相比拟。

青铜器的颜色真正做出来的时候是很漂亮的，是黄金般的土黄色，因为埋在土里生锈才一点一点变成绿色的。由于青铜器完全是由手工制造，所以没有任何两件是一模一样的，每一件都是独一无二、举世无双的，具有很高的观赏价值。

自从有了青铜器，中国农业和手工业的生产力水平不断提高，物质生活条件也逐渐丰富。中国人民所创造的灿烂的青铜文化，在世界文化遗产中占有独特的地位。

指南针的原理及发明

指南针是中国四大发明之一，是中国古代科学技术发展史上的重大进步。指南针及磁偏角理论在远洋航行中发挥了巨大的作用，使人们第一次获得了全天候航行的能力，人类第一次得到了在茫茫大海中任意航行的自由。

指南针是一种判别方位的简单仪器，又称指北针。指南针是磁铁做成的。磁铁能吸铁，通常称为“吸铁石”，古代称为“慈石”，因为它一碰到铁就吸住，好像一个慈祥的母亲吸引自己的孩子一样。每块磁铁两头都有不同的磁极，一头叫正极，另一头叫负极。人类居住的地球也是一块天然大磁铁，地球的南北两头也有不同的磁极，地球的北极是负磁极，地球南极为正磁极。根据同性磁极相排斥，异性磁极相吸引的原理，拿一根可以自由转动的磁针，无论站在地球的什么地方，它的正极总是指北，负极总是指南。

中国是世界上公认的发明指南针的国家。指南针的前身是中国古代四大发明之一的司南。

它是用天然磁石制成的。样子像一把汤勺，圆底，可以放在平滑的“地盘”上并保持平衡，且可以自由旋转。当它静止的时候，勺柄就会指向南方。司南的出现是人们对磁体指极性认识的实际应用。

地球的两个磁极和地理的南北极只是接近，并不重合。磁针指向的是地球磁极而不是地理的南北极，这样磁针指的就不是正南、正北方向而略有偏差，这个角度就叫磁偏角。又因为地球近似球形，所以磁针指向磁极时必向下倾斜，和水平方向有一个夹角，这个夹角称为磁倾角。不同地点的磁偏角和磁倾角都不相同。成书于北宋的《武经总要》在谈到用地磁法制造指南针时，就注意利用了磁倾角。沈括在《梦溪笔谈》谈到指南针不全指南，常微偏东。磁偏角和磁倾角的发现使指南针的指向更加准确。

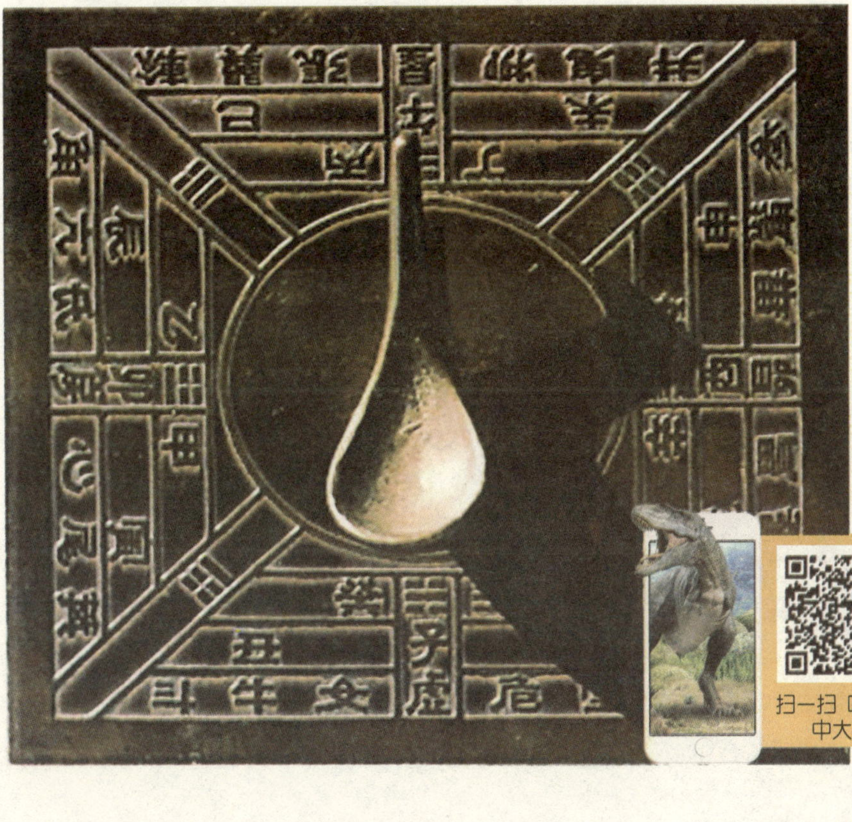

扫一扫 听故事
中大奖

世界水利文化的鼻祖

都江堰水利工程开创了中国古代水利史上的新纪元。它以不破坏自然环境、充分利用自然资源为前提，变害为利，使人、地、水三者高度和谐统一，是全世界迄今为止仅存的一项最伟大的“生态工程”，标志着中国水利进入一个新阶段。

都江堰位于四川省成都市都江堰市（直辖县级市，由四川省省会成都市代管）灌口镇，是中国建设于古代并使用至今的大型水利工程，被誉为“世界水利文化的鼻祖”。

岷江上游流经地势陡峻的万山丛中，一到成都平原，水速突然减慢，因而夹带的大量泥沙和岩石随即沉积下来，淤塞了河道。每年雨季到来时，岷江和其它支流水势骤涨，往往泛滥成灾；雨水不足时，又会造成干旱。

秦昭襄王五十一年（公元前256年），李冰为蜀郡守。李冰与其儿子在前人治水的基础

上，依靠当地人民群众，在岷江出山流入平原的灌县，建成了都江堰。都江堰是一个防洪、灌溉、航运综合水利工程。整体规划是将岷江水流分成两条，其中一条水流引入成都平原，这样既可以分洪减灾，又可以引水灌田、变害为利。主体工程包括鱼嘴分水堤、飞沙堰溢洪道和宝瓶口进水口。

首先，李冰父子邀集了许多有治水经验的农民，对地形和水情作了实地勘察，决心凿穿玉垒山引水。由于当时还未发明火药，李冰便以火烧石，使岩石爆裂，终于在玉垒山凿出了一个宽 20 公尺，高 40 公尺，长 80 公尺的山口。因其形状酷似瓶口，故取名“宝瓶口”，把开凿玉垒山分离的石堆叫“离堆”。

之所以要修宝瓶口，是因为只有打通玉垒山，使岷江水能够畅通流向东边，才可以减少西边的江水的流量，使西边的江水不再泛滥，同时也能解除东边地区的干旱，使滔滔江水流入旱区，灌溉那里的良田。这是治水患的关键环节，也是都江堰工程的第一步。

宝瓶口引水工程完成后，虽然起到了分流和灌溉的作用，但因江东地势较高，江水难以流入宝瓶口，为了使岷江水能够顺利东流且保持一定的流量，并充分发挥宝瓶口的分洪和灌溉作用，李冰决

定在岷江中修筑分水堰，将江水分为两支：一支顺江而下，另一支被迫流入宝瓶口。由于分水堰前端的形状好像一条鱼的头部，所以被称为“鱼嘴”。

鱼嘴的建成将上游奔流的江水一分为二：西边称为外江，它沿岷江河水顺流而下；东边称为内江，它流入宝瓶口。由于内江窄而深，外江宽而浅，这样枯水季节水位较低，则60%的江水流入河床低的内江，保证了成都平原的生产生活用水；而当洪水来临，由于水位较高，于是大部分江水从江面较宽的外江排走，这种自动分配内外江水量的设计就是所谓的“四六分水”。

为了进一步控制流入宝瓶口的水量，起到分洪和减灾的作用，防止灌溉区的水量忽大忽小、不能保持稳定的情况，李冰又在鱼嘴分水堤的尾部，靠着宝瓶口的地方，修建了分洪用的平水槽和“飞沙堰”溢洪道，以保证内江无灾害，溢洪道前修有弯道，江水形成环流，江水超过堰顶时洪水中夹带的泥石便流入到外江，这样便不会淤塞内江和宝瓶口水道，故取名“飞沙堰”。

为了观测和控制内江水量，李冰又雕刻了3个石桩人像，放于水中，以“枯水不淹足，洪水不过肩”来确定水位。还凿制石马置于江心，以此作为每年最小水量时淘滩的标准。

在李冰的组织带领下，人们克服重重困难，经过8年的努力，终于建成了这一历史工程——都江堰。

僧一行

僧一行是唐代杰出的天文、历法、数学家和佛学家。他是历史上实测子午线的第一人，同时，创造的新历法《太衍历》，在世界历学、天文学史上都评价很高，为唐代科学技术的发展做出了伟大的贡献。

从开元十二年（公元 724 年）起，僧一行主持全国范围内的大规模的天文测量工作。他在全国选择了 12 个观测点，并派人实地观测，自己则在长安总体统筹指挥。其中负责在河南进行观测的南宫说等人所测得的数据最科学和有意义。他们选择了经度相同、地势高低相似的 4 个地方进行设点观测，分别测量了当地的北极星高度，冬至、夏至和春分、秋分四时日影的长度，以及四地间的距离。僧一行经过统一计算，得出了北极高度差一度，南北两地相距 351 里 80 步（即现在的 129.2 公里）的结论。这虽然与现在 1 度长 111.2 公里的测量值相比误差较大，但这是世界上第一次用科学方法进行的子午线实测，在科学发展史上具有划时代的意义。

僧一行在天文历法上所取得的卓越成就在人类文明史上占有重要地位，而且他所重视的实际观测的科学方法，极大地促进了天文学的发展。在他之后，实际观测就成为了历代天文学家从事学术研究时采用的基本方法。

地动仪的发明

候风地动仪是汉代科学家张衡的传世杰作。在张衡所处的东汉时代，地震比较频繁。地震发生时，地裂山崩、江河泛滥、房屋倒塌，造成了巨大的损失。张衡对地震有不少亲身体验。

为了掌握全国的地震动态，他经过多年研究，终于在阳嘉元年（公元132年）发明了候风地动仪——世界上第一架地震仪。在通信不发达的古代，该仪器对人们及时知道地震发生时间和确定地震大体位置有一定作用。

据载，候风地动仪的内部中央有一根铜质“都柱”，柱旁有八条通道，称为“八道”，还有巧妙的机关。樽体外部周围有八个龙头，按东、南、西、北、东南、东北、西南、西北八个方向布列。龙头和内部通道中的发动机关相连，每个龙嘴里都衔有一个铜球。对着龙头，八个蟾蜍蹲在地上，个个昂头张嘴，准备承接铜球。当某个地方发生地

震时，樽体随之运动，触动机关，使发生地震方向的龙头张开嘴，吐出铜球，落到铜蟾蜍的嘴里，发出很大的声响。于是人们就可以知道地震发生的方向了。

汉顺帝阳嘉三年十一月壬寅（公元134年12月13日），地动仪的一个龙机突然发动，吐出了铜球，掉进了对应蟾蜍的嘴里。当时在京师（洛阳）的人们却丝毫没有感觉到地震的迹象，于是有人开始议论纷纷，责怪地动仪不灵验。

没过几天，陇西（今甘肃省天水地区）有人飞马来报，证实那里前几天确实发生了地震，于是人们开始对张衡的高超技术极为信服。陇西距洛阳有500千米，地动仪标示无误，说明它的测震灵敏度是比较高的。

据学者们考证，张衡在当时已经利用了力学上的惯性原理，“都柱”实际上起到的正是惯性摆的作用。同时张衡对地震波的传播和方向性也有一定了解，这些成就在当时来说是非常了不起的，而欧洲直到1880年，才制成与此类似的仪器，比起张衡的发明足足晚了1700多年。

蔡伦改进造纸术

造纸术是中国古代科学技术的“四大发明”之一。自从蔡伦革新了造纸术以后，纸张便以新的姿态进入社会文化生活之中，并逐步在中华大地传播开来，之后又传播到世界各地，大大促进了世界科学文化的传播和交流，深刻地影响了世界历史的进程。

蔡伦，字敬仲，汉族，东汉桂阳郡人，永平末年（公元 75 年）入宫为宦官，历任小黄门、中常侍兼尚方令、长乐太仆等职。元初元年（公元 114 年），安帝封蔡伦为龙亭侯，食邑三百户。蔡伦为人敦厚谨慎，关心国家利益，办事专心尽力。永元四年（公元 92 年），蔡伦任尚方令，主管宫内御用器物和宫廷御用手工作坊。

在蔡伦以前的中国，书籍大多是用竹子做的，书体厚重，不易携带。还有些书是用丝绸做的，虽不厚重，成本却极为昂贵，得不到普及。

蔡伦认真总结了前人的经验，他认为扩大造纸原料的来源，改进造纸技术，提高纸张质量，就可以使纸张为大家接受。蔡伦首先使用树皮造纸，树皮是比麻类丰富得多的原料，这可以使纸的产量大幅度的提高。树皮中所含的木素、果胶、蛋白质远比麻类高，因此树皮的脱胶、制浆要比麻类难度大，这就促使蔡伦改进造纸的技术。西汉时利用石灰水制浆，东汉时改用草木灰水制浆，草木灰水有较大的碱性，有利于提高纸浆的质量。元兴元年（公元 105 年）蔡伦把他制造出来的一批优质纸张献给汉和帝刘肇，得到汉和帝的称赞。

蔡伦发明的“蔡侯纸”作为一种全新的书写材料，很快被皇族显贵和普通老百姓所接受，雅俗共赏，获得了朝廷的首肯和民间的普遍认同。“蔡侯纸”以其轻薄、光滑、洁白、便宜易得、便于挥毫为特征，将流行于世千百年的竹简木牍和丝质书写品尘封，一场书写材料的大革命由此展开。

魏晋南北朝时期纸广泛流传，普遍为人们所使用，造纸术进一步提高。造纸原料也多样化，纸的名目繁多，如竹帘纸、藤纸、鱼卵纸等。蔡伦造纸的原料广泛，以烂鱼网造的纸叫网纸，破布造的纸叫布纸。

造纸术在 3 世纪时传到朝鲜、日本。8 世纪时，传到了阿拉伯。十字军东征后，传到欧洲，最后到了美洲。这场革命推动了全球文明的发展，在人类的发展史上功不可没。

最古老的石拱桥

赵州桥是由隋朝著名匠师李春设计和建造，距今已有约1400年的历史，是世界上现存最早、保存最完善的古代敞肩石拱桥，体现出古代劳动人民的智慧。

隋朝统一了中国，结束了长期以来南北征战的局面，社会经济由此得到发展。赵县北上可抵重镇涿郡（今河北涿州市），南下可达京都洛阳，是南北交通必经之路。但却因洨河所阻影响人们来往，每到洪水季节甚至没有办法通行。为了结束长期以来交通不便的状况，隋朝决定在洨河上建设一座大型石桥。

李春受命负责设计和大桥的施工。关于李春，除了一个“匠”字，从史书上再也找不到其他记载，其生平已无法得知。现在河北赵县赵州桥之侧公园内有一尊李春像，中年学士打扮，文质彬彬，左手持一卷图纸。

李春率领工匠对洨河及两岸地质等情况进行了实地考察，同时

认真总结了前人的建桥经验，结合实际情况提出了独具匠心的设计方案，按照设计方案精心细致施工，出色地完成了建桥任务。

赵州桥又名安济桥，全长50.83米，宽9米，主孔净跨度37.02米，是一座由28道相对独立的拱券组成的单孔弧形大桥。赵州桥最大的创举就是在大拱两肩，砌了4个并列小孔。这种大拱上加小拱的布局（近代称为“敞肩型”）可以节省石料，减轻桥身自重。据计算，4个小拱可以节省石料260立方米左右，减轻桥身自重700吨。同时可以增加洪汛季节的过水面积，当洨河涨水时，一部分水可以从小券往下流，这样就减少了洪水对桥的冲击，保证了桥的安全。

赵州桥的设计构思和工艺的精巧，不仅在中国古桥是首屈一指，据世界桥梁的考证，像这样的敞肩拱桥，欧洲到19世纪中期才出现，比中国晚了1200多年，赵州桥的雕刻艺术，包括栏板、望柱和锁口石等，其上狮象龙兽形态逼真，琢工精致秀丽，堪称文物宝库中的艺术珍品。

赵州桥至今已有1400多年的历史，经历了10次水灾，8次战乱和多次地震，尤其是1966年邢台发生7.6级地震，赵州桥距离震中只有40多公里，仍然安然无恙。著名桥梁专家茅以升说，先不管桥的内部结构，仅就它能够存在1400多年就说明了一切。

火药的发明

火药的发明大大推进了世界历史的进程，标志着人类改造大自然的能力进一步增强，对军事武器的进步也有着重要意义。火药是中国古代四大发明之一，在化学史上占有重要地位。

火药，又被称为“黑火药”，由硫磺、硝石、木炭混合而成。早在新石器时代古代先民在烧制陶器时就认识了木炭，把它当作燃料。木炭灰分比木柴少，强度高，是比木柴更好的燃料。硫磺天然存在，很早人们就对硫磺进行开采。古人掌握最早的硝，可能是墙角和屋根下的土硝，硝的化学性质很活泼，能与很多物质发生反应。

火药是由古代炼丹家发明的。从战国至汉初，帝王贵族们幻想神仙长生不老，驱使一些方士道士炼“仙丹”。炼丹术的目的和动机都是荒谬可笑的，但它的实验方法导致了火药的发明。

炼丹家对于硫磺、砒霜等具有猛毒的金石药，在使用之前，常用烧灼的办法使毒性失去或减低，称为“伏火”。唐初的名医兼炼丹家孙思邈曾记载：硫磺、硝石各 2 两，研成粉末，放在销银锅或砂罐子里。掘一地坑，放锅子在坑里和地平，四面都用土填实。把没有被虫蛀过的 3 个皂角逐一点着，然后夹入锅里，把硫磺和硝石烧起焰火。等到烧不起焰火了，再拿木炭来炒，炒到木炭消去三分之一，就退火，趁还没冷却，取入混合物，这就伏火了。

伏火的方子都含有碳素，而且伏硫磺要加硝石，伏硝石要加硫磺。这说明炼丹家有意要使药物引起燃烧，以使猛毒去掉。虽然炼丹家知道硫、硝、碳混合点火会发生激烈的反应，并采取措施控制反应速度，但是因药物伏火而引起丹房失火的事故时有发生。

《太平广记》中有一个故事，说的是隋朝初年，有一个叫杜春子的人去拜访一位炼丹老人，当晚住在那里。半夜杜春子梦中惊醒，看见炼丹炉内有“紫烟穿屋上”，顿时屋子燃烧起来。这可能是炼丹家配置易燃药物时疏忽而引起火灾。书中告诫炼丹者要防止这类事故发生。这说明唐代的炼丹者已经知道，硫、硝、碳 3 种物质可以构成一种极易燃烧的药，这种药被称为“着火的药”，即火药。

火药的配方由炼丹家转到军事家手里，就成为中国古代四大发明之一的黑色火药。

活字印刷术

活字印刷术由北宋平民毕昇发明，是印刷史上一次伟大的技术革命。活字印刷彻底克服了雕版印刷的缺点，大大提高了工作效率，并传到日本、欧洲等国家，为人类文化的传播和继承做出了重大贡献，被誉为中国古代四大发明之一。

雕版印刷

汉朝发明纸以后，书写材料比起甲骨、简牍、金石和棉帛要轻便、经济得多，但是抄写书籍是非常费工的，远远不能适应社会发展的需要。隋朝时，人们从刻印章中得到启发，发明了雕版印刷术。

雕版印刷一版能印几百部甚至几千部书，对文化的传播起了重大作用，但是刻板费时费工，大部头的书往往要花费几年的时间，存放版片又要占用很大的地方，而且常会因变形、虫蛀、腐蚀而损坏。印量少而不需要重印的书，版片就成了废物。此外雕版发现错别字，改起来很困难，常需整块版重新雕刻。

毕昇发明活字印刷

关于毕昇的生平只有在沈括的《梦溪笔谈》一书中有记载。书中只介绍说他是一个布衣，即没有任何官职的平民百姓。

平民出身的毕昇总结了历代雕版印刷的丰富的实践经验，经过反复试验，制成了胶泥活字，实行排版印刷，完成了印刷史上一项重大的革命。

毕昇用胶泥制字，把胶泥做成四方长柱体，一面刻上单字，再用火烧硬，使之成为陶质，一个字为一个印。排版时先预备一块铁板，铁板上放松香、蜡、纸灰等的混合物，铁板四周围着一个铁框，在铁框内摆满要印的字印，摆满就是一版。然后用火烘烤，将混合物熔化，与活字块结为一体，趁热用平板在活字上压一下，使字面平整，就可进行印刷。

用这种方法，印二、三本谈不上什么效率，如果印数多了，几十本以至上千本，效率就很高了。为了提高效率常用两块铁板，一块印刷，一块排字。印完一块，另一块又排好了，这样交替使用，效率很高。常用的字如“之”、“也”等字，每字制成 20 多个印，以备一版内有重复时使用。没有准备的生僻字，则临时刻出，用草木火马上烧成。从印板上拆下来的字，都放入同一字的小木格内，外面贴上按韵分类的标签，以备检索。

毕昇起初用木料作活字，实验发现木纹疏密不一，遇水后易膨胀变形，与粘药固结后不易去下，才改用胶泥。这种胶泥活字，称为泥活字，毕昇发明的印书方法和今天的比起来，虽然很原始，但是活字印刷术制造活字、排版和印刷 3 个主要步骤，都已经具备。

为什么马王堆古尸不腐

1972 年，在中国湖南马王堆古墓中出土了一具女尸，它震惊了世界，为什么呢？原来，尽管历经 2000 年，但这具女尸外形完整，面色鲜活，发色如真。解剖后，其内脏器官完整无损，血管结构清楚，骨质组织完好，甚至腹内一些食物仍存。为什么这具古尸历经千年不腐呢？

一般来说，古墓中的尸体留至今天，只会出现两种结果：一是腐烂。因为在有空气、水分和细菌的环境里，大量的有机物质会很快腐烂，棺木也会腐朽，最后尸体也难免烂掉。二是形成干尸。这需要极为特殊的气候条件，在特别干燥或没有空气的地方，细菌等微生物难以生存，这样，尸体会迅速脱水，成为“干尸”。

马王堆的女尸为何成为“湿尸”而不腐烂呢？其原因是：

第一，尸体的防腐处理完善。经化学鉴定，它的棺液沉淀物中含

有大量的乙醇、硫化汞和乙酸等物。这证明女尸是经过了汞处理和其他浸泡处理的，硫化汞对于尸体防腐的作用很大。

第二，墓室深。整个墓室建筑在地底 16 米以下的地方。上面还有高 20 多米，底径 50 米～ 60 米的大封土堆。既不透气也不透水，更不透光。这就基本隔绝了地表物理作用和化学作用的影响。

第三，封闭严。墓室的周壁均用可塑性大、黏性强、密封性好的白膏泥筑成。泥层厚约 1 米左右。厚为半米的木炭层衬在白膏泥的内面，共 5000 多公斤。墓室筑成后，墓坑再用五花土夯实。这样，地面的大气就与整个墓室完全隔绝了，并能保持 18℃左右的相对恒湿环境，光的照射被隔绝，地下水也不能流入墓室。

第四，隔绝了空气。由于密封好，墓室中已接近了真空，具备了缺氧的条件。在这种条件下，厌氧菌开始繁殖。存放在椁室中的丝麻织物、乐器、漆器、木俑、竹筒等有机物和陪葬的大量的食物、植物种子、中草药材等，产生了可燃的沼气。从而加大了墓室内的压强。沼气能杀菌。细菌在高压下也无法生存。

第五，棺椁中存有具有防腐和保存尸体作用的棺液。据查，椁外的液体约深 40 厘米，棺内的液体约深 20 厘米。但它们都不是人造的防腐液，而是由白膏泥、木炭、木料中的少量水分和水蒸汽凝聚而成的。而内棺中的液体是女尸身体内的液体化成的“尸解水”。这种自然形成的棺液防止了尸体腐败，并使得尸体的软组织保持了弹性，肤色如初，栩栩如生。

在重见天日之时，千年的亡魂随同所有出土的文物，散发着迷人的光芒，让人不断惊叹于造化的神奇。

为什么宝剑历经千年不锈蚀

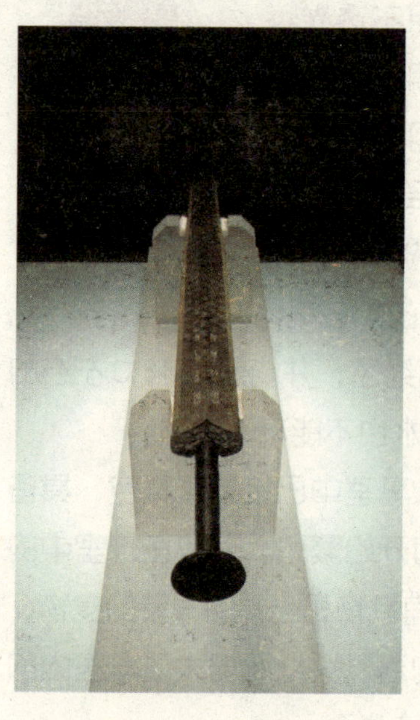

近年来，湖北望山沙冢楚墓出土的一件青铜铸成的宝剑引起了人们广泛的关注。该剑出土时，放置在棺内人骨架的左侧，并插入涂墨漆的木鞘里，将剑拔出鞘，寒光耀目，剑身一点儿也没有锈蚀，其锋利的薄刃能将20多层纸一击而破。剑全长55.6厘米，剑身长45.6厘米，剑格宽5厘米。

剑身满饰黑色菱形几何暗花纹，另外还分别用蓝色琉璃和绿松石在剑格的正面和反面镶嵌成美丽的纹饰，剑柄以丝线缠缚，剑首向外翻卷作圆箍形，内铸有非常精细的11道同心圆圈。有两行鸟篆铭文位于剑身一面近格处，经专家考证，铭文为“越王勾践，自作用剑”。

越王勾践青铜剑，不仅有精湛的铸造技术、秀美的花纹，而且在地下深埋2400多年而不锈，仍保持着耀眼的光泽，这到底是什么原因呢？根据古代史书记载，春秋末年中国在青铜铸造方面已经掌握了将器身与附件分别铸造，再用合金焊接的冶金工艺。当时的炼炉，已开始采用皮囊鼓风加温的新技术。那么，这些名贵的青铜剑，又是怎样制造与防锈的呢？

1977年及1978年湖北省博物馆在有关单位的协助下，在复旦

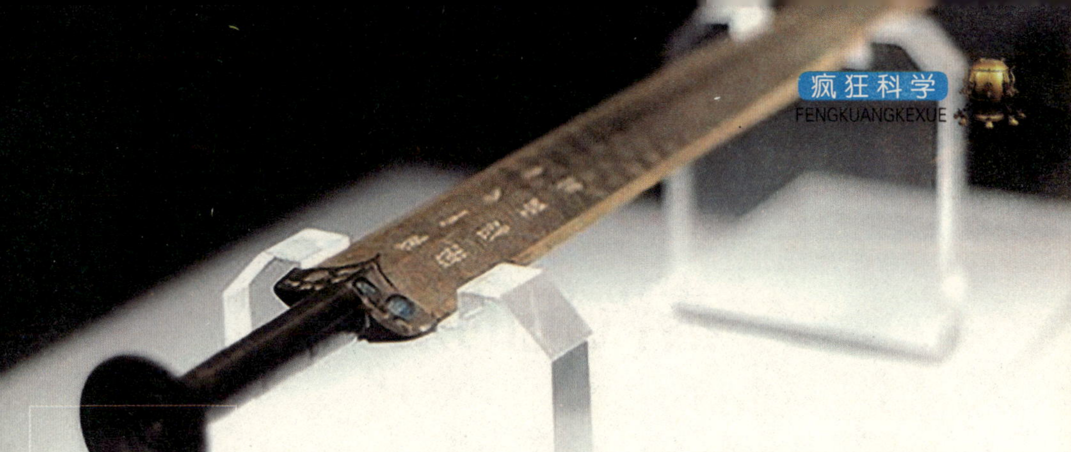

大学的静电加速器上，利用原子核研究所提供的检测设备，对越王勾践剑进行了无损伤的测定与研究，终于揭开了笼罩在越王勾践剑身上长达千年的面纱。

根据测定的结构，勾践剑剑刃及剑身的成分显示含锡为16%～17%，这是铸造锡青铜强度最高的成分，并保持有一定延伸率；含锡再高，虽提高了强度，但抗强度及延伸性将迅速下降，作直刺用的兵器，要保证其强度以免弯折，而对砍击器的硬度或韧性则不太要求。越王勾践剑和同墓出土的菱纹剑都使用了合理的含锡成分，吴越铸剑的高超水平得以充分的反映。

勾践剑剑身的铅、铁含量较低，它们应是锡和铜的杂质元素，在熔铸时或者选料精良，或者通过精炼将铅、铁杂质予以去除。剑格使用了含铅较高的合金制作，这种材料有较好的流动性，容易制作表面的装饰。剑格表面经过了人工氧化处理，花纹处含硫高，硫化铜有抵抗锈蚀的作用，以保持花纹的美丽。

越王勾践剑因剑的各个部位的作用不一样，铜和锡的比例也不同。刃部含锡高，硬度大，使剑非常锋利，而剑脊含铜较多，能使剑韧性好，不易折断。但不同成分的配合在同一剑上又是如何铸成的呢？专家们考证后认为是采用两次浇涛使之复合成一体的复合金属工艺。

世界上其他国家到近代才开始使用这种复合金属工艺，而早在2000多年前的中国，古代劳动人民就采用了这一方法。

蒸汽机的发明

蒸汽机是将蒸汽的能量转换为机械功的往复式动力机械。蒸汽机的出现曾引起了18世纪的工业革命。直到20世纪初，它仍然是世界上最重要的原动机，后来才逐渐让位于内燃机和汽轮机等。

世界上第一台蒸汽机是由古希腊数学家亚历山大港的希罗1世纪发明的。不过它只不过是一个玩具而已，没有实用价值。约1679年法国物理学家丹尼斯·巴本在观察蒸汽逃离他的高压锅后制造了第一台蒸汽机的工作模型。其后，各国科学家都参与进来。1769年英国人詹姆斯·瓦特成功地制造出了早期的工业蒸汽机。瓦特虽不是蒸汽机的发明者，在他之前，早就出现了蒸汽机，即纽科门蒸汽机，但它的耗煤量大、效率低。但瓦特运用科学理论，逐渐发现了这种蒸汽机的毛病所在。从1765年到1790年，他进行了一系列发明，比如分离式冷凝器、汽缸外设置绝热层、用油润滑润滑活塞、行星式齿轮、平行运动连杆机构、离心式调速器、节气阀、压力计等等，使蒸汽机的效率提高到原来纽科门机的3倍多，最终发明出了现代意义上的蒸汽机。

自18世纪晚期起，蒸汽机不仅在采矿业中得到广泛应用，在冶

炼、纺织、机器制造等行业中也都获得迅速推广。它使英国的纺织品产量在 20 多年内（从 1766 年到 1789 年）增长了 5 倍，为市场提供了大量消费商品，加速了资金的积累，并对运输业提出了迫切要求。

19 世纪初的瓦特蒸汽机在船舶上采用，蒸汽机作为推进动力的实验始于 1776 年，经过不断改进，至 1807 年，美国的富尔顿制成了第一艘实用的明轮推进的蒸汽机船“克莱蒙”号。此后，蒸汽机在船舶上作为推进动力历百余年之久。

1800 年，英国的特里维西克设计了可安装在较大车体上的高压蒸汽机。1803 年，他把它用来推动在一条环形轨道上开动的机车，找来喜欢新奇玩意儿的人乘坐，向他们收费，这就是机车的雏型。英国的史蒂芬孙将机车不断改进，于 1829 年创造了“火箭”号蒸汽机车，该机车拖带一节载有 30 位乘客的车厢，时速达 46 公里／时，引起了各国的重视，开创了铁路时代。

蒸汽机的发展在 20 世纪初达到了顶峰。它具有可变速、可逆转、运行可靠、制造和维修方便等优点，因此被广泛用于电站、工厂、机车和船舶等各个领域中。但是随着科技的进步，尤其是汽轮机和内燃机的发展，蒸汽机因存在不可克服的弱点而逐渐退出了历史的舞台。

轮船的发明

在当代，轮船在人们的日常生活中发挥着重要的作用。追溯其历史，我们会发现，轮船的发明与中国人有着很大的关系。

唐朝德宗时，江南道节度使、洪州刺史李皋设计制造了一种新型战舰。史书上关于车船最早的明确记载里写道：这种战舰两侧分别装置一个轮桨，士兵用脚踩踏，带动轮桨转动，使舰前进，能取得与挂帆船一样的速度。

宋朝时车船才得到实际应用和发展。北宋李纲根据李皋的遗制，造战舰数十艘，上下三层，装置车轮，用脚踩踏前进。车船作为水军的新型战舰列入编制的时代是南宋。公元 1131 年，鼎州（今湖南常德）知州程昌寓命令南宋造船厂工匠高宣打造了 8 艘车船来镇压杨幺起义。这种车船靠人力踏车行驶，船旁设置车板，速度很快，却不见船桨，被人们叹为神奇。交战中，杨幺起义军俘获了造船工

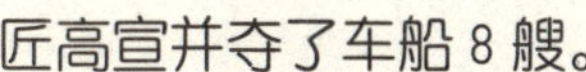

匠高宣并夺了车船 8 艘。

1179 年，在江西出现了一种被当地人称为马船的新式车船，船上装有轮桨，可以拆卸。其平时可以作为渡船运送物资，战时可以改装成战船用来作战。

1183 年，陈镗建造了多达 90 轮的车船，从而使其航行速度更快。但是车船作为民间船只，一直没有发展起来。虽然如同许多专家说的那样，车船的发明给当今轮船的发展奠定了基础，也显示了中国古代人民的创造才能，但它只能算作轮船的始祖，因为外国轮船不是受中国古代车船的启发而发明的，二者的动力来源本身就不一样，一个是依靠人力，一个是依靠蒸汽动力。

扫一扫 听故事
中大奖

汽车的发展历史

汽车改变了整个人类的交通状况，拥有汽车工业成了每一个强大工业国家的标志。

汽车走过这样一段历史：1771 年，法国人居纽设计出蒸汽机三轮车。

1860 年，法国人雷诺制造出了以煤炭瓦斯为燃料的汽车发动机。

1885 年，德国人本茨和戴姆勒各自完成了装有高速汽油发动机的机车和装有二冲程汽油发动机的三轮汽车，并且成功将其企业化。

1908 年，美国人福特采用流水式生产线大量生产价格低、安全性能高、速度快的 T 型汽车，汽车的大众化由此开始。

1912 年，凯迪拉克公司推出电子打火启动车，使妇女也开始爱上汽车。

1926 年，世界第一家汽车制造公司戴姆勒 · 本茨公司成立。

1934 年，第一辆前轮驱动汽车面世。

1940 年，大战令许多汽车制造商停产，欧洲车商开始转向生产军用车辆。

20 世纪 50 年代，德国沃尔沃的甲壳轿车一经推出就成为最受欢迎的汽车。

实际上，汽车的发明使人类的机动性有了极大的提高，使 20 世纪人类的视野更加开阔，更追求自由。当然，汽车工业的发展也带来了道路拥挤、占用土地资源、大气污染和高昂的车费等问题。但不管怎么说，汽车确实载着人类向前发展，向前奔驰。

牛顿与万有引力定律

牛顿，全名是艾萨克·牛顿，1643 年 1 月 4 日生于英格兰林肯郡格兰瑟姆附近的沃尔索普村，是英国伟大的数学家、物理学家、天文学家和自然哲学家，牛顿在科学上最卓越的贡献是创建了微积分和经典力学。

在学生时代的牛顿学习成绩并不出众，只是爱好读书，对自然现象充满好奇心，又喜欢别出心裁的做些小工具、小技巧、小发明、小试验。

1661 年，19 岁的牛顿以减费生的身份进入剑桥大学三一学院，靠为学院做杂务的收入支付学费，1664 年成为奖学金获得者，1665 年获学士学位。

相传，在 1666 年的一个假期里，牛顿在自家花园里小坐，一个苹果从树上掉了下来……谁也没想到一个苹果的偶然落地，却是人类思想史的一个转折点，它使这个坐在花园里的人的头脑开了窍，引起他的沉思：究竟是什么原因使一切物体都受到差不多总是朝向地心的吸引呢？牛顿思索着。终于，他发现了对人类具有划时代意义的万有引力。

1687 年，牛顿在其著作《数学原理》中详细提出了万有引力定律。定律指出：两物体间引力的大小与两物体质量的乘积成正比，与两物体间距离的平方成反比，而与两物体的化学本质或物理状态以及中介物质无关。

万有引力定律是解释物体之间相互作用的引力的定律。日月升落，星光闪烁，自古以来就吸引着人们探究其运行规律。牛顿提出的万有引力定律，为我们进一步认识和了解宇宙开辟了道路，而万有引力定律的发现正是植根于对宇宙中地、月、日运行规律的探索和实践之中。

万有引力定律作为自然界最基本的定律之一，在很多领域都得到了广泛的应用。比如，在航天技术中，航天器与天体接近时的万有引力可以作为一种有效的加速办法；宇宙物理中常常以测定天体的万有引力效应来断定天体的位置和质量；在强磁场地域，电磁探测会受到局限，这时可以通过万有引力的测量计算来探知地下的物质密度，从而断定地下矿藏的分布或是地下墓穴的位置。

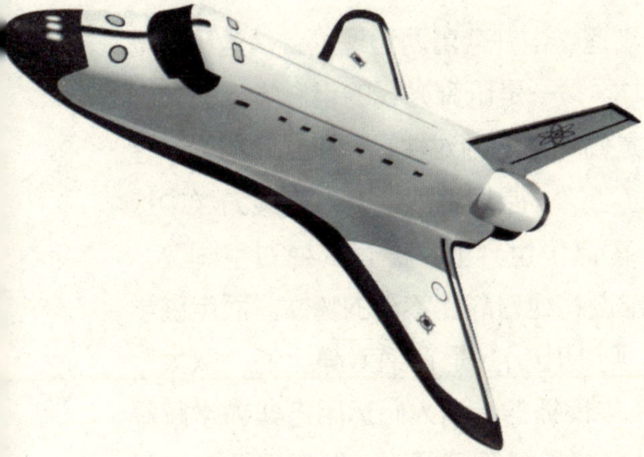

扫一扫 听故事
中大奖

爱因斯坦发表相对论

相对论是现代物理学的基础理论之一。它是论述物质运动与空间时间关系的理论，于 20 世纪初由德裔美国物理学家爱因斯坦创立，后经许多物理学家一起对它进行发展和完善。此理论由狭义相对论和广义相对论两部分组成。狭义相对论于 1905 年创立，广义相对论于 1916 年完成。相对论从逻辑思想上统一了经典物理学，使经典物理学成为一个完善的科学体系。

19 世纪的物理学中并存着两套理论：一是研究物体运动的古典力学，一是研究光线的电磁学。古典力学的理论基础是伽利略的相对性原理，牛顿的力学理论也是建立在这一原理基础之上。古典力学中提出，在这个世界上，没有“绝对空间”，也没有绝对静止不动的物体。而电磁学则提出，光是在绝对静止的“以太”中传播的。当人们运用古典力学解释光的传播等问题时，发现了两者之间存在着尖锐的矛盾，从而对经典时空观产生了新的疑问。爱因斯坦针对这些问题，尝试同时从两个原理出发，来重建物理理论，提出了物理学的新的时空观，创立了相对论。

爱因斯坦在狭义相对论中给出了物体在高速运动下的运动规律，并揭示了质量与能量有着非常直接的关系，得出了质能关系式 $E=mc^2$。这项成果对研究微观粒子具有极端重要性。因为微观粒子的运动速度一般都比较快，有的接近甚至达到光速，所以研究粒子的物理学离不开相对论。空间不只会被物体改变，同时，如果没有物体，空间就不存在。爱因斯坦又适时提出了广义相对论，爱因斯坦的广义相对论认为，由于有物质的存在，空间和时间会发生弯曲，而引力场实际上是一个弯曲的时空。广义相对论的第二大预言是引力红移，即在强引力场中光谱向红端移动，20 世纪 20 年代，天文学家在天文观测中证实了这一点。广义相对论的第三大预言是引力场使光线偏转。最靠近地球的大引力场是太阳引力场，爱因斯坦预言，遥远的星光如果掠过太阳表面将会发生一点七秒的偏转。1919 年，在英国天文学家爱丁顿的鼓动下，英国派出了两支远征队分赴两地观察日全食，经过认真的研究得出最后的结论是：星光在太阳附近的确发生了一点七秒的偏转。英国皇家学会和皇家天文学会正式宣读了观测报告，确认广义相对论的结论是正确的。会上，著名物理学家、皇家学会会长汤姆孙说：“这是自从牛顿时代以来所取得的关于万有引力理论的最重大的成果”，“爱因斯坦的相对论是人类思想最伟大的成果之一”。爱因斯坦成了新闻人物，他在 1916 年写了一本通俗介绍相对论的书《狭义与广义相对论浅说》，到 1922 年已经再版了 40 次，还被译成了十几种文字，广为流传。

太阳系的发现和探索

太阳系包括太阳以及所有围绕它运行的行星及其卫星、小行星、彗星、流星体和行星际物质。太阳是太阳系的中心天体，其他天体都在太阳的引力作用下绕其公转。太阳系中只有太阳是靠热核反应发光发热的恒星，其他天体要靠反射太阳光而发亮。

16 世纪，哥白尼提出了日心说：太阳居于宇宙的中心静止不动，而包括地球在内的行星都绕太阳转动。日心说把宇宙的中心从地球挪向太阳，这是一项非凡的创举。哥白尼的计算与实际观测资料能很好地吻合。后经开普勒、伽利略、牛顿等人的发展，该学说得到了令人信服的证明。虽然哥白尼在“太阳中心说”中没有提出太阳系这个概念，但实际上是他发现了太阳系。

太阳系大约形成于50亿年前。关于太阳系的形成，现有50多种不同的学说或假设，大致可归结为两大阵垒：灾变说和星云说。灾变说认为太阳系大体是在一次突然的剧变中产生的，太阳先于行星和卫星形成；星云说提出整个太阳系都是由同一块星云物质凝聚而成的。直到目前，星云说仍占据着主导地位。现代星云假说的主要观点是：太阳系原始星云是巨大的星际云瓦解的一个小云，一开始就在自转，并在自身引力作用下收缩，中心部分形成太阳，外部演化成星云盘，星云盘以后形成行星。

太阳是太阳系的中心天体，是太阳系里唯一的一颗恒星。它是个炽热的气体星球，没有固体的星体或核心。从中心到边缘可分为核反应区、辐射区、对流区和大气层。太阳能量的99%是由中心的核反应区的热核反应产生的。其中心的密度和温度极高，它发生着由氢聚变为氦的热核反应，而该反应足以维持100亿年，因此太阳目前正处于中年期。太阳大气层从内到外可分为光球、色球和日冕三层。光球层有光斑和太阳黑子。

太阳有八大行星围绕着它运转。按距离太阳远近排列依次为水星、金星、地球、火星、木星、土星、天王星、海王星。这些星体按性质可分为三类：类地行星（水星、金星、地球、火星）体积和质量较小，平均密度最大，卫星少；巨行星（木星、土星）体积和质量都非常大，平均密度很小，卫星多，有行星环，自身能发出红外辐射；远日行星（天王星、海王星）体积、质量、平均密度和卫星数目都介于前两者之间，天王星、海王星也存在行星环。八大行星都在接近同一平面的椭圆轨道上，朝同一方向绕太阳公转，即其轨道运动具有共面性、近圆性和同向性，只有水星稍有偏离。

太阳系的八大行星中，除了水星和金星外，其他行星都有围绕自己的卫星。到目前为止，已知的行星卫星数目有 130 颗。木星卫星数居第一，至少有 58 颗卫星。有 33 颗卫星的土星在太阳系内居第二。个头最大的卫星是木星卫星甘尼米德，土卫六是太阳系中第二大卫星，而且土卫六是太阳系已知卫星中唯一有大气层的卫星。

木星四颗最大的卫星，最早于 17 世纪由伽利略发现。另两个大卫星是月亮和特里顿，它们分别围绕着地球和海王星运转。在已知卫星中，近 2 / 3 是不规则卫星，具有大轨道半长径、高轨道倾角和大偏心率。

太阳系中，除了行星，还存在着数目众多的小质量天体，主要集中在火星和木星的轨道之间。已准确测出轨道并正式编号的小行星有 3000 多颗。彗星是一团由冰、灰尘和岩石组成的物体。已发现的彗星约有 1700 颗，其运行轨道通常是一个围绕太阳的拉得很长的椭圆型，其倾角和离心率彼此相差很大，有些彗星的轨道是双曲线的或抛物线的。太阳系内还有多得难以计数的流星体，有些流星体成群分布，称流星群，已证实一些流星群是彗星瓦解的产物。流星体一旦落入地球大气层便成为流星，大的流星体能够进入大气层落到地面成为陨石。

扫一扫 听故事
中大奖

揭开人体免疫的奥秘

19 世纪末 20 世纪初，法国微生物学家巴斯德发现了细菌，人们对他的细菌引起疾病的理论深信不疑。同时代的俄国生物学家梅契尼科夫却有一个问题大惑不解：同一种微生物为什么能使一部分人或动物得病，而不能使另一部人或动物得病？当时没有人能解释清楚。

梅契尼科夫（1845—1916 年），是俄国著名的动物学家、免疫学家、病理学家。梅契尼科夫致力于免疫学的研究。他对变形虫进行了仔细地观察，发现它们的细胞内有消化现象。接着，他在一次研究海星的幼虫时，竟发现一些白细胞能游走，并吞噬着异物，使本身的创伤愈合。这一发现使他欣喜若狂，他高兴地抓住同事的臂膀说："我发现白细胞的奥秘了！"

后来，经过多次实验证实，如果病原菌数目不多，就可能被白细胞完全吞噬、消灭，机体就不致患病；如果病原菌数目过多，白细胞就不能全部吃掉它们，机体就会患病或死亡。根据这些研究成果，梅契尼科夫系统地

提出了吞噬细胞理论，于1884年发表了他的名著《机体对细菌的斗争》。他在书中说，白细胞就像机体中的流动部队一样，吞噬、清扫着入侵的细菌和其他异物，保卫着机体的健康。

梅契尼科夫的理论震动了整个医学界，但攻击他的人也不在少数。有的权威人物甚至挖苦他说："梅契尼科夫的吞噬理论，会吃掉他自己，让他见鬼去吧！"

梅契尼科夫是一个不达目的誓不罢休的人，他对这些诽谤的回答是："沿着别人的脚印走并不困难，但我要坚定地走自己的路！"法国微生物学家巴斯德十分赞赏和支持他，特地把他邀请到巴黎大学，他便成了巴黎大学的教授，并担任了新成立的巴斯德研究院的副院长。从此，梅契尼科夫继续深入地研究他的免疫学，发表了一系列的重要著作，不断地揭示细胞免疫的奥秘。他的理论赢得越来越多的人的承认，经受住了科学的考验。1908年，他光荣地获得了诺贝尔生理学和医学奖金。

1912年3月15日，他被公推为法国科学院的外国院士。获得这种荣誉在当时他是独一无二的。

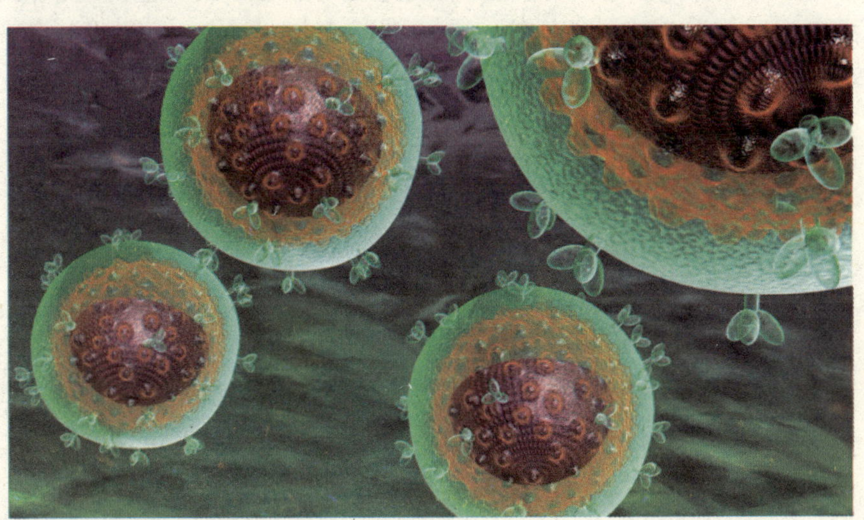

青霉素的问世

说起青霉素的发现，还是一件偶然的事情呢。

1928 年的一天，英国医学家弗莱明（1881—1955 年），在化验室里埋头研究流行性感冒时，发现培养葡萄球菌的器皿上长了霉毛。原来，是某些天然霉菌偶然落入器皿里造成的。出于医学家的敏感，弗莱明仔细地观察起来，他惊奇地发现，在霉毛的四周却没有任何细菌生存！这一发现使他兴奋不已。于是，他把这种从“天”上掉下来的霉小心翼翼地取出来研究。经过多少次试验，终于培养出了液态霉，并把它命名为“青霉素”。此后，他深入研究了青霉素对各种细菌的抑制和杀灭作用，又证明了它对人的身体无害。1929 年 6 月，弗莱明把他的这一发现写成论文，发表在世界著名的英国《实验病理学》杂志上，引起了世界不少科学家的注意。

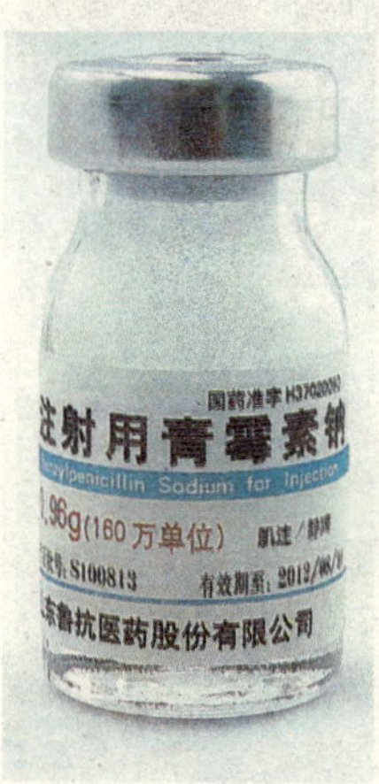

遗憾的是，弗莱明的青霉素培养液中所含的青霉素这种杀菌物质太少，很难提取。加上他当时缺乏生物化学的知识和技术，也未能提取出来。如果直接用培养液治病，一次就要向病人体内注射几千毫升，甚至上万毫升，这实际上是不可能的。

当时，在英国的牛津大学里有两个学者，一个是出生在澳大利亚的英国人弗罗理（1898—1966 年），一个是出生于德国的俄国人钱恩（1906–1979）。他们组织人力，在弗莱明的基础上对液态霉进行过滤、浓缩、提纯、干燥，反复试验，终于在 1938 年制成了一种棕黄色粉末状的青霉素。其药效极高，即使把它稀释 50 万倍仍然有杀菌作用。1941 年，青霉素首次用于细菌感染的病人，并获得意想不到的成功。从此使世界上数以万计的细菌感染者有了生存的希望。

青霉素的发现，开创了人类征服疾病的新纪元。它与原子弹、雷达一起，被公认为是第二次世界大战时期的三大发明之一。

1945 年，为了表彰青霉素的发明对人类的贡献，诺贝尔生理学和医学奖同时奖给了弗莱明、弗罗理和钱恩三个人，成为人类医学史上共同协作，取得辉煌成果的佳话。

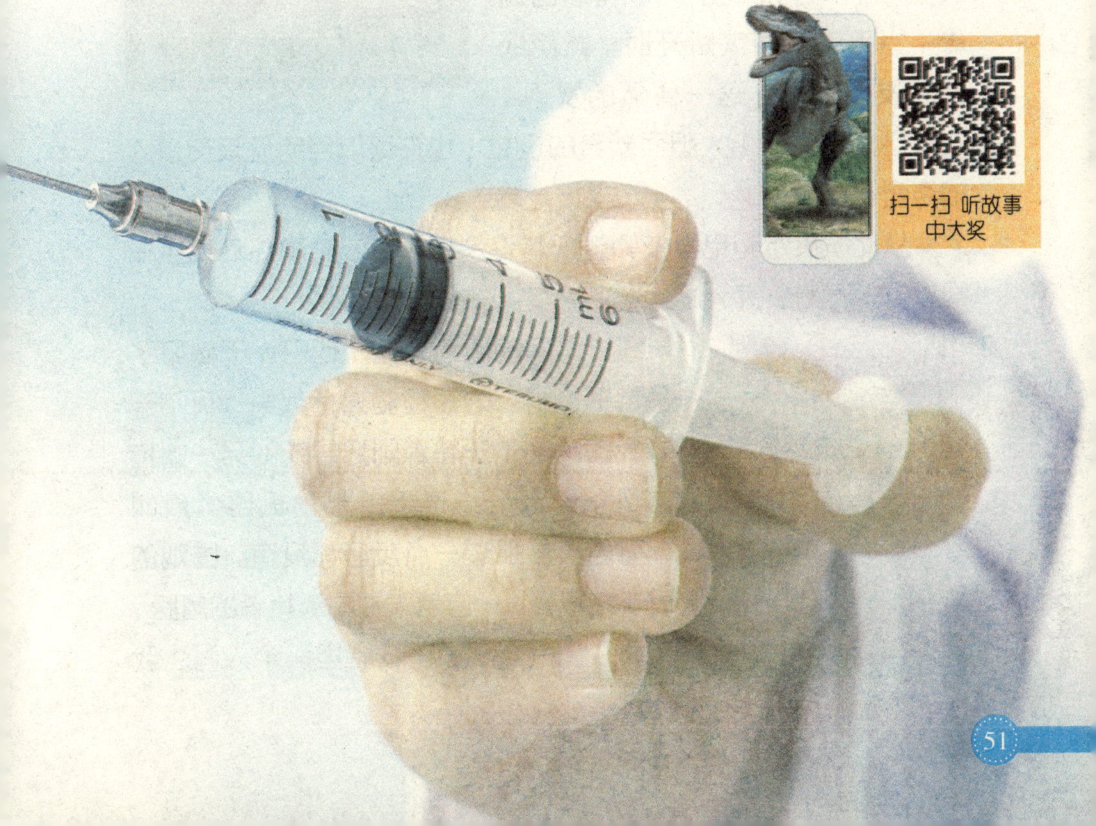

扫一扫 听故事
中大奖

电话的发明

“沃森先生，请立即过来，我需要帮助！”这是1876年3月10日电话发明人亚历山大·贝尔通过电话成功传出的第一句话。电话从此诞生了，人类通信史从此掀开了一个全新的篇章。

电话的发明人是亚历山大贝尔。

贝尔喜欢做科学实验。在一次实验中，贝尔发现了一个有趣的现象，当电流接通或断开时，螺旋线圈会发出噪音。这一偶然的发现，让贝尔产生了一个大胆而新奇的设想：也许可以用电流来传送人的声音！

从此，贝尔和电器技师沃沃特森合作，在波士顿郊外找了一间农舍，开始研究、设计电话。

经过两年的艰苦实验，他们终于做好了一台电话样机。为了检验通话效果，贝尔守着导线的一端，沃特森则把导线的另一端拉到屋外，对着导线连接的那台机器大声叫喊，可是贝尔那边一点反应都没有。围观的农民非常奇怪，一位老人拍拍沃特森的肩膀，说：“小伙子，你是在喊屋里那个人吗？我走过去，他不就听见了吗？”沃特森哭笑不得，他们的实验又失败了。

一天傍晚，袅袅炊烟笼罩着村庄，远处传来一阵悦耳的吉他声。贝尔听着听着，从吉他的共鸣声中受到启发，心中豁然开朗：“有办法了！可以给送话器配一个共鸣装置。”他立即设计了一个音箱草图，一时找不到材料，就拆了床板，连夜做好了音箱，接着又改装了电话机。

清晨，贝尔往电池中加硫酸。不小心，硫酸溅到他腿上，顿时，他像被火烫了似的，疼痛异常。贝尔连忙大声呼喊“沃特森，你快来呀！”

正在另外一间房子里的沃特森竟在电话机里听见了贝尔的呼救声。他喜不自禁，急呼：“我听见了！听见了！”他破门而出，跑到贝尔的房间里。两个人欣喜若狂，紧紧拥抱在一起，热泪滚滚而下。这便是历史上的第一次电话通话，时间是1876年3月10日。

从此，电话进入了人们的生活。

电影的出现

电影是一种把活动影像用摄影机记录在胶片上，通过放映机将这些影像投射在荧幕上供观众欣赏的艺术。

电影是根据“视觉残留”原理，以数千幅的静态图像快速放映而成。1895 年，法国卢米埃尔兄弟用改良过的电影放映机，放映了几部自制短片，标志着电影的诞生。

事实上，一部影片由一长条数以千计幅的静态相片相连构成。影片卷在卷轴上，然后放入放映机，再将每一个画面投射到银幕上，由于画面以很快的速度（每秒钟 24 格）呈现，因此可将画面融合成顺畅、生动的动作。

制作影片用的感光材料称为电影胶片，是将感光乳剂涂布在透明柔韧的片基上制成的感光材料，包括电影摄影用的负片、印拷贝用的正片、复制用的中间片和录音用的声带片等。这些胶片的结构

大致相同，都由能感光的卤化银明胶乳剂层和支持它的片基层两部分组成。

将影片上记录的影像和声音，配合银幕和扩音机等还原出来的机械设备，成为电影放映机。电影放映机通常分为固定式和移动式两类。按放映影片的宽度，可分为 70 毫米、35 毫米、16 毫米、8.75 毫米和 8 毫米等不同的放映机，为一些特殊形式的电影还装备了立体、全景、环幕、穹幕、巨幕等放映机。一般固定式放映机由传动、输片、光学、还音、机体和电器等部分组成。移动式放映机上没有扩音机、扬声器等。

电视技术

电视技术是利用电子设备传送活动图像的技术。利用人眼的视觉残留效应显现一幅幅渐变的静止图像，形成视觉上的活动图像，使得电视成为一种重要的广播和通信方式。

电视首先应用于广播，后又在工业、军事、通信、医疗和科研等方面被逐步推广。通过电视，人们可看到远距离处、不可到达的深海或核反应堆内部的即时景像。在没有光照或光照极微之处，微光电视或红外电视能把人眼觉察不出的景像显示成为可见的电视图像。

广播电视：广播电视和卫星电视的信息均以电磁波形式在空间传播。广播电视属于超短波范围，具有光波直线传播的特点，但由于电视台的发射天线高度有限，更由于地球表面弯曲，能直接达到用户天线的距离一般限于五六十千米，因此各个广播电视台发射的电波覆盖面积都很有限。

闭路电视：一种图像通信系统。其信号从源点只传给预先安排好的与源点相通的特定电视机。广泛用于大量不同类型的监视工作、教育、电视会议等。最简单的

闭路电视是用一部摄像机，将拍摄信号通过电视电缆送到监视器上，也可将拍摄信号经过多路分配放大器送到多个监视器上使用。闭路电视监控系统是一种先进的、防范能力极强的综合系统，它可通过遥控摄像机及其辅助设备如镜头，直接观看被监视场所的所有情况。

电视摄像机：电视摄像机工作原理是将景物的光像聚焦在摄像管的光敏或光导靶面上，靶面各点的光电子的激发或光电导的变化情况随光像各点的亮度不同。当用电子束对靶面扫描，就会产生一个幅度正比于各点景物光像亮度的电信号。传送到电视接收机中使显像管屏幕的扫描电子束随输入信号的强弱而产生变化。当和发送端同步扫描时，显像管的屏幕上随即显现发送的原始图像。

电视接收机：电视频道传送的电视信号主要包括：亮度、色度、色同步、复合同步、伴音五种信号，这些信号或可通过频率域，或可通过时间域相互分离出来。电视接收机是能将所接收到的高频电视信号还原成视频、低频伴音信号，并能在其荧屏上重现图像，在其扬声器上重现伴音的电子设备。

基因学的创立

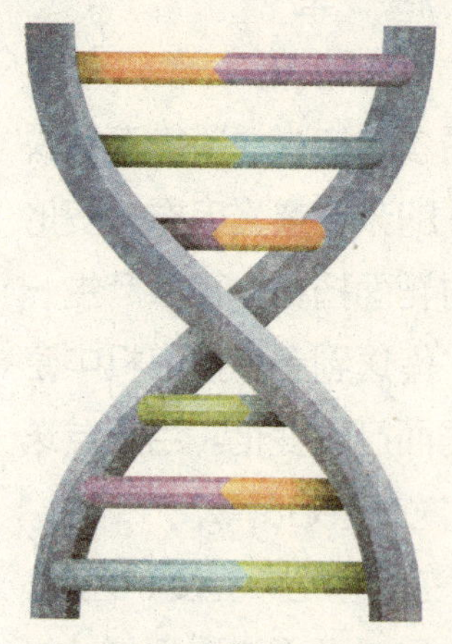

1866年，莫德尔在《自然科学研究学会会报》上发表了在遗传学上具有划时代意义的论文：《植物杂交试验》。就在这一年，摩尔根在美国诞生了。青少年时代的摩尔根对大自然情有独钟，他立志将来要探索生物的奥秘。后来，摩尔根如愿以偿地攻读生物学博士。学业完成后，从事生物学研究工作。

1900年，科学界发生了一件重大事件：处在不同国度的3位科学家各自独立地发现植物遗传的规律。他们在查阅文献时，惊奇地发现了莫德尔那篇尘封已久的论文。惊叹：莫德尔是遗传规律的发现者。这使莫德尔声名鹊起，他的遗传理论也像一股旋风，吹向生物学界。

在莫德尔的理论中，指出遗传和变异是由遗传单位决定的。那么遗传单位是什么呢？

在这之前，生物学家已经发现细胞内有一种叫染色体的物质。每种动植物的细胞内都有特定数目的染色体。在细胞分裂之前，染色体数目先增加一倍，这样分裂成的细胞的染色体数目与原来相同。生物学家们想到：染色体是不是与遗传单位有什么关系呢？可谁也没有证据下结论。

此时，身为哥伦比亚大学生物学教授的摩尔根，自然也感受到

了莫德尔论文刮起的大风。但他对莫德尔的遗传规律抱怀疑的态度。他决心要弄清遗传规律的来龙去脉。

1908 年，摩尔根在他的实验室里养了上千只果蝇，作为实验的材料。因为摩尔根发现，果蝇有许多优点：它身体小，占地也很小，便于研究；饲养很经济，成本很低；繁殖速度快，是一般牛羊等动物无法比拟的；它的特征明显，容易观察。

从这以后，摩尔根和他的助手，天天在饲喂、观察果蝇。

一天，摩尔根偶然发现一个培养瓶里的许多红眼果蝇中有一只白眼雄果蝇。这引起了他的极大兴趣。他让白眼雄蝇与红眼雌蝇交配，结果产生的第一代全是红眼蝇。可是，当让第一代果蝇相互交配时，产生的第二代既有红眼蝇，也有白眼蝇。红眼蝇与白眼蝇的个体数目比例接近 3 ∶ 1，与莫德尔遗传理论的结论相同。这个事实使他对莫德尔的理论刮目相看。

经过进一步的深入研究，摩尔根证实了莫德尔的理论是正确的，而且莫德尔所说的遗传单位就是在染色体上。自从实验取得进展后，他的干劲更足了。他沿着自己开辟的路，乘胜前进。他的“宠物”也不辜负他的厚爱。摩尔根在它们身上找到了染色体上的基因。这也就是莫德尔所说的遗传单位。

1928 年，摩尔根总结他 20 余年研究果蝇的成果，写出遗传学名著《基因论》。在书中他叙述基因学说的内容。基因学说的创立，吹响了向分子遗传学进军的号角。

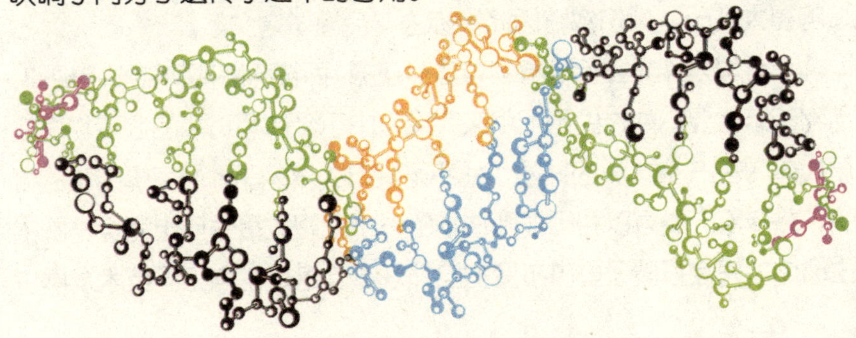

震惊世界的克隆技术

克隆是指复制与原件完全一样的副本的过程。从生物学的角度来讲，克隆是一种人工诱导的无性繁殖方式或者是植物的无性繁殖方式。一个克隆就是一个多细胞生物在遗传上与另外一种生物完全一样。科学家把人工遗传操作动物繁殖的过程叫克隆，这门生物技术叫克隆技术。

1997 年 2 月 22 日，英国生物遗传学家伊恩·威尔穆特成功地克隆出了一只羊，这就是震惊世界的克隆羊“多莉”。动物克隆试验的成功在细胞工程方面具有划时代的意义。“多莉”的诞生，意味着人类可以利用动物的一个组织细胞，像复印文件一样，大量生产出相同的生命体，这就是神奇的克隆技术。它是基因工程研究领域的重大突破。威尔穆特因此被称为“克隆羊之父”。

无性繁殖现象在低等植物中是存在的，而按照哺乳动物界的规律，动物的繁衍要由两性生殖细胞来完成，由于父体和母体的遗传物质在后代体内各占 50%，因此后代绝不是父母的复制品。而克隆绵羊的诞生，意味着人类可以利用哺乳动物的一个细胞大量生产出完全相同的生命体，完全打破了亘古不变的自然规律。这是生物工程技术发展史中的一个里程碑，也是人类历史上的一项重大科学突破。

克隆技术被誉为“一座挖掘不尽的金矿”，在生产实践上具有重要的现实意义，潜在的经济价值也相当巨大。首先，在动物杂种优势利用方面，较常规方法而言，哺乳动物克隆技术费时少、选育的种畜性状稳定；其次，克隆技术在抢救濒危珍稀物种、保护生物多样性方面可发挥重要作用，即使在自然交配成功率很低的情况下，科研人员也可以从濒危珍稀动物个体身上选择适当的体细胞进行无性繁殖，达到有效保护这些物种的目的。

然而，动物克隆技术对人类来说，应该是一把“双刃剑”。一方面，它可以给人类带来许多益处，如保持优良品种、挽救濒危动物、利用克隆动物相同的基因背景进行生物医学研究等；另一方面，它又会对生物的多样性提出挑战，生物的多样性是自然进化的结果，也是进化的动力，有性繁殖是形成生物多样性的重要基础，而“克隆动物”的无性繁殖会导致生物品系减少，个体生存能力下降。

更让人不寒而栗的是，克隆技术一旦被滥用于克隆人类自身，将不可避免地失去控制，带来空前的生态混乱，并可能引发一系列严重的伦理道德冲突。对此，世界各国政府和科学界已开始高度关注，并采取立法等措施明令禁止用克隆技术制造“克隆人”，以保证克隆只用于造福人类，而绝非复制人类。

但不可否认，克隆技术的的确确是生物科学上的一个大进步。科技的成果是掌握在人类手中的。如果人类能够理智和谨慎地利用克隆技术，那么克隆技术将会把人类社会带入一片美好的新天地。

电子计算机的发明

电子计算机也叫“电脑”，是一种能够自动、高速、精确地进行各种数值计算、信息存储、过程控制和数据处理的电子机器。早期的计算机主要应用在科学领域，因为科学上有许多繁杂的计算题，人工计算要用好几年，用电子计算机来算则只要几个小时。从第一台电子计算机到现在，计算机技术已有了很大进步，现在它已经进入普通家庭，成为千千万万人离不开的生活、工作伙伴。

1946 年，美国著名数学家、计算机科学家冯 · 诺伊曼发明了世界上第一台数字式电子计算机 ENIAC。1944 年，诺伊曼作为洛杉矶原子弹研制组的成员之一，在美国阿拉莫斯实验室工作。核武器设计需要大量的数字计算，为此，他中途加入到“ENIAC”计算机的研制小组中。1945 年，他提出了“程序内存式”计算机的设计构想。这一构想为电子计算机的逻辑结构设计奠定了基础，成为计算机设计的基本原则。冯 · 诺伊曼发明的电子计算机采用二进制系统，奠定了现代电子计算机的计算模式，因而人们称冯 · 诺伊曼为“现代电子计算机之父”。

电子计算机是由硬件和软件两部分所组成。硬件是计算机系统中所使用的电子线路和物理设备，是看得见、摸得着的实体，如中央处理器（CPU）、存储器、外部设备（输入输出设备等）及总线等。软件是对能使计算机硬件系统高效率工作的程序集合，主要通过磁盘、磁带、程序纸、穿孔卡等存储。可靠的计算机硬件如同一个人的强壮体魄，有效的软件如同一个人的聪颖思维。

计算机自诞生以来经历了四个发展阶段。第一阶段是从 1946 年到 50 年代末，以电子管为主要应用元件，通常用于科学计算，所研制的都是单机系统。第二代是从 20 世纪 50 年代末到 60 年代中期，以晶体管为主要元件，应用领域扩大到数据处理和工业控制方面，计算机开始向系列化方向发展。第三代是从 20 世纪 60 年代中期到 70 年代初，以中、小规模集成电路为主要元件，机种多样化，外部设备不断增加，软件功能进一步完善，广泛运用于各个领域。第四代即目前被广泛使用的计算机，采用大规模集成电路和半导体存储器。其系统已向网络化、开放式、分布式发展，正发挥着巨大的经济和社会效益。而在未来的信息社会中，计算机将采用超大规模集成电路及其他新的物理器件为主要元件，能处理声音、文字、图像和其他非数值数据，并有推理、联想和学习、智能会话和使用智能库等人工智能方面的功能。

现在，计算机的体积越来越小、容量越来越大、速度越来越快、价格越来越低、准确性越来越高，而且种类繁多。按用途分为：通用性计算机（应用范围较广泛，适用于科学研究，商业数据处理以及工程设计等领域）和特殊计算机（根据特殊目的而设计的计算机，例如飞弹导航、飞机的自动控制以及冷气机的温度控制等）；按功能、价格、速度及容量分为：超大型计算机（国防军事之用）、大型计算机（大型企业使用）、中型计算机（中小型企业办公使用）、迷你计算机（飞航管制、卫星地面接受站）、微型计算机，又称个人计算机或家用计算机（适于日常生活小量处理）。

激光的发明

千百年来，人们希望改造普通光。1960 年 7 月，世界上第一台固体红宝石光量子放大器诞生，激光由此发明并得以广泛应用。

1916 年，大物理学家爱因斯坦提出了光受激辐射的理论，认为处在高能级的原子会向低能级跃迁，同时放出一个光子。这个光子就会激发它邻近的另一个相同能级的原子发光，发出的光子又会引起别的原子辐射，这样在一个极短的时间里，就会激发出非常多的光子。在一刹那间把光放大千百亿倍。

1951 年，美国的物理学家汤恩斯在美国华盛顿召开的物理学会议上，提出了利用受激辐射放大微波的构想，从而为激光器的发明奠定了理论基础。与此同时，前苏联物理学家巴索夫和普罗霍洛夫也在进行同样的工作。

1954 年，汤恩斯等人为获得相干辐射，发明了第一架波长为 1.25 厘米的氨分子气体微波量子放大器 Master，它的译音为“脉泽”。

1957 年，固体微波量子放大器问世。这类器件具有低噪音、高灵敏度的优点，在远程微波雷达、人造卫星、射电天文学、通信、遥测和遥控等现代科学技术中应用潜力极大。因此，它们在理论和技术上发展神速，很快便从实验室步入实用。

微波量子放大器的发明和发展，为激光的问世奠定了坚实的物质基础。因为激光器实质上就是一台光波段的量子放大器。

1958 年，美国科学家肖洛和汤斯发现了一种颇为奇怪的现象：当他们将闪光灯泡所发射的光照射到一种稀土晶体上时，晶体的分

子会发出鲜艳的、始终会聚在一起的强光。根据这一现象，他们提出了“激光原理”：物质在受到与其分子固有振荡频率相同的“能量”激励时，都会产生这种不发散的光——激光。可以说，“激光原理”的提出是光学史上的一个里程碑。正是在它的基础上，人们才制成了真正的激光器。

1958 年，汤恩斯、巴索夫和普罗霍洛夫几乎同时提出了把受激辐射放大推进到光频的设想，建立了把微波量子放大技术扩展到光波段的理论。他们因此共同获得了 1964 年的诺贝尔物理学奖。

此后，受激辐射振荡器从微波逐渐扩展到光波段。

1960 年 7 月，世界上第一台固体红宝石光量子放大器被美国科学家梅曼在实验室试验成功。他制造出了世界上第一台光量子放大器。光量子放大器其实就是激光放大器，这种神奇之光被称为“激光”或“镭射”。

激光是目前世界上最亮的光源，而且颜色最纯，射得最远，汇聚得最小，光束最准直，相干性最好。这种新型光源开辟了经典光学前所未有的应用前景。

第一部手机的诞生

1973年4月的一天，一男子站在纽约的街头，掏出一个约有两块砖头大的无线电话，并打了一通，引得过路人纷纷驻足侧目。这个人就是手机的发明者马丁·库帕。当时，库帕是美国著名的摩托罗拉公司的工程技术人员。

世界上第一通移动电话是库帕打给在贝尔实验室工作的一位对手的。对方当时也在研制移动电话，但尚未成功。库帕后来回忆道：“我打电话给他说：‘乔，我现在正在用一部便携式蜂窝电话跟你通话。’我听到听筒那头‘咬牙切齿’的声音，虽然他已经保持了相当的礼貌。”

到2013年4月，手机已经诞生了整整40周年。

科技人员之间的竞争产物已经遍地开花，给我们的现代生活带来了极大的便利。库帕已经74岁了，他在摩托罗拉工作了29年后，在硅谷创办了自己的通信技术研究公司，并成为这个公司的董事长兼首席执行官。

库帕当时的想法，就是想让媒体知道无线通信，特别是小小的移动通信手机，是非常有价值的。另外，他还希望能激起美国联邦通讯委员会的兴趣。

其实，再往前追溯，我们会发现，手机这个概念，早在20世纪40年代就出现了，当时是美国最大的通信公司贝尔实验室开始试制的。1946年，贝尔实验室造出了第一部所谓的移动通信电话。但是，由于体积太大，研究人员只能把它放在实验室的架子上，慢慢人们就淡忘了。

探月之旅

现代科学技术的发展，空间距离在缩小，从地球到月球这区区38万公里的路，对人类来说，已并非是不可逾越的了。科学家决定派“阿波罗”号飞船去叩开广寒宫的大门，让宇航员作为月宫旅客登上月球。

1969年4月21日3时51分，经过4天飞行的“阿波罗”号的登月舱安全地降落在月球静海地区的月面上。打开舱门，一位身穿宇宙服的宇航员小心翼翼地爬出舱门。从九级扶梯上慢慢地走下来，这一切都用电视发回地球，使全世界亿万电视观众目睹了这个具有伟大历史意义的镜头。

“阿波罗”号宇宙飞船登月经宇航员实地调查，月球上没有空气，没有水，有的只是大大小小的环形山以及褐色和桔黄色的月球灰和岩石。死一般的寂静，当然也没有生命。我们再回过头来看，“阿波罗”飞船是怎么飞向月球的呢？“阿波罗”飞船主要由主发动机、服务舱、指令舱、上升段和下降段五个部分组成，总重50吨。主发动机装有液体燃料，推动飞船飞行。服务舱和指令舱连在一起，是飞船主体，高3.3米，直径达4米，比面包车还大，是宇航员住宿的地方。登月舱外形古怪，有4支“长脚”，整个舱高6米，直径4米，里面装有火箭发动机，可以克服月球引力，进行软着陆。上升段和下降段主要是指挥登月舱上升和下降。

当“阿波罗”号飞船进入月球轨道后，两名宇航员从指令舱爬到登月舱，然后指令舱和登月舱分离，宇航员乘登月舱飞往月球，

第三名宇航员留在指令舱中绕月球轨道飞行，等待他俩一同返回地球。登月舱开动下降段发动机在月面徐徐降落。

宇航员完成月球考察任务后，回到登月舱，开动上升段发动机，飞离月面，升到月球轨道同指令舱会合，两名宇航员再爬到指令舱，把登月舱下部丢掉，以便飞行时减轻重量。最后，宇航员又开动主发动机离开月球轨道，飞返地球。当进入地球大气层后，宇航员又把指令舱后的服务舱和主动机一起丢掉，张开巨大的“降落伞”，徐徐地溅落在太平洋上。这就是登月的全过程。

“阿波罗”号飞船的建造，费时 10 年，耗资 250 亿美元，参加的科技人员达 400 万人，他们共同完成了划时代的创举。从 1969 年到 1972 年，短短 4 年内先后有 12 名宇航员登上月球。他们在月面安置了测量仪器，进行过引力、月震、微陨石、大气成分等试验。同时，还采集了许多月岩样品和月球土壤，带回地球进行分析。这些对研究地球起源，星球演化等都具有重大的价值。

万维网

当你在感叹互联网为现代人生活带来的浩瀚资源、广泛用途和巨大便利时，可曾想过这究竟得益于谁的贡献。其实，自互联网诞生 30 多年来，不少先驱人物都为其革命性发展立下过汗马功劳，其中尤其值得一提的便是英国科学家蒂姆·伯纳斯·李爵士。

1955 年，伯纳斯·李出生于伦敦一个计算机世家。1973 年，伯纳斯·李考入世界著名学府牛津大学的女王学院，攻读物理专业。他之所以选择这一学科，是因为自己认为物理学很有意思，是数学和电子学之间的一种“恰如其分的折中”。另外，这一专业“事实上也为我后来全球体系（万维网）的创造打下了良好的基础。”

1980 年，伯纳斯·李临时受聘于日内瓦的欧洲粒子物理研究所，从事为期半年的软件工程师工作。当时，尽管互联网已经问世 11 年，但却毫不普及，仍为美国联邦政府机构以及少数计算机专家所独有。整个互联网也与其今天的面目迥然不同，既没有浏览器和统一资源定位器，也没有互联网网址。互不兼容的网络、磁盘格式和字符编码方案等，使在系统之间传送信息的任何努力都付之东流。

与此同时，欧洲粒子物理研究所内部随着业务的扩展，文件也在不断更新，再加上人员流动很大，很难找到相关的最新资料。在

此环境下，伯纳斯·李编写了供他个人使用的第一套信息存储程序，并根据自己孩提时代在伦敦郊外父母家中发现的一本维多利亚时代百科全书的名字将其命名为“探询一切事物”。这构成了日后万维网的雏形。

1984 年伯纳斯·李又回到欧洲粒子物理研究所担任研究员，并于 1989 年提出要建立一个全球超文本项目——万维网，以此作为一种浏览和编辑系统，使科研人员乃至没有专业技术知识的人都能顺利地从网上获取并共享信息。

1991 年夏天，万维网正式登陆互联网。它的诞生给全球信息的交流和传播带来了革命性的变化，为人们轻松共享浩瀚的网络资源打开了方便之门。从这一刻起，互联网与万维网才开始以前所未有的飞快速度同步发展。此后 5 年中，全球互联网用户从 60 万人猛增至 4000 万人，其中一个时期的增长速度甚至达到了每 53 天翻一番的最高水平。

2004 年 6 月，伯纳斯·李以其“改变人类文明进步”的创新，无可争议地被授予第一届“千年技术奖”。

神奇的机器人

机器人是一种可编程和多功能的、用来搬运材料、零件、工具的操作机；或是为了执行不同的任务而具有可改变和可运行编程动作的专门系统。通俗点说，机器人就是既可接受人类指挥、又可运行预先编排的程序，也可根据以人工智能技术制定的原则纲领行动。其任务是协助或取代人类工作的工作。

机器人是高级整合控制论、机械电子、计算机、材料和仿生学的产物，在工业、医学、农业、建筑业甚至军事等领域中都有重要用途。

机器人主要由操作机或移动机构、驱动系统和控制系统构成。操作机大多由机座、立柱、大臂、小臂、腕部、手部用转动或移动关节串联起来的多自由度开式空间运动机构，其终端手部为抓持器，可夹持物料或安装工具。

机器人还需要有一种像人一样的感知能力，以确保工作质量。所有的机器人和传感器都由电脑联系，以确保各方面都协作顺畅。还有些机器人上装置了摄影机，让机器人能够“看”东西。如此，机器人就可分辨形状，知道自己身处何处。

机器人的动作都是受电脑控制的。电脑向机器人的各个关节发出指令，指示移动方向和距离。关节内有探测器，让电脑用来检测手臂是否移到确切位置。机器人所做的工作可轻易改变，只要转换机器人的工具，更改电脑的指示即可。

身边科学
SHENBIAN KEXUE

飞快的高铁

高铁车身使用的是动车组。动车组把动力装置分散安装在几节或多节车厢上，使其既可以载客，又能提供较大的牵引力。普通列车仅靠火车头牵引，车厢本身并不具有动力。而采用动车组的列车，运行时不仅由车头带动，车厢也会自己跑，这样当然速度就快多了。2009 年 12 月投入使用的武广高铁，列车最高时速可到 394 千米。2011 年 7 月 1 日起降速运行，时速也可超 300 千米，广州到武汉乘高铁最慢也只需 6 小时。

扫一扫 听故事
中大奖

无声的杀手——微声枪

微声枪俗称“无声枪”，它是一种射击噪声十分微弱的手枪。它主要是采用枪口消音器以及其他一些特殊技术措施来消减其射击噪声的。它可以隐蔽射击，也可以用于执行特殊的任务。

其实，无声手枪射击时并不是绝对无声的，只是声音很轻，以致离射击地点稍远一点就听不到枪声，或者就算听到声音，也不会认为那是枪声。

无声手枪实际上就是针对以上几点采取了一系列的消声措施。首先，枪弹采用速燃火药，从而大大降低了膛口压力，减小了排气时的噪声；其次，采用枪口消声装置，进一步降低喷出枪口的火药气体的压力，从而减少对大气的冲击，以达到消声的目的；再者，使弹丸飞行的速度小于音速，以消除啸声；此外，采用非自动射击为主的射击方式，以减少撞击声。

正是由于采取了这些消声手段，无声手枪射击时才会显得悄然无声。

“绿色”的清洁能源

一、太阳能

地球所接受的太阳能功率，平均每平方米为 1353 千瓦，这就是所谓的“太阳常数”。也就是说，太阳每秒钟照射到地球上的能量约为 500 万吨煤的能量。这些能量比目前全世界人类的能耗量大 3.5 万倍。很久以来，人们都在不同程度地利用着这种能量。最近，温水器的直接利用，空调、太阳能电池的电力供给以及太阳能住房等都有了很大发展。

太阳能转换为电能有两种基本途径：一种是把太阳辐射能转换为热能，即“太阳热发电”；另一种是通过光电器件把太阳光直接转换为电能，即“太阳光发电”。

入射到地球表面的太阳能是广泛而分散的，要充分收集并使之发挥热能效益，就必须采用一种能把太阳光反射并集中在一起变成热能的系统。一种方法是把太阳光集中在一起加热，转换成为高温水蒸气，以蒸汽涡轮机变换为电。另一种方法是采用抛物面型的聚光镜将太阳热集中，使用计算机让聚光镜追随太阳转动。

除了太阳热发电技术外，目前人类社会也在大力开发太阳光技术。太阳辐射的光子带有能量，当光子照射半导体材料时，光能便转换为电能，这个现象叫“光生伏打效应”。太阳电池就是利用光生伏打效应制成的一种光电器件。

二、水能

人们利用水能发电的主要方式是修建水电站。在大江大河上，人们兴建数十米高的拦河大坝将水阻隔住，然后将水通过巨大的管道引流到专用的涡轮机的叶片上，让涡轮机产生动能，然后推动发电机产生电能。

在蓄水电站中，水在更高的位置蓄积，然后引导到在低处的涡轮机上。在高山下或拦河大坝形成的水库，一般作为蓄水池使用。这种水电站一般建在位于高处的水库附近。在电力需求不高时（例如晚上）把水抽上去。然后，当白天电网中的电力需求突然增加时，闸门就会放开，发电机马上会工作。

三、风能

风是空气流动所引起的一种自然现象，来无影去无踪，但这种空气流动蕴含着巨大的能量，也就是风能。风能是最早被人类利用的能源之一，它是一种可再生、无污染，而且储量巨大的能源。有科学家计算得出，风在一年内为人类提供的能量相当于每年燃烧煤所释放能量的 3000 倍。

早期，人们利用风能来推动风车，进行灌溉农田、磨米磨面等。现在，人们开始用风能发电，即先将风能转化成机械能，再带动发电机，将机械能转化为电能。目前，风力发电已被广泛应用于生产生活之中。

四、地热能

众所周知，地球内部的温度极高，在全球很多地方都有火山爆发。大量炙热流动的熔岩、高温气体、灰烬和石块从火山口喷发而出，向我们展示了地球内部蕴藏的是何等巨大的能量。在全球很多地方，例如冰岛，地下深处的温度上升非常快。那里有沸腾的温泉，有的地方还有热的水蒸气冒出，人们可以直接利用其发电，既方便又环保。

可燃冰是冰吗

天然气水合物俗称“可燃冰”，外表像冰，但其成分中80%～99.9%为甲烷，可以燃烧。它也被认为是未来人类最理想的替代能源之一。1立方米的“可燃冰”燃烧时，可以释放164立方米的甲烷天然气。

“可燃冰”是未来的洁净新能源。它的形成与海底石油、天然气的形成过程十分相似，而且密切相关。埋于海底地层深处的大量有机质在缺氧环境中，厌气性细菌把有机质分解，最后形成石油和天然气。其中许多天然气又被包进水分子中，在海底的低温与压力下形成“可燃冰”。这是由于天然气有个特殊性能，它和水可以在温度2℃～5℃内结晶，这种结晶物就是“可燃冰”。由于其主要成分是甲烷，也常称为“甲烷水合物”，在常温常压下它会分解成水与甲烷。

“可燃冰”可以看成是高度压缩的固态天然气。“可燃冰”在外表上看起来像冰霜，从微观上看其分子结构就如同一个一个“笼子”，由若干水分子组成一个笼子，每个笼子里“关”一个气体分子。现在，可燃冰主要分布在东、西太平洋和大西洋西部边缘，是一种极具发展潜力的新能源，但因为开采困难，海底可燃冰至今依旧原封不动地保存在海底和永久冻土层内。

不怕冰的破冰船

破冰船，是一种用于开辟冰封河海航道的轮船。一般来说，船首前倾，船体较宽，结构坚固，既可以用尖硬的船首冲破较薄的冰层，又可以通过调节船首船尾的吃水来压挤破碎较厚的冰层。

我们知道，两极地区的冬季十分寒冷，由于海面结冰，船只无法通行，因此对极地的探测也往往难以进行。为了在冰封的海面上航行，俄国人布里特涅夫将一艘普通船进行了改装。他将船头做成有斜度的，这样一来，船头便不会直接碰撞冰块，而是像铁锹一样，可以滑到冰面上去，然后利用船身的重量将冰压碎。如此反复进行，那么就可以开出一条航道了。这是世界上最早的破冰船——“驾驶员号”。

到了 1959 年，苏联又建成了采用原子核能动力装置的“列宁号”破冰船。这艘船可以连续航行两三年而不需要加“燃料”。原子破冰船的动力大，还增加了船体钢板的厚度，用以增强破冰的能力。此外，还有一些比较新颖的破冰船在船头下方加装了一个螺旋桨和一种能够抽取冰层下面海水的装置，使破冰的速度增加了很多。

中国“蛟龙”号深潜器

2012年6月24日，我国自主设计和集成的载人潜水器“蛟龙”号，进行了7000米级海试的第四次潜海实验，这次最大下潜深度7020米，达到了“蛟龙”号的最大设计深度，创造了我国载人潜水器深潜的新纪录。这次具有里程碑式的下潜试验是由试航员叶聪、刘开周和杨波执行的。

当天5时24分，“蛟龙”号于倾盆大雨之中进入海中。8时55分，历经3个多小时的下潜，“蛟龙”号深度到达“7005”，而到了9时7分，“蛟龙”号到达7020米深度，并进行了相关的海底作业。

在“蛟龙”号航行过程中，试航员可以看到海底散落的结核状物体，如白色、紫色的类似海参的生物，以及很短很细的类似海绵的生物。

海试团队在开创了深潜史上的里程碑式的纪录之后，将继续向更深的海洋发起挑战，检验潜水器的性能，为潜水器日后投入到实践生产中打下良好的基础。

为什么有些方要禁止使用移动电话

飞机在空中必须沿着规定的航线飞行，在整个飞行过程中，都要受地面航空管理人员的控制和指挥。飞机的导航设备是利用无线电波进行测向导航的。飞机的自动驾驶仪通过无线电波自动接收地面站的实时信息。

而移动电话也是通过无线电波传递信息的。如果乘客在飞机上使用移动电话，移动电话辐射出的无线电波就会严重干扰飞机上的导航、操纵系统，这些设备就会出现偏差。因此，为了保证飞机的飞行安全，各国航空公司都禁止在飞机上使用移动电话。

汽油受热时会变为蒸气，并和铁罐内的空气相混合，当这种混合气体达到一定的比例时，遇上了火，就会被点燃而发生猛烈爆炸。所以，加油站严禁明火。那么，为什么移动电话在加油站附近也不能使用呢？

原来手机内部是一些电子元器件，使用手机时，内部会产生微弱的放电现象，就像微小的电火花。若是加油站附近空气中的汽油比例过高，遇到这种微小的电火花也会引起爆炸。因此，为了安全，在加油站附近不能使用移动电话。

什么是汽车 GPS 导航系统

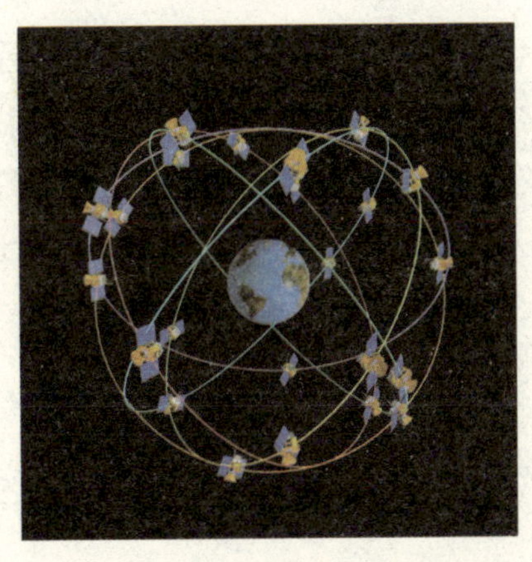

汽车 GPS 导航系统是以全球 24 颗定位人造卫星为基础，向全球各地全天候地提供三维位置、三维速度等信息的一种无线电导航定位系统。其内置的 GPS 天线会接收到来自环绕地球的 24 颗 GPS 卫星中的至少 3 颗所传递的数据信息，结合储存在车载导航仪内的电子地图，汽车行驶到任何地方都能接收到卫星信号，并通过计算机控制中心在电子地图上指示车辆的具体位置和移动方向。车主只要输入目的地，系统就会根据电子地图找出最佳行驶路线。

扫一扫 听故事 中大奖

你知道人工降雨吗

把天上的水实实在在地全部降到地面上来，不让它白白跑掉，这就是人工降雨，不过它更为科学的称谓是人工增雨。它分为空中作业、地面作业两种方法。

空中作业是利用飞机在云中播撒催化剂。地面作业则一般是利用高射炮、火箭从地面上发射。往往，炮弹会在云中爆炸，把炮弹中的碘化银燃成烟剂撒在云中。火箭在到达云中高度以后，碘化银剂就会开始点燃，随着火箭的飞行，沿途拉烟播撒。飞机作业通常选择在稳定性天气进行，才能确保安全。一般高射炮、火箭作业较为广泛。

人工降雨是需要有充分条件的。通常自然降水的产生，不仅需要一定的宏观天气条件，而且还需要满足云中的微观物理条件。

不过，在自然情况下，这种微观物理条件有时就不具备，有时就算具备但又不够充分。前者根本不会产生降水，后者则降水很少。那么此时，倘若人工向云中播撒人工冰核，使云中产生凝结或凝华的冰水转化过程，再借助水滴的自然碰并过程，就可以产生降雨或使雨量加大。催化剂在云中所起的作用，打个不太确切的比方，就如同是盐卤点豆腐，使本来不会产生的降水得以产生，而使已经产生的降水强度增大。

为什么不粘锅不会粘底

不粘锅的这种“特异”功能靠的是一种叫聚四氟乙烯的高分子材料。聚四氟乙烯，就是人们所说的“铁氟隆”。

好的不粘锅内壁涂有一层“铁氟隆”，聚四氟乙烯由氟和碳两种元素组成，它的分子量特别大，超过普通高分子聚合物10倍。在聚四氟乙烯分子内部，碳原子和氟原子结合得格外紧密，化学性质非常稳定，普通的酸、碱对它根本不起任何作用，就算是把它放在腐蚀性最强的水中煮沸，也不会发生任何变化。所以把聚四氟乙烯涂在锅底上，不但油、盐、酱、醋等奈何不了它，而且煎炸食物时也不会发生粘底现象。

而且，这种物质还可以填埋锅壁上一切细微的坎坷及凹凸不平（人的肉眼是无法看到这些凹凸的），使锅壁不再有任何缝隙。于是也就可以让入锅的物质（食物）不能通过任何方式固定在那些“坎坷”或“凹凸不平”上。这也就是食物不会粘在锅底上的主要原因了。

百叶箱为什么要涂成白色

一提起气象站，人们首先想到的就是小巧玲珑的百叶箱及高高杆子上的风向标和风杯。小小百叶箱很神秘，里边到底装的啥？为什么被刷得白白的呢？

百叶箱是专门用来安放测试空气温度和湿度仪器的容器。箱门朝北，箱底离地面有一定高度。这样构造的百叶箱，可使箱内的仪器免受太阳光直接照射以及降水、强风的影响，而仍可保证箱内外空气的自由流通。

打开百叶箱，你就可以看见里边摆放着几种温度表，有最高温度表、最低温度表、干球温度表和湿球温度表。干球温度表主要用于观测大气的温度。干球温度表和湿球温度表的读数结合在一起可算出大气的湿度。

这些温度表如果直接放到大气中，由于温度表吸收太阳辐射的能力比大气大得多，太阳一晒，温度表表面的温度很快就上升，测到的就是温度表表面的温度，而不是大气的温度了。

大气测量的要求很严格，百叶箱的大小、放置都有一定标准，箱的正面朝北，里里外外通体雪白，连四只脚和它前面的小梯子都漆成白色，为的是投射到小屋上的阳光全部被白色的表面反射回去，屋内的空气不致因为屋壁升温而被烤热，这样测出的温度就是1.5米左右高度的空气温度。

条形码是干什么用的

商品条形码是指由一组规则排列的条、空及其对应字符组成的标识，是用以表示一定的商品信息的符号，用于条形码识读设备的扫描识读。其对应字符由一组阿拉伯数字组成，供人们直接识读或通过键盘向计算机输入数据时使用。这一组条、空和相应的字符所表示的信息是相同的。

商品条形码是实现商业现代化的基础，是商品进入超级市场、POS 扫描商店的入场券。在扫描商店，当顾客采购商品完毕在收银台前付款时，收银员只要拿着带有条码的商品在装有激光扫描器的台上轻轻掠过，就可把条码下方的数字快速输入电子计算机，通过查询和数据处理，机器可立即识别出商品制造厂商、名称、价格等商品信息并打印出购物清单。

这样不仅可以实现售货、仓储和订货的自动化管理，而且通过产、供、销信息系统，还可使销售信息及时为生产厂商所掌握。

事实上，条形码已成为商品进入超市的必备条件。商品条形码化是企业提高市场竞争力、扩大外贸出口的必由之路，是实现生产流通环节自动化的前提条件，同时也是制造商适时调整产品结构的技术保障。

有声有色的多媒体

VCD 可以利用软件在计算机或利用影碟机在电视机中播放，这正是多媒体早期发展的两个方面：电脑多媒体和电视多媒体。最早的电脑只能用于计算和文字处理，慢慢地发展到可以处理图形，但是电脑还是显得毫无生气。

随着计算机硬件技术（主要是以 CPU 为代表的微处理器技术）和软件技术的发展，大容量、具有快速运算能力的电脑也很快就成了多媒体播放设备甚至多媒体产品的制作工具。

电脑的多媒体功能也从简单的播放 VCD 向比较高级的电脑动画制作、电脑游戏、电脑音乐等方向发展。

电视也可以成为多媒体设备。但是利用影碟机播放 VCD 等还不能完全等同于电视自身多媒体的应用。电视节目实际上也是一种多媒体，但那是对电视台发送信号的一种处理。电视多媒体不仅仅包括电视，还应该包括其他家用电器设备，如音响等。家用电器设计专家往往不赞成传统电脑死板的样子，他们把芯片和软件置于电器设备中，使得它们也成为多媒体设备。

因特网的发展促使多媒体发展呈现出技术上的融合趋势。因特

网的发展逐渐使之成为工作、生活和娱乐必不可少的工具。

多媒体朝着网络多媒体的方向发展，网上购物、网上医疗、网上教育、网络会议等实际上都是多媒体技术的应用。

计算机产业和家电产业都不会放过这个机会，这使得“电脑家电化、家电电脑化”逐渐成为潮流。

“电脑家电化”使得计算机逐渐发展为兼具电话、传真、高画质视频与立体音响等功能完善的“家用电器”。传统上分家的电话、电视、电脑网络在多媒体通信的旗帜下重新组合，互通有无。如电话会议成为影视会议，电脑加电话产生声音邮件等。

目前“家电电脑化”中突出的例子是“信息家电”。通过一个电子设备的引导，把原有的电器连接到因特网上，使之具有接收处理网上多媒体信息的能力，这就是信息家电。如中国科学院凯思公司的“女娲”计划和美国微软公司的“维纳斯”计划。它们的核心都是把自己的软件安装在一个称为机顶盒的电子设备里面，通过机顶盒使电视机可以像电脑一样方便上网。

多媒体在市面上的迅速发展反映了多媒体在我们生活中的影响越来越大。可以预见，未来多媒体的发展不仅可帮助我们把世界精彩的瞬间保存起来，而且将会使我们的生活更加有声有色。

为什么超声波可以做医学检查？

医学超声波检查的工作原理与声纳有一定的相似性，就是将超声波发射到人体内，当它在体内遇到界面时往往会发生反射及折射，并且在人体组织中可能被吸收而衰减。由于人体各种组织的形态与结构是不相同的，因此其反射、折射以及吸收超声波的程度也就会不同，人们正是通过仪器所反映出的波形、曲线或影像的特征来辨别它们。然后再结合解剖学知识，便可诊断出所检查的器官是否有病。

目前，医用的超声诊断方法有不同的形式，大致可分为 A 型、B 型、M 型及 D 型四大类。

A 型：主要以波形来显示组织特征的方法，用于测量器官的径线，以判定其大小。

B 型：主要用平面图形的形式来显示被探查组织的具体情况。

M 型：主要用于观察活动界面时间变化的一种方法。

D 型：专门用来检测血液流动和器官活动的一种超声诊断方法，又叫作多普勒超声诊断法。

超声波技术正在医学界发挥着十分巨大的作用，随着科学的进步，它将更加完善，更好地造福人类。

电梯是如何安全升降的

小朋友们肯定都坐过电梯，但是你们知道电梯是谁发明的吗？告诉你们吧，是美国人沃特曼发明了世界上第一部电梯。那么电梯是怎么升降的呢？其实最初电梯的升降依靠的是一根缆绳和一台卷扬机，缆绳的一头系着升降台，另一头卷绕在卷扬机的圆柱形滚筒上，这样卷扬机的电动机开动，滚筒朝着不同的方向旋转，就能控制缆绳的提升，也就能控制升降台的上升和下降了。但这也只是电梯的雏形，缆绳的安全系数不高是这类电梯致命的弱点，所以那时候人们都还不敢贸然乘坐这样的电梯。

直到1852年，美国纽约的奥的斯改进了电梯，他给电梯的升降台安装保险装置，又在升降台的升降途中安装导轨，这样电梯就变得安全多了。为了让大家相信他的电梯的安全性，奥的斯还当众表演，故意砍断缆绳，但是升降台并没有从高空中掉下来，而是悬在了半空，这样他就用事实证明了自己的电梯的安全性能。

中国人的第一次太空行走

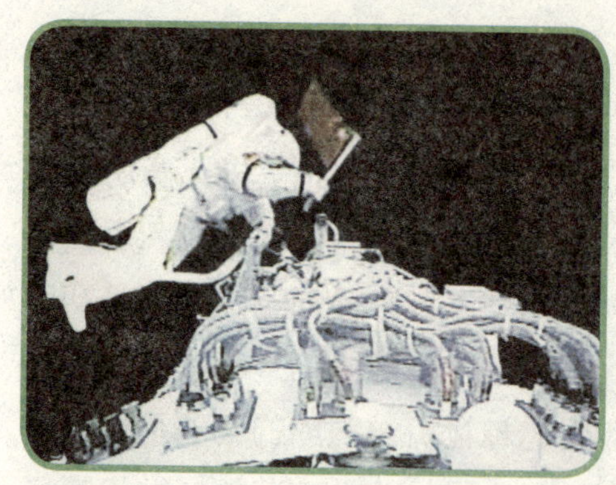

2008 年 9 月 27 日 16 时 35 分，神舟七号的航天员翟志刚，穿着我国研制的“飞天”舱外航天服，开启轨道舱舱门，成为第一个把自己足迹印在太空中的中国人。

在出舱的前一天，航天员们就开始做准备工作，他们要对舱外航天服进行组装和检测。在航天员穿好航天服准备出舱前，地面还需要对航天员的身体情况进行测定。确定一切良好之后，轨道舱开始准备泄压，航天员需要进行吸氧排氮，使完全泄压之后的环境相当于站在太空环境中。

当舱门打开后，我国的神舟飞船第一次在宇宙面前敞开大门，代表着太空也向中国人豁然敞开。

航天员翟志刚探进太空，而后探出上身并挥手示意，他手臂上的“飞天”标志，十分显眼。“神舟七号报告，我已出舱，感觉良好。神舟七号向全国人民、全世界人民问好！”

吸尘器为什么能吸走灰尘

吸尘器能除尘，主要是因为它的“头部”装有一个电动抽风机。抽风机的转轴上有风叶轮，通电后，抽风机通常就会以每秒 5000 圈的转速产生极强的吸力和压力。

在吸力和压力的作用下，空气高速排出，而风机前端吸尘部分的空气不断地补充风机中的空气，从而使吸尘器内部产生瞬时真空，和外界大气压形成负压差。然后在此压差的作用下，吸入含灰尘的空气。灰尘等杂物依次通过地毯或地板刷、长接管、弯管、软管、软管接头进入滤尘袋。

随即灰尘等杂物又会滞留在滤尘袋内，空气经过滤片净化后，由机体尾部排出。由于气体经过电机时被加热，所以吸尘器尾部排出的气体往往都是热的。

吸尘器的吸尘桶内装有一个专门收集灰尘的盒子，尘垢便留在集尘盒里，盒子装满后，可取出用水刷洗清理。吸尘器配上不同的部件，能够完成不同的清洁工作，如配上地板刷就能清洁地面，配上扁毛刷可清洁沙发面、床单、窗帘等，配上小吸嘴可以清除小角落的尘埃和一些家庭器具内的尘垢等。

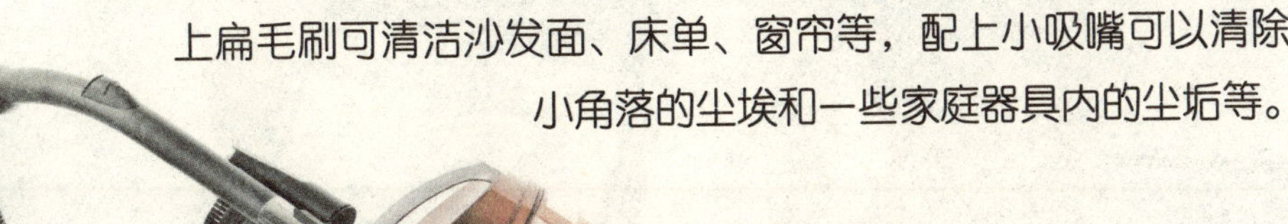

神奇的触摸屏

触控屏又称为触控面板，它是一个可接收触头等输入信号的感应式液晶显示装置。使用时，当接触了屏幕上的图形时，屏幕上的触觉反馈系统就会根据预先设定好的程序驱动各种联结装置。触摸屏可以用来取代机械式的按钮面板，并借由液晶显示画面制造出生动的影音效果。

目前，触摸屏的应用范围从以往的银行自动柜员机、工控计算机等小众商用市场，迅速扩展到手机、PDA、GPS（全球定位系统），甚至平板电脑等大众消费电子领域。展望未来，触控操作简单、便捷，人性化的触摸屏有望成为人机互动的最佳界面而迅速普及。

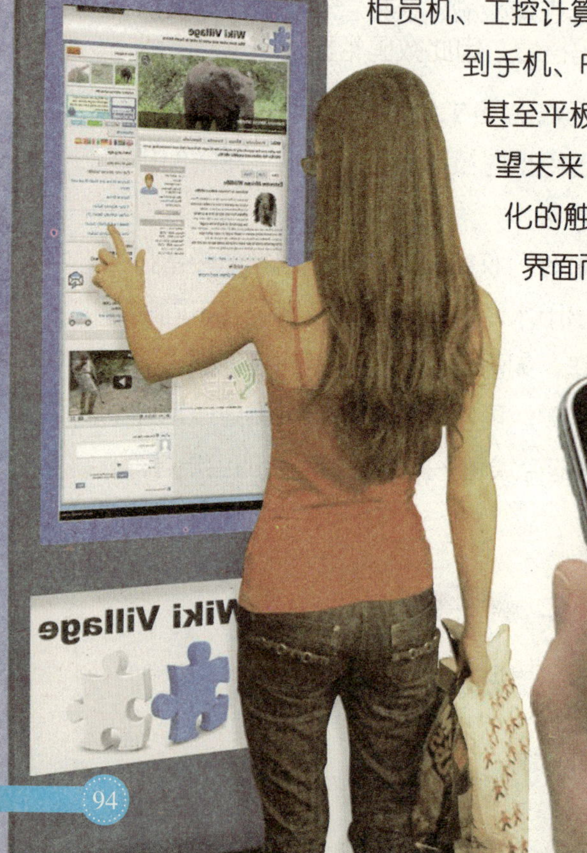

不使用胶卷的数码相机

我们都知道照相机需要用胶卷才能拍照，而数码相机却不需要胶卷就能摄像拍照，为什么呢？

原来，数码相机虽然也靠镜头、快门摄取景物，但用的感光媒介不是涂满感光剂的胶卷，而是电子影像感测器。电子影像感测器能够直接把景物反射光线转变为数码信号，然后进行进一步的处理和存储。所以数码相机不用胶卷，而使用闪存卡。

由于景物的影像已变成数码信息，因此数码相机还可以与个人电脑连接，配合使用。数码相机使照相不再限于照出一张相片，还可以通过个人电脑对影像进行色彩、光度和轮廓的修补，甚至可以达到与原始图像完全不同的效果。

能下水的机器人

人们开发海底，要到那里去采矿和做各种调查，以前这些工作离不开潜水员。可是，海底的环境十分险恶，那里的低温和高压，时刻威胁着潜水员的生命。而海底机器人，能按照人的意志工作，不惧怕高压，也不需要呼吸氧气、补充水和食物，是位忠实而可靠的朋友。

扫一扫 听故事
中大奖

超少年全景视觉探险书

狂野自然

一套多媒体可以视、听的探险书

SUPER JUNIOR

聂雪云◎编著

團结出版社

图书在版编目（CIP）数据

狂野自然 / 聂雪云编著 . -- 北京：团结出版社，2016.9

（超少年全景视觉探险书）

ISBN 978-7-5126-4447-2

Ⅰ . ①狂… Ⅱ . ①聂… Ⅲ . ①自然科学－青少年读物 Ⅳ . ① N49

中国版本图书馆 CIP 数据核字 (2016) 第 210010 号

狂野自然

KUANGYEZIRAN

出　版：团结出版社

（北京市东城区东皇城根南街 84 号　邮编：100006）

电　话：（010）65228880　65244790

网　址：http://www.tjpress.com

E-mail：65244790@163.com

经　销：全国新华书店

印　刷：北京朝阳新艺印刷有限公司

装　订：北京朝阳新艺印刷有限公司

开　本：710mm × 1000mm　1/16

印　张：48

字　数：680 千字

版　次：2016 年 9 月第 1 版

印　次：2016 年 9 月第 1 次印刷

书　号：ISBN 978-7-5126-4447-2

定　价：229.80 元（全八册）

（版权所属，盗版必究）

狂 野 自 然

前言

FOREWORD

21世纪是一个知识大爆炸的时代，各种知识在日新月异不断地更新。为了更好地满足新世纪少年儿童的阅读需要，让孩子们获取最新的知识、帮孩子们学会求知、培养孩子们良好的阅读习惯、增强孩子的知识积累，我们编辑了这套最新版的《超少年全景视觉探险书》。

本书的内容包罗万象、融合古今，涵盖了动物、植物、昆虫、微生物、科技、航空航天、军事、历史和地理等方面的知识。都是孩子们最感兴趣、最想知道的科普知识，通过简洁明了的文字和丰富多彩的图画，把这些科学知识描绘得通俗易懂、充满乐趣。让孩子们一方面从通俗的文字中了解真相，同时又能在形象的插图中学到知识，启发孩子们积极思考、大胆想象，充分发挥自己的智慧和创造力，让他们在求知路上快乐前行！

目录 CONTENTS

超 少 年 密 码

狂 野 自 然

动物世界

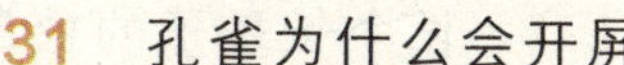

神奇昆虫

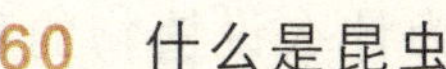

植物王国

动物世界
DONGWU SHIJIE

动物为什么要冬眠

一进入冬季，动物就开始施展它们的“睡功”了，这就是冬眠现象。

提起动物的睡功，真是“八仙过海，各显其能”。能飞善舞的昆虫钻进泥土、草丛或其他阴暗角落，倒头便睡，一觉醒来就是第二年的春或夏初季节了。有的则是一觉不醒，命归西天，只是留下了它的卵、幼虫或蛹作为家族的延续。

鱼和蛙的睡法不同，鱼游进深水处，蛙则钻入泥土里，如同吃了安眠药，进入不食不动的蛰伏状态。

鼠类动物是既睡又吃，吃了睡、睡了吃，所以田鼠在进入冬眠前要准备25千克以上的“干粮”在“床”边，松鼠搜集上万个松子作为高枕无忧的食粮后备。

蝙蝠的睡法最特殊，平日倒挂睡觉，冬眠时仍继续倒挂，一挂就是一个冬天。

刺猬的睡法令人咋舌，它熟睡时，几乎不呼吸，把它扔到水里，过半个钟头再捞出来，它仍然睡着，一个冬眠期能睡200多天，这么漫长的一觉，堪称世界一绝。

动物为什么偏要睡懒觉来度寒冬呢？这是动物长期适应环境的一种表现。冬天天气寒冷，食物缺乏，动物处于熟睡状态时，体内的各种代谢活动降低到最低限度，心脏也放慢了跳动，脉搏和呼吸次数减少，这样把对养料和能量的消耗减少到最低限度，在寒冷和食物不足的冬季把命保下来，待到春暖花开、万物生长的季节，它们便可重新开始活动，恢复奔忙劳作和捕食育子的生活。

扫一扫 听故事
中大奖

犀牛的好朋友

一头犀牛有2800～3000千克重。它皮肤坚厚，如同披着一身刀枪不入的铠甲，头部有一只碗口般大的长角，任何猛兽被它一顶都要完蛋。

据说犀牛耍起性子的时候，别说是狮子，就连大象也要避让三分。这样粗暴的家伙，居然和一种小鸟——“犀牛鸟”很友好。

原来，犀牛坚厚的皮肤常常遭受寄生虫和吸血虫的侵害，这种小鸟可以帮它消灭害虫，使犀牛觉得很舒服。

不要碰刚出生的小动物

刚出生的小朋友总是特别惹人喜爱，让人忍不住去抚摸一下。小动物也十分可爱，毛茸茸的惹人怜爱，可是我们可千万不要因为喜爱就去触碰它们哦，因为这样可是把它们害了。

这是因为如果我们碰到了它们，那么它们的气味就会变了，这样它们的爸爸妈妈就会辨认不出自己的宝宝了，所以，它们就不能够和自己的爸爸妈妈相认，这是不是很残忍呢?所以，我们如果想抚摸它们就必须等到它们可以有能力找到自己的爸爸妈妈的时候。小朋友记住了吗?

大象真的怕老鼠吗

很多人都相信这样一种说法：老鼠会从大象的鼻子里钻进去，使大象透不过气来，或者老鼠从大象耳朵里钻进去，啃咬大象的脑子，所以大象特别怕老鼠。

动物学家考察了好几个驯养大象的地方，那儿有许许多多的老鼠，可从来没见过任何大象因为老鼠而受到伤害。实际上，这样的事情从来没有发生过。平时，老鼠和大象见面后，逃跑的不是大象而是老鼠。专门研究大象的科学家告诉我们，在自然界中许多动物（尤其是食草类动物），它们都会遇到食肉动物的无情追杀，而唯独大象是没有天敌的。

扫一扫 听故事
中大奖

猴子的屁股为什么是红的

传说在许多年以前，一只猴子与一只螃蟹是好朋友。一天，它们发现了一瓶蜂蜜，于是约定储藏起来，冬天再吃。可是猴子禁不住蜂蜜的诱惑，就偷偷地吃掉了，螃蟹知道后很生气，就用钳子狠狠地去夹猴子的屁股。所以猴子的屁股就变成红色了。

这只是一个传说，其实猴子也和我们人一样，身体里有很多血管，这些血管能把血液送到身体不同的地方。猴子屁股上的血管特别多，再加上毛发稀少，这些血管就露出来了。所以我们看到猴子的屁股是红的，其实这些红色都是血管的颜色。

蛇是怎么消化食物的

蛇的消化系统非常厉害，有些在吞的同时就开始消化，还会把骨头吐出来。

蛇在消化时还要在地上爬行，利用肚皮和不平整地面的相互摩擦来帮助消化。

毒蛇的毒液实际上是蛇的消化液，一些肉食性的蛇的消化液的消化能力较强，能溶解被咬动物的身体，所以表现出“毒性”，人的胆汁也属于这种消化液。

蛇消化食物很慢，每吃一次要经过5～6天才能消化完毕，但消化高峰多在食后22～50小时。如果吃得多，消化时间还要长些。蛇的消化速度与外界温度有关。游蛇在5℃的气温下，消化完全停止，到15℃时消化仍然很慢，消化过程会长达6天左右，在25℃时，消化才加快进行。

蛇的牙齿是不能把食物咬碎的，蛇的消化系统如咽部以及相应的肌肉系统都有很大的扩张和收缩能力。

国宝大熊猫

大熊猫是世界上最珍稀的动物之一，是我国特有的国家一级保护动物，被称为“中国国宝”。大熊猫的眼睛虽然不大，但是眼周的黑斑使它的眼睛看起来很大。整个身体柔软圆润，动作慢条斯理，性情温顺，表情天真烂漫，淘气而又活泼。它憨态可掬的模样深受各国人民的喜爱。

大熊猫的繁殖能力和存活率很低。现在，它们的主要食物竹子也在减少，生态环境对它们的生存也不利，现存的野生大熊猫仅有近千只了，已濒临灭绝。所以，我们要保护好大熊猫。

善于变色的变色龙

变色龙没有固定的颜色，当它守在草丛中或树枝上捕食食物时，它身体表面的颜色就变得和草、树叶的颜色一样。当它在地上爬行时，又变成和泥土差不多的颜色。它这样变来变去，一是为了捕捉食物时，使被捕捉的动物不易觉察它，二是为了保护自己，不至于被其他凶猛的动物发觉。不过，平时变色龙的体色，在夜间是翠绿色的，天亮之后，随着气温的升高，气温达到25℃时，它又会变成暗绿色。

变色龙之所以能变换体色，主要是因为它的眼睛受外界光线的刺激后，它的中枢神经能将光线的刺激传给体内的色素细胞。这时，变色龙看到什么颜色，身体表面就会变成什么颜色。变色龙能变换体色的因素是多方面的。不仅光线的强弱能改变它的体色，就连它的情感变化也会改变它的体色。一旦把变色龙的中枢神经切断，它就再也无法改变体色了。由此看来，变色龙能变色主要是由神经系统决定的。

鲸鱼是鱼吗

鲸是海洋中的“巨人”，也是现在地球上最大的动物。不少人误认为鲸是鱼，实际它并不是鱼，而是哺乳动物。

在几百万年以前，鲸也是生活在陆地上，那时它们有4条腿，能在陆上行走。后来由于生活条件改变，它们便迁居到水中生活。经过漫长的岁月，它们的身体构造逐渐发生了变化：前肢变成了像鱼那样的胸鳍；尾巴变得扁平，和舵一样；整个身体变为流线型，以便在水中游泳。鲸到水中之后，虽然外部器官起了巨大变化，以致被误认为是鱼，但它们的内部器官仍然保持陆上生活的某些特点，如肺呼吸、胎生、哺乳等。

由于鲸用肺呼吸，因而不能在水下停留很长的时间，一般在半小时左右，就必须到水面上呼吸一次，短的10多分钟就得出来一次。鲸的外鼻孔长有1~2个喷气孔，位于头顶，鲸就是靠这两个气孔来呼吸的。当鲸浮出水面时，要先把肺中的大量废气排出，排出的气体压力很大，能把接近鼻孔的海水喷射出海面；同时伴随着巨大的声响，很像小火车的汽笛。由于海面上的空气比鲸肺中的气体凉，所以从鲸肺中呼出的湿气，一遇冷空气就凝结成许多小水滴，形成雾状水柱。这种现象叫作“喷潮”或“喷水”。不同鲸的水柱、高度、形状各有不同，须鲸喷出的水柱是垂直的，又高又细，齿鲸喷出的水柱是倾斜的，又粗又矮。有经验的人一看水柱便可以推算出鲸的种类、大小和年龄，有经验的人还可以根据海面上的水柱发现鲸的行踪。

离开水还能活的鱼

人所共知，鱼儿离不开水。鱼是用鳃呼吸的水生动物。它没有内肢也没有肺，离水以后时间稍长便会窒息死亡。可是也有的鱼离开了水也能活，如弹涂鱼、攀鲈鱼、鳗鲡等。

弹涂鱼的身体侧扁，但在头顶上长着一对大而突出的眼睛，这对眼睛能灵活地向着各个方向转动。别看弹涂鱼没有脚，它却能爬又能跳，这主要是由于它的胸鳍生得十分粗壮，如同陆地上动物的前肢般活动自如。它的腹鳍又合并成一个吸盘，当它爬到潮湿的泥沙地上以后，可以靠着吸盘吸附在其他物体上。

弹涂鱼在陆地上的行走动作很有趣：它用腹鳍先把身体支撑住，然后再用胸鳍交替着向前移动。乍看起来，人们会觉得弹涂鱼的行动很慢，其实如果它碰到敌害，爬行速度是快得相当惊人。它还会利用坚韧的胸鳍、锋利的牙齿和宽大的嘴巴掘出一个大土洞，在炎热的夏天它就可以躲进洞里去避暑。

弹涂鱼的鳃腔很大，这样能贮存大量的空气，同时这种鱼的皮肤布满了血管，无形中就起到辅助呼吸的作用。当它在陆地上活动时，常常将尾鳍伸进杂草丛生的水洼中，或者紧贴在潮湿的泥地上。这样也可以帮助呼吸。

除此之外，还有肺鱼、泥鳅、乌鳗等也都属于离水能活的鱼。这些鱼都有一套离水可以继续生存的本领，它们的这些本领在科学上称为“具有副呼吸器官”。

又当“爸”又当“妈”的雄海马

雄海马在第一次性成熟前，身体会发生些奇妙的变化，尾部腹面两侧长起两条纵的皮褶，随着皮褶的生长逐渐愈合，一个透明的囊状物，即孵卵囊便发育成熟了，这就是奇特的育儿袋。

每年春夏之交是海马交配的季节，雄海马会带着“育儿袋”出去四处炫耀，意思很简单：看吧，我这育儿袋又大又好，保管能孕育出好后代。但这过程并不容易，雌海马对雄海马的表现还是要几经考量。

雄海马在一处碰壁以后，毫不气馁，又拖着它的空口袋迅速游到下一个雌海马跟前，继续纠缠，让对方仔细欣赏它的育儿袋，直到终于有对象看中这条口袋。

当雌海马觉得育儿袋没问题，就会与雄海马的尾部缠在一起，腹部相对，然后雌海马小心地排卵，将卵产在雄海马的“育儿袋”内。近百粒受精卵就在“育儿袋”里进行胚胎发育。这时“育儿袋”内长出浓密的血管网层，和胚胎血管网密切相联，以供应胚胎发育期的营养。雄海马的“育儿袋”可以使卵子不受损失，并有利于小海马的生长发育。等到幼海马发育成熟后，雄海马才开始下一轮“分娩”。

“食人鱼”比拉鱼

比拉鱼身体又短又扁，长不到20厘米，模样丑陋，但它有一口凿子一样的牙齿和强有力的嘴巴。它们攻击性很强，且又贪婪、残忍，即使是形体巨大的牛、马等动物，在它们的进攻下也逃不脱杀身之祸。比拉鱼不但攻击动物，也经常攻击人。因此在亚马孙河有比拉鱼生活的地方，大都成了恐怖无比的死亡地带，没有人敢越雷池一步。

红比拉鱼生长在南美洲的河流里。红比拉鱼成群捕猎，一般以鱼为食，但是，如果大的陆地动物陷在水中不能动时，比拉鱼群将会疯狂地进行捕食。虽然一般情况下，它们不会袭击人类，但是其不可预测的天性使它们成为“危险动物”。20世纪80年代初，当一艘船在巴西的一条河流倾覆时，就遭到了一群红比拉鱼的袭击，300多人因此丧生。

可爱的企鹅

南极什么动物最著名呢？当然是绅士般的企鹅了。身着“燕尾服”的企鹅喜欢吃鱼类、甲壳类，还有一些软体动物。它们一直在寒冷的南极生活着，难道它们不怕冷吗？

作为南极的常住居民，企鹅可以说在这里经历过了无数的风霜雨雪。不过，这样恶劣的环境并没有把企鹅打败。因为企鹅身上重叠的羽毛就像是细密的鱼鳞，正是因为这层保护才让它们可以在南极自由地活动。

企鹅有羽毛，曾经也长过翅膀，但是现在走路却是左右摇晃，看着十分笨拙。鸟儿在我们心中是飞翔的代名词，可是，同样是鸟类为什么企鹅就不能飞起来呢？

这是因为企鹅的翅膀已经慢慢地退化了，变成了可以划水的鳍脚，羽毛也一点点短了，逐渐地没有了飞翔的能力，却可以像鱼儿一样在水中游泳，而且游泳的速度还非常快呢，所以，企鹅慢慢地就在海里生活了。

“海底鸳鸯”

在中国及日本南部沿海生长着一种大型节肢动物，雌雄整天形影不离，行走、吃食、休息都钩夹在一起，这就是人们称之为“海底鸳鸯”的鲎。

鲎生活在沙质的海底，吃蠕虫及无壳软体动物，也吃一些海洋植物。它白天休息，夜里活动。它的头胸部背面隆起，腹面凹陷，身后有一根坚硬的尾，活像一个带柄的瓜瓢。它们每年夏季从深海游到近海，成双成对地爬上沙滩，用它发达的步足挖穴、产卵。

鲎的眼睛是由1000个小眼组成的复眼，小眼之间有交错的侧向神经联系，使鲎易于看清物体，并能准确地捕食或有效地逃避敌害。

长颈鹿的脖子为什么那么长

长颈鹿是世界上最为高大的陆上动物，高度可达到近6米。它相貌奇异，体态优雅，行动极为灵活，十分警觉。但它的脖子为什么那么长？

生物学家在研究长颈鹿的进化时，认为长颈鹿的祖先，世世辈辈以青草为食。但在受到干旱等灾害时，大片草原枯荒，为了生存下去，长颈鹿就要时刻努力伸长脖子，吃树上的嫩叶子，那些脖子短的长颈鹿，吃不到树上的嫩叶，慢慢地被自然条件淘汰。就这样，经过许多世代以后，脖子就慢慢变长，最后终于形成现在的样子。

长颈鹿靠它的脖子散热，可以适应热带炎热的困扰。在前进的时候，长颈鹿的长脖子还能用于增大动力，在漫步、跑动时，脑袋就被置于前方，借以往前推移它的重心。

扫一扫 听故事 中大奖

为什么长颈鹿能站着睡觉

长颈鹿大部分时间都是站着睡，尤其是在短睡阶段。由于脖子太长，长颈鹿睡觉时常常将脑袋靠在树枝上，以免脖子过于疲劳。当长颈鹿进入睡梦阶段时，它们与大象一样，也需要躺下休息，这一阶段大约持续20分钟。但是，长颈鹿从地上站起来要花费整整1分钟的时间，这使得它们在睡眠时的逃生能力大打折扣。所以，长颈鹿躺下睡觉是一件十分危险的事情，它们更多的时候是站着睡觉。长颈鹿的睡眠时间比大象还要少，一个晚上一般只睡两小时。对于长颈鹿来说，睡眠实在是一件非常棘手的事，因为睡觉的时候常常使它们面临危险。

在非洲的野生长颈鹿往往是站着睡觉的，在动物园里生活的长颈鹿，由于不会受到天敌的威胁，常常是趴着舒舒服服地睡觉。

排队飞的大雁

大雁是典型的迁徙型鸟类，每当寒冷的冬天来临的时候，北方生活的大雁就会结队南飞。仰望天空，大雁们一会儿排成“一”字形，一会儿又是“人”字形，十分整齐。为什么大雁这么遵守纪律呢？

其实这是它们智慧的象征。因为这样的队形容易让它们在飞行的时候节省力气，而且会给后面的大雁也带来帮助，让它们有时间休息一下。这就是集体力量，这就是团队合作的效果。它们是一个整体，不允许其中的任何一只大雁掉队。所以，它们就必须努力让自己和别的大雁都飞到目的地。人类真的应该向大雁学习。

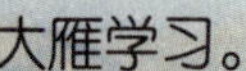

扫一扫 听故事 中大奖

鸡和鸭为什么飞不起来

为什么长着翅膀的鸡和鸭都不能飞行呢?它们也没有人类这么重啊!

事实上，很久以前它们都可以飞的。但是，那个时候它们生活在森林里，而且体型也相对小一点。它们自由自在地飞行，寻找食物。后来我们的祖先狩猎的时候常常会捉到野鸡和野鸭，数量多了就圈养起来。人类主动给它们吃的，它们就懒得飞出去找东西吃了。慢慢地，它们也越来越胖了，飞行的本领也退化了。有的时候还是可以看到它们试图飞起来，但是只能飞两米高左右。

世界上最小的鸟

在南美洲和中美洲的森林地带，生长着和蜜蜂差不多大小，体长不过5厘米，体重仅两克左右，且飞行采蜜时像蜜蜂一样发出嗡嗡的声响的蜂鸟，它是世界上最小的鸟。

蜂鸟种类多达300种，羽毛非常鲜艳，呈黑、绿、黄等十几种颜色，所以有“神鸟”“彗星”“森林女神”和“花冠”之称。

蜂鸟身体娇小，羽毛华丽，飞行本领高超。因为飞行速度快，人们常常能听到它飞行的声音，却看不清它的身影。不可思议的是，蜂鸟心跳每分钟达615次。它不仅飞行速度快而且还能飞得很远。有一种红胸蜂鸟，每年两次飞渡墨西哥海湾，飞行800多千米也不间断。

蜂鸟非常有趣，它能平稳地飞在花朵上方停那么一小会儿，那几乎是完全“停”在空中，用它的喙伸进花中，然后突然飞去。

孔雀为什么会开屏

孔雀开屏最盛期是在3月、 4月，这时是孔雀繁育季节，开屏是雄孔雀求偶的表现。开屏的雄孔雀竖起它金光灿烂的尾屏，炫耀着，昂首阔步地走着，好像在向人们展示它的美丽。其实，这种动作是动物生殖腺分泌的性激素刺激的结果。随着繁育季节的结束，这种开屏的现象也会逐渐消失。此外，为防御或警戒敌害，雌孔雀、小孔雀也都有开屏动作。这正像鸡雏遭到老鹰攻击时，母鸡会竖起羽毛、扇起翅膀企图保护小鸡一样。至于孔雀在穿着艳丽服装的游客面前开屏，并不是什么与之“比美”，而是游客的大声喧哗刺激了孔雀，引起了它们的警戒。这种开屏，是一种示威、防御的反应动作。

游泳冠军旗鱼

旗鱼，又称芭蕉鱼，一般体长2 000～3 000毫米，为太平洋热带及亚热带大洋性鱼类。其分布于印度尼西亚至太平洋中部诸岛，北至日本南部。在中国，它产于南海诸岛，台湾海域，广东、福建、浙江、江苏、山东等沿海地区。

旗鱼呈圆筒形，稍侧扁；背、腹缘钝圆，较平直；吻尖长，呈枪状；眼小，侧位；眼间隔宽平；口裂大，近于平直；前颌骨与鼻骨向前延长形成枪状吻部，长于下颌，上颌骨向后伸达眼后缘下方；体覆针状鳞；侧线完全，在胸鳍上方渐向下弯曲后作直线延伸至尾部；尾鳍分叉较深；头及体背侧呈青蓝色，背侧有横排列的灰白色圆斑，腹部为银白色，除臀鳍为灰色外各鳍均为蓝黑色；第一背鳍鳍膜上密布黑色圆斑；以小鱼和乌贼类等软体动物为食。

旗鱼可算是动物中的游泳冠军了，平时时速为90千米，短距离的时速约为110千米。海豚是游泳能手，时速约为60多千米，但是它却没有旗鱼游得快。根据游泳速度记录，次序是：旗鱼、剑鱼、金枪鱼、大槽白鱼、飞鱼、鳟鱼，然后才轮到海豚。

旗鱼游泳的时候会放下背鳍，以减少阻力；长剑般的吻突，将水很快向两旁分开；它不断摆动尾柄尾鳍，仿佛船上的推进器那样，加上它的流线形身躯和发达的肌肉，摆动的力量很大，于是它就像离弦的箭那样飞速地前进了。

会说话的鹦鹉

鹦鹉或九官鸟都擅于学人类说话，它们的模仿天分完全与身体构造有关。这些鸟类拥有可以随心所欲地转动的柔软舌头，鸣声低沉，与人类的发音类似，所以能够轻易地模仿人类说话，再加上记忆力绝佳，所以能将人类说的话，学得惟妙惟肖。许多鹦鹉学说人类的语言时，吐字非常清楚，以至于有些人无法分辨这到底是人还是鸟发出的声音。如果想让它们模仿出各式各样的声音，就要持续不断地训练它们。

扫一扫 听故事 中大奖

鳄鱼流泪是伤心吗

鳄鱼身强体壮，人们却常发现鳄鱼流眼泪。难道它是因为伤心而流泪的吗？

在没弄清楚流泪的原因之前，人们还以为它是假慈悲。其实鳄鱼根本就不是伤心，而是在排除身体里面多余的盐分。一般生活在海里的鳄鱼，喝进了大量海水，积蓄了不少盐分。于是，它就利用眼眶中专门处理盐分的器官，把多余的盐分浓缩起来，借助眼睛，像泪珠似的使其淌出来。

如果人喝了海水，会越喝越渴，最后甚至会渴死。可是生活在海洋中的鱼、爬行动物等却不会有这种危险，这是为什么呢？原来，它们都有自己独特的“海水淡化装置”。

鳄鱼的眼泪就是盐腺排出的含有大量盐分的黏液。生活在海洋或海边的爬行动物如龟、蛇、鳄鱼类也有盐腺。

鸽子真的能送信吗

一只信鸽，即使你把它带到千里之外的陌生的地方，它也能把信带回家。鸽子头顶和脖子上绕几匝线圈，以小电池供电，鸽子头部就会产生一个均匀的附加磁场。当电流顺时针方向流动时，在阴天放飞的鸽就会向四面八方乱飞。这表明：鸽子是靠地磁导航的。那么鸽子又是如何靠地磁导航呢？

有人把鸽子看作是电阻1000欧的半导体，它在地球磁场中振翅飞行时，翅膀切割磁力线，因而在两翅之间产生感应电动势（即感应电压）。鸽子按不同方向飞行，因为切割磁力线方向不同，所以产生电动势的大小就可以辨别方向。但是试验表明晴天放飞时，附加磁场并不影响它的飞行，这说明地磁并不是它的唯一的罗盘。原来，鸽子能栓测偏振光，在晴天它能根据太阳的位置选择飞行方向，并由体内生物钟对太阳的移动进行相应的校正。必须说明一点的是，当电流逆时针流动时，不管是晴天还是阴天，它都能飞回家。

鸟类的起源

鸟类可能是由侏罗纪时的蜥龙进化而来的。最早的鸟类与恐龙中的虚古龙有明显的相似性。鸟类在白垩纪得到了很大的发展，到新生代，已与现代鸟类的结构无明显差别。可以推测，大约在两亿年前，旧大陆的一支古爬行类动物进化成鸟类，逐渐随着鸟类的繁盛而扩展到新大陆。在适应多变环境条件的同时，鸟类发生了对不同生活方式的适应辐射。

它们的形态结构除许多同爬行类相同的部分外，也有很多不同之处。这些不同之处一方面在爬行类的基础上有了较大的发展，具有一系列比爬行类高级的进步性特征，如有高而恒定的体温，完善的双循环体系，发达的神经系统和感觉器官以及与此联系的各种复杂行为等；另一方面为适应飞翔生活而又有较多的特化，如躯体呈流线型，体表披羽毛，前肢特化成翼，骨骼坚固、轻便，具气囊和肺。

气囊是供应鸟类在飞行时有足够氧气的构造。气囊的收缩和扩张跟翼的动作协调。两翼举起时，气囊扩张，外界空气一部分进入肺里进行气体交换，另外大部分空气迅速地经过肺直接进入气囊，未进行气体交换，气囊就把大量含氧多的空气暂时贮存起来。两翼下垂时，气囊收缩，气囊里的空气经过肺再一次进行气体交换，最后排出体外。这样，鸟类每呼吸一次，空气在肺里就进行两次气体交换。气囊还有减轻身体比重、散发热量、调节体温等作用。这一系列的特化，使鸟类具有很强的飞翔能力，能进行特殊的飞行运动。

扫一扫 听故事
中大奖

温暖的家——鸟类的巢穴

鸟类筑巢，其作用在保护蛋及雏鸟免受严寒酷暑之侵，孵卵期间更可保持母体的体温。在成鸟严密的守护下，雏鸟可于未能独立生活时在巢内安全成长。鸟类中很多时候都由雄鸟在其地盘内选择筑巢地点，而雌鸟则通常负责筑巢。

鸟类还会利用其他天然物质以及人造材料结巢，包括羊毛、羽毛和蛛网。燕子和火鹤则用泥筑巢，北美烟囱燕用唾液把窝粘牢。此外，鸟类也经常利用破布、碎纸和塑料制品筑巢。

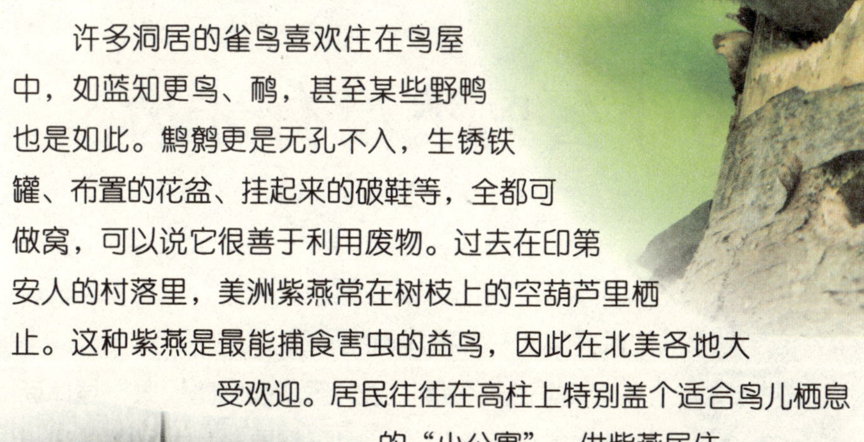

许多洞居的雀鸟喜欢住在鸟屋中，如蓝知更鸟、鸸，甚至某些野鸭也是如此。鹪鹩更是无孔不入，生锈铁罐、布置的花盆、挂起来的破鞋等，全都可做窝，可以说它很善于利用废物。过去在印第安人的村落里，美洲紫燕常在树枝上的空葫芦里栖止。这种紫燕是最能捕食害虫的益鸟，因此在北美各地大受欢迎。居民往往在高柱上特别盖个适合鸟儿栖息的“小公寓”，供紫燕居住。

鸟巢之中，大概以杯状的最普遍。知更鸟、燕雀及大多数陆栖小鸟都造这种巢。建筑杯状巢只需材料坚实，不必编织。

鸟儿一般都喜欢把自己的巢筑在隐蔽的地方，借树叶来掩饰，或把巢筑在洞穴里，或把巢筑在敌人难以靠近的地方，也有防御作用。这样，天敌只能“望巢兴叹”了。

为什么鸟类没有牙齿

没有牙齿是鸟类的主要特征之一，这是鸟类在进化过程中的一种适应性的表现。

鸟类过着飞行生活，活动强度比较大，身体新陈代谢的频率比较快，每天需要消耗大量的能量。为了满足需要，它们必须不断地努力寻找食物，尽快加以吞食和消化。所以采用了不用牙齿，直接用锥形嘴巴啄食，将整粒或整块食物快速吞下，然后将食物贮藏在嗉囊中的取食方式。食物在它发达的嗉囊中经过软化后，逐渐由砂囊磨碎，再由消化系统的其他部分继续加以消化、吸收。

这种取食方式一方面可以省却牙齿和与此相关的系统，大大减轻体重；另一方面这种嗉囊磨碎的方式即使在飞行当中也可以进行，有利于鸟类摄取更多的食物。

经研究发现，鸟类与取食有关的骨骼重量，大约只占头骨总重量的1/3。而其他的动物，相应骨骼的重量占头骨总重量的比例不小于2/3。鸟类不用牙齿后，导致与取食有关的骨骼退化，从而大大减轻了头骨总重量，因此更有利于飞行。所以说鸟类有砂囊没有牙齿，是鸟类快速取食、快速消化的重要组成部分，十分适合鸟类飞行的需要。

杜鹃鸟真自私

生物界有认亲行为，也有骗亲行为存在。有的动物为了达到某种目的，采取了一些骗亲手法，杜鹃算是这方面的行家。

杜鹃在繁衍后代的时候不垒巢、不孵卵、不育雏，这些工作会由其他鸟来替它完成。那么，杜鹃是怎样能将卵寄生在别的鸟巢中而阴谋不会被发现的呢？

春夏之交，雌杜鹃要产卵前，它会用心寻找画眉、苇莺等小鸟的巢穴，目标选定后，便充分利用自己和鹞形状、大小及体色都相似的特点，从远处飞至。杜鹃飞翔姿式也很像猛禽岩鹞；飞得很低，一会儿向左，一会儿向右地急剧转弯。间或拍打着翅膀，拍打得很响，用来恫吓正在孵卵的小鸟。正在孵卵的小鸟看见低空翱翔而来的猛禽的身影，吓得弃家逃命时，杜鹃就会把蛋丢进别人的巢中。

在巢里的卵中杜鹃的卵最先破壳成雏，小杜鹃的背上有块敏感区域，有东西碰上，它便会本能地加以排挤，所以巢主的卵和破壳的雏鸟便被它推出巢外。这样，小杜鹃就可以独占养父母采集来的食物了。而当小杜鹃慢慢长大后，只要老杜鹃一声呼唤，它便会跟着亲鸟远走高飞。

猫头鹰是色盲吗

猫头鹰绝大多数是夜行性动物，昼伏夜出，白天隐匿于树丛岩穴或屋檐中不易见到，但也有部分种类如斑头鸺　、纵纹腹小　和雕　等白天亦不甘寂寞，常外出活动。一贯夜行的种类，一旦在白天活动，常飞行颠簸不定，有如醉酒。

猫头鹰一旦判断出猎物的方位，便迅速出击。猫头鹰的羽毛非常柔软，翅膀羽毛上有天鹅绒般密生的羽绒，因而猫头鹰飞行时产生的声波频率小于1千赫，而一般哺乳动物的耳朵是感觉不到那么低的频率的。这样无声的出击使猫头鹰的进攻更有“闪电战”的效果。

据研究，猫头鹰在扑击猎物时，它的听觉仍起定位作用。它能根据猎物移动时产生的响动，不断调整扑击方向，最后出爪，一举奏效。猫头鹰是色盲，也是唯一能分辨蓝色的鸟类。除了某些过惯了夜生活的鸟类，因为视网膜中没有锥状细胞，无法认色彩以外，许多飞禽都有色彩的感觉。鸟类的辨色能力也有利于它们寻找配偶。雄鸟常用艳丽的羽毛吸引异性，如果异性感受不到颜色，那雄鸟还有什么魅力呢？

扫一扫 听故事
中大奖

你知道啄木鸟吗

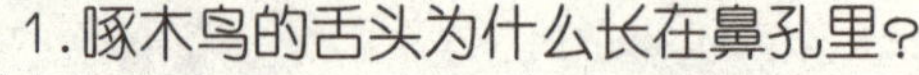

1.啄木鸟的舌头为什么长在鼻孔里？

啄木鸟的舌头细长而富有弹性，其舌根是一条弹性结缔组织，从下腭穿出，向上绕过后脑壳，在脑顶前部进入右鼻孔固定，只留左鼻孔呼吸，这种“弹簧刀式装置”可使舌头能伸出喙外达12厘米长，加上舌尖生有短钩，舌面具黏液，所以其舌能探入洞内钩捕5目7科30余种树干害虫。

2.啄木鸟为什么不会脑震荡？

1979年加利福尼亚的美国科学家训练了一只啄木鸟，并用每秒2 000帧的高速摄像机进行摄像记录。

其结果是，啄木鸟头部运动的最大速度达到7m/s，击中树木后在短短0.5毫秒时间减速至零，其向前运动的时间是每次8～25毫秒。其减速时承受的加速度达到1500g，也就是说，在这短短0.5毫秒中它承受了1500倍的重力加速度。啄木鸟是怎样在这样的条件下还能保证头部不受损伤呢？

原来，啄木鸟的头骨十分坚固，其大脑周围有一层绵状骨骼，内含液体，对外力能起缓冲和消震作用。它的脑壳周围还长满了具有减震作用的肌肉，能把喙尖和头部始终保持在一条直线上，使其在啄木时头部严格地进行直线运动。

扫一扫 听故事
中大奖

你知道食猴鹰吗

一些猛禽中的强有力者，往往是森林里聪明伶俐的猴子的天敌。这些食猴的猛禽中最著名的要数南美洲的角雕、非洲的冕鹰雕和东南亚的食猴鹰了。

在菲律宾南部密林里生活的食猴鹰，是鹰类中的大鹰，它身长0.94米，两翅展开时长达3米。

食猴鹰的羽色大部分呈浅黄，上半身为深褐色，下半身为浅黄色和白色相间。它全身羽毛丰满，遇到敌害或猎物的

时候，会立即竖起羽毛，显得十分威武凶猛，并迅速发动进攻。

食猴鹰的眼睛很敏锐，圆圆的眼睛是蓝色的，眼圈为红褐色，上嘴倒钩，十分尖利。食猴鹰，顾名思义，猴子是它主要的捕猎物。当它在低空盘旋的时候，发现猕猴等的踪迹以后，就闪电般俯冲而下，先将猴子的眼睛啄瞎，机灵的小猴子纵然是善跳会爬，这时候也没法逃跑了。

食猴鹰不仅靠吃猴子生存，它们还吃其他动物，如野兔和狗。

食猴鹰每年只产一次蛋，每次1枚，蛋比鹅蛋稍大，呈白色，繁殖率却很低，加上人类的滥捕滥捉，目前食猴鹰越来越少，已濒临灭绝。

菲律宾政府已宣布，在吕宋岛和棉兰老岛划定一些林区作为食猴鹰的自然保护区。

为什么北极熊不怕冷

地球的北极是一个冰天雪地的世界，所以那里的动物要比别的地方少得多。但北极熊却长年生活在那里，不惧寒冷。北极熊有一身白色的毛皮，这是它的保护服。美国科学家用扫描电子显微镜观察北极熊的毛，发现毛是无色透明的中空小管子，这种中空的毛管能够使紫外光沿着芯部通过，就像一根根畅通无阻的紫外光导管一样。所以，北极熊能够把照射在它身上的阳光，包括紫外光吸收进来，提高自己的体内温度。北极熊又长、又厚、又密的毛不但是“太阳热量转换器”，还是很好的隔热体，使北极熊身体的热量很少散失，所以北极熊不怕冷。

扫一扫 听故事
中大奖

一往情深的爱情鸟

爱情鸟，生活在非洲的热带雨林，也就是情侣鹦鹉，其色彩艳丽，小巧可爱，被认为是鹦鹉中最可爱的一种。情侣鹦鹉是牡丹鹦鹉属内的鹦鹉总称。情侣鹦鹉是一种非常喜欢群居及深情亲切的鹦鹉，因其羽毛艳丽，常似乎充满深情地双双偎依栖息而著名。

传说其失去配偶后会悲伤而死，但这说法未能证实。其体长10～16厘米，体矮肥，尾短。多数种类嘴为红色，具明显的眼环。雌雄鸟外形相似。它们集群在林中和灌木丛中觅食种子，可能危害庄稼。有些种类在树洞中做巢，雌鸟把筑巢材料放在腰羽下携运，使草和树叶从喙中通过而使之柔软。其每窝产卵4～6枚，孵化期约20天。

情侣鹦鹉因其深情的天性而得名。情侣鹦鹉会与伴侣形影不离，相依相偎，而且多是会厮守终生。亦因为这样，大部分人强烈地认为，情侣鹦鹉必须是一对一对地饲养。有些人相信，情侣鹦鹉像其他的鹦鹉一样，只要得到足够的关心及照顾，情侣鹦鹉可以与人建立一个友伴关系。

大象为什么要弄脏自己

大象和犀牛等动物大都生活在热带地区，它们经常会到水里洗个澡，给自己降温。但它们走出水面以后，常常会往自己身上喷一层泥沙，或倒在地上蹭来蹭去，将身体涂上一层厚厚的泥浆，把自己弄得脏兮兮的，这究竟是为什么呢？

因为它们的皮肤看起来似乎非常地厚实，但是在它们皮肤褶皱之间，却有很多又嫩又薄的地方，这些地方很容易被细小的刺刺伤。如果不好好保护，是很容易受伤的。尤其是在热带地区，有非常多的吸血昆虫，这些昆虫都有很锐利的口器，用来螫咬其他的动物。吸血昆虫又特别喜欢找寻像大象和犀牛这种温血动物，钻进它们皮肤的褶皱中大大螫咬一口，吸取它们温热的血液，

弄得大象又痛又痒。为了防止这些虫子的伤害，大象和犀牛只好在冲凉后，趁着皮肤较为潮湿，赶紧在身上沾些泥沙，来防虫咬。

另外据科学家们研究证明：热血动物在水浴后，其皮肤血管会扩张得比平时厉害，并且会发出一种能招致吸血昆虫的气味，所以象和犀牛出水后，会遇到更多的吸血昆虫。要防止它们的螯咬，只有用泥沙和泥浆涂在身上，堵塞住皮褶缝，形成保护膜。而刚出水面的皮肤，又较潮湿，恰好容易黏住泥沙。

鸵鸟为什么不会飞

鸟儿能飞需具有两个特点：一是有长有羽毛的翅膀，二是体态轻盈。鸵鸟虽也有用羽毛“武装”起来的流线型的身体，也有翅膀，但它却飞不起来。因为鸵鸟的体重达150多千克，身长2米多，是鸟类中身材最大、体重最重的，所以它不能在空中飞翔，而只能在地上活动、觅食。久而久之，它的翅膀便退化了。所以鸵鸟是不会飞的。

鸵鸟是群居，适应于沙漠荒原中生活。为适应环境，它的脚和腿很发达，能奔跑如飞，跑时以翅扇动相助，一步可跨8米，时速可达70千米，能跳高达3.5米，并能用脚对付敌害。当它顺风奔跑时，可以张开翅膀，翅膀像风帆一样，除了助跑之外，还能遮蔽阳光，保护幼雏，以及扑打翅膀向敌人示威等。另外它的听觉和嗅觉都很灵敏，时刻保持着对危险的警惕性。

“沙漠之舟”骆驼

广袤无垠的沙漠里的环境是恶劣的。大风，没有水，四处都是沙子。很多人都在沙漠里迷路，甚至丢掉性命。但是，沙漠里的骆驼却是不畏这些艰难的。它们依旧畅行在沙漠中，为人们带来帮助。所以，人类称之为“沙漠之舟”。

骆驼的口鼻是储水的重要部位。夜里，骆驼鼻子的内层可以从呼出的气体中重新收回水分，并且把气体冷却，这样就会让体温降下来。骆驼的外形条件也让它能够适应沙漠的环境。

骆驼的睫毛很长，眼睑垂下来，这样就会阻挡风沙侵入。它们的蹄子的肉垫很厚，这样在软软的沙子上行走的时候就不会掉下去了。还有骆驼背上的那两个“山峰”，那是用来储存营养的。所以，骆驼在沙漠里几天几夜不吃不喝也不碍事。

高山之王——雪豹

雪豹是豹的一种，又称艾叶豹、荷叶豹。它的生活环境不像金钱豹那样广泛，它终年生活在高原地区，也就是高山雪线一带，并由此而得名。雪豹产于中亚的高山地带，在我国则主要产在青藏高原、新疆、甘肃、内蒙古等地。雪豹原本应该生活在高山雪线以上，但是在冬季，雪豹难以在雪线以上觅食，因此也会来到雪线以下有人烟的地带觅食，一般在海拔1 800～3 000米的地方活动。到了夏季，为了追逐各种高山动物，比如岩羊、北山羊、盘羊等高原动物，它们又上升到海拔3 000～6 000米的高山上。

雪豹属于岩栖性动物，在高山的岩洞或岩石缝间有它们固定的

巢穴，而且居住数年不换，以致身上落下的毛在窝内铺成了厚厚的毡垫。雪豹夜间活动时多成对出行，黄昏或黎明时也很活跃，白天在洞穴内不外出，人们很难见到它，因此也很难捕到它。生活在高山上的雪豹，凶猛机警，敏捷的程度连金钱豹也比不上。它的弹跳能力极强，三四米高的岩石，雪豹跳上去就像走平地一样，十几米宽的山涧，它可一跃而过，因此它有“高山之王”的美称。

雪豹两岁多时性成熟，大约在2～3月间发情，5～6月间产仔，怀孕期为95～105天，一胎通常产2～3仔，寿命一般为20年左右。

恐龙怎么没了

在中生代，地球曾是恐龙主宰的世界。那时的地球上，无论是平原、森林还是沼泽，到处都可以看到恐龙的身影。

恐龙的种类繁多，有跃龙、霸王龙、鸵鸟龙、板龙、雷龙、梁龙、弯龙、禽龙、鸭嘴龙、剑龙、甲龙、鹦鹉嘴龙、原角龙、三角龙、隙龙等。它们在地球上一共生存了大约1.3亿年，那么这些地球上曾经的主宰到底去哪了呢？

其中，最盛行的一个说法就是小行星撞击说：在6500万年前的一天，一颗直径10公里的小行星，猛烈地撞到地球上。巨大的撞击相当于几万个原子弹爆炸的威力，相当一部分恐龙当即死去。随后，爆炸产生的尘埃把整个地球都笼罩在里面，遮天蔽日，白天也没有了阳光。这种恐怖的状况持续了一两年。植物的光合作用中断

了，因而大量枯萎、死亡。吃植物的素食恐龙因此相继死去。以后，吃肉的恐龙也由于失去了食物而灭绝了。

还有一部分科学家推测，到了侏罗纪，从三叠纪末期即开始缓慢分裂的两块古陆，已经更加剧烈地漂移。到了白垩纪晚期，海水退却，气候改变，两极地区变冷了，而在其他地区，冷和热的变化更加剧烈了，这就为习惯于温暖气候环境的恐龙的灭绝提供了外部的条件。从恐龙本身来说，它们的构造特征和生理机能还是比较原始的，因此不能适应这样的变化。

而与此同时，真正的恒温动物——哺乳动物却日益强大，因此恐龙不得不节节败退，终于销声匿迹。以上都是科学家们的推测，要最终揭开恐龙灭绝之谜，还有待于人们进一步地研究。

扫一扫 听故事
中大奖

你会分辨鱼的年龄吗

生活在水中的鱼，除了形体有大有小以外，也和其他动物一样，有自己的年龄。那么，我们怎样才能分辨出它们各自的年龄呢？

鱼的年龄的秘密就写在鱼鳞上。每一片鱼鳞上都有一圈圈弧线形的年轮，这是鱼鳞一年一处向外长大而形成的。我们要想知道鱼的年龄，只需要仔细地去观察一下鱼鳞，认真地数一数它上面的圈数，就知道鱼的年龄了。

扫一扫 听故事
中大奖

神奇昆虫
SHENQI KUNCHONG

什么是昆虫

千姿百态的昆虫，是地球上最古老的动物种类之一。昆虫出现于3亿5 000万年前的泥盆纪，至今已发展为种类最多的动物，全世界估计有1 000万种之多，中国的昆虫也在百万种左右。

昆虫的身体由分节的头、胸、腹三大部分构成，分别是感觉中心、运动中心和神经中心、生殖中心和脏器所在；一对触角、两对翅膀、三对足，是它最显著的特征；体外几丁质外骨骼成为它护身的盔甲；卵、幼虫、蛹和成虫是昆虫变化的一生中不同的生长发育阶段，且各具不同的形态与生理功能。更因为昆虫对环境有极强的适应能力和惊人的繁殖能力等，保证了昆虫成为动物世界中最繁盛的一族。

昆虫在自然界中占有十分重要的地位，它是生物食物链网中重要的不可或缺的组成部分；没有昆虫就没有生物的多样性。它又与人类的生活和经济活动关系密切，很多昆虫是人们生产、生活中的朋友或敌手。“兴虫利、抑虫害”是人们与昆虫关系的总结。

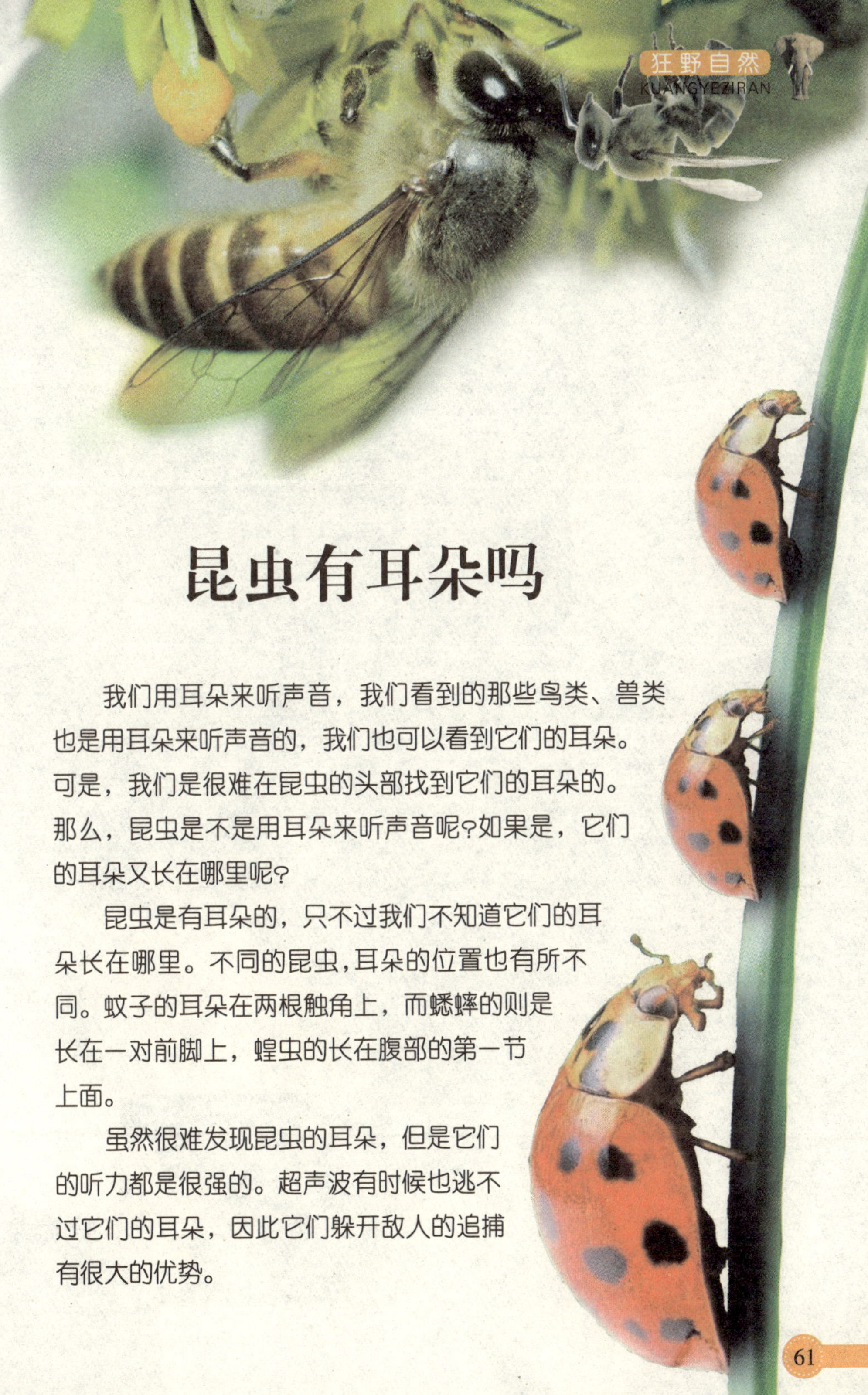

昆虫有耳朵吗

我们用耳朵来听声音，我们看到的那些鸟类、兽类也是用耳朵来听声音的，我们也可以看到它们的耳朵。可是，我们是很难在昆虫的头部找到它们的耳朵的。那么，昆虫是不是用耳朵来听声音呢？如果是，它们的耳朵又长在哪里呢？

昆虫是有耳朵的，只不过我们不知道它们的耳朵长在哪里。不同的昆虫，耳朵的位置也有所不同。蚊子的耳朵在两根触角上，而蟋蟀的则是长在一对前脚上，蝗虫的长在腹部的第一节上面。

虽然很难发现昆虫的耳朵，但是它们的听力都是很强的。超声波有时候也逃不过它们的耳朵，因此它们躲开敌人的追捕有很大的优势。

为什么蜜蜂喜欢花儿

在五颜六色的花丛中总会有这样一个群体，它们嗡嗡地穿梭在花丛之中。它们为什么这么喜欢在花丛里活动呢？

原来它们是喜欢花朵的花粉和花蜜。这是它们主要的食物，营养丰富的蜂蜜也是蜜蜂用花粉和花蜜做成的。

蜜蜂家族里有一种“侦察蜂”，它们负责寻找花蜜。但是，找到了以后它要怎么告诉同伴呢？那就是跳舞了。它们可以跳几种舞：当它们跳圆形舞的时候说明花就在附近，而如果是八字舞的话，那就说明花离家非常远。看来，蜜蜂的舞蹈是在传达一些信息呢。

为什么蜂王浆营养丰富

蜂王浆又叫“王浆”或“蜂王精”。有人说它是由蜂王分泌的，这是不对的。蜂王浆是工蜂分泌出来的一种营养极为丰富的浆液，是用来喂养幼虫和蜂王的一种特殊的食物。

我们知道，一个蜂群里通常只有一个蜂王。开始，蜂王和其他幼虫都是同一种卵发育成的。当它们刚由卵孵化为幼虫后，工蜂便轮流喂给它们营养丰富的王浆。后来变成蜂王的幼虫能一直吃着蜂王浆长大，而一般变成工蜂的幼虫，仅能吃到3天的蜂王浆，以后就只能吃花蜜和花粉了。吃蜂王浆的蜂王比工蜂几乎大一倍，而且能活3～5年，工蜂却只能活几个月。科学家经过研究发现，蜂王浆含有很多种氨基酸、糖、脂肪、无机盐、多种维生素等，营养非常丰富，可以帮助人们治疗关节炎、恶性贫血、糖尿病、传染性肝炎、神经衰弱等。正常人吃点蜂王浆，也能增强体质。

扫一扫 听故事
中大奖

白蚁为什么爱吃木头

白蚁吃东西的功夫是非常厉害的，无论是小动物还是植物都逃不过它们的胃。但是，通常情况下白蚁都是吃木材或者纤维素。我们知道，动物消化食物需要用体内的酶，可是，白蚁的身体里没有酶，那么它们要怎么消化木头呢?

这是因为白蚁的消化道生活着原生动物，这些原生动物可以帮助白蚁消化木质纤维。如果没有原生动物的话，它们就会借助细菌来帮助消化。这也就是一些白蚁喜欢吃脏东西的原因了。

蝴蝶是毛毛虫变的吗

蝴蝶是那么美丽动人，毛毛虫是那样让人厌恶，可是，蝴蝶却是毛毛虫变的。那么丑陋的毛毛虫可以变成蝴蝶吗？

蝴蝶小时候只是很小很小的卵，几天以后小毛毛虫就从卵里面爬了出来。它尽力地又吃又喝，变得肉嘟嘟的。冬天到了，它们爬不动了，就只好躺在蛹里乖乖地睡觉了。等到春天来临的时候，小家伙又重新出来了，可是，这个时候它已经不是以前的样子了。它能够飞行，还变得十分美丽动人。这就是蝴蝶的成长历程。

长个长鼻子的象鼻虫

看到象鼻虫头部前伸的长管，你可能会想到大象的鼻子。不过，你千万别把象鼻虫头部的长管当成鼻子啊！这个长管是它的口器，也是象鼻虫的主要识别特征。它的另一个特点是触角生在口吻上，这在其他昆虫中是很少见的。此外，它那管状头部能左右转动，非常灵活，犹如建筑工地上经常见到的大吊车，十分有趣。象鼻虫又称象甲，其成虫体态特殊，是有名的长嘴婆，它的口器延长成象鼻状突出，称作头管。有些种类的头管几乎与身体一样长，十分奇特。因其头管形如大象的鼻子，故人们称它为“象鼻虫”。

象鼻虫是鞘翅目昆虫中最大的一科，也是昆虫王国中种类最多的一种，全世界已知种类多达6万多种，我国也已记载约2 000种。它们个体差异甚大，小的仅1毫米，大的可达6厘米，大致在0.1厘米到10厘米之间，其中“鼻子”占了身体的一半。

象鼻虫是比较著名的经济植物害虫，不过并不是所有象鼻虫都是害虫，也有些是不会对经济植物造成危害的。

象鼻虫不会咬人，也没有异味，故那些大型的象鼻虫常被人们捉来饲养，把弄玩耍。

蚂蚁是怎样沟通的

科学家好不容易才弄清蚂蚁的通信方式，因为蚂蚁与人类不同，不靠视觉与听觉信号沟通。

我们最容易观察到的，就是蚂蚁以身体接触来传讯，例如轻拍、轻抚。有时蚂蚁以前脚轻摸同伴的上唇，同伴就会吐出流质食物供应它。

蚂蚁也能以声音传讯。蚂蚁通过腹部表面的发声板发出摩擦声。这个声音频率很高，我们的耳朵听不见。蚂蚁也不“听”，它们是以脚上的侦测器接收声波引起的土壤震动而感知的。蚁巢崩塌后，深陷地底的蚂蚁就会“尖叫”，让同伴来救援。

蚂蚁主要以化学信号传讯。它们全身有许多腺体，分泌费洛蒙（一种具有挥发性的化学物质）。例如找到食物的工蚁，回巢时一路上腹部末端都会分泌费洛蒙，好引导同类。

蚂蚁分泌的费洛蒙不下20种，传递复杂的信息。

蚂蚁的社会秩序基本上由蚁后的费洛蒙维持与控制。它分泌的费洛蒙中有些用来吸引子女在巢内生活，有些用来压抑子女性腺的发育。兵蚁也会分泌抑制弟妹发育成兵蚁的费洛蒙，因为巢里各种“职业”的“蚁口”维持一定比例才有利于整个蚂蚁群落的生活、发展。

昆虫为什么会蜕皮

所有的昆虫在生长过程中都要蜕几次皮。昆虫身体外面的表皮，是一种细胞的分泌物，它不会随昆虫体形的增长而增长。当昆虫身体长大时，就会蜕去这层旧皮，取而代之的是另一层新表皮。昆虫的蜕皮是受到激素作用的结果。这种激素通常被人们分为两大类：内激素和外激素。

内激素是由昆虫体内的内分泌器官分泌的，它对昆虫的生长、发育等生命活动起着调节作用。内激素包含蜕皮激素、保幼激素和脑激素。昆虫的脑激素输入到前胸腺，促使其活动，就释放出蜕皮激素。蜕皮激素释放到体液后，就与体液中的蛋白质结合，随着体液的流动而到达某些作用部位，产生激素效应，即蜕皮。正是在激素调节的作用下，昆虫的蜕皮才得以实现。

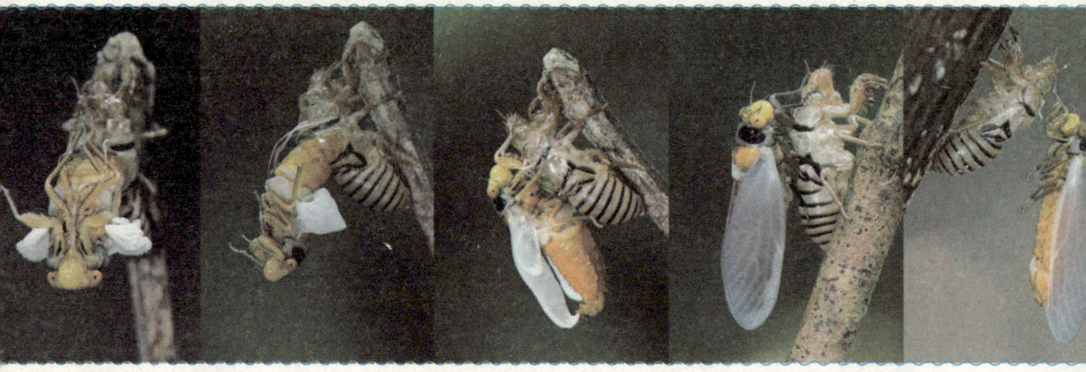

蚊子为什么会叮咬人

蚊子属“四害”之一，有雌雄之分，雌雄蚊子的食性不相同。雄蚊“吃素”，专以植物的花蜜和果子、茎、叶里的液汁为食。雌蚊偶尔也尝尝植物的液汁，然而，一旦婚配以后，非吸血不可。因为它只有在吸血后，才能使卵巢发育。所以，叮人吸血的只是雌蚊。

蚊子如何叮人？

其实，蚊子叮人根本不用眼睛，而是以人呼出的二氧化碳、体表散发出来的汗味以及热量为线索来确定人的位置的。蚊子的一对触须和三对步足上，分布着很多轮生的感觉毛，每根感觉毛上密集地排列着圆形或椭圆形细孔。黑夜里，蚊子可以凭着这种传感器感知空气中人体散发出来的二氧化碳，在1秒内作出反应，就能正确敏捷地飞到吸血对象那里。蚊子在吸血前，先将含有抗凝素的唾液注入人体的皮下与血混和，使血变成不会凝结的稀薄血浆，然后吐出隔宿未消化的陈血，吮吸新鲜血液。当蚊子吃饱喝足、飘然离去时，给人们留下的就是一个痒痒的肿包。

昆虫的伪装术

在树叶中大家看到了什么？那是一只虫子吗？没错！它的名字叫“叶虫”，是一种内地少有的珍稀昆虫，白天隐藏在树叶间，晚上才出来活动。这是一只长得酷像树叶的虫子，飘飘荡荡地随树叶掉在地上，却突然跑了起来，这才暴露自己，使人们发现了它。这就是它保护自己的方式。

猫头鹰蝶，身材苗条，却拥有令人恐惧的长相。看，在它两个后翅的中央有两个大圆点——眼斑，十分醒目，就好像猫头鹰两只炯炯有神的大眼睛一样，令其他动物望而生畏。

竹节虫算得上著名的伪装大师，当它栖息在树枝或竹枝上时，活像一支枯枝或枯竹，很难分辨。有些竹节虫受惊后落在地上，还能装死不动。

双尾舟蛾的幼虫体长3～4厘米，在通常情况下，根本看不见它身上那红色的环状物斑块。只有在受到惊吓时，才将平时藏而不露的红色斑块显露出来，高高举起双尾，伪装成一种可怕的样子，犹如一头小老虎，从而使其他动物惊恐逃走。

在漫长的生物进化史中，昆虫适应了自然环境的变异和选择。而其中有一部分昆虫，就利用了自身的优势，靠这种以假乱真的“伪装”来保护自己，这就叫做拟态。在日常生活中，你还能发现什么拟态现象吗？

比狐狸还狡猾的蚁狮

自然界中，各种动物的捕食方式千奇百怪，有一种昆虫能如同人类挖陷阱一样，来捕食猎物，这就是蚁狮。

蚁狮别名“沙猴”“沙牛”等，成虫后叫“蚁蛉”，通体暗灰色或暗褐色，翅透明并密布网状翅脉。它头部较小，但一对复眼发达并向两侧突出，口器为咀嚼式，腹部细长。成虫体长23～32毫米，展翅长度为52～67毫米。

蚁狮的头部有一对强大的颚管向前突出，状如鹿角，是由上颚和下颚组成的尖锐而弯曲的空心长管式口器。它会在沙地上一面旋转一面向下钻，在沙上作成一个漏斗状的陷阱，自己则躲在漏斗最底端的沙子下面，并用大颚把沙子往外弹抛，使得漏斗周围平滑陡峭。当蚂蚁或小虫爬入陷阱周围时，它们会因沙子松动而滑下，蚁狮会不断向外弹抛沙子，使受害者被流沙推进中心。然后蚁狮就用大颚将猎物钳住，对其注入消化液，吸干猎物后将其抛出陷阱，然后重新整理好陷阱，等待下一顿大餐。

会放炮的“炮虫”

有一种体长仅1厘米的小甲虫，人称“气步甲”。它遇敌时，尾部发出爆响，喷射出具有恶臭的高温液体“炮弹”，同时产生黄色的烟雾和毒气，以迷惑、刺激和惊吓敌害，其射程高达体长300倍以上。它不仅能连发，而且几乎百发百中，故又称“炮虫”。砰然射出，即使是比它大很多倍且全身穿甲戴盔的犰狳，也只能落荒而逃。

原来气步甲体内有两种腺体；一种分泌对苯二酚，另一种分泌过氧化氢。平时它们分别贮存在两个地方。一旦遭到侵犯，气步甲就猛烈收缩肌肉，这两种物质相遇，在酶的催化作用下，瞬间就成为100℃的毒液，并迅速射出，攻向敌人。

澳大利亚有一种银蕊虫，它全身柔软，身长仅六七厘米，在身体两侧有20多个小孔。它昼伏夜出。这种没有护身外衣的虫子，也有一种独特的化学武器。当它遇到敌人时，会立刻从20多个小孔里喷射出一种碱性液体，吓得来犯之敌狼狈逃窜。

为什么不能捅马蜂窝

马蜂，学名“胡蜂”，又称为“蚂蜂”或“黄蜂”，体大身长，毒性也大，是一种分布广泛、种类繁多、飞翔迅速的昆虫。

马蜂和蜜蜂一样，是一种群居性昆虫，蜂巢（即马蜂窝）就是它们生儿育女的地方。所以，马蜂对蜂巢的戒备非常森严，绝对不允许敌人侵犯。如果入侵者不小心捅了马蜂的蜂巢，所有的马蜂便会群起而攻之。马蜂蜇人的时候能释放一种气体，只要有一只马蜂蜇了入侵者，其他所有的马蜂也会循着这种气味前来，轮番对入侵者进行攻击。马蜂的毒针中含有蚁酸和神经素，这些物质进入人体会引起灼热、红肿、局部痉挛的过敏反应和毒性反应，严重者可导致死亡；另外，马蜂食性广，还能防治多种农林害虫。所以，无论怎样说，马蜂窝是万万不能捅的。

蜣郎为什么叫屎壳郎

蜣螂属昆虫纲、鞘翅目，体黑色或黑褐色，体表有坚硬的外骨骼，复眼发达，咀嚼式口器，触角鳃叶状，有3对足，足适于开掘，有2对翅，前翅角质化，发育方式为完全变态。蜣螂别名推粪虫、推屎爬、屎壳郎、粪球虫、铁甲将军、牛屎虫、推车虫。

大多数蜣螂，以动物粪便为食，有“自然界清道夫”的称号。它常将粪便制成球状，滚动到可靠的地方藏起来，然后再慢慢吃掉。一只蜣螂可以滚动一个比它身体大得多的粪球。

初夏时，蜣螂把自己和粪球埋在地下土室内，并以之为食。稍后，雌体在粪球中产卵，孵出的幼虫也以此为食。因为蜣螂能加速粪便转变为其他生物能利用的物质的过程，所以对人类有益。

昆虫中的魔鬼——中华单羽食虫虻

中华单羽食虫虻又称“中华盗虻”，是一种大型食虫虻，也是我国常见的食虫虻，日本、朝鲜等国也有分布。成虫可捕食许多类昆虫，如半翅目的蝽、鞘翅目的隐翅虫等。

这类昆虫身体强壮、飞行速度快，常常停休在草茎上。当它们看到飞行的猎物时飞冲过去，使用灵活、强大有力而多小刺的足夹住猎物，即使是强大的甲虫，也常常无法逃生。因此，食虫虻除了身体强壮、飞行速度快外，还得有良好的信息接收系统，即视力要好。它具有大而亮的眼睛。

为了防止猎物挣扎而损伤眼睛，食虫虻复眼的周围特别在前方长有众多粗大的刚毛，就是为了保护眼睛不被伤害。捕捉到猎物后，它们将消化液注入猎物中，把猎物消化成液体后再吸入。

食虫虻的这些特性，使它们成为昆虫世界中的魔鬼。人们在一些恐怖片、电子游戏中也常用它作为原型来塑造角色。图中所示的是一只雄性中华单羽食虫虻捕食斑须蝽。有些雄性食虫虻甚至会把猎物作为“彩礼”送给雌性，期望得到雌性的青睐。

蜻蜓为什么有时候飞得很低

夏天，蜻蜓在空中飞来飞去，捉小虫吃。它喜欢吃蚊、蝇。有时蜻蜓飞得很低很低，这是为什么？

蜻蜓飞得很低的时候是在天快要下雨的时候。因为下雨之前，空气里的水汽很多，小虫的翅膀上沾了水汽就潮湿了，所以这时小虫飞不高。蜻蜓要捉小虫吃，只好飞得低低的。所以，当小朋友们看到蜻蜓低飞，就知道天快要下雨了，这时要赶紧回家才好。

扫一扫 听故事
中大奖

植物王国
ZHIWU WANGGUO

菊花为什么秋天开放

大多数的植物都是在春天、夏天开花的，因为它们害怕寒冷。那为什么菊花是在晚秋才开花呢？

这其实是和菊花的生活习性相关的，菊花为了抵御严寒，在秋末温度逐渐降低时，在酶的作用下，将体内的淀粉转化成溶解于水的单糖，使细胞液的浓度增大。这样，即便是在气温降低的情况下，细胞内的水也不容易结冰，大大提高了对抗霜冻的本领，所以菊花可以在晚秋的时候也不怕寒冷地开花。

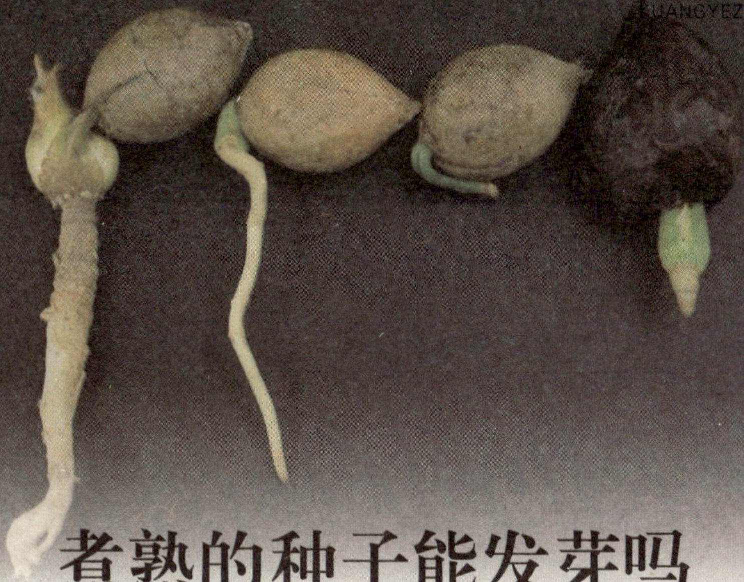

煮熟的种子能发芽吗

很多种子都是“生”的时候种进土壤的，那煮熟的种子还能不能发芽呢?

种子在成熟阶段之前有一个休眠期。等种子醒来后，它做的第一件事就是呼吸，并开始吸收水分和养分，供胚吸收，最后胚根和芽穿破种皮，种子就发芽了。

如果把种子煮熟了，种子里的蛋白质凝固，胚就会死亡，失去了原有的生命力，就不会再发芽了。

葡萄为什么会爬架子

乐乐家的院子里长着一棵葡萄，葡萄爬上架子，把整个院子都遮起来，一串串玫瑰色的葡萄好看极了。

乐乐问："葡萄为什么会爬架子呀？"

妈妈告诉她，葡萄原来是生长在森林里的野生植物，它没有粗壮直立的树干，只能在周围的树枝上生长，才能得到充足的阳光。

葡萄是用什么攀援的呢？葡萄枝上的卷须有一种特殊的本领，能在空中旋转摆动，不过这种摆动很慢很慢，一般小朋友用眼看不出来。当卷须一碰上树干或柱子时，它就会很快地卷在上面，缠牢以后，就不会摔下来。一根缠牢的葡萄藤，挂上挺重的东西也拉不断。

除了葡萄以外，丝瓜、苦瓜、葫芦也会爬架子。请小朋友想想，还有别的什么植物会爬架子呀？

植物也有血型吗

大家知道，人类的血液有A型、B型、O型和AB型四种，但小朋友知道吗，植物其实也有血型。

原来植物体内存在一类带糖基的蛋白质或多糖链，或称凝集素。有的植物的糖基恰好同人体内的血型糖基相似。如果以人体抗血清进行鉴定血型的反应，植物体内的糖基也会跟人体抗血清发生反应，从而显示出植物体糖基有相似于人的血型。如辛夷和山茶是O型，珊瑚树是B型，单叶枫是AB型，但是A型的植物仍然没有找到。

植物界为什么会存在血型物质？为什么又找不到A型的植物？血型物质对植物本身有什么意义等问题，还没有完全弄清楚，尚待科学家们去进一步研究和探索。

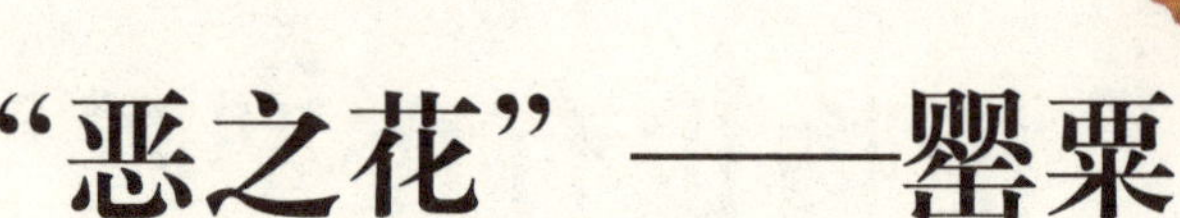

“恶之花”——罂粟

罂粟叶片碧绿，花朵五彩缤纷，茎株亭亭玉立，蒴果高高在上，是一种花色十分艳丽的草本植物。但是小朋友们知道吗，它也是有毒植物，且在世界上已知的成千上万种有毒植物中名气最大。原因是罂粟未成熟果实的果皮内，含有一种与众不同的乳汁，当它暴露在空气中后，很快就变黑、凝固，形成大名鼎鼎的鸦片。

鸦片从古希腊时起，就是一种效果十分明显的镇痛麻醉药，并使许多在战争中受伤的士兵解除了痛苦。但由于金钱的诱惑，一些人开始利用鸦片服用时带来的暂时快感和较强的成瘾性，推销非医疗用途的鸦片制品，使服用者深受其害。随着鸦片的滥用，罂粟这种原本有益的植物也逐渐成了人类的“公敌”。而用它作原料制成的毒品——海洛因，终于把罂粟这一美丽的植物冠上了“恶之花”名头。

有的植物为什么可以长在别的树枝上

小朋友们知道植物是长在土壤上的，但是有些植物并不是生长在土里，而是长在其他植物的树枝上或树根上，这些植物一样能生活得很好。我们把这种现象称做寄生。

根据对寄主的依赖程度不同，寄生性种子植物可分为两类。一类是半寄生种子植物：有叶绿素，能进行正常的光合作用，但根大多退化，导管直接与寄主植物相连，从寄主植物内吸收水分和无机盐，如寄生在林木上的桑寄生和槲寄生；另一类是全寄生种子植物：没有叶片或叶片退化成鳞片状，因而没有足够的叶绿素，不能进行正常的光合作用，导管和筛管与寄主植物相连，从寄主植物内吸收全部或大部养分和水分，例如，菟丝子和列当等。

根据寄生部位不同，寄生性种子植物还可分为茎寄生和根寄生。寄生在植物地上部分的为茎寄生，如菟丝子、桑寄生等；寄生在植物地下部分的为根寄生，如列当等。

寄生植物大都会对寄主产生不利的影响，还会引起寄主的死亡。但因为自然的选择，寄主与寄生生物慢慢会适应对方，最终进化成共生，有的则互不能独立生存。

不畏冰雪的雪莲

雪莲生长在海拔2400～4000米的乱石滩上。雪莲的植株矮，茎短粗，叶子贴地生长，上面还长满了白色的绒毛，可以防寒、防风和抗紫外线。

雪莲的根十分发达，能有效地插入石缝中吸取水分和养料。每年7月，雪莲还开出大而艳丽的花朵。它的花冠外面长着数层膜质苞叶，用来防寒、保持水分和反射紫外线。

雪莲种子在0 ℃发芽，3 ℃~5 ℃生长。幼苗能经受零下19 ℃的严寒。雪莲在这种高山严酷环境里，生长缓慢，至少5年才能开花，花期7月，果期8月。

为什么榕树长的庞大

你相信一棵树木就可以成为一片森林么?孟加拉的一种榕树就可以达到一棵树木形成一片森林的效果。这种榕树的树冠庞大，呈伞状，可以覆盖十五亩左右的土地，大概有一个半足球场那么大。你看到足球场就可以想像到这榕树庞大的程度了。

这种孟加拉榕树的独特不仅因为它可以一木成林，还因为它能由树枝向下生根。这些根有的悬挂在半空中，从空气中吸收水分和养料，我们把它叫做“气根”。多数气根直达地面，扎入土中，起着吸收养分和支持树枝的作用。一棵榕树最多可有四千多根气根，从远处望去，就像一片树林。因此榕树又有“独木林”的美名。这样，夏天的时候，就可以很多人同时在一颗树下乘凉了。

扫一扫 听故事
中大奖

为什么黄山多奇松

黄山多奇松，这是早就闻名的。为什么奇松多长在黄山？总的来说，黄山松的奇形怪态，是松树适应周围环境，特别是长期经受刮风、下雪和低温而形成的。

如长在山麓路边的松树，常常多向外伸出枝干，正好与里面的斜坡配合形成奇突而又平衡的感觉。像玉屏楼东面的“迎客松”，树不高，但它的分枝伸出来像条巨臂，犹如打出欢迎客人的手势，给人很深的印象；而生在地势平坦处的松树，四面八方阳光雨露比较均衡，枝叶就像一把大伞，四面匀盖，如云谷寺旁的“异萝松”。

在北海的“蒲团松”，树虽不高，但枝叶密集于树冠，密得几乎不透光，由于

紧密的关系，上面能坐几个人，甚至可放张席子睡觉。这是它长期承受冬天大雪压顶的威胁而形成的。

黄山还有些松树长在悬崖峭壁上，更为奇特。如西海和石笋峰等处的松树，有的枝干伸出几米远，像条长臂；有的枝干卷曲甚至绕旁边的树后又再向上生长；有的则倒生向下至10多米之处。如果你细心观察，就会发现峭壁上的松树，它们的近根部分从岩石缝中长出来时，只有碗口那样粗，往上长时，树干则变大成盆口粗了，这是松树与石头顽强斗争求得生存的最好例证。

总的来说，黄山的奇松太多了，它给我们提供了植物生活与自然环境有密切关系的丰富科学例证。

为什么说植物的种子是“大力士”

种子在萌发过程中，充满着巨大的活力。种子的生命很顽强，很执着，善于生存。播撒在田野里的种子，一经萌发，就万头攒动，破土而出。掉在悬崖峭壁上的种子，能排除各种障碍，啃裂石头，钻进石隙，长成一棵盘根错节的大树。

曾经有人利用种子的力量来解决问题。几位生理学家和医生，他们为了研究骷髅头骨，想方设法要把头骨完整地分开来，但刀和锯子都没法将之切开，锤和斧则只会将它击碎。怎么办呢？结果，他们找到了一个好办法：将一些植物种子装满颅腔，然后灌进水，保持一定的温度。种子萌发了，头骨分裂成好多块，完全适合研究的需要。

这也许特殊了一点，常人不容易理解。那么，你见过被压在瓦砾和石块下面的一棵小草的生成吗？它为着向往阳光，为着达成它的生之意志，不管上面的石块如何重，石块与石块之间如何狭窄，它总要曲曲折折地，但是顽强不屈地透到地面上来。它的根往土里钻，它的芽往上面挺，这是一种不可抗的力，阻止它的石块结果也被它掀翻。植物种子的神奇力量实在令人惊叹不已，确实是个“大力士”。

叶子最大的植物是什么

针形叶的植物应该算是叶子最小的植物了，那么你在看到松树等针形叶的植物时有没有好奇过，什么植物的叶子是最大的呢？

有种植物叫王莲，叶子又大又圆，直径可达2米多，最大的有4米，像个圆盘似的浮在水面上，即使是一两个小朋友坐在叶子上，也不会沉下去。那么这种王莲是不是世界上叶子最大的植物呢？

虽然王莲的叶子很大，可是跟大根乃拉草的叶子比起来，它又太微不足道了。大根乃拉草生长在南美洲智利的森林里，它的一片叶子能把三个并排骑马的人，连人带马都遮盖住。只要有两片大根乃拉草叶，就可以搭成一个帐篷，足可以让五六个人在里面临时居住了。所以真的是山外有山，人外有人啊。

为什么植物会落叶

一夜秋风，遍地黄叶，人便会平添几分惆怅。可你想过吗？为什么植物会落叶？谁是这幅萧索的秋景图的设计师呢？

随着研究工作的深入，我们知道，在叶片衰老过程中蛋白质含量显著下降，叶片的光合作用能力降低。在电子显微镜下可以看到，叶片衰老时叶绿体被破坏。这些生理生化和细胞学的变化过程就是衰老的基础，叶片衰老的最终结果就是落叶。从形态解剖学角度去研究发现，落叶跟紧靠叶柄基部的特殊结构——离层——有关。

说到这里，你也许会问，为什么落叶多发生在秋天而不是春天或夏天呢？

经过观察研究得出这样一个结论：影响植物落叶的条件是光而不是温度。实验证明，增加光照可以延缓叶片的衰老和脱落，而且用红光照射效果特别明显；反过来缩短光照时间可以促进落叶。

经过艰苦的努力，科学家们找到了能控制叶子脱落的化学物质，它就是脱落酸，它的名字清楚地表明了它的作用。脱落酸能明显地促进落叶，这在生产上具有重要意义。

但是问题还有很多，如常绿植株的落叶是怎么回事？光照究竟是通过什么机制控制落叶的？脱落酸分子生物学作用机制又是什么？这种种问题正等待我们不断去探索，去研究。

扫一扫 听故事
中大奖

你知道面包树吗

小朋友们都吃过面包吧，不管是妈妈自己做的面包还是在商店里面买来的面包都是用面粉做的。那你们知道世界上其实有不需要面粉制作，直接在大树上结出来的面包么？

这世界上还真的有大树是可以结面包的，面包果树生长在南太平洋的一些岛屿上（如斐济、波利尼西亚等），是一种四季常青的高大乔木。它雌雄同株，不但枝条上能开花、结果，就连粗壮的老树干和根部也能开花结果，每年可以收获“面包果”三次，每株树结果时间长达几十年。成熟后的面包果富含淀粉，只要放到火上烤一下就可食用，烤制后的面包果松软可口，香味扑鼻，吃起来跟面包差不多。

最高的树是什么树

要比较出最高的树，那么全球的各种树木中只有生长在澳大利亚草原上的杏仁桉树，才有资格得冠军。

因为最普通的杏仁桉树也高达百米以上，最高的甚至可以达到156米，树干直插云霄，有50层楼那么高。它被称为“树木世界里的最高塔”。杏仁桉树基部周长达30米，树干笔直，向上则明显变细，枝和叶密集地生在树的顶端。杏仁桉树的叶子生得很奇怪，一般的叶子都是表面朝天，而它的却是侧面朝天，像挂在树枝上一样，与阳光的投射方向平行。不要觉得这种树的长相很奇怪，其实这种古怪的长相是为了能够适应气候干燥、阳光强烈的环境，以减少阳光直射，并防止水分的过分蒸发。

吃动物的植物

草是属于植物类，昆虫和小动物都是属于动物类。你们听说过植物吃动物的事吗？真是奇怪，现在就给你们介绍一下猪笼草吃昆虫和小动物的事儿。

在我国广东省的南部有一种草叫作猪笼草，它的叶子互生，叶子尖端有一个“捕虫笼”，漏斗形或圆筒形，不管是颜色还是花纹都很漂亮。在这种草的上面有一个半开的笼盖，防止雨水淋进去。笼盖附近有蜜腺会发出香味，以此来引诱小动物或昆虫到来。笼的内壁非常光滑，笼口能开也能收缩。笼内分泌弱酸性的消化液。小的笼口有拇指大小，大的可以装进一二毫升水。昆虫或小动物一旦滑跌笼内，就很难爬出来，很快就会被笼内的消化液消化掉。